U0791974

21世纪高职高专教育统编教材

工程制图

主　编　曾令宜
副主编　陶　杰

中国水利水电出版社
www.waterpub.com.cn
·北京·

内 容 提 要

本书为21世纪高职高专教育统编教材，共分15章，内容包括：制图的基本知识，投影制图，视图、剖视图和断面图，建筑物中常见的曲面，标高投影，水利工程图，道路桥梁工程图，房屋建筑图，机械图。本书采用了1994～1998年正式实施的GB/T《技术制图》标准、SL73—95《水利水电工程制图标准》和GB50162—92《道路工程制图标准》，总结了多年的教学经验，具有鲜明的画图和读图特色。

本书为高职高专水工、水利、监理、施工、路桥、工程测量等专业及相近专业工程制图课程的教材，也可作为水工、路桥类成人教育、自学考试的教材或参考书。

此外，还同时出版了与本书配套的《工程制图习题集》。

前　　言

本教材根据高职高专对培养人才及对制图教学的基本要求编写，是21世纪高职高专教育统编教材。

本书采用了1994～1998年正式实施的GB/T《技术制图》标准、SL73—95《水利水电工程制图标准》和GB50162—92《道路工程制图标准》。

本书在教材体系上遵循教学规律，从画和读基本体、简单体的三视图入手，讲述正投影的基本原理，使学生先从感性上学会形体分析的画图和读图方法，然后通过学习点、线、面的投影规律，掌握正投影的基本理论，最后从理论上进一步掌握形体分析的方法，学会线面分析的画图和读图方法。本书在编写过程中，坚持少而精，做到内容精炼、概念清楚、注重教材的实用性。

本教材由曾令宜任主编，陶杰任副主编。第一章由毕宪珍编写，第二章、第三章由孙天星编写，第四章由郭玲编写，第五章、第六章由孔芬蕊编写，第七章、第九章由曾令宜编写，第八章、第十三章由张圣敏编写，第十章、第十二章由王娟玲编写，第十一章、第十四章由陶杰编写，第十五章由唐宋编写。

另编有《工程制图习题集》与本书配套使用。

限于编写时间和编写水平，书中难免存在缺点和错误，恳请读者批评指正。

编　者

2004年8月

目录

前言

绪　　论

一、工程图的作用

在生产实践中，无论是修建大坝、水电站、水闸，还是建造房屋、修路架桥、制造机器、安装设备，都需要依照工程图进行施工或生产。因此，工程图（图样）是表达设计者的设计意图、指导施工（或生产）、从事管理、技术交流的主要技术文件，被喻为“工程界的技术语言”。

二、本课程的学习内容与学习目的

（1）制图的基本知识（第一章）。学习绘图工具、仪器的使用、基本制图标准和几何作图等基本知识。目的是学会正确使用绘图工具和仪器，掌握制图的基本标准，能运用绘图的技巧和方法正确抄绘各种平面图形。

（2）投影制图（第二章～第十章）。学习用正投影法来表达空间物体的基本原理和常用的图示方法。目的是掌握各种常用的图示方法，具备由立体画出平面图形和由平面图形想象出立体的能力。

（3）专业图（第十一章～第十五章）。学习阅读和绘制水利工程图或道路桥梁工程图，了解房屋建筑图和机械图的图示特点和阅读方法。目的是掌握水利工程图或道路桥梁工程图的绘制方法，能熟练阅读常见水利工程图或道路桥梁工程图。

三、本课程的特点及学习方法

本课程是一门既有理论又重实践的课程。学习时认真钻研教材，弄懂基本原理和基本方法只是前提，要真正掌握这门知识还必须亲自实践，进行相当数量的绘图和读图练习。

具体应注意以下几个方面：

（1）工程制图课程的内容环环相扣，学习中必须认真听好每一堂课，听课时应主动思考，积极消化，步步为营。

（2）投影制图是本课程的基本理论，必须学深学透。学习时不能死记硬背，要注意空间想象，即注意对空间物体的分析和注意进行空间立体与平面图形的反复转换。如有模糊不清之处，要通过各种方法搞清楚弄明白，不可轻易放过。要多画、多练、多思考，逐步建立空间概念。

（3）对于制图的标准和有关规定要牢牢记住，正确应用。

（4）严格要求，一丝不苟。认真细致是所有从事工程技术工作的高级人才所必须具备的工作作风与基本素质，也是学习好本课程不可缺少的思想作风，图样中的任何疏忽、错误都会给工程造成不可弥补的损失。所以必须从一开始就严格要求，每一条线、每一个字，都应一丝不苟、认真对待。注意绘图工具的正确使用，注重基本功的训练，力求作图规范、准确、迅速、美观，为今后工作打下良好的基础。

四、我国工程图学发展史简介

我国工程图学具有悠久的历史，公元前 1059 年的《尚书》中，就有工程中使用图样的记载。宋代（公元 1100 年）李诫所著《营造法式》一书，是世界上最早的一部建筑技术著作，其大量的工程图样画法，采用了正投影、轴测投影和透视图等方法，直到 1795 年法国人加斯帕拉·蒙日才发表《画法几何》一书。这充分说明我国古代在图学方面已达到了很高的水平。

随着科学技术的进步与发展，1982 年原水利电力部发布了 SL73—95《水利水电工程制图标准（试行）》，并于 1995 年进行了修订，使其上升为正式标准。为了适应各行业间及国际间的技术交流，1993 年我国发布了 GB/T《技术制图》标准，标志着我国工程图学已步入了一个新阶段。此外，在制图技术、图学教育方面也卓有成效。尤其是计算机绘图技术的广泛应用，必将对我国近代科学技术的发展产生深远的影响。

第一章　制图的基本知识

学习制图，首先应掌握制图工具的正确使用方法、基本制图标准和绘图方法，这是制图的基本知识，本章将分别介绍。

第一节　常用制图工具

一、图板

图板用于固定图纸。图板板面为光滑、平整、洁净的三合板，四边镶有平直的硬质木条，短边为工作边。图板有大小不同的规格，可根据需要选用。使用图板时，板面和工作边不得损坏，否则将会影响绘图质量。绘图时，用胶带纸将图纸固定在图板的适当位置，如图 1-1 所示。

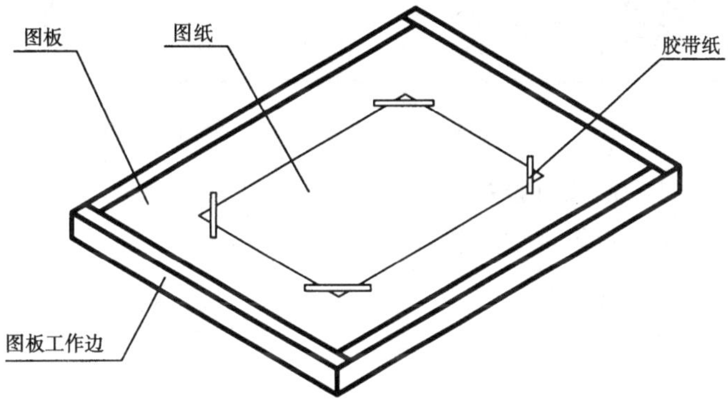

图 1-1　图板及图纸的固定

二、丁字尺

丁字尺主要用于画水平线。丁字尺由尺头和尺身两部分组成。使用丁字尺画水平线时，应将尺头内侧紧靠图板左边框，左手握尺头，右手扶尺身，上下滑动，将尺身上边对准所要画线的位置，左手按住尺身，右手持铅笔自左向右画线，如图 1-2 所示。

三、三角板

一副三角板有两块，一块为 30°、60°直角三角板，另一块为 45°等腰直角三角板。

三角板主要有以下三方面的用途：

(1) 与丁字尺配合画垂直线。画线时，三角板放在要画图线的右边，左手按住丁字尺和三角板，右手持铅笔，自下而上画铅垂线，如图 1-3 所示。

(2) 与丁字尺配合画 15°倍角的斜线，如图 1-4 所示。

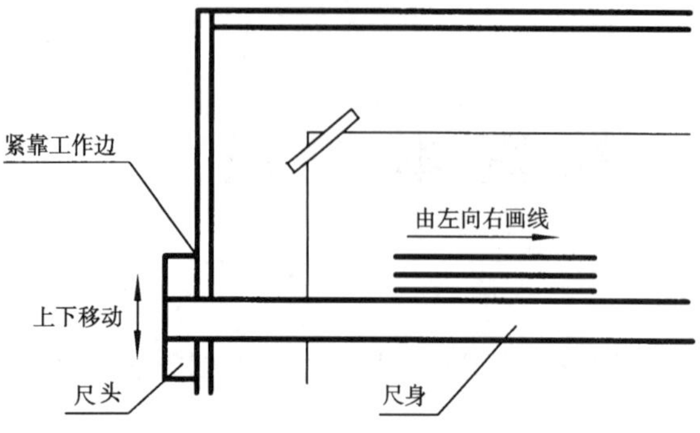

图 1-2 用丁字尺画水平线

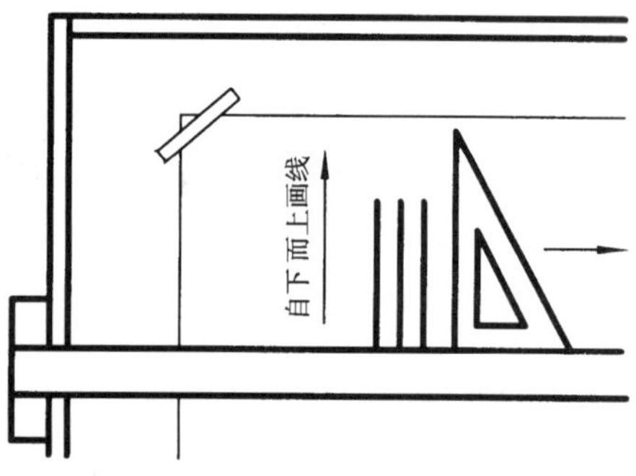

图 1-3 三角板与丁字尺配合画垂直线

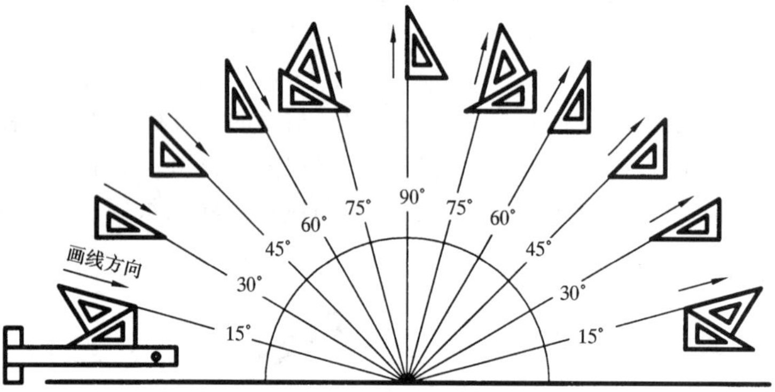

图 1-4 三角板与丁字尺配合画 15°倍角的斜线

（3）两块三角板配合画任意直线的平行线或垂直线。画线时，其中一块三角板起定位作用，另一块三角板沿定位边移动并画直线，如图 1-5 所示。

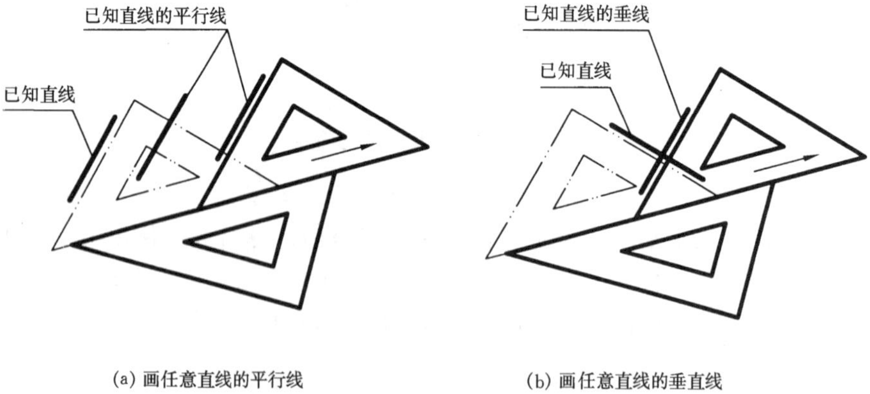

图 1-5 两块三角板配合画任意直线的平行线或垂直线

四、铅笔

绘图铅笔的铅芯有软硬之分，用 B 和 H 表示。B、2B、3B、4B 数字越大表示铅芯越软且色越浓黑；H、2H、3H、4H 数字越大表示铅芯越硬且色越浅淡；HB 介于 H 和 B

之间。绘图时，常用 H 或 2H 的铅笔画底稿和加深细实线，用 HB 的铅笔写字，用 HB 或 B 的铅笔加深粗实线；将 B 或 2B 铅笔的铅芯装入圆规的铅芯插脚内，用来加深粗线的圆及圆弧，以保证与直线的颜色深浅程度一致。

削铅笔时应保留标号，以便识别铅芯的软硬度。被削去的笔杆长度约 30mm，露出的铅芯长度约 8～12mm。画底稿、加深细线和写字的铅芯应磨成圆锥形，加深粗线的铅芯应磨成扁平形，见表 1－1。

表 1－1　　铅笔和铅芯的选用与削磨

项目	铅笔			圆规用铅芯	
用途	打底稿 加深细实线	写字	加深粗实线	打底稿 加深细线圆	加深粗线圆
软硬程度	H 或 2H	HB	HB 或 B	H 或 HB	B 或 2B
削磨形状					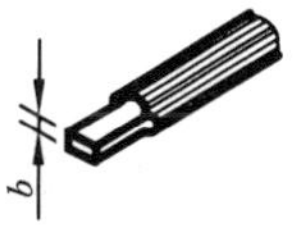
	锥状		扁平状	楔状或锥状	四棱柱状

使用铅笔画线时，应保持笔杆前后方向与纸面垂直，向画线方向自然倾斜，并匀速前进，如图 1－6 所示。

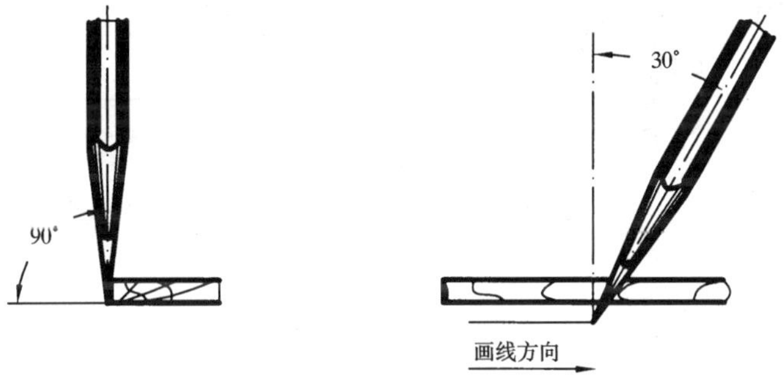

(a) 铅笔杆前后方向与纸面垂直　　(b) 铅笔杆向画线方向倾斜并匀速前进

图 1－6　铅笔的用法

五、圆规

圆规用于画圆和圆弧，并可以兼作分规用。圆规的一条腿有固定插脚，可装钢针，钢针两端的形状不同，带台阶的一端用于画圆和圆弧时定圆心，台阶可以防止图纸上的圆心扩大，影响绘图的准确性；圆锥形的一端可作为分规使用。圆规的另一条腿端部能拆卸，根据需要可分别装入铅芯插脚、延长杆（画大圆用）、钢针插脚（做分规用）或鸭嘴插脚（描图用），如图 1－7 所示。圆规上铅芯的磨削方法见表 1－1。

画圆或圆弧前，要调整好铅芯与钢针，使铅芯尖端与定位钢针的台阶平齐。画圆或圆弧时，铅芯与定位钢针应尽可能垂直纸面，按顺时针方向旋转，并向前进方向自然倾斜，

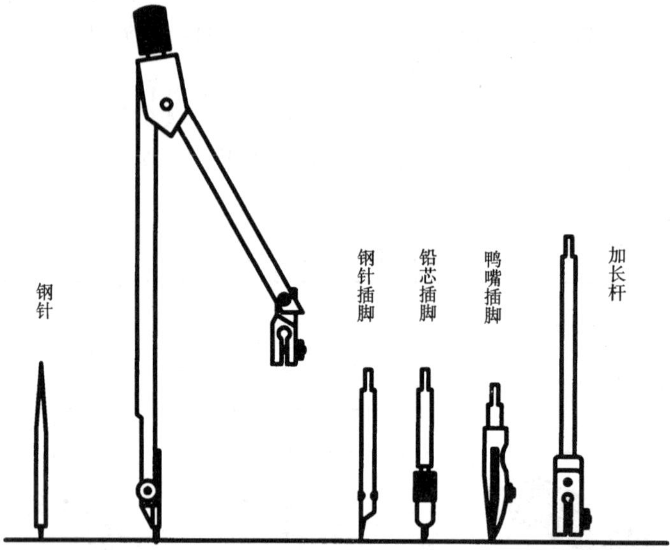

图 1-7　圆规及其附件

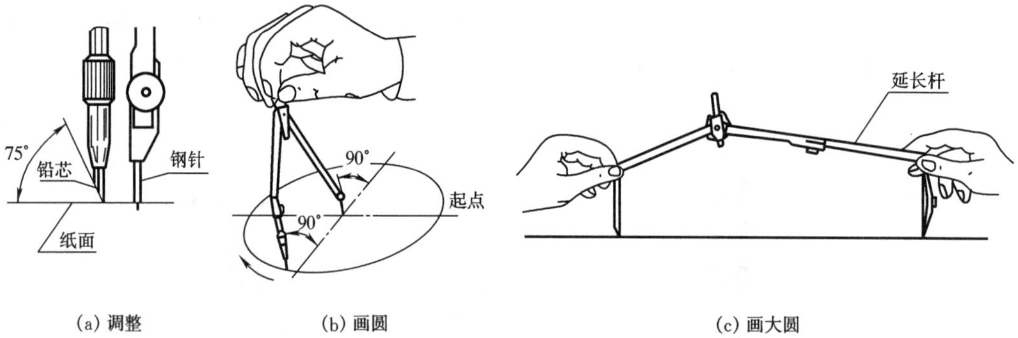

图 1-8　圆规的用法

如图 1-8 所示。

六、分规

分规用于量取尺寸和等分线段。分规的两腿合拢时针尖应平齐，如图 1-9 所示。量取尺寸时分规针尖要平放在尺子面上，然后截取所需的尺寸。等分线段时，先用目测估计，使分规两针尖距离大致为等分的线段长度，然后沿已知直线试分，如有余量（或不足）时，应重新调整分规针尖间距离，再试分，直至等分完全为止，如图 1-10 所示。

七、比例尺

比例尺用于直接缩小（或放大）图形。比例尺只用于量取尺寸，不能用来画线。

常用的比例尺有两种：一种是三棱尺，三棱尺的 3 个面上有 6 种不同比例的刻度；另一种是比例直尺，比例直尺上面有 3 种不同比例的刻度，如图 1-11 所示。画图时直接从比例尺上量取所需的长度，可以省去繁琐的计算。

使用比例尺的方法有两种：一种方法是将比例尺放在图纸上直接量取图线的长度；另

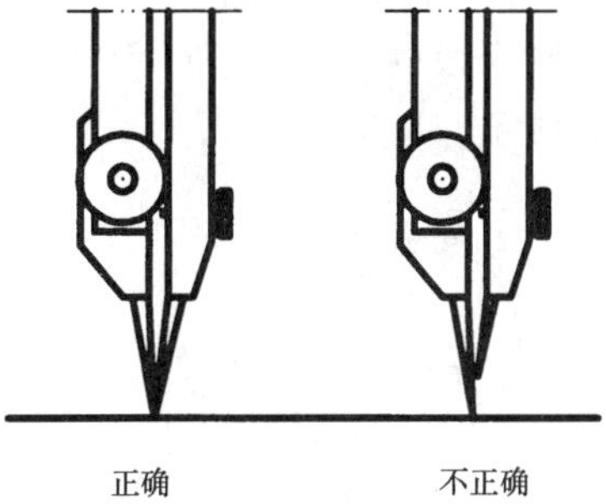

图 1-9　分规两针尖应平齐

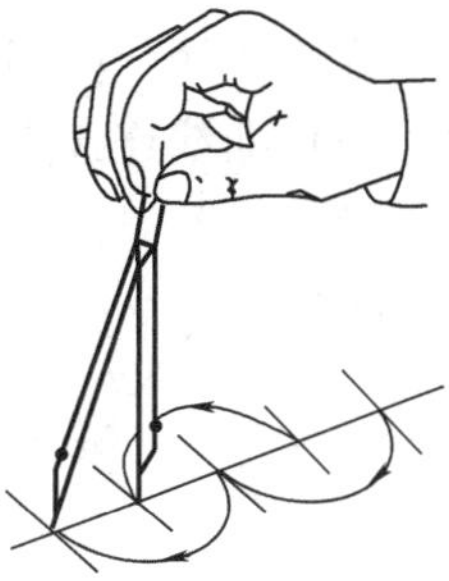

图 1-10　用分规等分线段

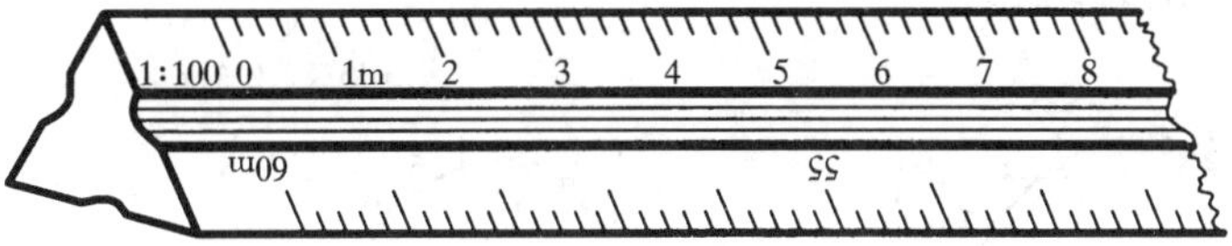

(a) 三棱尺

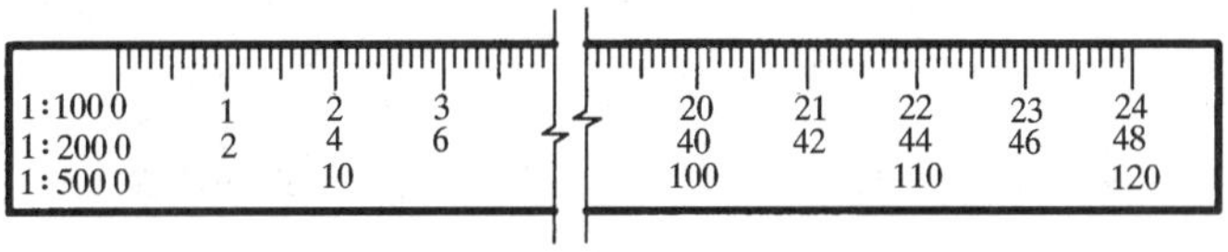

(b) 比例直尺

图 1-11　比例尺

一种方法是用分规从比例尺上量取尺寸后再移到图纸上。后一种方法适用于截取大量重复尺寸。

读比例尺上刻度的方法，如图 1-12 所示。当用 1∶100 的比例画图时，尺上的 1cm 实际长度是 1m。也就是说，已将实际长度 1m 缩短了 1%。如果实物尺寸为 3200mm (3.2m)，应在比例尺 1∶100 尺面上直接量取 3.2m。在比例尺 1∶100 的刻度上，也能读出 1∶1、1∶10、1∶1000 等比例的尺寸。在比例尺 1∶200 的刻度上，也能读出 1∶2、1∶20、1∶2000 等比例的尺寸。

八、曲线板

曲线板用于加深非圆曲线。用曲线板画曲线时，应先徒手轻轻地将各点用细线连成光

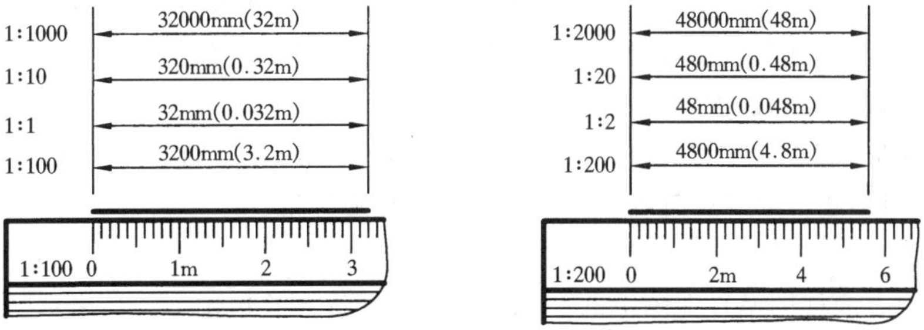

图 1-12　读比例尺的方法

滑的曲线，然后在曲线板上选择与曲线吻合的部分，尽量多吻合一些，一般应不少于4点，从起点到终点按顺序分段加深。加深时应将吻合段的末尾留下一段暂不加深，待下一段加深时重合，以使曲线连接光滑，如图1-13所示。

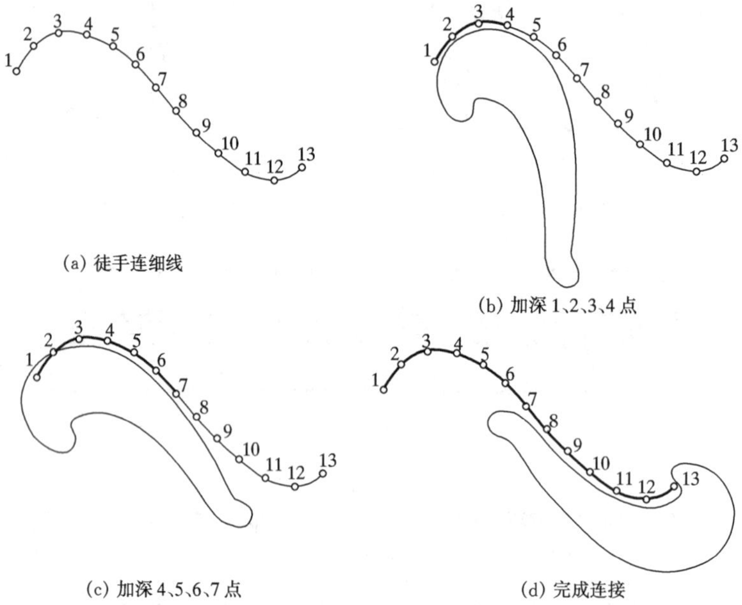

图1-13 曲线板的用法

九、擦图片

擦图片用于加深图线时修改错线。使用擦图片时，应将要擦去的图线从擦图片的孔中露出来，然后用橡皮擦去，这样可避免擦掉其他部分的图线。

第二节 基本制图标准

图样是工程界的技术语言。作为技术的共同语言，必须有统一的规范，这些规范就是制图标准。对各类制图中需要统一的内容，国家制定了GB/T《技术制图》标准，各行业也制定有行业制图标准。技术制图标准与行业制图标准不同时，应遵循技术制图标准。国家标准《技术制图》标准代号为GB/T、行业标准《道路工程制图标准》代号为GB50162—92、行业标准《水利水电工程制图标准》代号为SL73—95。本节主要介绍：图幅、比例、图线、字体、尺寸注法等基本制图标准，其他有关标准将在后续章节逐步介绍。

一、图纸幅面与标题栏

各行业都应采用GB/T14689—93《技术制图》标准规定的图纸幅面和格式，GB/T14689—93对标题栏内容没有统一规定，应采用行业标准。

1. 图纸幅面

图纸幅面（简称图幅）即图纸的面积，图纸的短边×长边用$B\times L$表示。制图标准规定了5种不同尺寸的基本图幅，见表1-2。绘制技术图样时，应优先选用基本幅面。

表 1-2　**基本幅面及图框尺寸**

图幅代号	A0	A1	A2	A3	A4
$B\times L$	841×1189	594×841	420×594	297×420	210×297
e	20		10		
c	10			5	
a	25				

由表 1-2 可以看出，图纸幅面以 A0、A1、A2、A3、A4 为代号，基本图幅之间大小的关系如图 1-14 所示。

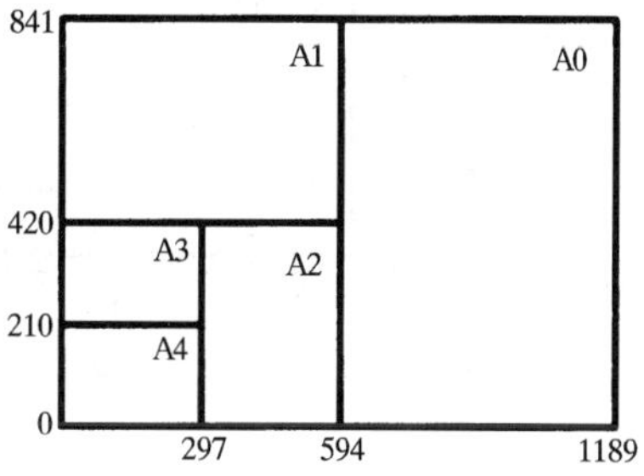

图 1-14　基本图幅之间大小的关系

图幅在应用中面积如果不够大，允许加大图幅面积，具体尺寸必须参照执行有关制图标准。

2. 图框格式

绘制图样时，必须在图纸上用粗实线（在图线中介绍）画出图框，图形只能绘制在图框内。图框格式分为不留装订边和留有装订边两种，但同一产品的图样只能采用一种格式。

不留装订边图纸的图框格式如图 1-15 所示，周边的尺寸见表 1-2。国际上早已采用自动晒图机晒图，它可以完成复制、剪切、折叠等全过程，若需要附加装订边，它还可以自动粘贴一条具有装订孔的装订边。这种不留装订边的图纸对绘图、复制、折叠、装订和使用都十分方便，应优先选用。

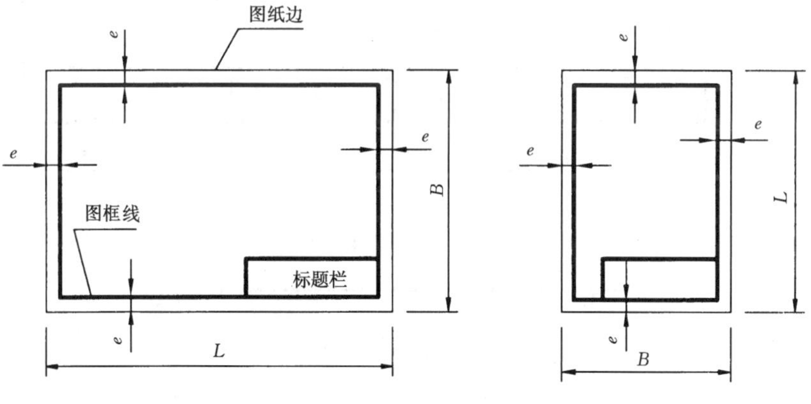

图 1-15　不留装订边的图框格式

留有装订边图纸的图框格式如图 1-16 所示。

3. 标题栏

标题栏（简称图标）是图样的重要内容之一，每张图纸均应画出图标。图标的位置应位于图纸右下角。图标的外框线用粗实线绘制，分格线用细实线绘制，图标的右边框和下边框线应与图框线重合。

图标的长边置于水平方向并与图纸长边平行时，则构成 X 型图纸，如图 1－15（a）和 1－16（a）所示。图标的长边与图纸的长边垂直，则构成 Y 型图纸，如图 1－15（b）和 1－16（b）所示。在此情况下，看图的方向应与图标的方向一致。

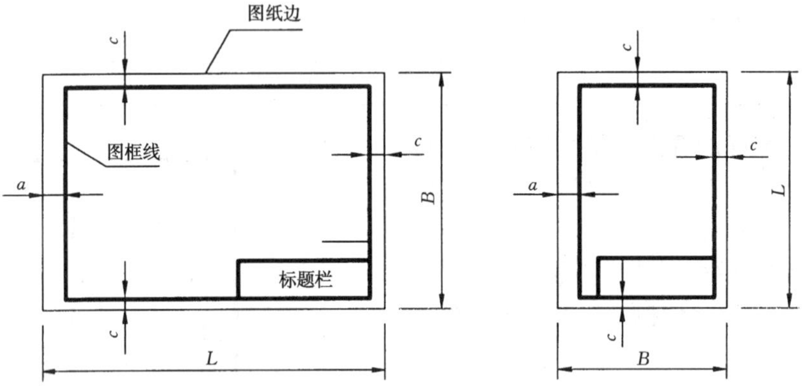

(a) X 型图纸　　(b) Y 型图纸

图 1－16　留有装订边的图框格式

图 1－17 是水工图样中图标的格式和尺寸规定。

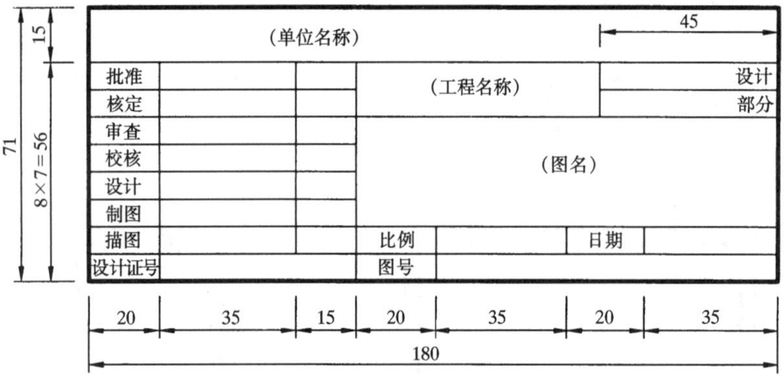

(a) A0、A1 图幅中的图标

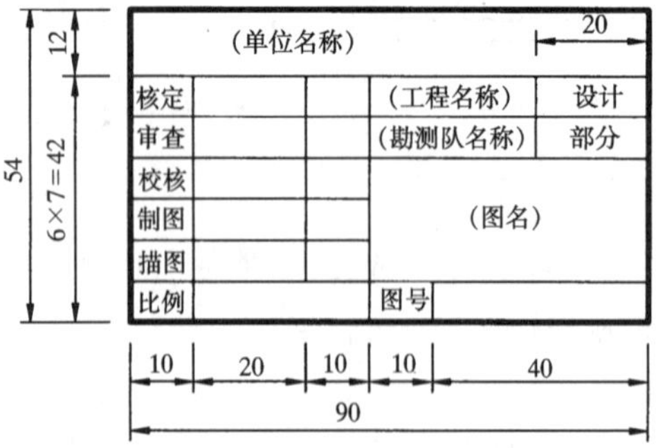

(b) A2、A3、A4 图幅中的图标

图 1－17　水工图样中图标的格式和尺寸

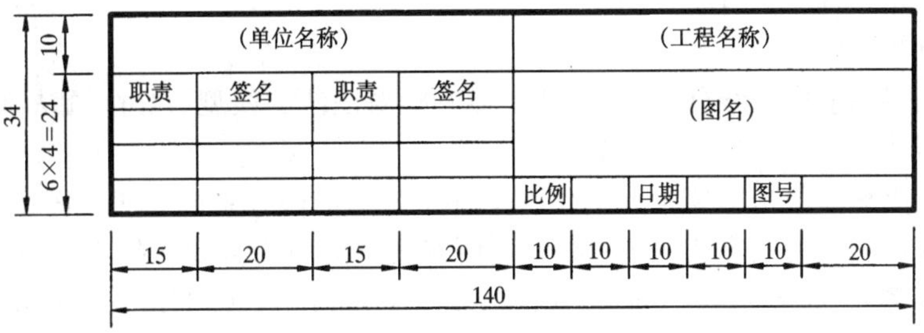

图 1-18　路桥图样中图标的格式和尺寸

图 1-18 是路桥图样中图标的格式和尺寸规定。

本课程作业中建议采用图 1-19 所示的标题栏。

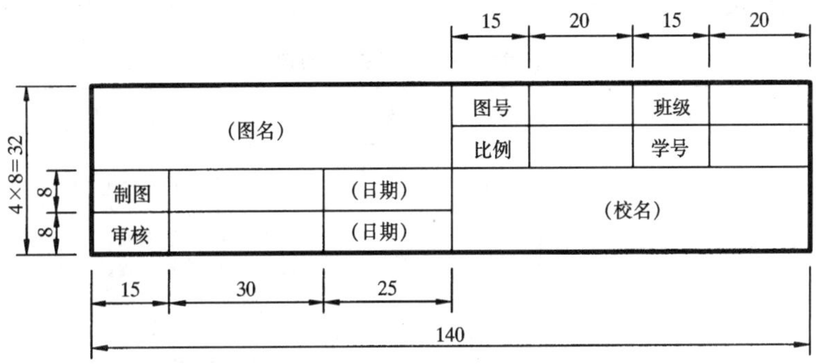

图 1-19　作业用标题栏

二、比例

图中图形与其实物相应要素的线性尺寸之比称为比例。《技术制图》标准中图样(GB/T14690—1993) 对图样中的比例大小和注写方式都作了规定。

绘制图样时，应根据物体的大小及其形状的复杂程度，由表 1-3 规定的系列中选取适当的比例。

表 1-3　　　比　　例

种　　类	比　　例		
原值比例（比值为 1 的比例）	1∶1		
放大比例（比值大于 1 的比例）	5∶1 5×10^n∶1	2∶1 2×10^n∶1	 1×10^n∶1
缩小比例（比值小于 1 的比例）	1∶2 1∶2×10^n	1∶5 1∶5×10^n	1∶10^n 1∶1×10^n
允许选择的缩小比例	1∶1.5×10^n	1∶2.5×10^n	1∶4×10^n

注　n 为正整数。

无论采用何种比例，图中所注尺寸均应是物体的真实尺寸，与比例无关。

在图纸上必须注明比例，当整张图纸只用一种比例时，应统一注写在图标中的比例栏内。否则，应在各视图中分别注写。

三、图线及画法

《技术制图》标准中图线（GB/T 17450—1998）对图线的线型、尺寸、画法都作了规定。

1. 图线及其应用

图线是组成图形的基本要素。为了使图样中表达的内容主次分明，图线有粗线、中粗线和细线之分，三者的宽度比为 4∶2∶1。所有线型的图线宽度应按图样的类型和尺寸大小在下列数系中选择：0.13mm、0.18mm、0.25mm、0.35mm、0.5mm、0.7mm、1.0mm、1.4mm、2.0mm。

GB/T《技术制图》标准中用 d 表示所有线型的图线宽度，粗实线的图线宽度习惯上用字母 b 表示，粗实线的图线宽度根据图样的比例和复杂程度一般在 0.5～1.4mm 之间选用，常用的 b 值为 0.7mm。

水工图常用的线型和用途见表 1-4。

表 1-4　　水工图常用的图线形式和用途

图线名称	图线形式	图线宽度	一般用途
粗实线		b=0.5～1.4	(1) 可见轮廓线。 (2) 钢筋。 (3) 结构分缝线。 (4) 材料分界线。 (5) 断层线。 (6) 岩性分界线
虚　线 中粗虚线	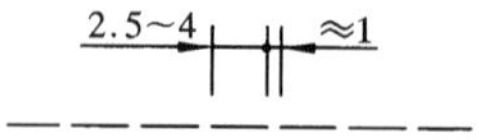	b/4 b/2	(1) 不可见轮廓线（b/4）。 (2) 不可见结构分缝线（b/2）。 (3) 原轮廓线（b/2）。 (4) 推测地层界线（b/2）
细实线		b/4	(1) 尺寸线和尺寸界线。 (2) 引出线。 (3) 剖面线。 (4) 示坡线。 (5) 重合剖面的轮廓线。 (6) 钢筋图的构件轮廓线。 (7) 表格中的分格线。 (8) 曲面上的素线
点画线	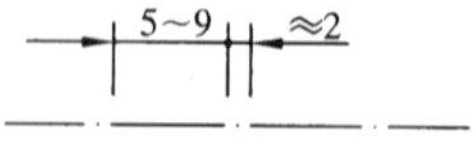	b/4	(1) 中心线。 (2) 轴线。 (3) 对称线
双点画线	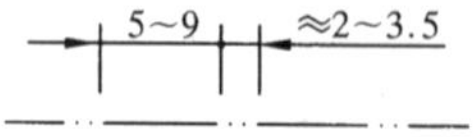	b/4	(1) 原轮廓线。 (2) 假想投影轮廓线。 (3) 运动构件在极限或中间位置的轮廓线
波浪线		b/4	(1) 构件断裂处的边界线。 (2) 局部剖视的边界线
折断线	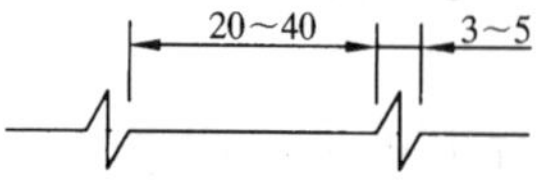	b/4	(1) 中断线。 (2) 构件断裂处的边界线

路桥图常用的线型和用途见表 1-5。

表 1-5　　路桥图常用的图线形式和用途

图线名称	图　线　形　式	图线宽度	一　般　用　途
粗实线		b=0.5～1.4，常取 b=0.7	可见轮廓线、钢筋线
中粗实线		$b/2$	较细的可见轮廓线、钢筋线
细实线		$b/4$	尺寸线、剖面线、引出线、图例线等
加粗实线		1.4b～2b	路线设计线、地平线等
虚　线（或中粗虚线）		$b/4$（$b/2$）	不可见轮廓线
粗虚线		b	地下管线或建筑物
点画线	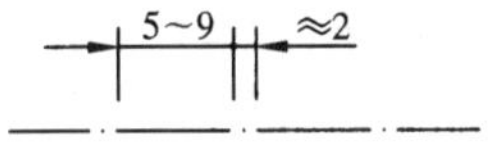	$b/4$	道路中心线、中心线、轴线、对称线
中粗点画线	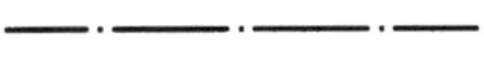	$b/2$	地界线
双点画线	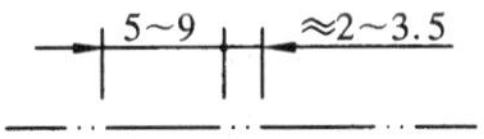	$b/4$	假想轮廓线
波浪线		$b/4$	断开界线
折断线	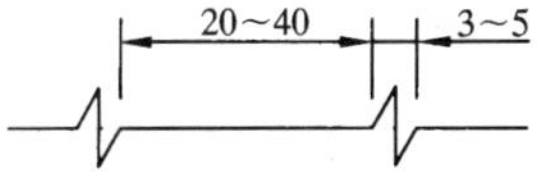	$b/4$	断开界线

各种图线的应用举例如图 1-20 所示。

2. 图线的规定画法

同一张图纸上同类图线的宽度应基本一致。虚线、点画线的线段长度和间隔应大致相等。图线的宽度靠削磨铅笔芯来控制，线段的长短和间隔靠目测控制，图线的浓淡靠手画图时的力度控制。图线的规定画法见表 1-6。

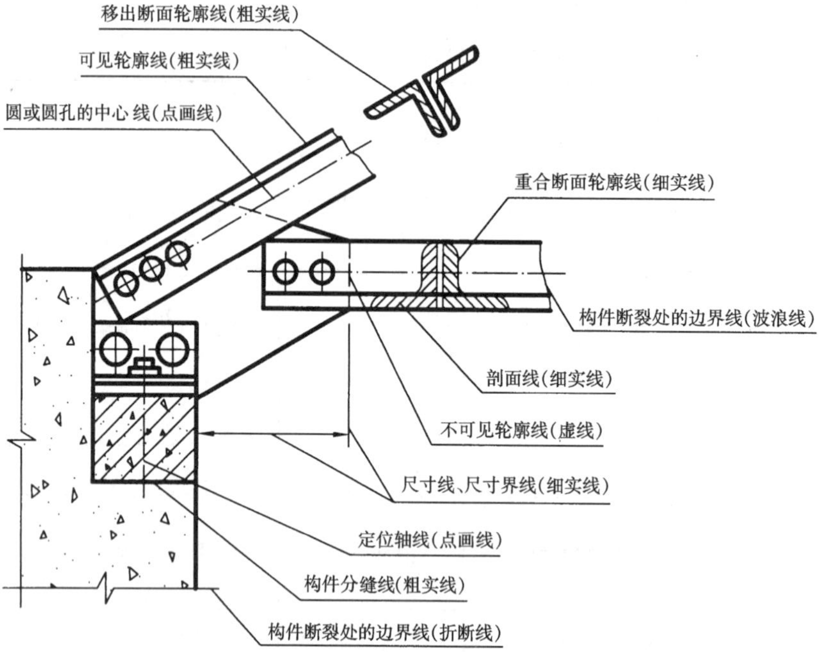

图 1-20 图线的应用

表 1-6 **图线的规定画法**

图线间关系	正确画法	错误画法	文字说明
虚线在粗实线延长线上	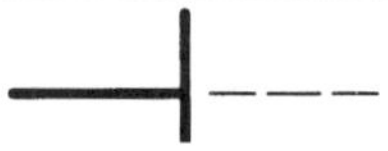		虚线为粗实线的延长线时，粗实线应画到分界点，留空隙后再画虚线
图线相交	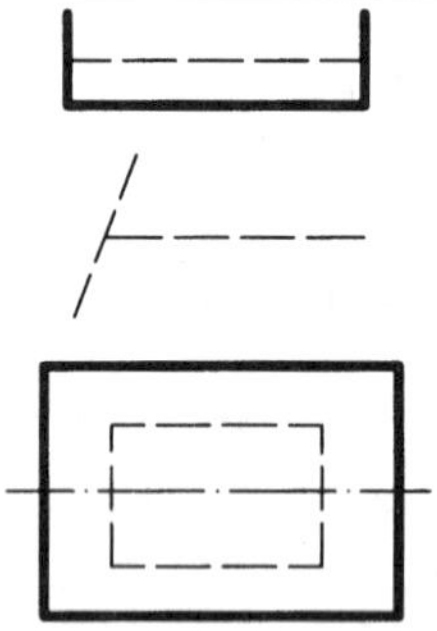	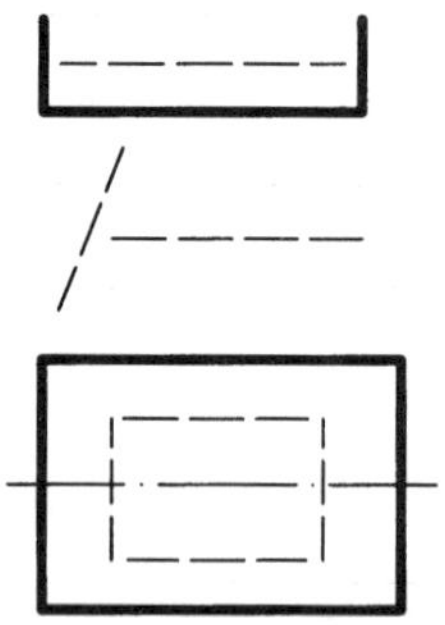	图线与图线相交必须以线段相交，不得在间隔或点处相交
虚线相切	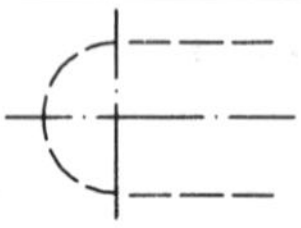	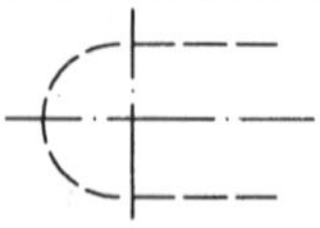	圆弧虚线与直虚线相切时，圆弧虚线应画至切点处，留空隙后再画直虚线
点画线与轮廓线相交	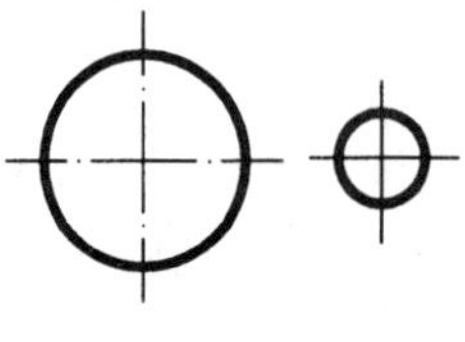	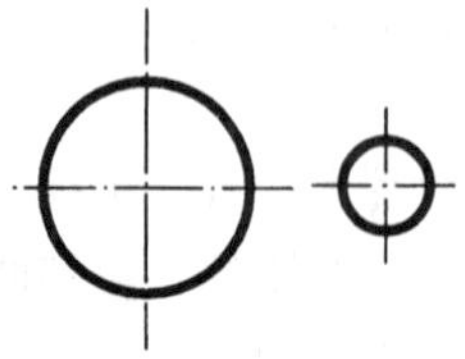	圆心应为点画线的线段交点，点画线应超出轮廓线约 3～5mm，且首末应是线段。在较小的图形上绘制点画线有困难时，可用细实线代替

四、字体

《技术制图》标准中图样(GB/T14691—1993)对图样中字体的型式和大小都作了规定。

字体是图样中重要的组成部分。书写字体必须做到：字体工整、笔画清楚、间隔均匀、排列整齐。

字体高度（用 h 表示）的公称尺寸系列为：1.8mm、2.5mm、3.5mm、5mm、7mm、10mm、14mm、20mm。如果需要写更大的字，其字体高度应按$\sqrt{2}$的比率递增。字体高度代表字体的号数。用作指数、分数、极限偏差、注脚等的数字和字母，一般应采用小一号的字体。

1. 汉字

汉字应写成长仿宋体字，并应采用国家正式公布推行的简化字。汉字字高不应小于3.5mm，字宽一般为 $h/\sqrt{2}$。长仿宋体字的示例如图 1－21 所示。

10号字

字体端正 笔画清楚 排列整齐 间隔均匀

7号字

横平竖直 注意起落 结构均匀 填满方格

5号字

工程制图 水工图 道路图 剖视图 比例 闸墩 涵洞 立交桥 标高 规划

图 1－21　长仿宋体字示例

长仿宋体字的书写要领是：横平竖直、起落有锋、结构匀称、填满方格。建议初学者打格书写，以保证字体写出来大小一致、排列整齐。长仿宋体的基本笔画和书写方法见表 1－7。

表 1－7　长仿宋体字的基本笔画和书写方法

笔画名称	结　构	运笔方法	字　　例	说　　明
横			工大上土	横宜平，可稍向上倾斜
竖			平中川下伸	竖要直，不可偏斜

续表

笔画名称	结　构	运笔方法	字　　例	说　　明
撇			厂房水施板	起笔重而有锋，收笔渐细而尖
捺			道缝坡支长	起笔细挺劲而渐粗，收笔转平轻轻回提，锋如刀刃
点			常总河校	点多为斜点，起笔细而渐粗，收笔回折成三角形，其他不同位置的点可略加变化
挑			护坝物墩	起笔重而有锋，挺劲斜上，收笔渐尖
钩			利比寸视划	钩乃附于其他笔画中，作为收尾，常转折上挑，形如鹤嘴
折		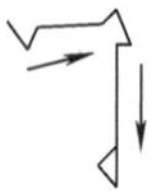	构洞预闸弯	折由横与竖连笔形成，所以转折处应兼有横的收笔和竖的起笔之特点

长仿宋字初练时宜用 10 号字，书写时应特别注意起笔、运笔、收笔、转折，必须做到运笔流畅、笔锋突出。练字不能急于求成，要分三步进行：第一步练基本笔画，第二步练偏旁部首，第三步练整字。只有多看多写，持之以恒，才能水到渠成。

2. 数字和字母

数字应写成阿拉伯数字，字母应写成拉丁字母和希腊、罗马字母。数字和字母分 A 型和 B 型。A 型字体的笔画宽度为字高的 1/14，B 型字体的笔画宽度为字高的 1/10。在同一图样上，只允许选用一种形式的字体。为了与汉字协调，建议数字和字母采用 A 型字体。

数字和字母可以写成斜体和直体。斜体字字头向右倾斜，与水平基准线成 75°。图样中常采用斜体字，数字和字母示例如图 1-22 所示。

五、尺寸标注

《技术制图》标准中尺寸注法（GB/T16675.2—1996）仅对尺寸标注的简化表示作了规定，尺寸标注的基本规则应遵循行业标准。

图形只表示物体的结构形状，物体的真实大小应以图中标注的尺寸数值为依据。本节只介绍尺寸标注的一般规则，专业工程图样的尺寸标注，将在以后有关章节中分别介绍。

1. 尺寸的组成

一个完整的尺寸由尺寸界线、尺寸线、尺寸起止符、尺寸数字四部分组成，如图 1-23 所示。

（1）尺寸界线。尺寸界线用以表示所注尺寸的范围，用细实线绘制。尺寸界线可从图形的轮廓线、轴线或中心线处引出，也可以直接利用轮廓线、轴线或中心线作尺寸界线。

图 1-22　数字和字母示例

绘制尺寸界线时，引出端与轮廓线之间一般留有 2～3mm 间隙，另一端应超出尺寸线约 2mm。

（2）尺寸线。尺寸线用以表示尺寸的方向，用细实线绘制。尺寸线应与被注的线段等

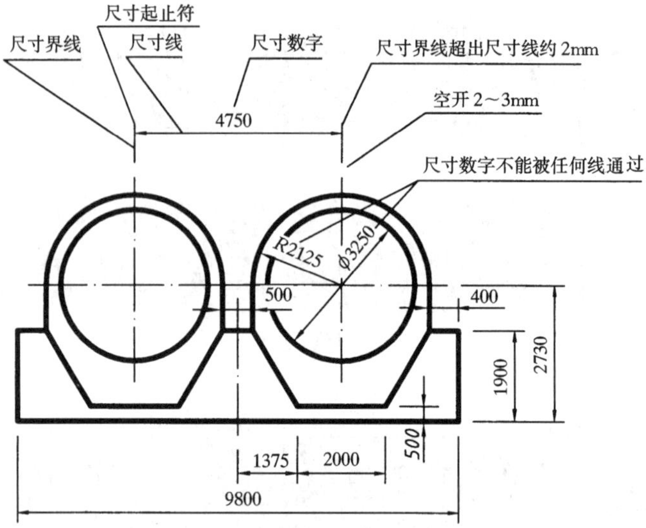

图 1-23　尺寸的组成

长且平行，距离所注的线段一般在 7mm 以上。尺寸线不能用其他任何图线代替，必须单独画出。

（3）尺寸起止符。尺寸起止符用以表示尺寸的起止点。尺寸起止符的形式和有关规定见表 1-8。同一张图样中的尺寸起止符只能用一种形式。标注半径、直径、角度和弧长时，尺寸起止符一律采用箭头（路桥图样用单边箭头）。

表 1-8　　尺寸起止符的形式和画法

形　式	画　　法	说　　明
箭　头	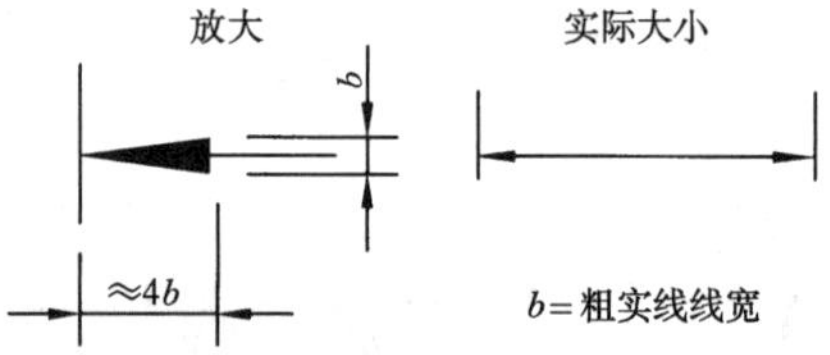	箭头尖端必须与尺寸界线接触
单边箭头	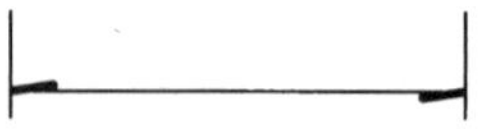	单边箭头在尺寸界线的右边时，应绘制在尺寸线上方，反之，应绘制在尺寸线下方。箭头大小可按绘图比例取值
斜短线	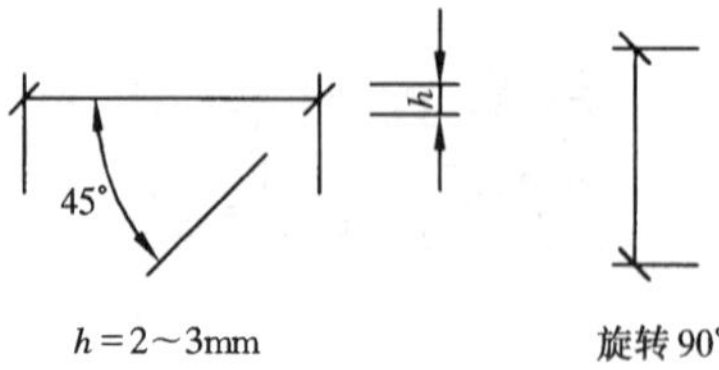	斜短线为细实线，倾斜方向是把尺寸界线顺时针旋转 45°。 路桥图中斜短线为中粗线。 水工图中斜短线为细实线，称为 45°细短线
小黑圆点	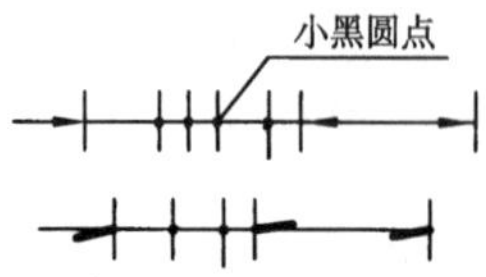	对于连续的小尺寸，当尺寸线终端画不下箭头时，尺寸起止符可采用小黑圆点

水工图中尺寸起止符一般采用箭头，必要时可以用45°细短线表示。路桥图中尺寸起止符一般采用单边箭头，也可采用斜短线表示。在水工图和路桥图的连续小尺寸中，均可采用小黑圆点表示尺寸起止符。

(4) 尺寸数字。尺寸数字用以表示物体的真实大小。尺寸数字一般用3.5号斜体阿拉伯数字书写，同一张图样中尺寸数字的大小应一致。尺寸数字不可被任何图线或符号通过，当无法避免时，必须将图线或符号断开，如图1-23所示。

2. 尺寸的单位

SL73—95《水利水电工程制图标准》对水工图中的尺寸单位规定为：标高、桩号及规划图、总布置图的尺寸以米为单位，其余尺寸以毫米为单位时，图中不必说明，否则应说明尺寸单位。

GB50162—92《道路工程制图标准》对路桥图中的尺寸单位规定为：标高以米计，里程以千米或公里计，百米桩以百米计，钢筋直径和钢结构尺寸以毫米计，其余均以厘米计。当不采用以上尺寸单位时，应在图样中予以说明。

3. 尺寸的一般注法

(1) SL73—95《水利水电工程制图标准》对水工图中尺寸一般注法的规定见表1-9。

表1-9　　水工图中尺寸的一般注法规定

项目	说　明	图　例
线性尺寸数字的注写方向	1. 水平尺寸字头朝上，铅垂尺寸字头朝左，倾斜尺寸应保证字头朝上的趋势，如图(a)。 2. 尽量避免在图(a)所示30°范围内标注尺寸，当无法避免时，允许按图(b)所示形式标注	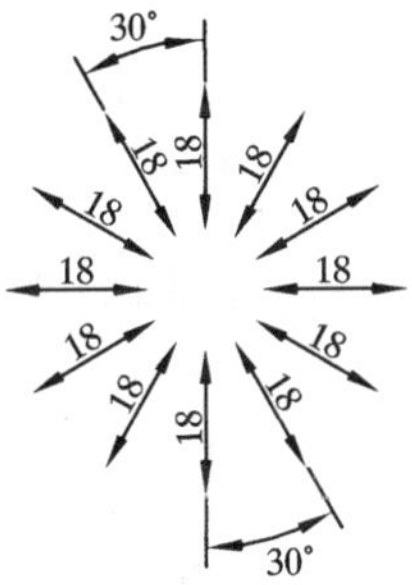 (a) 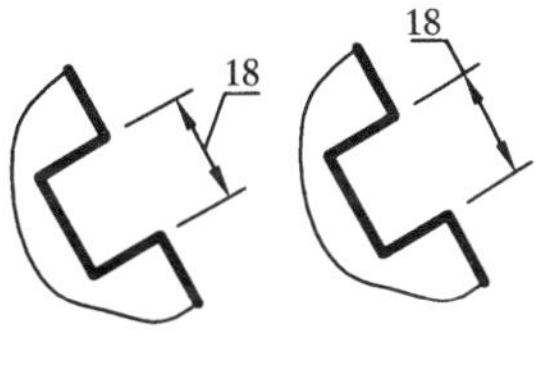 (b)
圆和圆弧尺寸的标注	1. 标注直径尺寸时，应在数字前加注符号ϕ（金属材料）或D（其他材料）。标注半径尺寸时，应在数字前加注符号R。 2. 圆和大于半圆的圆弧标注直径，半圆和小于半圆的圆弧标注半径如图(a)所示。 3. 大圆弧的注法：当圆弧半径过大并且需要标明圆心位置时，可按图(b)的方法标注；若不需要标明圆心位置，则可按图(c)的方法标注	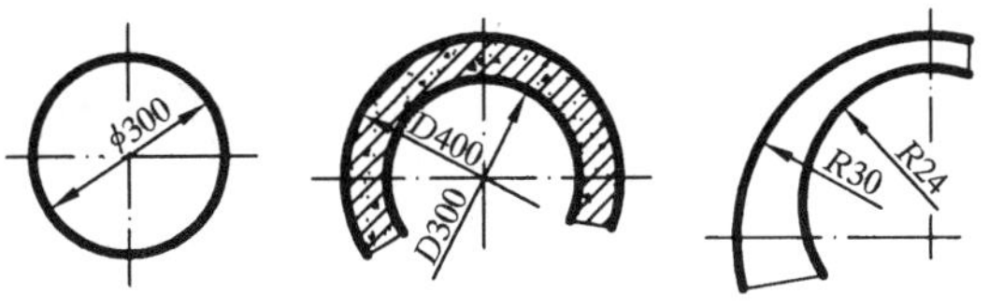 (a) 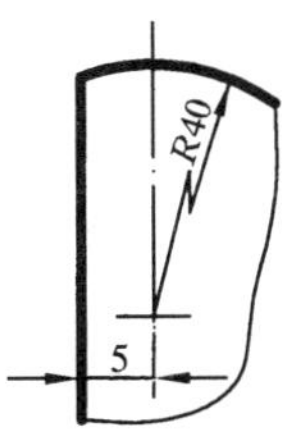 (b) 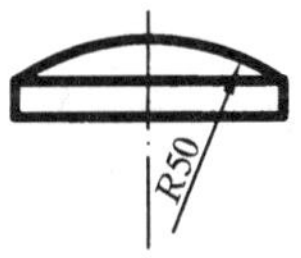 (c)

续表

项目	说　　明	图　　例
球面尺寸的标注	在标注球面直径或半径时，应在符号“ϕ”或“R”前加注符号“S”	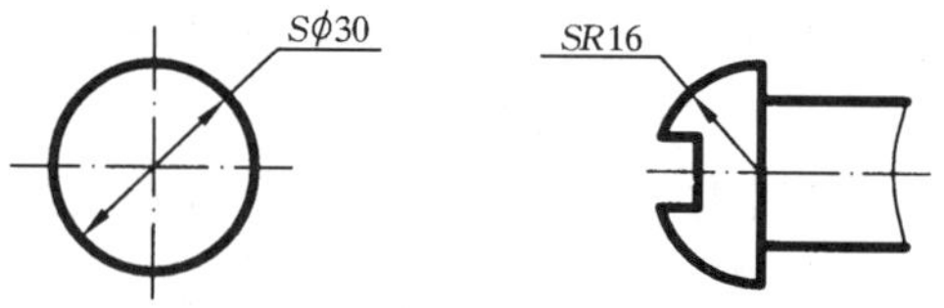
弦长和弧长尺寸的标注	1. 弦长或弧长的尺寸界线均应平行于该弦的垂直平分线，如图（a）、图（b）所示。 2. 标注弧长时，尺寸数字上应加注“⌒”	 (a)　(b)
角度尺寸的标注	1. 尺寸界线沿径向引出，尺寸线是以角度顶点为圆心的圆弧。 2. 角度数字一律水平注写，一般注写在尺寸线的中断处。必要时也可注写在尺寸线外，或引出标注	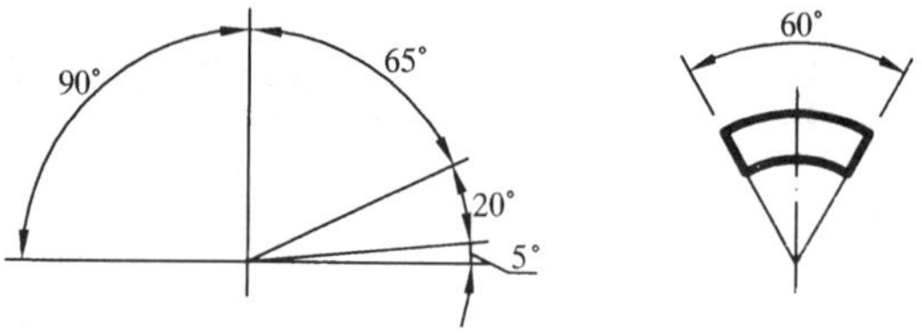
小尺寸的标注	1. 在尺寸界线之间没有足够位置画箭头或注写尺寸数字时，可按图例形式标注。 2. 标注连续尺寸时，中间的箭头可用圆点代替，圆点的大小应与箭头尾部宽度相同	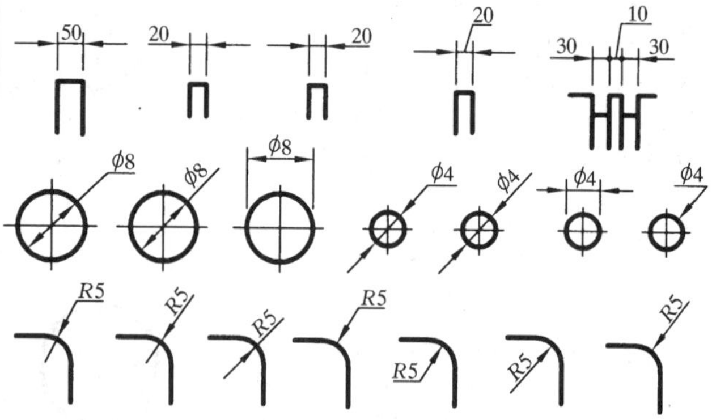
坡度的标注	1. 坡度表示一条线或一个平面对水平面的倾斜程度，如图（a）所示。 2. 坡度的标注形式一般采用 1∶n 的形式，如图（b）所示。 3. 当坡度较缓时，坡度可用百分数表示，如图（c）所示	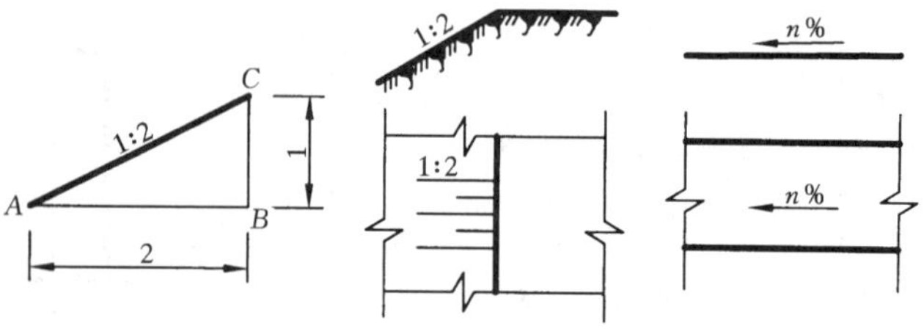 (a)　(b)　(c)

续表

项目	说　　明	图　　例
标高的标注	1. 立面图中的标高符号，为等腰三角形，用细实线绘制，如图（a）所示。 2. 平面图中的标高符号，为矩形框，用细实线绘制，如图（b）所示。 3. 水面标高的符号，在水面线以下绘三条细实线，如图（c）所示。 4. 标高数字以米为单位，注写到小数点以后第三位，在总布置图中，可注写到小数点以后第二位。 零点标高注成±0.000，正数标高数字前一律不加“＋”号，负数标高数字前必须加注“－”号。 标高标注的示例如图（d）所示	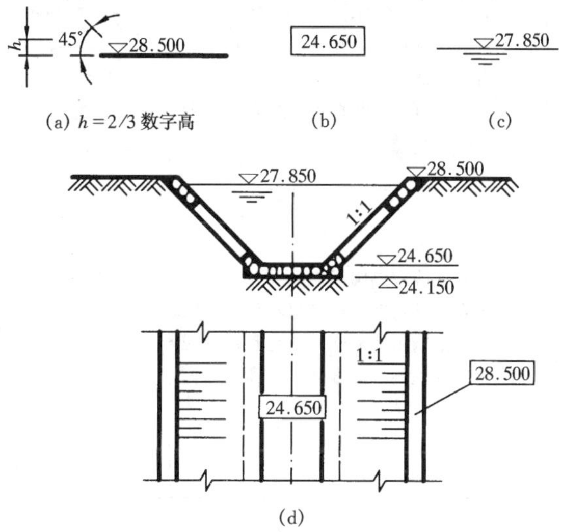

（2）GB50162—92《道路工程制图标准》对路桥图中尺寸一般注法的规定见表1-10。

表1-10　　　　路桥图中尺寸的一般注法规定

项目	说　　明	图　　例
尺寸数字及文字的标注	1. 水平方向尺寸数字和文字注写在尺寸线的上方中部，字头向上；铅垂方向尺寸数字和文字注写在尺寸线的左边中部，字头向左。 2. 倾斜方向尺寸数字和文字应保持字头向上，注写在尺寸线的上方中部	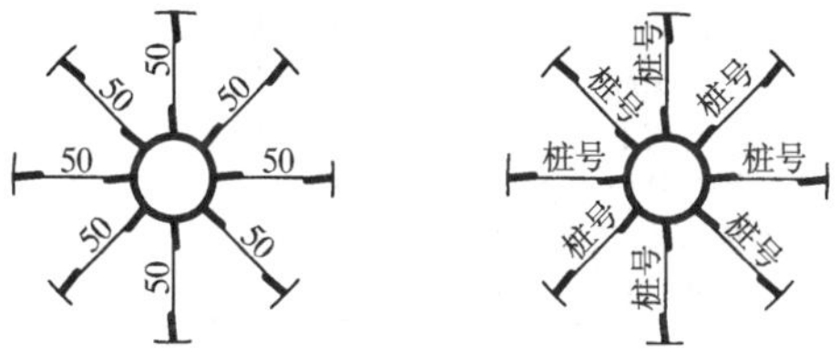
引出线的标注	引出线应采用细实线，斜线按90°、120°、135°、150°绘制。当视图需要文字说明时，可将文字说明标注在引出线的水平线上。当斜线在一条以上时，各斜线宜平行或交于一点	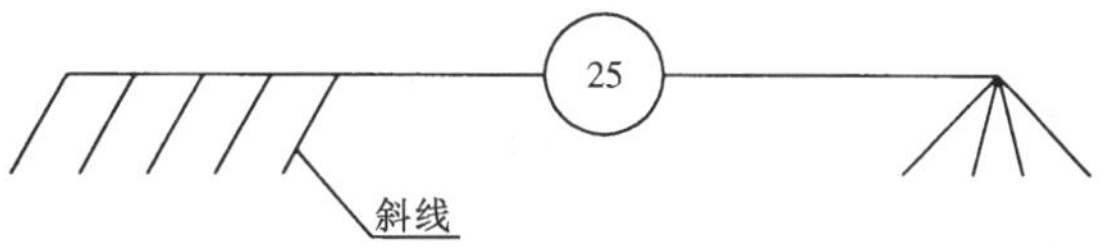
圆和圆弧尺寸的标注	1. 标注直径尺寸时，应在数字前加注符号 *d*（*D*）；标注半径尺寸时，应在数字前加注符号 *r*（*R*），如图（a）所示。 2. 当圆弧半径较大，并且不需要标明圆心位置时，可按图（b）的方法标注。 3. 当圆的直径较小，在尺寸界线之间没有足够位置画箭头和注写尺寸数字时，可按图（c）的形式标注	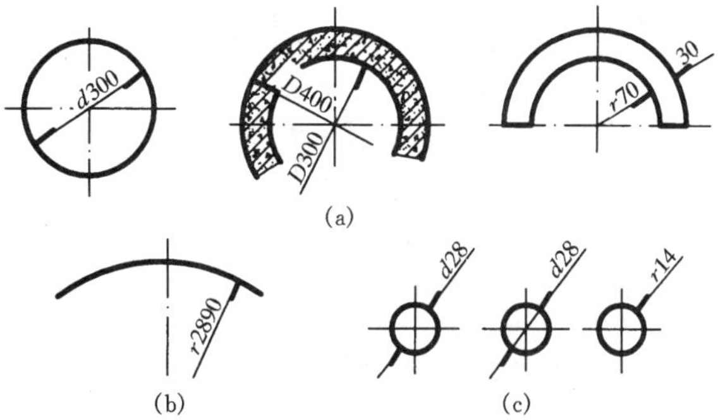

续表

项目	说　　明	图　　例
弦长和弧长尺寸的标注	1. 圆弧尺寸宜按图（a）标注，当弧长分为数段标注时，尺寸界线也可沿径向引出，如图（b）所示。 2. 弦长的尺寸界线应垂直该圆弧的弦，如图（c）所示	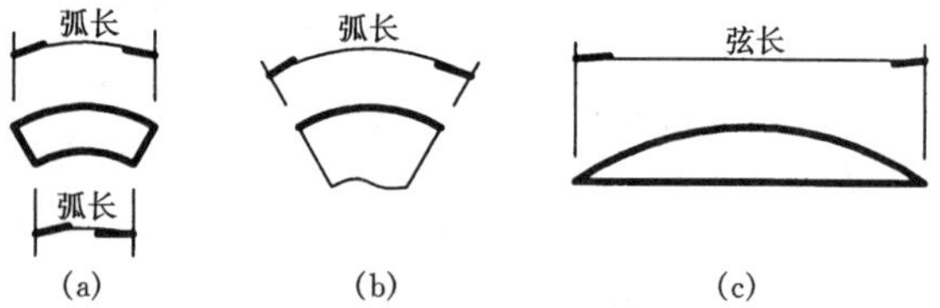
角度尺寸的标注	角度尺寸线应以圆弧表示，角的两边为尺寸界线。角度数值宜写在尺寸线的上方中部。当角度太小时，可将尺寸线标注在角的外侧。角度数字宜按右图标注	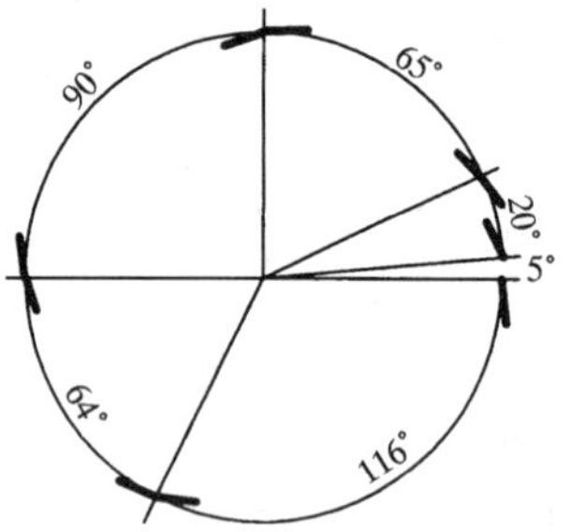
线性尺寸的标注	当尺寸界线之间没有足够位置画箭头或注写尺寸数字时，可采用反向箭头和黑圆点尺寸起止符。最外边的尺寸数字，可标注在尺寸界线外侧箭头的上方，中部相邻的数字，可错开标注	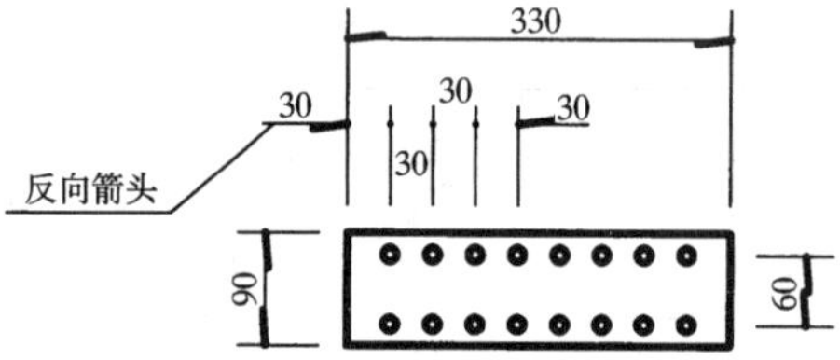
坡度的标注	1. 当坡度值较小时，坡度的标注宜用百分率表示，并应标注坡度符号。坡度符号由细实线、单边箭头以及在其上标注的百分数组成。坡度符号的箭头应指向下坡方向。 2. 当坡度值较大时，坡度的标注宜用比例的形式表示，例如 1∶*n*	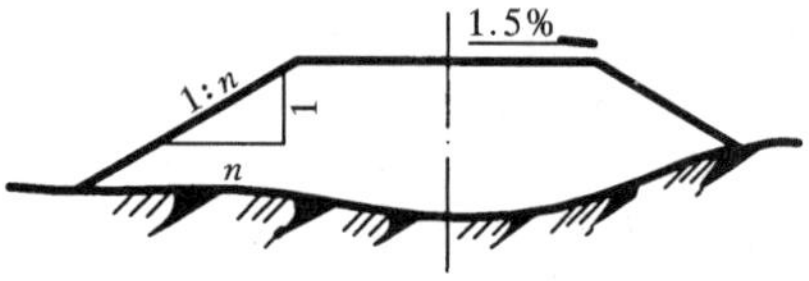
倒角尺寸的标注	倒角尺寸可按图（a）标注，当倒角为45°时，也可按图（b）标注	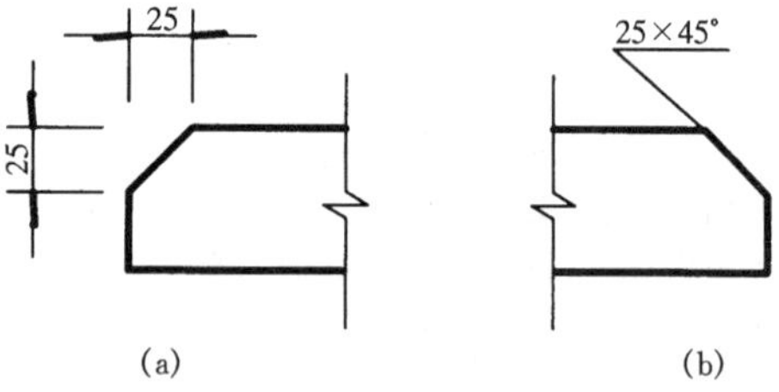
标高的标注	1. 标高符号应采用细实线绘制的等腰三角形表示。顶角应指至被注的高度，顶角向上向下均可。标高数字宜标注在三角形的右边。负标高应冠以“－”号，正标高和零标高不应冠以“＋”号。当图形复杂时，也可采用引出线形式标注，如图（a）所示。 2. 水位符号应由数条上长下短的细实线及标高符号组成，水位的标注如图（b）所示	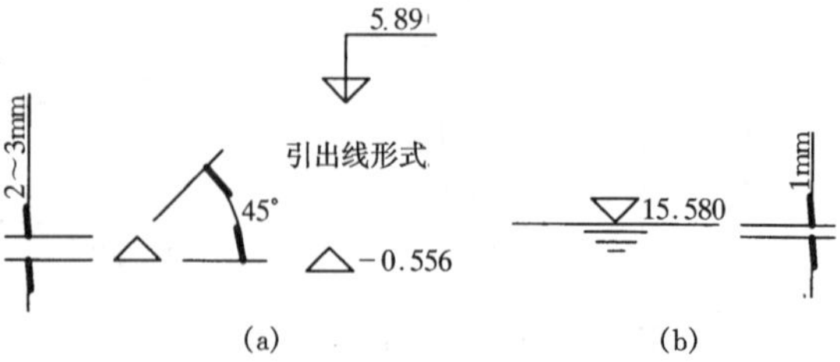

同一方向的若干尺寸，应尽量注写在一条线的位置上，当不能在一条直线上注写时，应小尺寸注内层，大尺寸注外层，避免尺寸线交叉。互相平行的尺寸线间的间距一般在7mm左右。

六、剖面符号

工程中使用的建筑材料类别很多。画剖视图与断面图时，必须根据建筑物所用的材料，画出建筑材料图例，称为剖面符号（通用的剖面符号称剖面线），以区别材料类别，方便施工。

水工图中常见的剖面符号见表1-11。

表1-11　　水工图中常见的剖面符号

名称	图例	说明	名称	图例	说明
水、液体		用尺画水平细线	岩石		斜线为60°细实线，用尺画
自然土壤		徒手画	夯实土		斜线为45°细实线，用尺画
混凝土	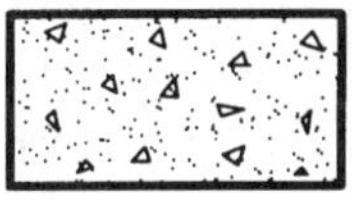	石子带有棱角，徒手画	钢筋混凝土		斜线为45°细实线，用尺画
干砌块石	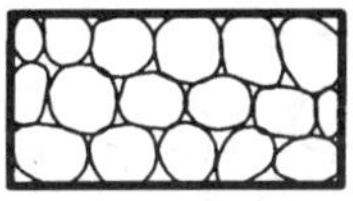	石缝要错开，空隙不涂黑，徒手画	浆砌块石	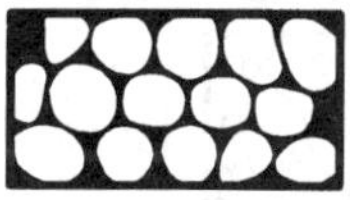	石块之间空隙要涂黑，徒手画
堆　石	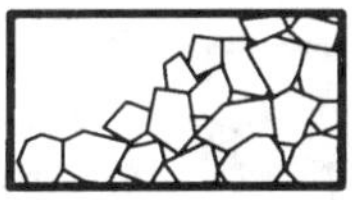	石块有棱角，徒手画	卵　石	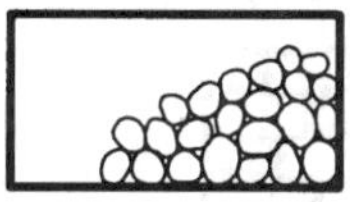	石子无棱角，徒手画
沙卵石 沙砾石	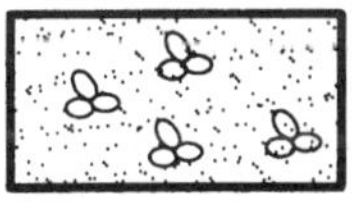	石子无棱角，徒手画	碎　石	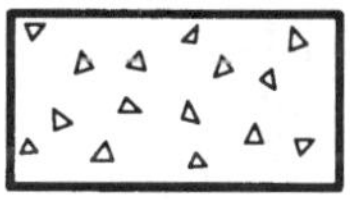	石子有棱角，徒手画
粘　土		斜线为45°细实线，可徒手画	回填土	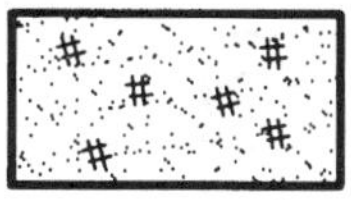	徒手画
木材　纵纹		徒手画	沙、灰土、水泥沙浆	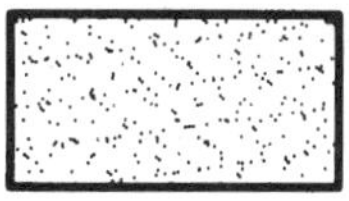	点为不均匀的小圆点，徒手画
木材　横纹					
金　属	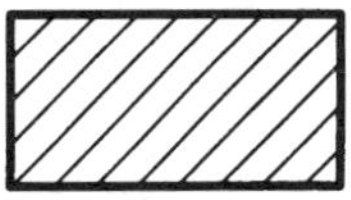	斜线为45°细实线，用尺画	多孔材料		斜线均为45°细实线，用尺画

注　1. 当图样中宽度为不大于2mm的狭长小面积的剖面时，建筑材料图例可用涂黑代替。
　　2. 当剖面面积很大时，图样上只需局部画出建筑材料图例。

路桥图中常见的剖面符号见表1-12。

表 1-12　　路桥图中常见的剖面符号

名称	图　例	说　明	名称	图　例	说　明
细粒式沥青混凝土		斜线为 45°细实线，间距约 2mm，用尺画	粗粒式沥青混凝土	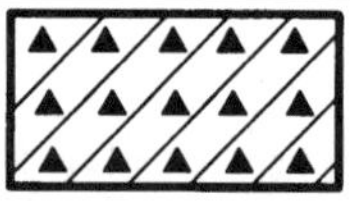	斜线为 45°细实线，用尺画。石子为等腰三角形，涂黑
水泥混凝土	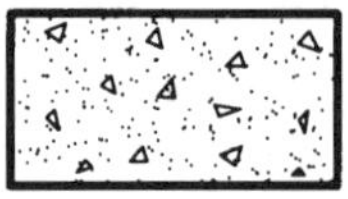	石子为不规则三角形细实线，徒手画	钢筋混凝土	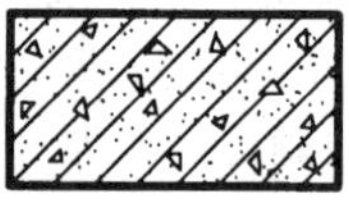	石子为不规则三角形细实线，徒手画。斜线为 45°细实线，用尺画
水泥稳定土	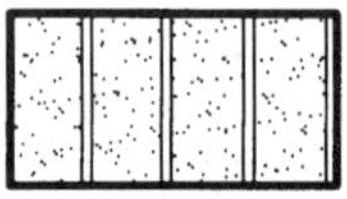	平行线为细实线，用手画，间距不小于 0.7mm	水泥稳定砂砾	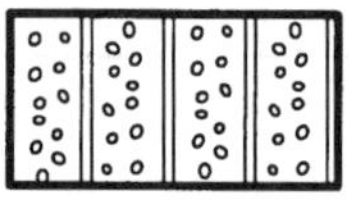	平行线为细实线，间距不小于 0.7mm，石子无棱角
石灰粉煤灰		斜线为 45°细实线，用尺画，点无规则排列	石灰土	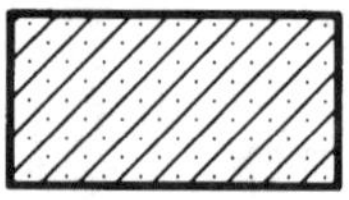	斜线为 45°细实线，用尺画，点应规则排列
石灰粉煤灰砂砾	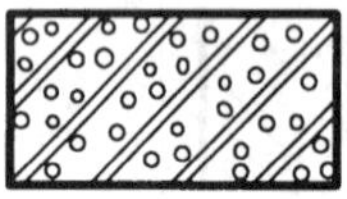	双斜线为 45°细实线，间距不小于 0.7mm，用尺画，石子无棱角	石灰粉煤灰碎砾石		双斜线为 45°细实线，间距不小于 0.7mm，用尺画，石子不规则
天然砂砾	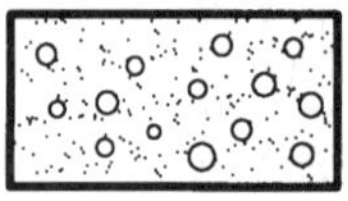	徒手画	干砌块石	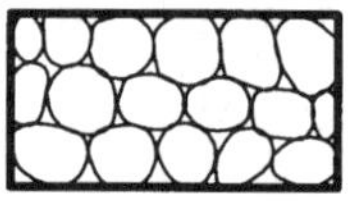	石缝要错开，空隙不涂黑，徒手画
浆砌条石	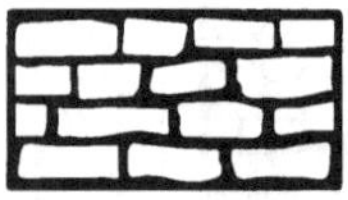	石缝要错开，空隙涂黑，徒手画	浆砌块石	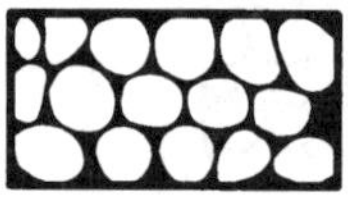	石块之间空隙要涂黑，徒手画
木材　横纹		徒手画	金　属	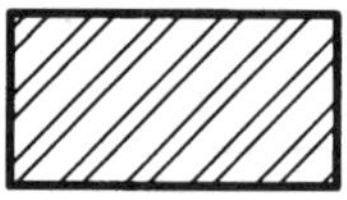	斜线为 45°细实线，用尺画，最小间距不小于 0.7mm
木材　纵纹			橡　胶	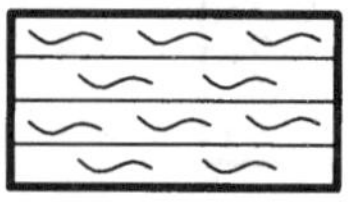	直线为细实线，用尺画。曲线徒手画
自然土壤		徒手画	夯实土壤		斜线为 45°细实线，用尺画

第三节　几　何　作　图

在工程图样中，无论物体的结构和形状如何复杂，其图形轮廓均是由一些几何图形按一定规律组成的。因此，掌握几何作图的基本方法和技能是绘制工程图的基础，本节介绍常用的几何作图方法。

一、等分直线段

无论将已知直线段进行几等分，等分的方法是相同的。线段等分的作图方法及步骤见表 1－13。

表 1－13　　　　等分直线段示例

项目	六等分 AB 直线段		
作图分解步骤	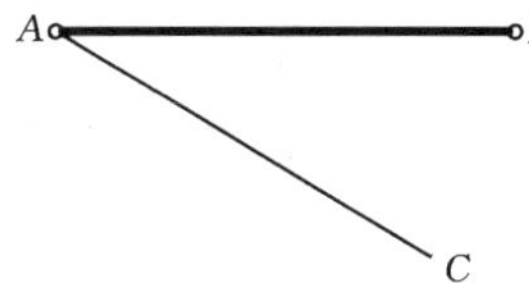	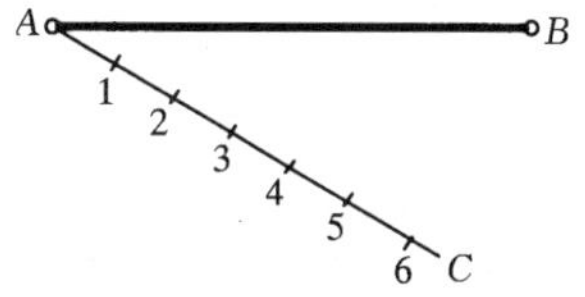	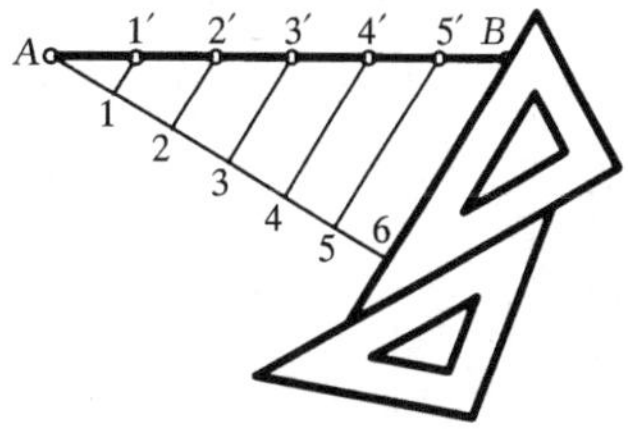
说明	1. 过端点 A（或 B），任作一直线 AC	2. 以任意长度为单位，在 AC 上量取点 1、2、3、4、5、6	3. 连接 $6B$，过点 1、2、3、4、5 作 $6B$ 的平行线与 AB 相交，得点 $1'$、$2'$、$3'$、$4'$、$5'$，即为等分点

二、等分圆周及作正多边形

等分圆周及作圆内接正多边形的方法及步骤见表 1－14。

表 1－14　　　　等分圆周及作正多边形

项目		作图步骤及图例		
六等分圆周及作圆内接正六边形	方法一	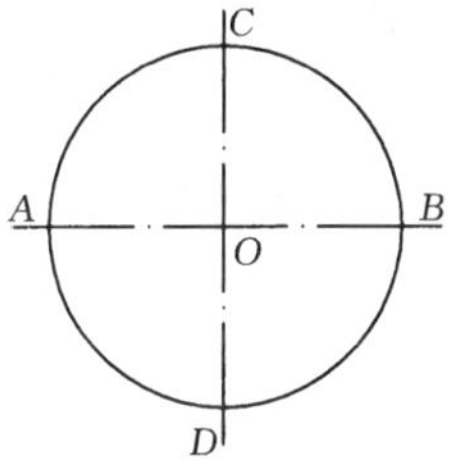	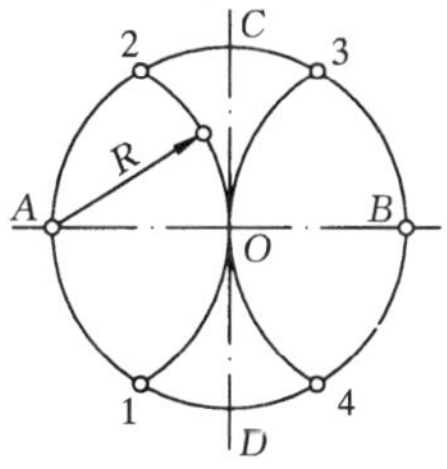	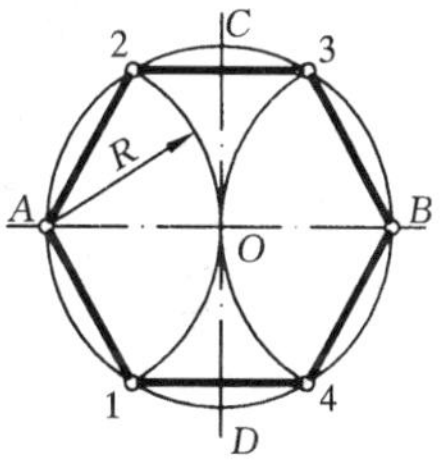
		1. 已知圆心 O 及直径 AB、CD	2. 分别以 A、B 为圆心，$OA=OB$ 为半径画圆弧，与圆周相交于点 1、2、3、4，则点 1、2、3、4、A、B 为等分点	3. 依次连接 A、2、3、B、4、1 各点，即得圆内接正六边形
	方法二	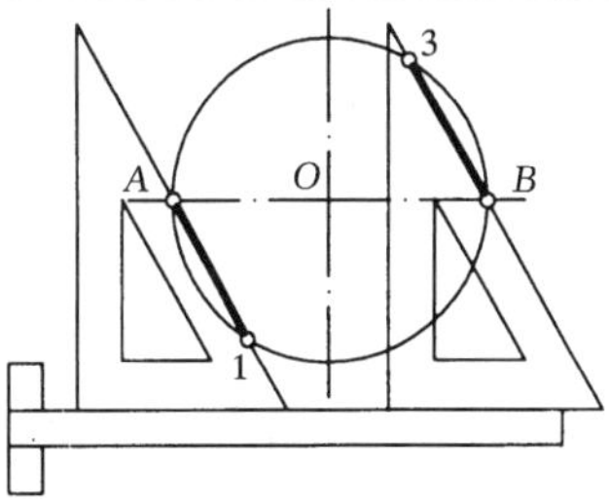	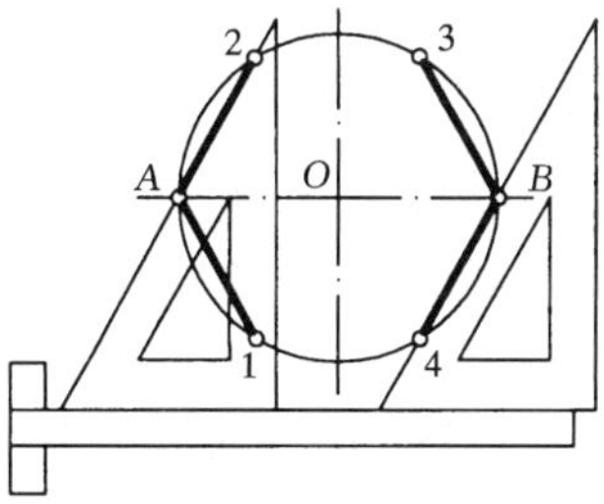	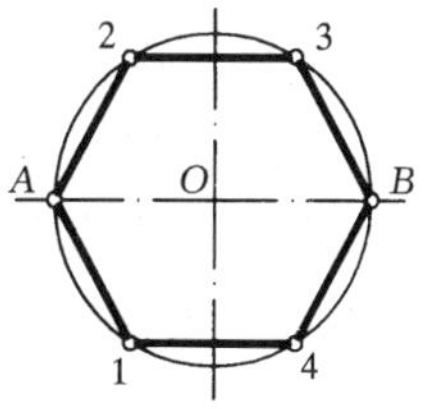
		1. 将 30°三角板的短直角边紧贴丁字尺，并使斜边分别过点 A、B，作直线 $A1$ 和 $B3$	2. 翻转三角板，过点 A、B 作直线 $A2$、$B4$	3. 连接 2、3 及 1、4 点，即得圆内接正六边形

续表

项目	作图步骤及图例		
五等分圆周及作圆内接正五边形	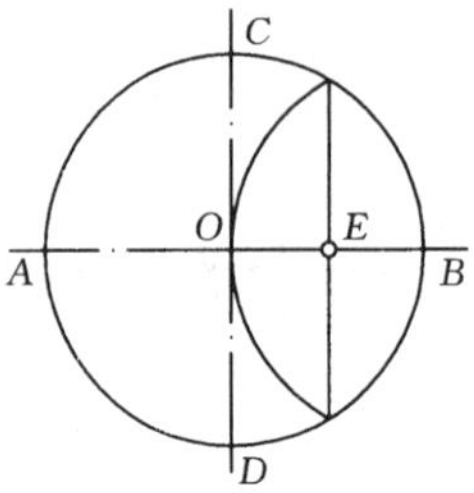	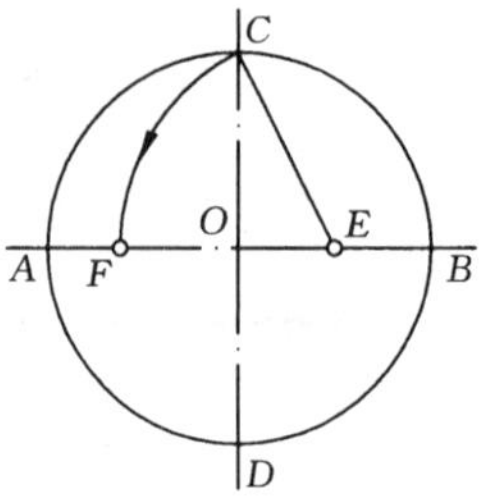	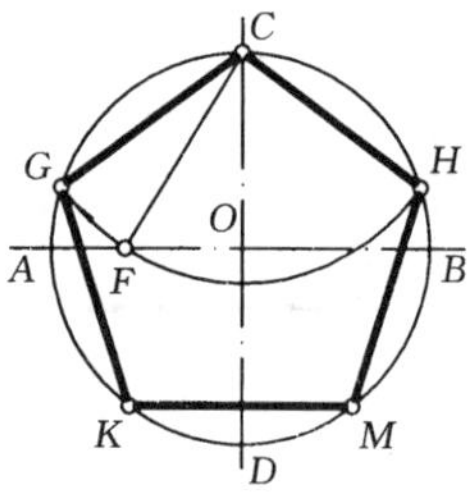
	1. 已知圆心 O 及直径 AB、CD，首先平分 OB 得点 E	2. 以 E 为圆心、EC 为半径画圆弧，交 OA 于点 F，直线段 CF 即为内接正五边形的边长	3. 以 C 为圆心、CF 为半径，在圆周上截取 G、H 两点。再分别以 G、H 为圆心，在圆周上截取 K、M 两点，点 C、G、K、M、H 为等分点。依次连接各等分点，即得圆内接正五边形
任意等分圆周及作圆内接正 n 边形（以七等分圆周及作圆内接正七边形为例）	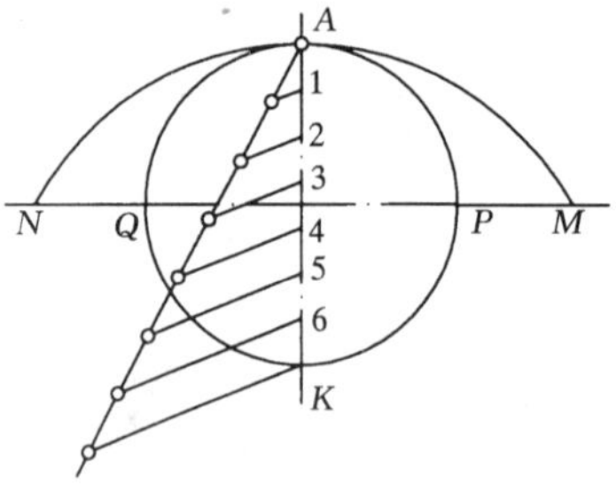	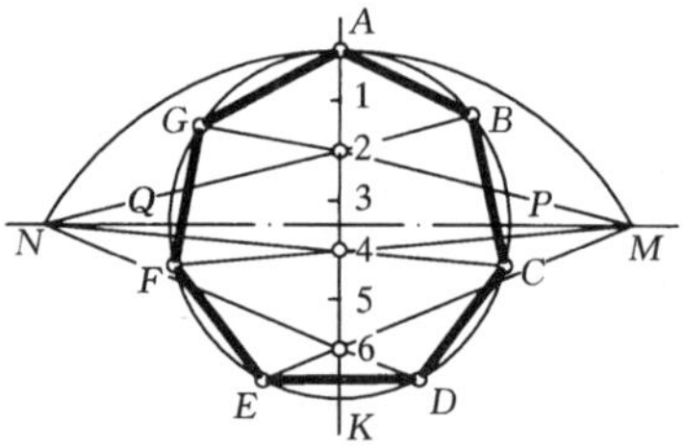	
	1. 首先将已知直径 AK 七等分；再以点 K 为圆心，KA 为半径画圆弧，交直径 PQ 的延长线于 M、N 两点	2. 从点 M、N 分别向 AK 上的各偶数点（或奇数点）作连线，并延长，交圆周于点 B、C、D 和点 E、F、G。点 A、B、C、D、E、F、G 即为等分点。依次连接各等分点，即得圆内接正七边形	

三、圆弧连接

圆弧连接是指用已知半径作圆弧与已知的两条线段（直线段或圆弧）相切，光滑连接。这个起连接作用的圆弧称为连接圆弧。要使连接光滑，作图时必须解决两个问题：①求出连接圆弧的圆心；②确定连接线段的切点，即连接点。

1. 圆弧连接的作图原理

圆弧连接有多种形式，但作图的基本形式只有 3 种。表 1-15 列出了 3 种基本形式求连接圆弧圆心和切点的作图原理。

2. 圆弧连接的常见形式及作图方法

圆弧连接的常见形式及作图方法见表 1-16。

表 1－15　圆弧连接的作图原理

项目	连接弧与已知直线相切	连接弧与已知圆 O_1 外切	连接弧与已知圆 O_2 内切
图例	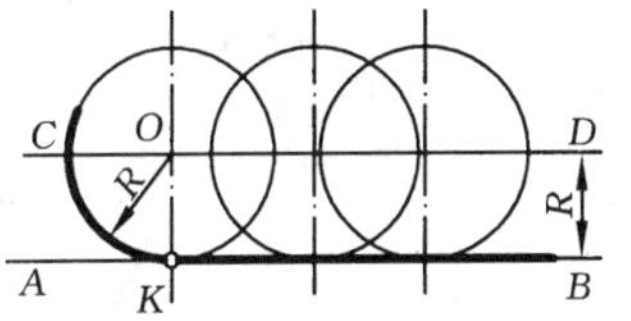	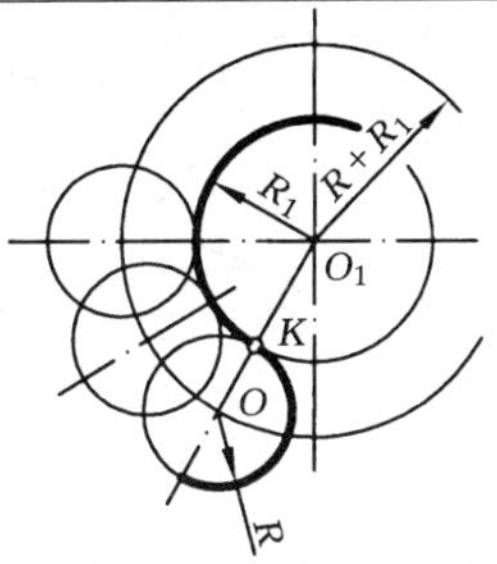	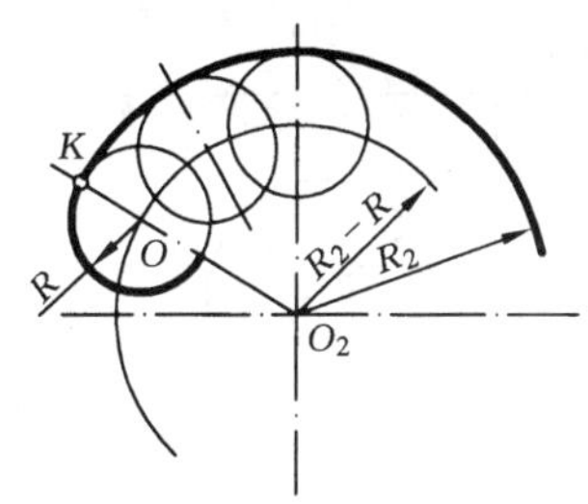
连接弧圆心的轨迹	半径为 R 的圆与已知直线 AB 相切时，其圆心轨迹为与已知直线 AB 平行的直线 CD，距离为圆的半径 R	半径为 R 的圆与已知圆 O_1 外切时，其圆心轨迹为已知圆 O_1 的同心圆，半径为两者的半径之和，即 $R+R_1$	半径为 R 的圆与已知圆 O_2 内切时，其圆心轨迹为已知圆 O_2 的同心圆，半径为两者的半径之差，即 R_2-R
切点位置	由连接弧圆心 O 向已知直线 AB 作垂线，与直线的交点 K 即为切点	两圆弧的连心线 OO_1 与已知圆周的交点 K 即为切点	两圆弧连心线 OO_2 的延长线与已知圆周的交点 K 即为切点

表 1－16　圆弧连接的常见形式及作图方法

连接形式	已知条件	作图方法和步骤：求连接圆弧的圆心 O 点	作图方法和步骤：求连接点 K_1、K_2，画连接圆弧
用圆弧连接两已知直线	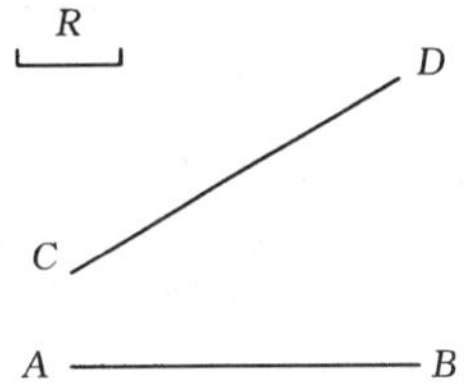	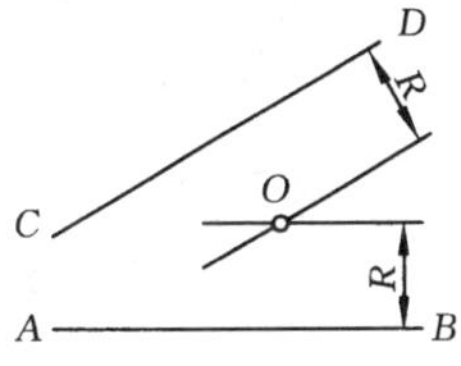	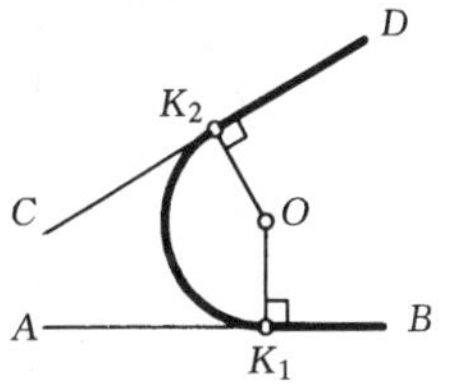
用圆弧连接两已知圆弧：外连接	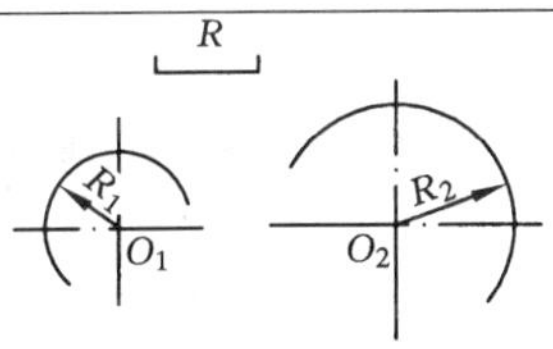	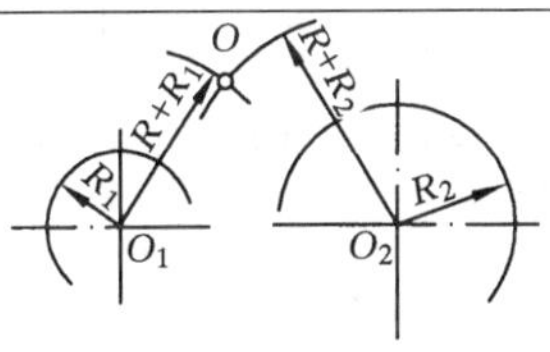	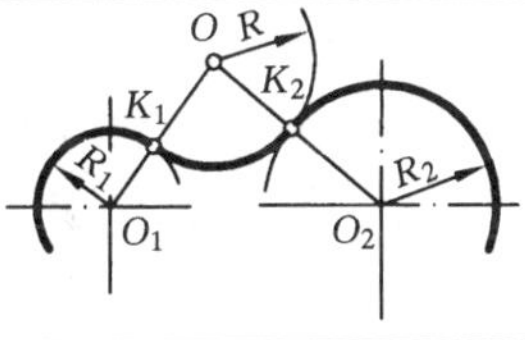
用圆弧连接两已知圆弧：内连接	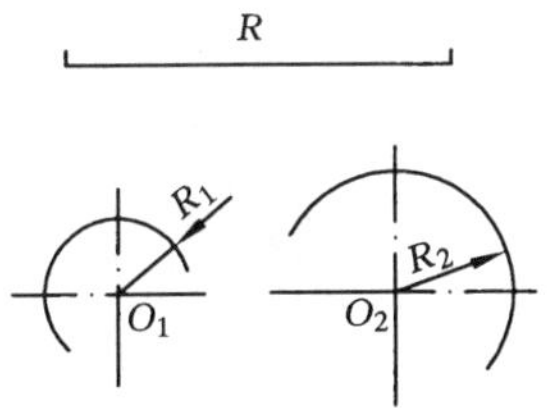	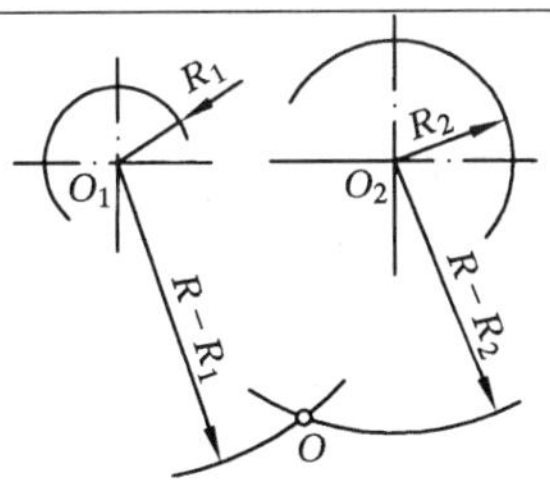	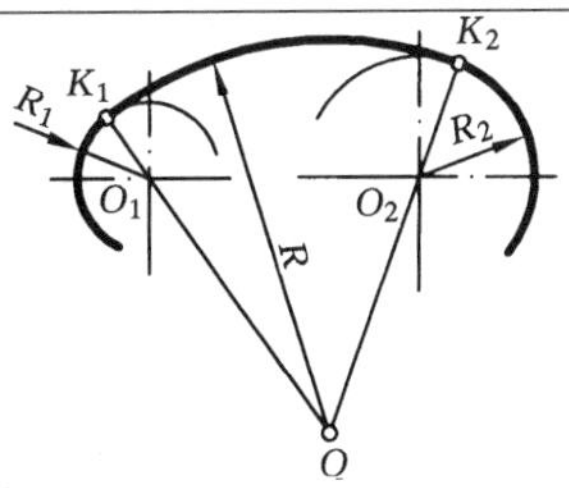
用圆弧连接两已知圆弧：内外连接	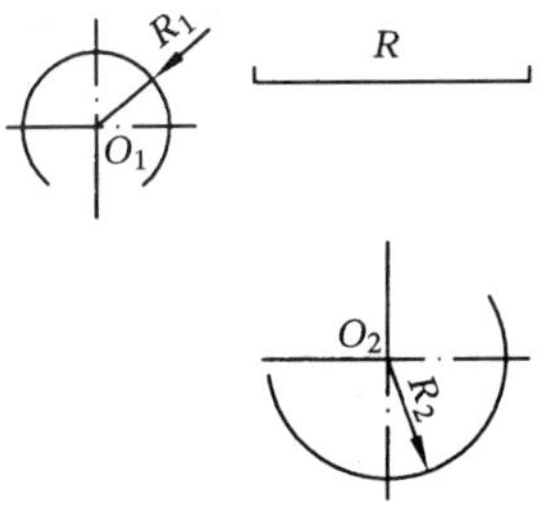	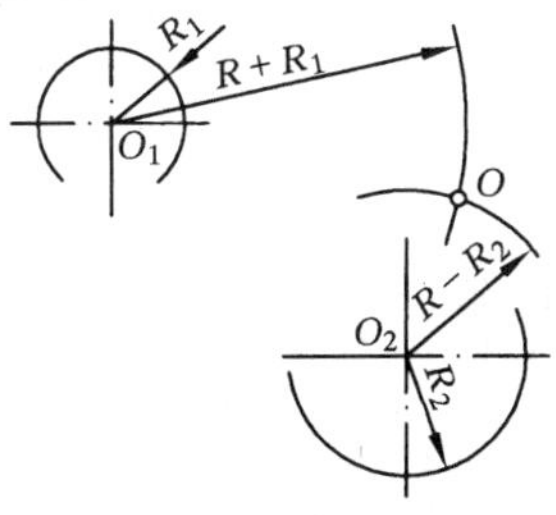	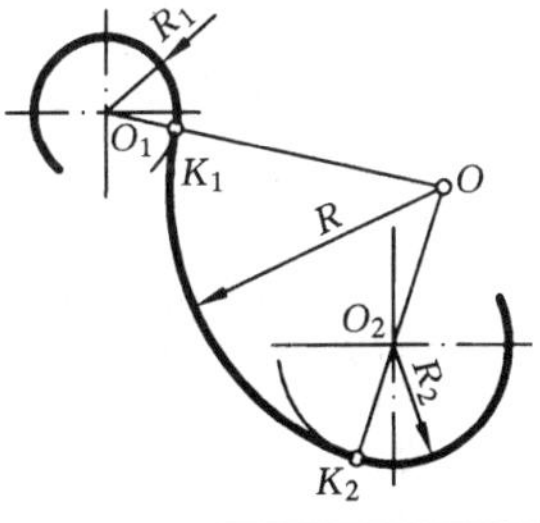

续表

连接形式	已知条件	作图方法和步骤	
		求连接圆弧的圆心 O 点	求连接点 K_1、K_2，画连接圆弧
用圆弧连接一直线和一圆弧	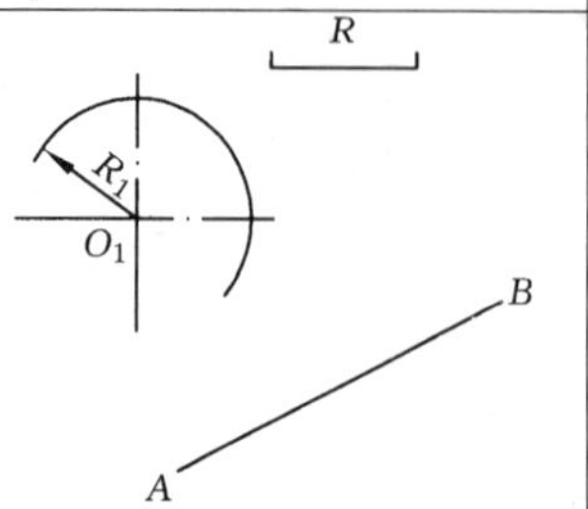	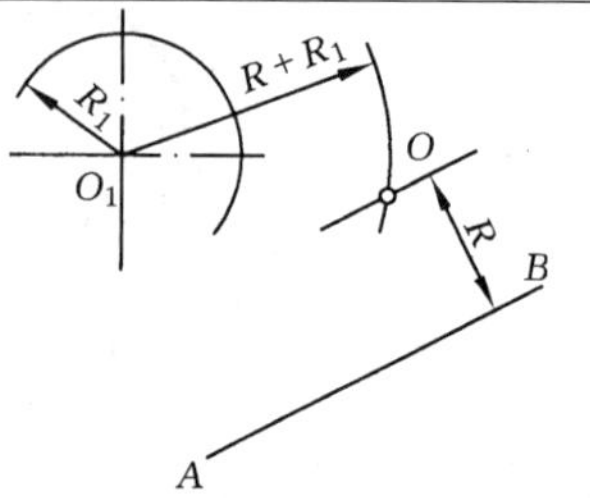	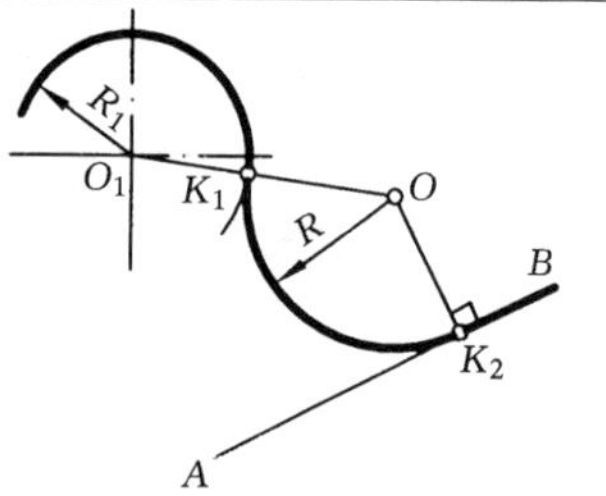

四、椭圆的画法

椭圆是非圆闭合曲线。绘制椭圆时，常用的方法有四圆心法和同心圆法两种，作图步骤见表 1-17。

表 1-17　　椭圆的画法

作图方法	作图步骤及图例		
四心圆法画椭圆	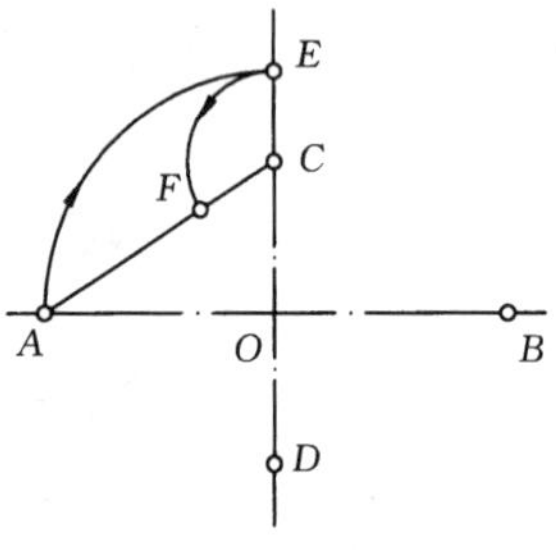	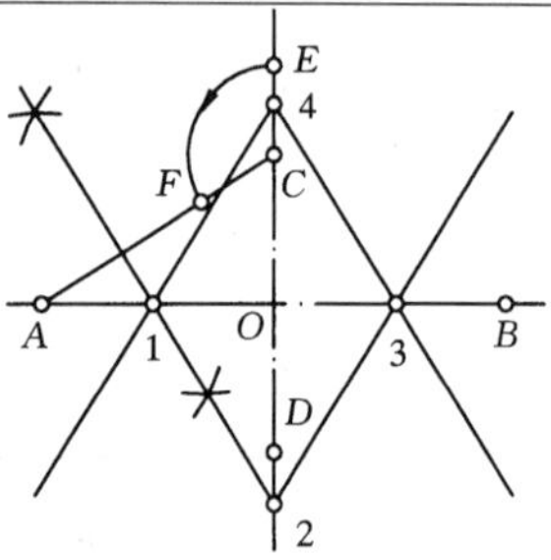	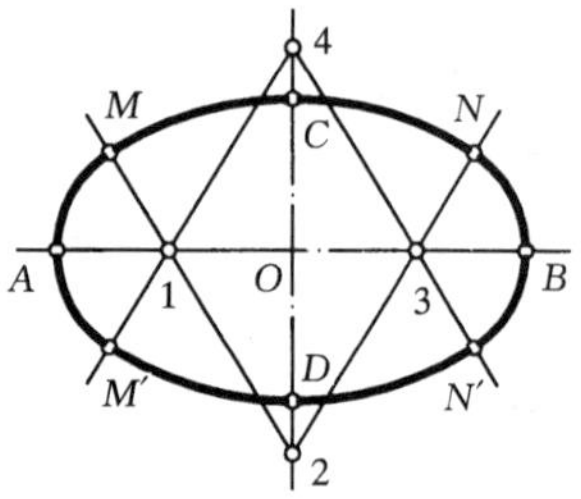
	1. 已知椭圆的长轴 AB 和短轴 CD。以 O 为圆心、OA 为半径画弧，交短轴延长线于点 E。再以 C 为圆心，CE 为半径画弧交 AC 于点 F	2. 作线段 AF 的垂直平分线，与长、短轴分别相交于点 1、2，再取点 1、2 的对称点 3、4，得 4 个圆心。作连心线 21、23、41、43，并延长	3. 分别以 1、3 为圆心、$1A$（或 $3B$）为半径，画弧至连心线的延长线，再分别以 2、4 为圆心、$2C$（或 $4D$）为半径，画弧至连心线的延长线，即得所求近似椭圆。图中点 M、M'、N、N' 为切点
同心圆法画椭圆	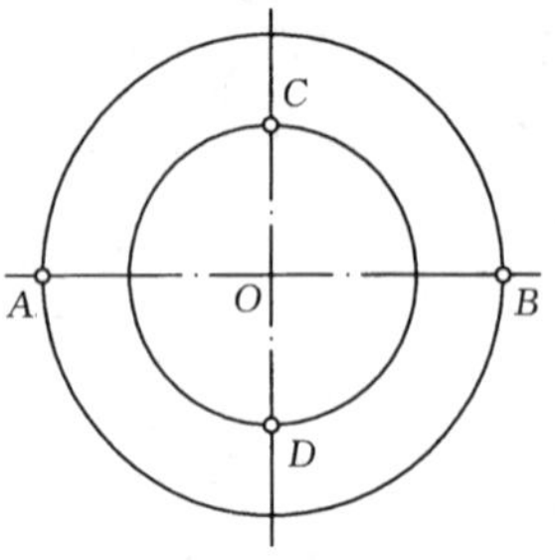	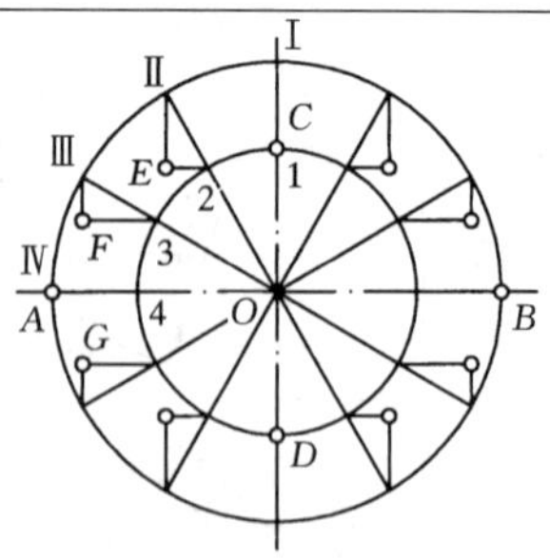	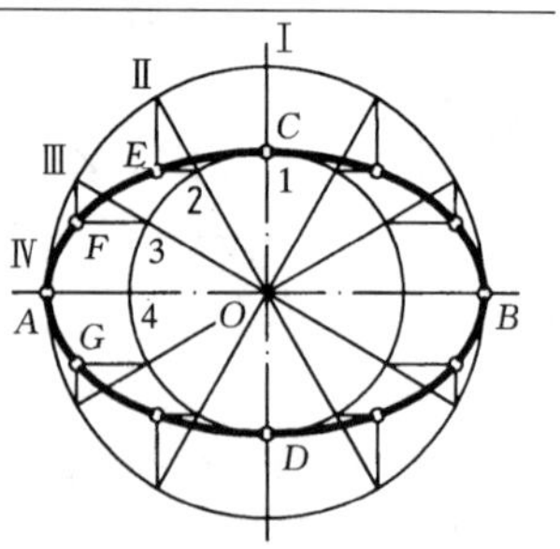
	1. 已知椭圆的长轴 AB 和短轴 CD。以 O 为圆心，分别以 OA、OC 为半径作两个同心圆	2. 将两同心圆等分，得各等分点Ⅰ、Ⅱ、Ⅲ、Ⅳ、…和 1、2、3、4、…。过大圆上的等分点作短轴的平行线，过小圆上的等分点作长轴的平行线，分别交于点 E、F、G、…，点 E、F、G、…即为椭圆上的点	3. 用曲线板依次将所求椭圆上的各点对称而光滑地连接，即得椭圆

第四节　平面图形分析

绘制平面图形和标注尺寸是本课程必须掌握的一项基本技能。平面图形由若干线段连接而成，画图时，首先应对平面图形进行尺寸分析和线段分析，然后根据图形中每条线段给出的尺寸来确定具体的作图步骤。

一、平面图形的尺寸分析

平面图形中的尺寸按作用可分为两种：

（1）定形尺寸。确定平面图形中线段的长度、圆的直径、圆弧的半径，以及角度大小的尺寸，称为定形尺寸。图 1－24 中的尺寸ϕ20、ϕ5、ϕ15、R15、R14、R10、R53 都是定形尺寸。

（2）定位尺寸。确定平面图形中各线段之间相互位置的尺寸，称为定位尺寸，如图 1－24 中的尺寸 8、75、ϕ30 均为定位尺寸。

尺寸基准是标注主要尺寸的起点。一个平面图形应具有上下和左右两个方向的尺寸基准。通常以图形的对称线、较大圆的中心线或较长的直线作为尺寸基准。如图 1－24 所示，手柄平面图形是以左边较长的直线作为左右方向的尺寸基准，以对称线作为上下方向的尺寸基准。它们也是画图的基准线。

应当指出，图形中有些尺寸既是定形尺寸，也是定位尺寸，具有双重作用。

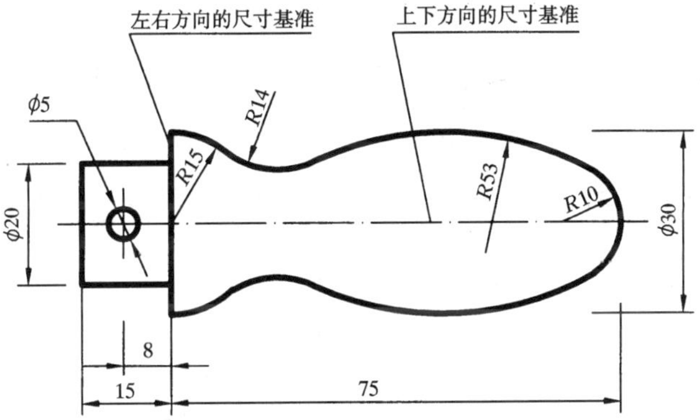

图 1－24　手柄平面图形分析

二、平面图形的线段分析

平面图形中的线段按给出尺寸的情况可分为以下 3 种：

（1）已知线段。定形尺寸和定位尺寸齐全，根据基准线位置和已知尺寸就能直接画出的线段，称为已知线段。图 1－24 中的ϕ20、ϕ5、R15、R10 及所有的直线均为已知线段。

（2）中间线段。缺少一个定位尺寸，还需依靠与已知线段的一个连接条件才能确定其位置的线段，称为中间线段。如图 1－24 中 R53 圆弧就是中间线段。

（3）连接线段。没有定位尺寸，需依靠与两端相邻线段的连接条件才能确定的线段，称为连接线段。图 1－24 中 R14 圆弧就是连接线段。

应当指出，平面图形上并不是同时都出现这 3 种线段。有时只有已知线段，有时只有已知线段和连接线段。

第五节　平面图形的绘图步骤与方法

一、平面图形的绘图步骤

根据以上分析，绘制平面图形的步骤可归纳为：

（1）画基准线。

（2）画已知线段。

（3）画中间线段。

（4）画连接线段。

以手柄为例说明平面图形的绘图步骤如表 1－18 所示。

表 1－18　　　　平面图形的绘图步骤

作图方法和步骤		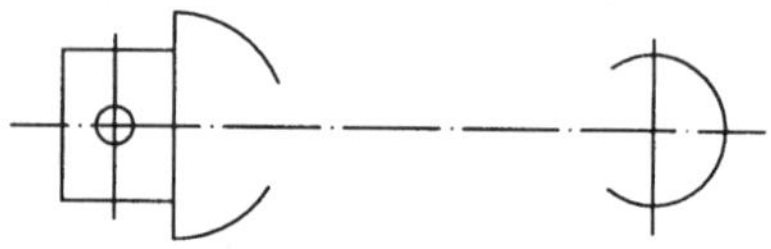
	1. 画基准线和主要定位线	2. 画已知线段
	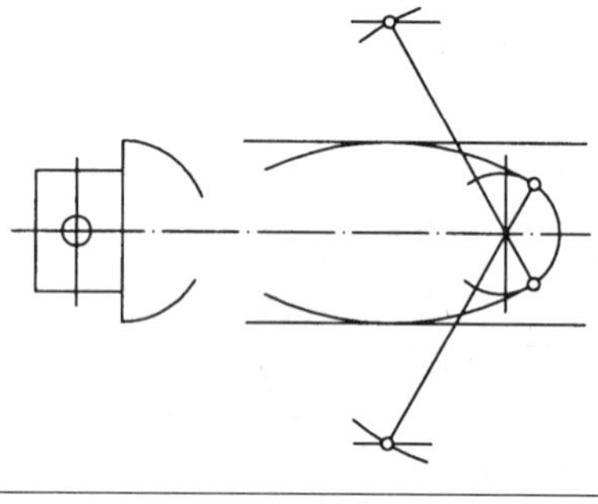	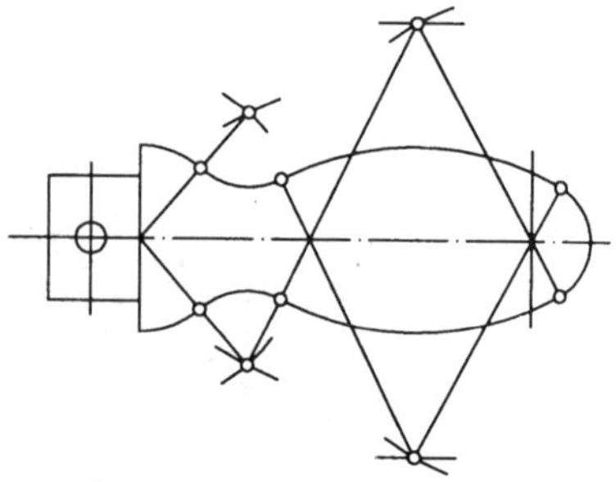
	3. 画中间线段	4. 画连接线段
完成后的图形	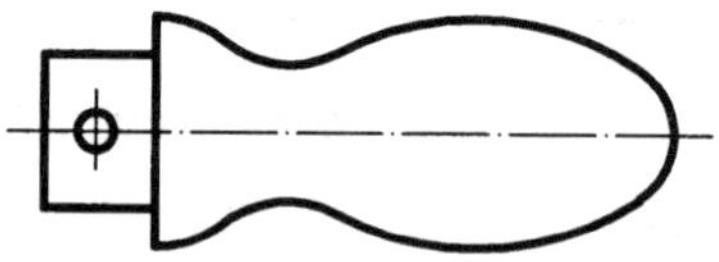	

二、平面图形的绘图方法

1. 准备

（1）阅读有关资料，了解所画图样的内容和要求，做到心中有数。

（2）擦净制图工具，摆放在绘图桌的搁物板上，便于取用。削好各种硬度的铅笔和圆规用铅芯，洗干净手，以免弄脏图纸。

（3）按要求选择图纸幅面，然后用胶带纸将图纸固定在图板的适当位置。图纸要摆正放平，并使图纸下边缘距离图板下边缘宽于一个丁字尺的尺身。

2. 画底稿

(1) 先用 H 或 2H 铅笔按标准规定，轻、细、准地画出图框及标题栏。

(2) 确定比例，布置图形，画出各图形的基准线，使各图形在图框内布置均匀。

(3) 按先已知线段、再中间线段、最后连接线段的步骤，依次画出各平面图形。

(4) 画尺寸界线和尺寸线。

3. 检查加深

(1) 检查图形。仔细检查图形底稿及尺寸有无错误、遗漏，擦去多余的作图线，将底稿清理干净。

(2) 加深。选用适当的铅笔和铅芯将各种图线按规定的粗细加深，圆规加深所用的铅芯应比加深直粗实线的铅笔软一号。

用 HB 或 B 铅笔加深粗实线，粗实线要“黑、光、亮”；用 H 或 HB 铅笔加深其他图线，要“细而重”。同一张图纸上所有图形应同时加深；同一种线型应一起加深。先曲后直，自上而下画出同一类图线的全部水平线，自左而右画出同一类图线的全部铅垂线，最后画斜线。

4. 标注尺寸并注写文字

加深后，按规定画尺寸起止符，标注尺寸数字，填写标题栏及文字说明等，最后应校对并修饰全图。

一张高质量的图样，应作图准确，图形布置匀称，图线粗细分明且同类图线宽度一致，尺寸排列美观易读，数字、字母和文字书写清晰规范，同字号字体大小一致，图面干净整洁。

复习思考题（单项选择题）

1. GB 中规定 A2 图幅 $B \times L$ 的尺寸是（　　）。

(a) 210×297　(b) 420×594　(c) 841×1189　(d) 297×420

2. A0 图幅是 A4 图幅的（　　）。

(a) 8 倍　(b) 16 倍　(c) 4 倍　(d) 32 倍

3. A1 图幅中的 c 值是多少毫米（　　）。

(a) 10　(b) 5　(c) 15　(d) 25

4. GB 中规定图标在图框内的位置是（　　）。

(a) 左下角　(b) 右上角　(c) 右下角　(d) 左上角

5. 分别用下列比例画同一个物体，画出图形最大的比例是（　　）。

(a) 1∶100　(b) 1∶50　(c) 1∶10　(d) 1∶200

6. 图线有粗线、中粗线、细线之分，它们的宽度比率为（　　）。

(a) 1∶2∶4　(b) 2∶4∶1　(c) 4∶2∶1　(d) 2∶1∶4

7. 剖面符号的线型（　　）。

(a) 均为粗实线　(b) 均为细实线

(c) 只有斜线为细实线　(d) 只有斜线为粗实线

8. 剖面符号的斜线一般为（　　）。

(a) 45°　　(b) 60°　　(c) 30°　　(d) 60°和45°

9. 图上长仿宋体字的高宽比是（　　）。

(a) $1:\sqrt{2}$　　(b) $\sqrt{2}:1$　　(c) 10：7　　(d) $h/\sqrt{2}$

10. 图上尺寸数字代表的是（　　）。

(a) 图上线段的长度　　(b) 物体的实际大小

(c) 随比例变化的尺寸　　(d) 图线乘以比例的长度

11. 标注直线段尺寸时，铅直尺寸线上的尺寸数字字头方向是（　　）。

(a) 朝上　　(b) 朝左　　(c) 朝右　　(d) 任意

12. 制图标准规定尺寸线（　　）。

(a) 可以用轮廓线代替　　(b) 可以用轴线代替

(c) 可以用中心线代替　　(d) 不能用任何图线代替

13. 绘制连接圆弧图时，应确定（　　）。

(a) 切点的位置　　(b) 连接圆弧的圆心

(c) 先定圆心再定切点　　(d) 连接圆弧的大小

14. 平面图形的分析包括（　　）。

(a) 尺寸分析和线型分析　　(b) 线型分析和连接分析

(c) 线段分析和连接分析　　(d) 尺寸分析和线段分析

15. 绘制平面图形时，首先绘制（　　）。

(a) 曲线、直线　　(b) 已知线段　　(c) 中间线段　　(d) 连接线段

第二章　投影的基本知识

工程建筑物依据图样进行施工，图样必须确切地表示出它们的形状、大小等。绘制工程图样所依据的是投影原理。本章介绍投影的基本知识。

第一节　投　影　法

一、投影的概念

在日常生活中经常会看到这样的现象：人站在阳光下或晚上站在灯光下，地面上就会出现影子。人就相当于一个空间物体，影子就相当于平面图形。人们根据日常生活中这种由立体到平面的现象，总结其几何规律，提出了形成物体图形的方法，即投影法。

投影法是投射线通过物体，向选定的平面投射，并在该平面上获得图形的方法。图2-1中光源S称为投射中心；SAa、SBb、SCc称为投射线；平面H称为投影面；通过物体上各顶点的投射线与投影面的交点a、b、c称为物体上各顶点A、B、C在H面上的投影；$\triangle abc$即为三角形ABC在H面上的投影。

二、投影法的分类

投影法分为中心投影法和平行投影法两类。

1. 中心投影法

投射线汇交于一点的投影法称为中心投影法，如图2-1所示。

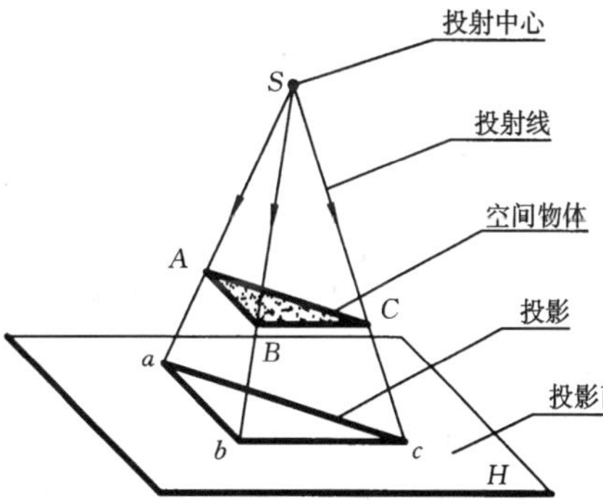

图2-1　中心投影法

2. 平行投影法

投射线相互平行的投影法称为平行投影法，如图2-2所示。

在平行投影法中，根据投射线与投影面的角度不同，又分为两种：

(1) 正投影法。投射线与投影面相垂直的平行投影法，称为正投影法。由正投影法得到的图形称为正投影（或正投影图），如图2-2(a)所示。

(2) 斜投影法。投射线与投影面相倾斜的平行投影法，称为斜投影法。由斜投影法得到的图形称为斜投影（或斜投影图），如图2-2(b)所示。

正投影能真实地表达物体的形状和大小，并且度量性好，作图简便，在工程上应用最为广泛。本书主要介绍正投影图。以后各章节中，除特殊说明外，所称投影均指正投影。

应该指出：投影不同于一般的影子，影子是一片漆黑，只反映物体的外轮廓，而物体

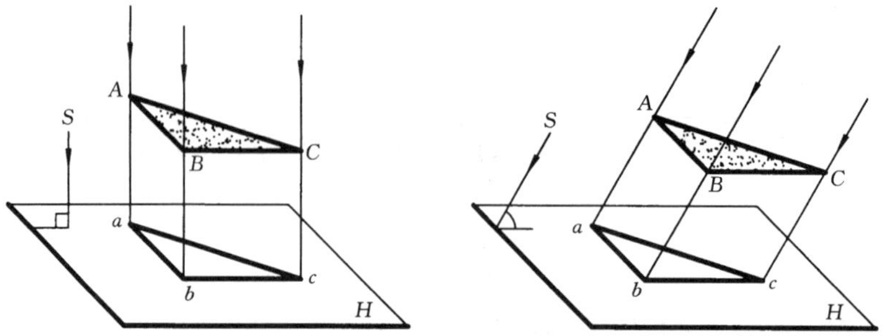

(a) 正投影　　(b) 斜投影

图 2-2　平行投影法

的投影是将围成这个物体的各面、各棱线进行投影。

第二节　正投影的基本性质

一、真实性

直线或平面与投影面平行，投影反映实长或实形，这种投影特性称为真实性。如图 2-3 所示，直线 AB 平行于投影面，投影 ab 仍是直线，并且等于线段 AB 的实长；四边形平面 $ABCD$ 平行于投影面，投影 $abcd$ 反映四边形的真实形状。

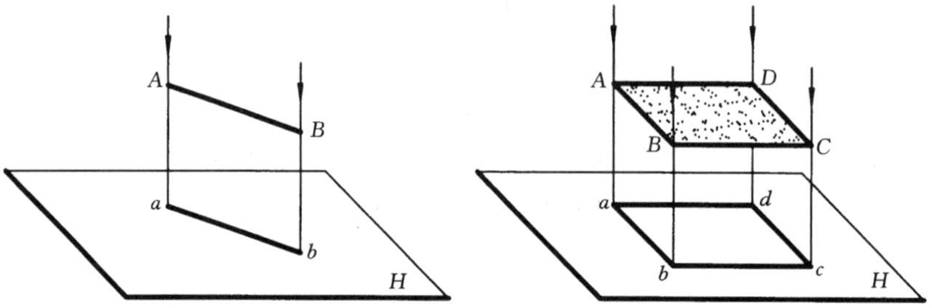

图 2-3　直线和平面的真实性

二、积聚性

直线或平面垂直于投影面，投影分别积聚成点或直线，这种投影特性称为积聚性。如图 2-4 所示，直线 AB 垂直于投影面，直线上所有点的投影重合，即积聚成一点；四边形平面 $ABCD$ 垂直于投影面，投影 $abcd$ 积聚成一直线。

三、类似收缩性

直线或平面倾斜于投影面，投影仍是直线或平面（且多边形的边数和平行关系不变），但小于实际大小，这种投影特性，称为类似收缩性。如图 2-5 所示，直线 AB 倾斜于投影面，投影 ab 仍是直线，但比实长短；平面 $ABCD$ 倾斜于投影面，投影 $abcd$ 仍是四边形，但比实形小。

直线和平面的投影特性是画图的依据，应熟练掌握。

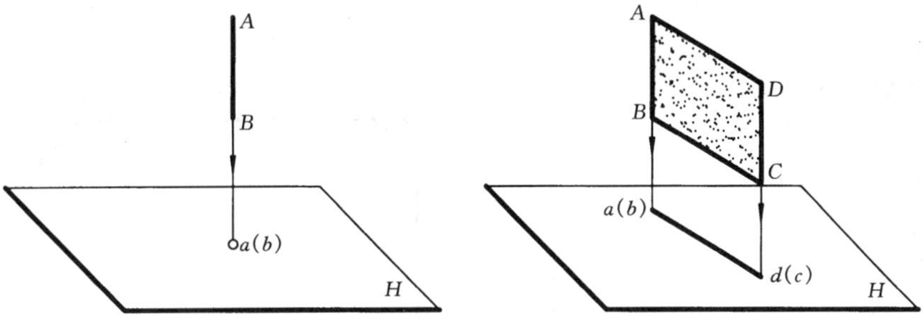

图 2-4　直线和平面的积聚性

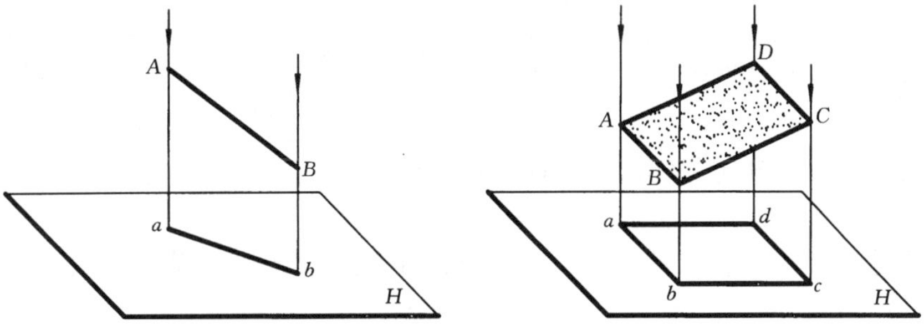

图 2-5　直线和平面的类似收缩性

第三节　三视图的形成及投影规律

要获得投影，必须具备投射线、投影面、物体三个要素。画物体的正投影图，通常是用人的视线代替垂直投影面的投射线，运用线面的投影特性在图纸上画出物体的正投影，因此正投影又称为视图。

图 2-6 表示了不同形状的物体在同一投影面上的视图可能完全相同，说明物体的一

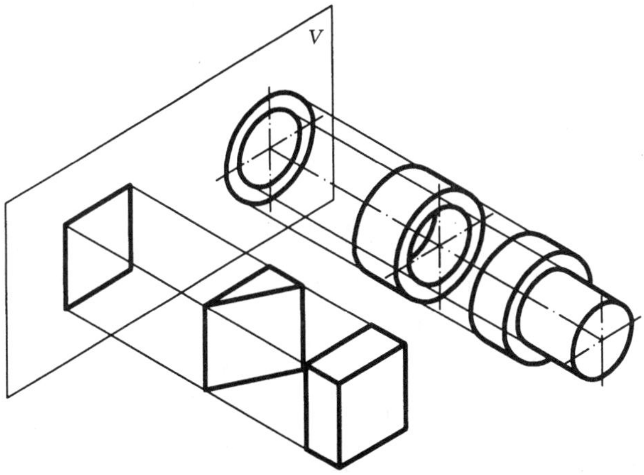

图 2-6　视图

面视图一般不能确定该物体的空间形状。在工程上常用多面视图来表达物体，基本的表达方法是三视图。

一、三视图的形成

1. 投影面的设立

图 2－7 所示是按 GB/T《技术制图》标准规定设立的 3 个相互垂直的投影面，称为三投影面体系。三投影面分别称为：正立投影面、水平投影面、侧立投影面，分别用 V、H、W 表示。两投影面之间的交线称为投影轴，相互垂直的 3 根轴分别用 OX、OY、OZ 表示。3 根轴的交点 O 称为原点。

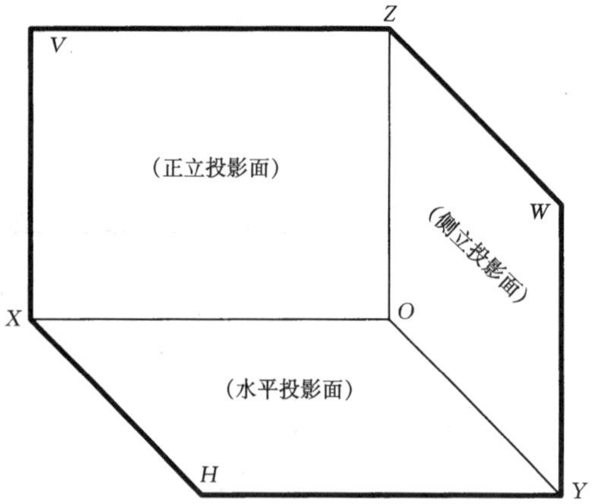

图 2－7　三投影面体系

为了作图方便，对物体长、宽、高 3 个方向的尺寸及上、下、左、右、前、后 6 个方位统一按下述方法确定：OX 轴方向为物体的长度方向，表示左、右方位；OY 轴方向为物体的宽度方向，表示前、后方位；OZ 轴方向为物体的高度方向，表示上、下方位。

2. 分面进行投影

如图 2－8 (a) 所示，把物体置于三面投影体系中，长、宽、高及上下、左右、前后方位即确定，然后将物体向三投影面进行投射得物体的三视图：

从物体的前面向后投射，在 V 面上得到的视图称为主视图。

从物体的上面向下投射，在 H 面上得到的视图称为俯视图。

从物体的左面向右投射，在 W 面上得到的视图称为左视图。

如图 2－8 (a) 所示物体，从前向后投射，A、B、C 三个面可见，其中 A、B 面平行于 V 面，C 面倾斜于 V 面，用粗实线画出 A、B 面的实形及 C 面的类似形即得主视图（其他面的投影均与此重合）；从上向下投射，D、E、F 三个面可见，其中 D、F 面平行于 H 面，E 面倾斜于 H 面，用粗实线画出 D、F 面的实形及 E 面的类似形即得俯视图（其他面的投影均与此重合）；从左向右投射，C、E、G 三个面可见，其中 G 面平行于 W 面，C、E 面倾斜于 W 面，同理，用粗实线画出 G 面的实形及 C、E 面的类似形，即得左视图。

3. 投影面的展开

要把三视图画在同一张图纸上，就需要把三个投影面展成一个平面，方法如图 2－8 (b) 所示：移去空间物体，V 面不动，将 H 面与 W 面沿 OY 轴分开，H 面连同俯视图绕 OX 轴向下旋转 90°，W 面连同左视图绕 OZ 轴向右旋转 90°，即与 V 面成一平面，如图 2－8 (c) 所示。这时，OY 轴分为两个，随 H 面旋转的一个标为 Y_H，随 W 面旋转的一个标为 Y_W。展开后三视图的位置是：俯视图在主视图正下方，左视图在主视图正右方。画物体的三视图时，必须遵守这个位置关系，而且一般不画投影面的边框线，如图 2－8 (d) 所示。三视图按上述位置排列不需标注图名。

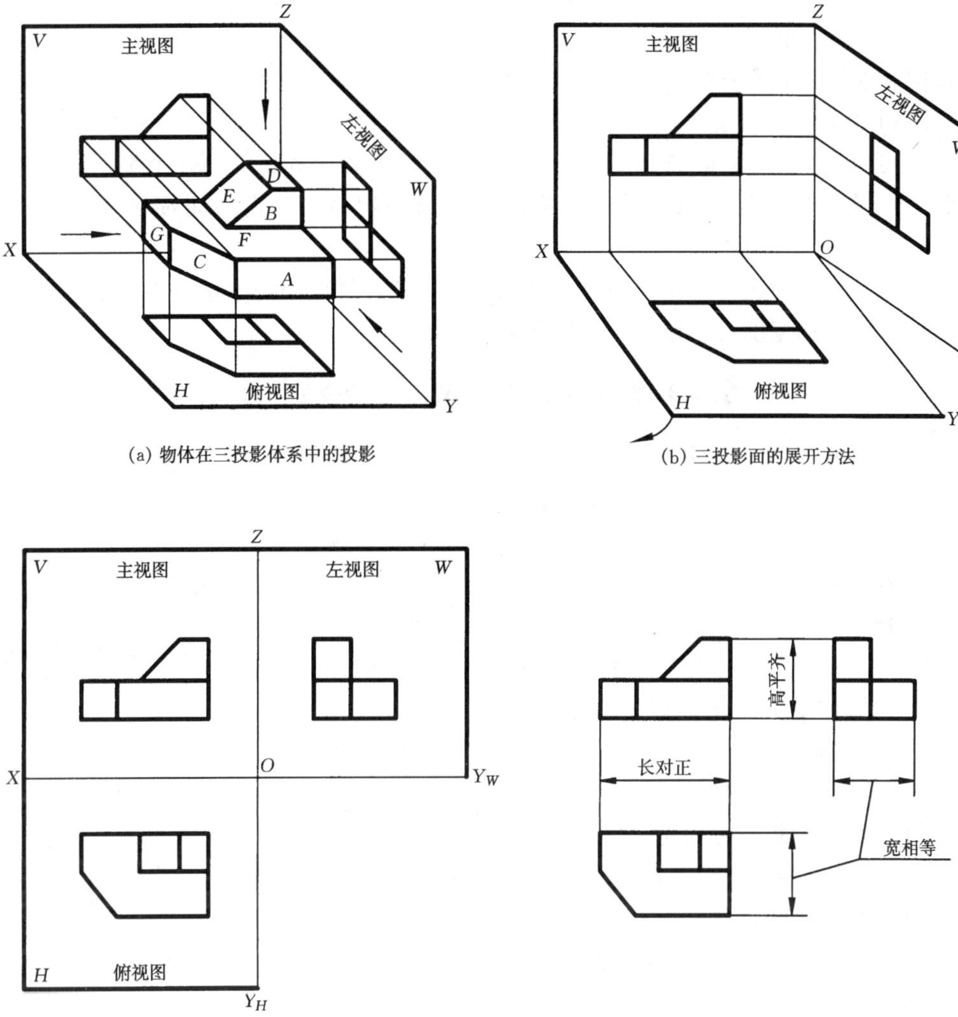

(a) 物体在三投影体系中的投影

(b) 三投影面的展开方法

(c) 展开后的三视图

(d) 三视图之间的投影规律

图 2-8　三视图的形成及投影规律

二、三视图的分析

1. 三视图与空间物体间的关系

由三视图的形成可知，每个视图都表示物体两个方向的尺寸和四个方位：

主视图反映物体长和高方向的尺寸和上、下、左、右方位。

俯视图反映物体长和宽方向的尺寸和左、右、前、后方位。

左视图反映物体高和宽方向的尺寸和上、下、前、后方位。

应当注意：俯视图和左视图远离主视图的一边是物体的前边，靠近主视图的一边是物体的后边。这一点一定要从三视图展开过程中彻底搞清楚。

2. 三视图间的投影规律

三视图表达的是同一物体，而且是物体在同一位置分别向三投影面所作的投影，所以，三视图间必然具有以下所述的投影规律：

主视图和俯视图长对正。

主视图和左视图高平齐。

俯视图和左视图宽相等。

三视图间的投影规律，通常概括为："长对正、高平齐、宽相等"九个字。这个规律是画图和读图的基本规律，无论是整个物体还是局部物体，三视图间都必须符合这个规律。

应当指出：物体的宽度在俯视图中为竖直方向，在左视图中为水平方向，因此根据宽相等作图时，要注意宽度尺寸量取的方向和起点。

复习思考题（单项选择题）

1. 三视图采用的投影方法是（　　）。

(a) 斜投影法　　(b) 中心投影法　　(c) 多面正投影法　　(d) 单面投影法

2. 当直线、平面与投影面平行时，该投影面上的投影具有（　　）。

(a) 积聚性　　(b) 真实性　　(c) 类似收缩性　　(d) 收缩性

3. 正投影法中，投影面、观察者、物体三者相对位置是（　　）。

(a) 人—面—物　　(b) 物—人—面　　(c) 人—物—面　　(d) 面—人—物

4. 三面投影体系中，H 面展平的方向是（　　）。

(a) H 面永不动　　(b) H 面绕 Y 轴向下转 90°

(c) H 面绕 Z 轴向右转 90°　　(d) H 面绕 X 轴向下转 90°

5. 物体左视图的投影方向是（　　）。

(a) 由前向后　　(b) 由左向右　　(c) 由右向左　　(d) 由后向前

6. 左视图反映了物体（　　）。

(a) 上下方位　　(b) 左右方位　　(c) 上下前后方位　　(d) 前后左右方位

7. 能反映出物体左右前后方位的视图是（　　）。

(a) 左视图　　(b) 俯视图　　(c) 主视图　　(d) 后视图

8. 三视图中"宽相等"是指哪两个视图之间的关系（　　）。

(a) 左视图和俯视图　　(b) 主视图和左视图

(c) 主视图和俯视图　　(d) 主视图和侧视图

第三章 基本体与简单体

任何物体都可以看成是由一些形状规则且简单的形体组成，这样的形体称为基本体。基本体分为平面立体和曲面立体两类。表面都由平面所构成的形体，称为平面体；表面中含有曲面的形体称为曲面体。由较少的基本体进行简单的叠加或切割而形成的立体称简单体。本章介绍基本体和简单体三视图的画法与识读。

第一节 平面体三视图的画法与识读

一、平面体的形体特点

常见的平面体有：棱柱、棱锥、棱台。

1. 棱柱

棱柱有直棱柱（侧棱与底面垂直）和斜棱柱（侧棱与底面倾斜）之分，本节只介绍常用的直棱柱。当直棱柱的底面为正多边形时，又称正棱柱。

直棱柱形体特点如图 3-1（a）、（b）所示。直棱柱两个底面为全等且相互平行的多边形，各侧棱垂直底面且相互平行，各侧面均为矩形。底面是直棱柱的特征面，反映该直棱柱的特征，底面是几边形（或某形状）即为几棱柱（或某形柱）。如图 3-1（a）所示形体为直三棱柱；图 3-1（b）所示形体底面为六边 L 形，称为直六棱柱或 L 形柱。

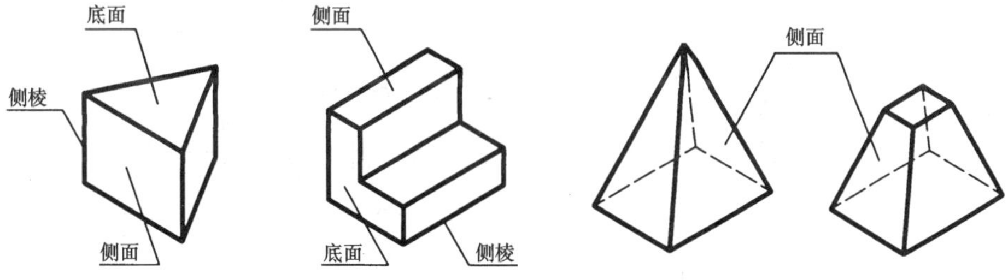

(a) 三棱柱　　(b) L形柱　　(c) 四棱锥　　(d) 四棱台

图 3-1　平面体的形体特点

2. 棱锥

棱锥形体特点如图 3-1（c）所示。棱锥只有一个底面为多边形，各侧面均为三角形，且具有公共顶点。底面是棱锥的特征面，底面是几边形即为几棱锥，图 3-1（c）所示形体为四棱锥。

3. 棱台

棱台形体特点如图 3-1（d）所示。棱台可以看成是由平行于棱锥底面的平面截去锥顶后的部分。两个底面为相互平行的相似多边形，侧面均为梯形，底面是棱台特征面，图 3-1（d）所示形体为四棱台。

二、平面体三视图的画法与图形特征

1. 棱柱

图 3-2 为正六棱柱的三视图。正六棱柱由八个面围成，其中上下两个底面为全等且平行的正六边形，六个侧面为相同的矩形。为了利用正投影的真实性和积聚性，把正六棱柱摆平放正于三投影面体系中，即上下底面与 H 面平行，前后侧面与 V 面平行，如图 3-2（a）所示。

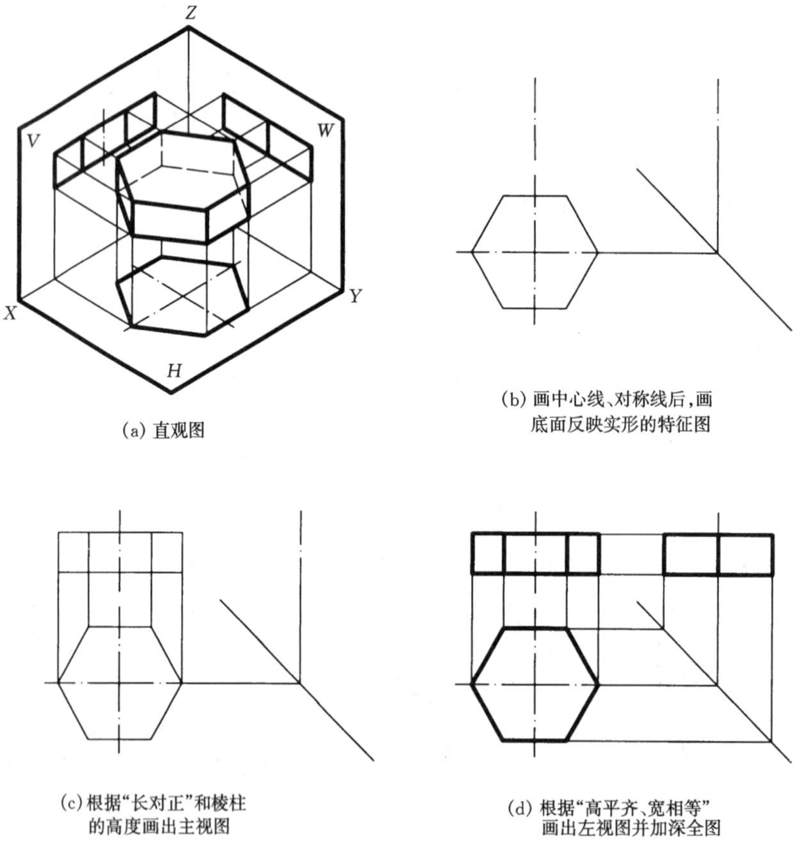

(a) 直观图

(b) 画中心线、对称线后，画底面反映实形的特征图

(c) 根据“长对正”和棱柱的高度画出主视图

(d) 根据“高平齐、宽相等”画出左视图并加深全图

图 3-2　六棱柱三视图的画法步骤

该六棱柱的俯视图为六边形，它是形体上八个面的投影，其中六边形面是平行于 H 面的上、下底面实形的投影；六边形的边是六个侧面在 H 面上的积聚投影。主视图为三个矩形线框，它包括形体上八个面的投影，主视图中间的矩形线框为平行于 V 面的前后两个侧面的投影，反映实形；左右矩形线框为其余倾斜于 V 面的四个侧面的类似形投影；主视图中上、下边线是两个底面的积聚投影。同理左视图可自行分析。

画棱柱的三视图时，一般是先画反映棱柱底面实形的特征图，然后再根据投影关系和柱高画出其他视图。六棱柱三视图的作图步骤如图 3－2（b）、（c）、（d）所示。

同理分析，可画出如图 3－3 所示各直棱柱的三视图。

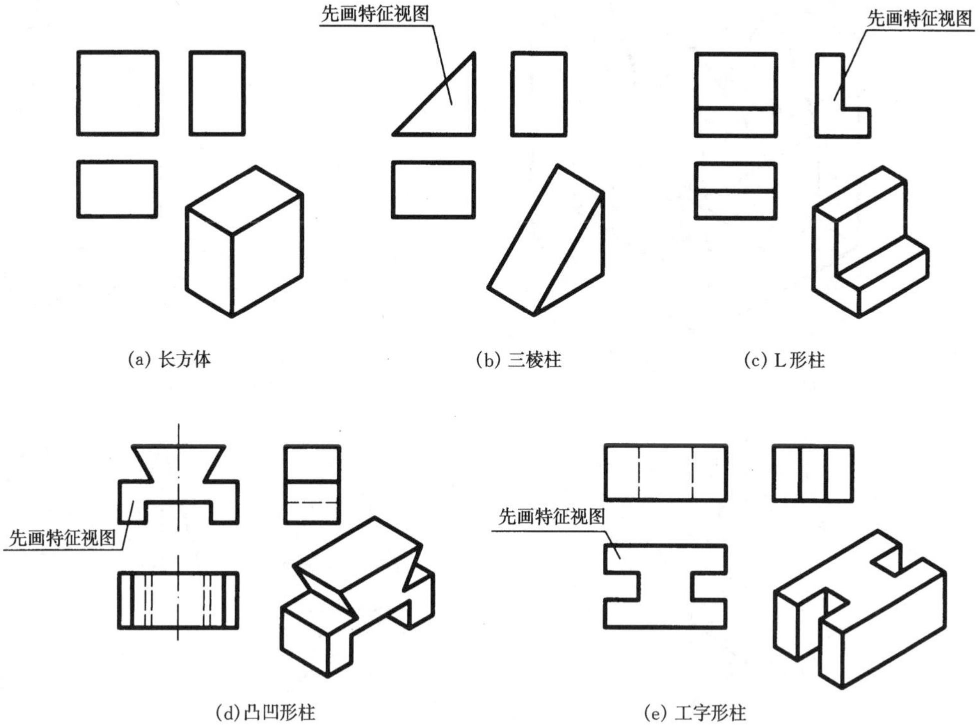

图 3－3　直棱柱的三视图

从这些图例可以看出，直棱柱三视图的图形特征是：一个视图为多边形（特征视图），反映直棱柱的形状特征，是底面实形；另两个视图都是矩形或若干并列组合的矩形线框。

直棱柱三视图的图形特征可归纳为：两个视图外轮廓为矩形，一个视图为多边形。

2. 棱锥

图 3－4 为四棱锥的三视图。四棱锥由五个面围成，底面为长方形，四个侧面均为三角形，四侧棱汇交于一点（称锥尖）。把四棱锥摆平放正于三投影面体系中，即底面平行于 H 面，前后侧面垂直于 W 面，左右侧面垂直于 V 面，如图 3－4（a）所示。

该四棱锥的俯视图为含有四个三角形的四边形，是特征图；四边形为底面实形；四边形内四个三角形是倾斜于 H 面各侧面的类似形投影；中点为锥尖的投影。主视图为三角形线框，包括了形体上五个面的投影，主视图中三角形的底边为垂直于 V 面的底面的积聚投影；两腰为垂直于 V 面的左右侧面的积聚投影；两腰的交点为锥尖的投影；三角形为倾斜于 V 面的前后两棱面的类似形投影。左视图可自行分析。

画棱锥的三视图时，一般也是先画反映棱锥底面实形的特征图，然后再根据投影关系和锥高画出其他视图。四棱锥三视图的作图步骤如图 3－4（b）、（c）、（d）所示。

同理分析，可画出图 3－5 所示正三棱锥的三视图。

从以上两例可以看出，棱锥三视图的图形特征是：一个视图为多边形，反映棱锥的形

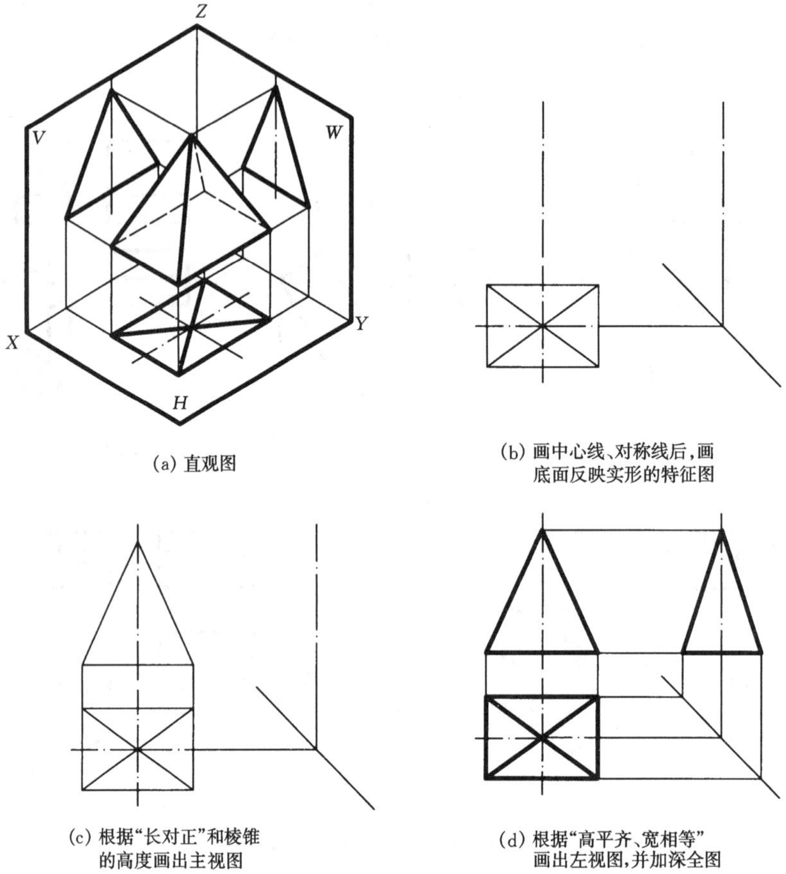

(a) 直观图

(b) 画中心线、对称线后，画底面反映实形的特征图

(c) 根据“长对正”和棱锥的高度画出主视图

(d) 根据“高平齐、宽相等”画出左视图，并加深全图

图 3-4 四棱锥三视图的画法步骤

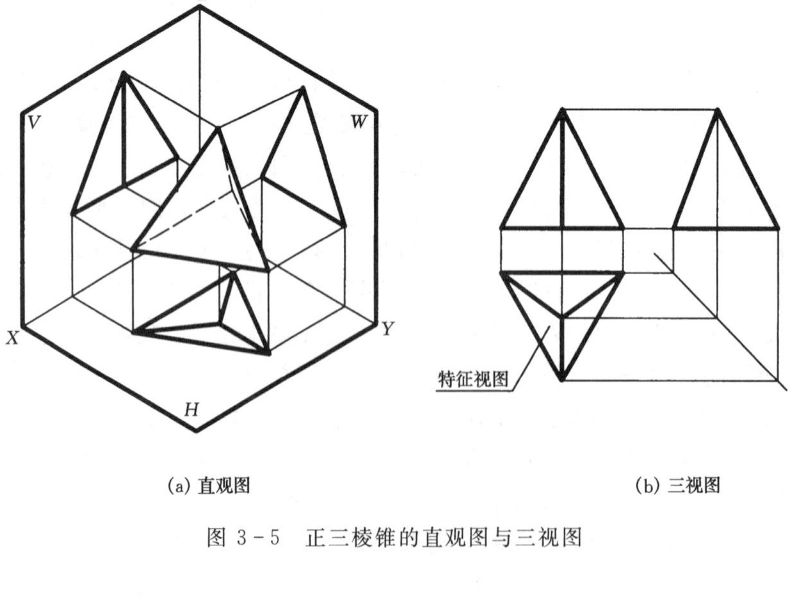

(a) 直观图

(b) 三视图

图 3-5 正三棱锥的直观图与三视图

状特征，是底面实形（其内有交汇于一点的数条直线）；另两个视图都是三角形或为有公共顶点的若干三角形线框。

棱锥三视图的图形特征可归纳为：两个视图外轮廓为三角形，一个视图为多边形。

3. 棱台

图 3-6 为四棱台的三视图。四棱台是四棱锥削去尖端以后的部分，由六个面围成。其中两个底面为大小不同、相互平行的四边形，各侧面均为等腰梯形。把四棱台放入三投影面体系中，位置同四棱锥。四棱台主视图、左视图与四棱锥进行对比：削尖后均由等腰三角形变成等腰梯形，上底面在 V、W 面上的投影均积聚为水平直线，各侧面投影不变。俯视图中两个矩形是上下底面的实形投影，四个梯形是倾斜于 H 面的各侧面的类似形投影。

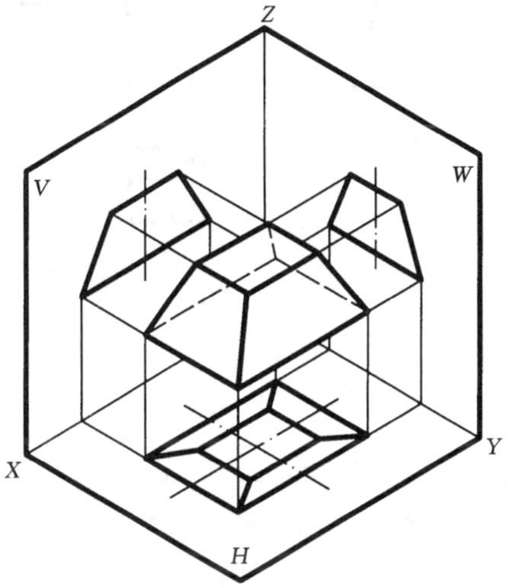

(a) 直观图

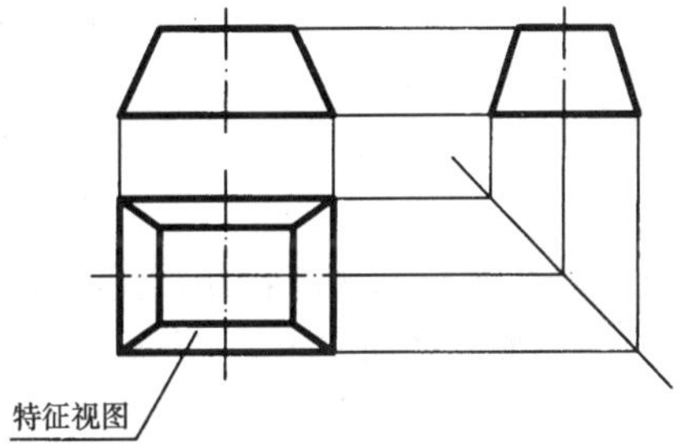

(b) 三视图

图 3-6　四棱台的直观图与三视图

棱台的画法思路同四棱锥。应该指出的是：画棱锥或棱台的每个视图都应先画底面，然后连出各侧棱。

其他棱台可同理分析。由此可得棱台三视图的图形特征是：一个视图为多边形（其内还套一个类似多边形，并且两个多边形顶点间有连线），反映棱台的形状特征；另两个视图是梯形线框。

棱台三视图的图形特征可归纳为：两个视图外轮廓为梯形，一个视图为多边形。

三、平面体三视图的识读

识读平面体三视图，即是依据三视图的图形特征想象出它的立体形状的过程。

由上述可知，平面体三视图中，两个视图外轮廓是矩形，所表示的形体一定是柱体，对应的多边形是什么形状就是什么棱柱；两个视图外轮廓是三角形，所表示的形体一定是锥体，对应的多边形是几边形就是几棱锥；两个视图外轮廓是梯形，所表示的形体一定是台体，对应的多边形是几边形就是几棱台。无论是完整的还是部分的平面体的三视图都具有此图形特征。

【例 3－1】 识读图 3－7 所示平面体的三视图。

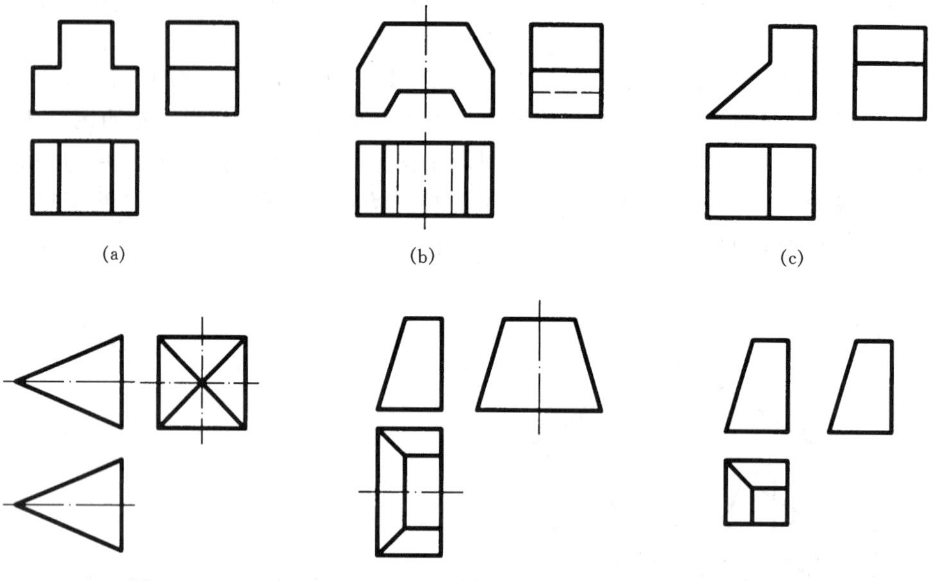

(a) (b) (c)

(d) (e) (f)

图 3－7 识读平面体的三视图

分析

图 3－7（a）所示三视图，左视图和俯视图两个视图为矩形，一定是柱体，特征图主视图为“凸”字形（底面实形），可知该形体是前后底面为凸字形的“凸形柱”，立体形状如图 3－8（a）所示。同理可分析，图 3－7（b）、(c) 所示三视图均为棱柱，立体形状如图 3－8（b）、(c) 所示。

图 3－7（d）所示三视图，主视图和俯视图两个视图都是三角形，一定是锥体，特征图左视图为四边形，可知该形体是锥尖向左，底面平行于 W 面的四棱锥，立体形状如图

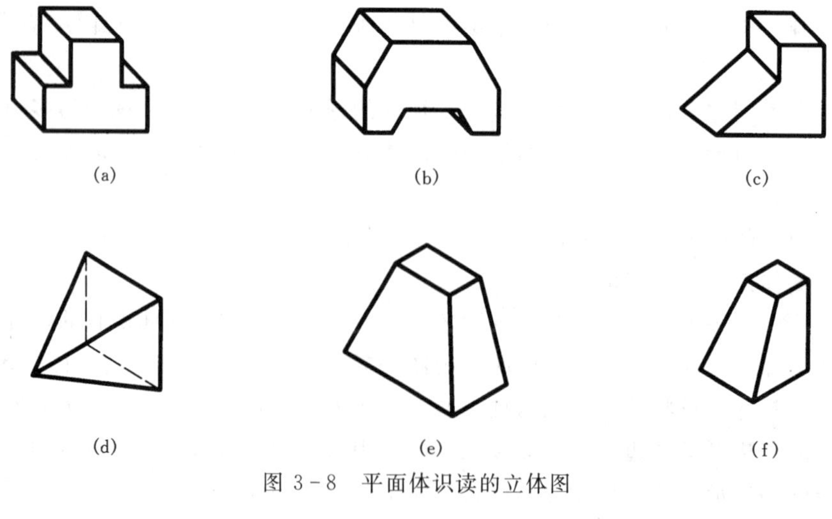

(a) (b) (c)

(d) (e) (f)

图 3－8 平面体识读的立体图

3-8（d）所示。

图 3-7（e）所示三视图，有两个视图为梯形，一定是台体，特征图是 1/2 四棱台底面形状，可知该形体为左半四棱台，立体形状如图 3-8（e）所示。同理可分析，图 3-7（f）所示三视图的形体是 1/4 四棱台，立体形状如图 3-8（f）所示。

第二节　曲面体三视图的画法与识读

一、曲面的形成

常见的曲面体有：圆柱、圆锥（圆台）和圆球。

如图 3-9 所示，圆柱面由直线绕与它平行的轴线旋转而成；圆锥面由直线绕与之相交的轴线旋转而成；圆球面由圆绕其直径旋转而成。这种由一动线（直线、圆或其他曲线）绕固定轴线旋转而成的曲面，统称为回转面。动线称为母线，母线在回转面上的任一位置称为回转面的素线。因此，可认为回转面上存在着许多素线。

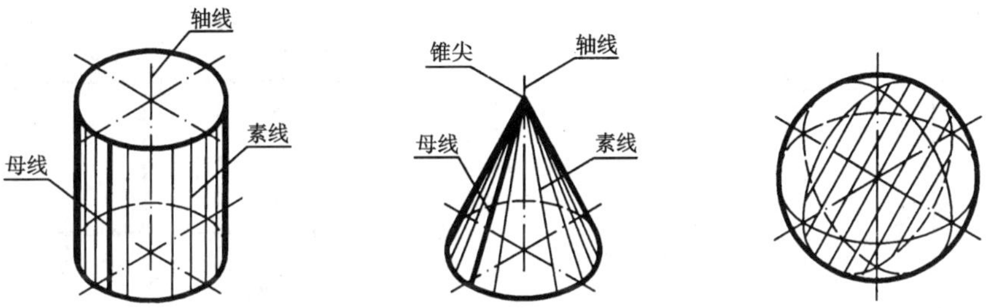

图 3-9　曲面的形成

二、曲面体三视图的画法与图形特征

1. 圆柱

正圆柱由三个面围成，其中包括两个全等、平行的底面和一个圆柱面，轴线与底面垂直且通过底面圆心。图 3-10（a）中，圆柱的轴线垂直于 H 面，圆柱面上的素线 AA_1、BB_1、CC_1、DD_1 分别位于圆柱体最左、最右、最前、最后位置，这种处于圆柱体最外廓的素线称为圆柱的轮廓素线，其中 AA_1（最左）、BB_1（最右）轮廓素线称为正向轮廓素线（只在主视图中画出）、CC_1（最前）、DD_1（最后）轮廓素线称为侧向轮廓素线（只在左视图中画出）。

该圆柱的俯视图为圆，它是体上三个面的投影，其中圆面是上下两个底面的重影，且反映实形；圆柱面垂直于 H 面，其在 H 面上的投影积聚为圆曲线；四条轮廓素线均垂直于 H 面，投影都积聚为点，分别积聚在圆与中心线的交点处。主视图为矩形，矩形的上下边线是圆柱上、下底面的积聚投影；矩形的左右边线 $a'a'_1$、$b'b'_1$ 是正向轮廓素线 AA_1、BB_1 的投影；点画线表示轴线的位置，CC_1、DD_1 侧向轮廓素线投影位置在轴线上，但不画出；矩形面表示前、后两半圆柱面的重影，以正向轮廓素线为界，前半圆柱面可见，后半圆柱面不可见。左视图是与主视图全等的矩形线框，但含义不同，同理可自行分析。

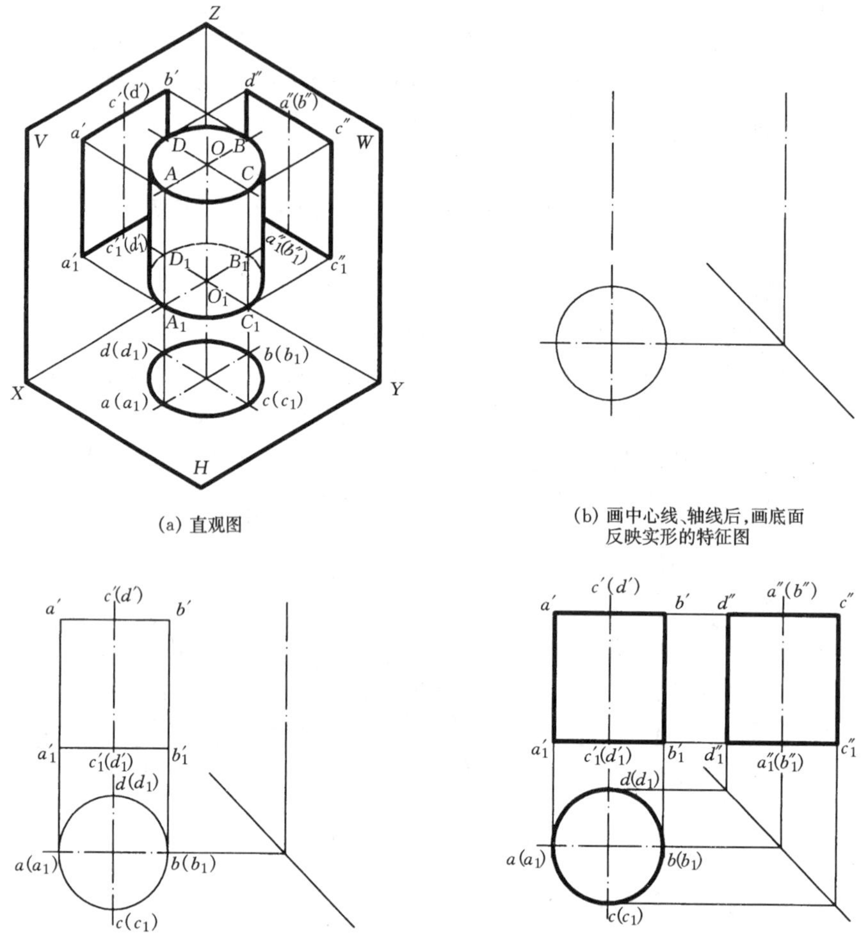

(a) 直观图

(b) 画中心线、轴线后，画底面反映实形的特征图

(c) 根据"长对正"和圆柱的高度画出主视图

(d) 根据"高平齐 、宽相等"画出左视图，并加深全图

图 3-10 圆柱三视图的画法步骤

画圆柱的三视图时，应先画出中心线、轴线，再画反映底面实形的特征图，然后根据投影关系和柱高画出其他视图。圆柱三视图的作图步骤如图 3-10（b）、（c）、（d）所示。

圆柱三视图的图形特征是：两个视图为矩形，一个视图为圆。

2. 圆锥

正圆锥由两个面围成，其中包括一个圆底面和一个圆锥面，轴线与底面垂直，并通过底圆圆心。图 3-11（a）中，圆锥轴线垂直于 H 面，圆锥面上 SA、SB、SC、SD 即为圆锥上最左、最右、最前、最后的轮廓素线，其中 SA、SB 为正向轮廓素线，SC、SD 为侧向轮廓素线。

该圆锥的俯视图为圆，圆是底面与圆锥面的重影，锥面在上可见，底面在下不可见；锥尖投影与圆心重合；四条轮廓素线投影位置分别与中心线重合，但不画出。从前看，主视图为等腰三角形线框，三角形下边线是圆底面的积聚投影；三角形两斜边 $s'a'$、$s'b'$ 是正向轮廓素线的投影；点画线表示轴线；SC、SD 侧向轮廓素线的投影位置在轴线处，

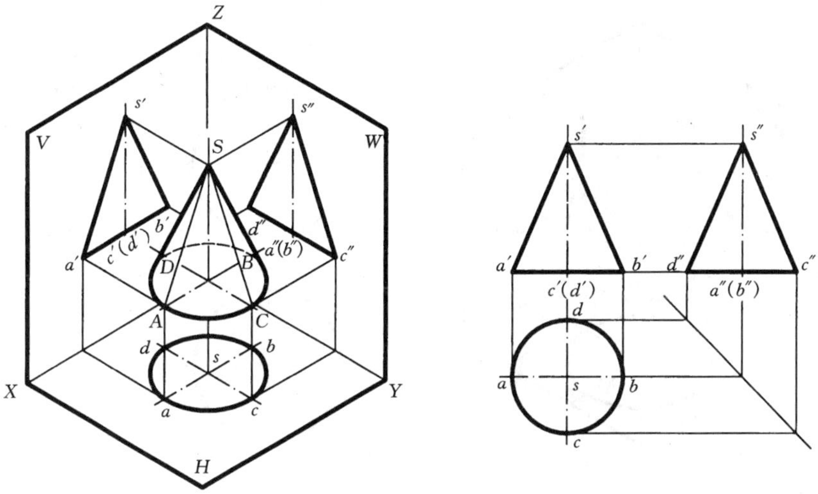

(a) 直观图　　(b) 三视图

图 3-11　圆锥的三视图

但不画出；三角形面表示前、后两半圆锥面的重影，以正向轮廓素线为界，前半圆锥面可见，后半圆锥面不可见。左视图同理可自行分析。

圆锥三视图的图形特征是：两个视图为三角形，一个视图为圆。

3. 圆台

圆台是圆锥削去尖端的部分（平行底面削尖），圆台的三视图如图 3-12 所示。

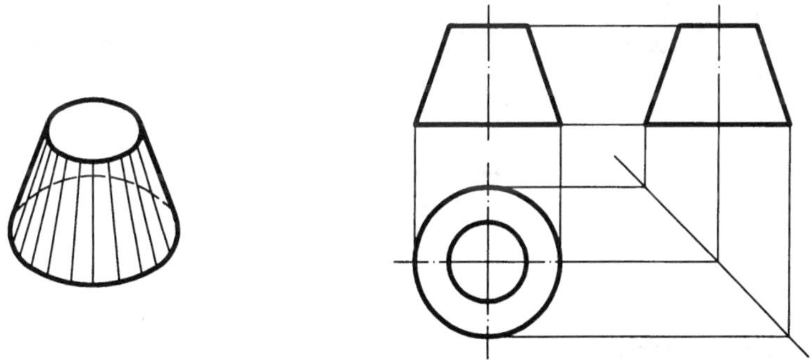

图 3-12　圆台的三视图

圆台三视图的图形特征是：两个视图为梯形，一个视图为圆。

4. 圆球

如图 3-13 所示，圆球由一个面围成，球面是不可展的曲面。圆球的三视图是三个大小相同的圆，直径等于球的直径。这三个圆分别是球面上三条轮廓素线的投影，其中圆 $ABCD$ 是最大正平圆，为正向轮廓素线；圆 $AFCE$ 是最大水平圆，为俯向轮廓素线；圆 $BEDF$ 是最大侧平圆，为侧向轮廓素线。这些圆的其他投影均与中心线重合，但不画出。

圆球三视图的图形特征是：三个视图均为直径相等的圆。

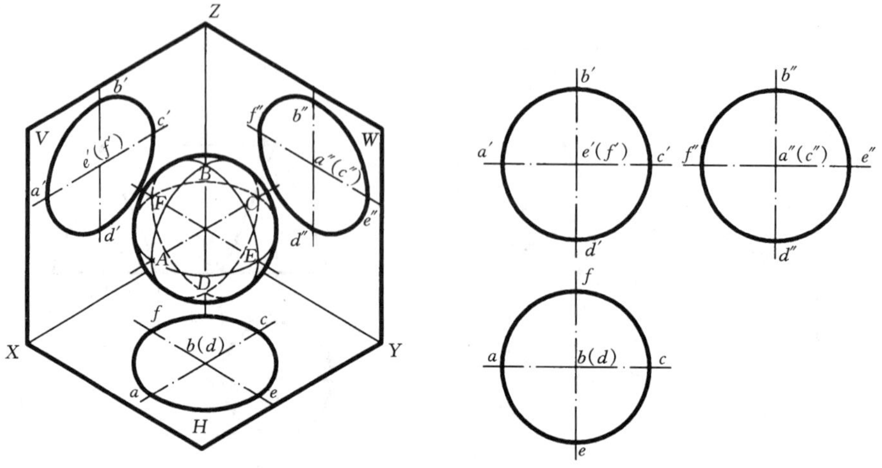

(a) 直观图　　(b) 三视图

图 3-13　圆球的三视图

三、曲面体三视图的识读

曲面体三视图的读图依据也是三视图的图形特征。无论是完整还是部分曲面体的三视图，都具有上述图形特征。

【例 3-2】　识读图 3-14 所示曲面体的三视图。

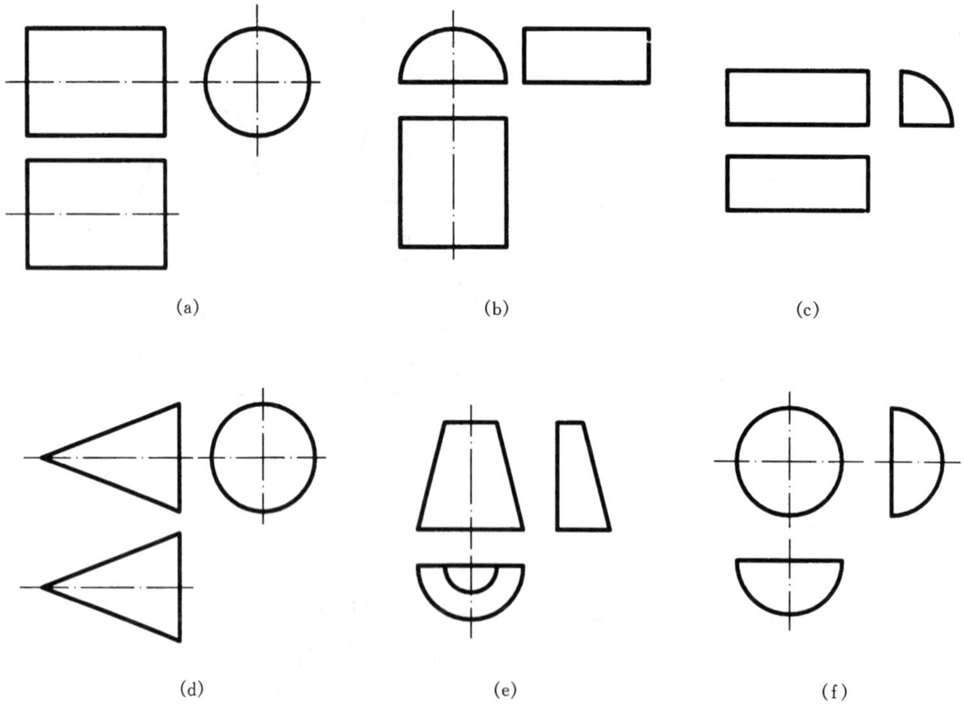

(a)　(b)　(c)　(d)　(e)　(f)

图 3-14　识读曲面体的三视图

分析

图 3-14（a）所示三视图，其主视图和俯视图均为矩形，是柱体，特征图左视图是圆，可知该形体是圆柱，且轴线垂直于 W 面。同理可分析，图（b）所示形体是半圆柱，轴线垂直于 V 面；图（c）所示形体是 1/4 圆柱，轴线垂直于 W 面。

图 3-14（d）所示三视图，其主视图和俯视图都是三角形线框，是锥体，特征图为圆形线框，该形体是轴线垂直于 W 面的圆锥。

图 3-14（e）所示三视图，其主视图和左视图都是梯形，俯视图是特征图，为前半圆，可知该形体为前半圆台。

图 3-14（f）所示三视图，是直径相等的三个圆形线框，但俯视图、左视图为半圆，是前半部，可知该形体是前半圆球。

基本体三视图的图形特征是今后画图和读图的依据之一，必须熟记。

第三节　简单体三视图的画法与识读

图 3-15（a）所示形体由两个半圆柱和一个四棱柱叠加而成，它也具有两个全等且平行的底面，这种简单体称为组合柱。组合柱三视图的画法思路与圆柱相同，其形体的作图步骤如图 3-15（b）、（c）、（d）所示。

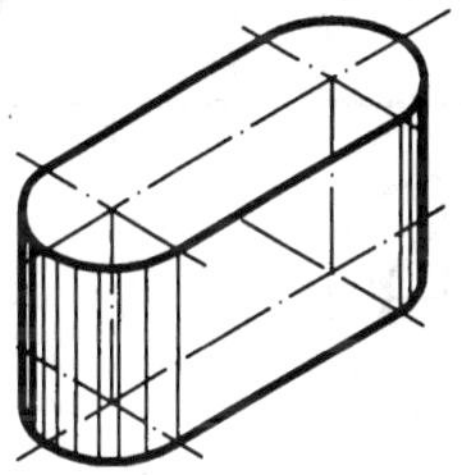

(a) 立体图

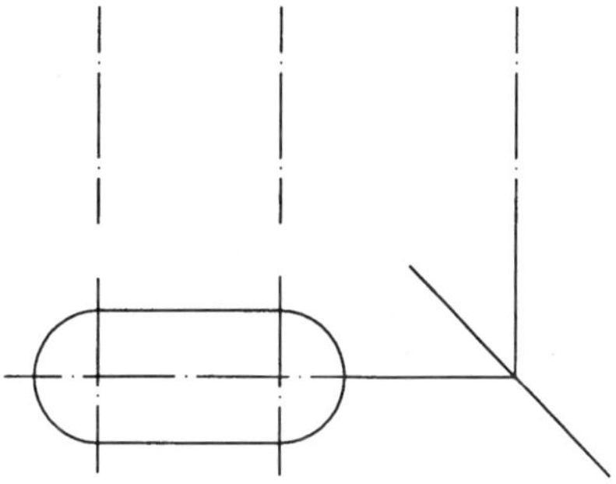

(b) 画中心线、轴线后，画底面反映实形的特征图

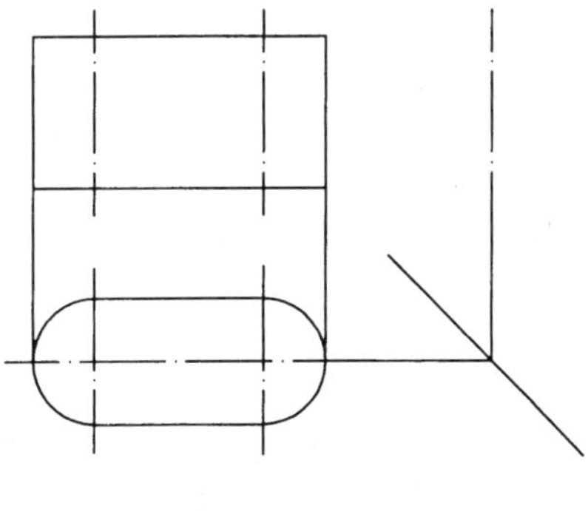

(c) 根据“长对正”和组合柱的高度画出主视图

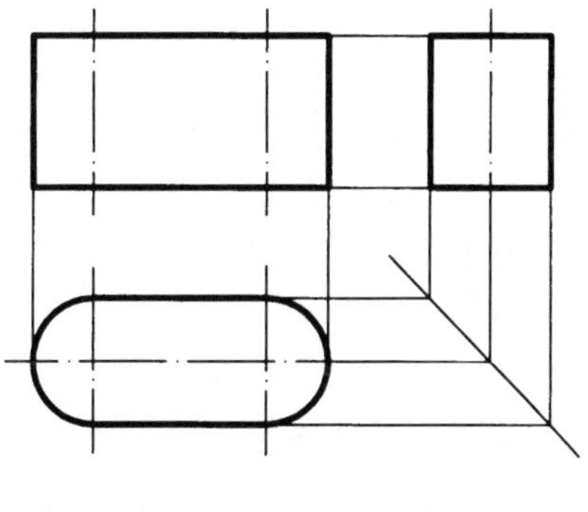

(d) 根据“高平齐、宽相等”画出左视图，并加深全图

图 3-15　组合柱的三视图

组合柱有与柱体类同的图形特征：两个视图为矩形，一个视图为组合线框。

一、简单体三视图的画法

【例 3－3】 画出图 3－16（a）所示物体的三视图。

分析

该物体由上、下两部分叠加而成，上部是圆台，下部是圆柱。

学习了基本体后，画该物体的三视图应一个基本体、一个基本体地画，作图步骤如图 3－16（b）、（c）、（d）所示。

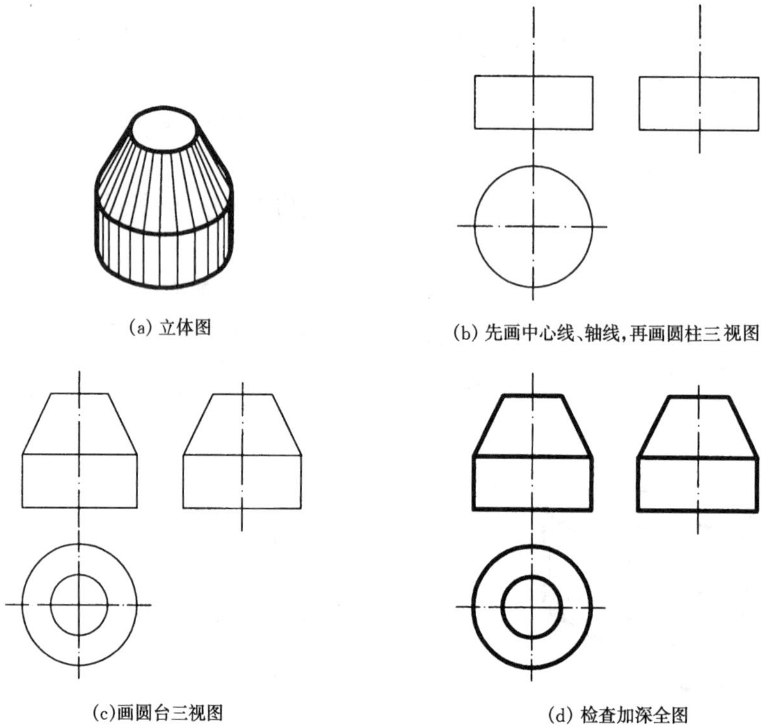

(a) 立体图

(b) 先画中心线、轴线，再画圆柱三视图

(c)画圆台三视图

(d) 检查加深全图

图 3－16 叠加式简单体三视图的画法示例

【例 3－4】 画出如图 3－17（a）所示物体的三视图。

分析

该物体是切割体，原体（没切割时的基本体称为原体）是四棱台，在上部正中挖了一个倒立的四棱台孔。

学习了基本体后，画该物体的三视图应先画原体，再画切割部分，作图步骤如图 3－17（b）、（c）、（d）所示。

二、简单体三视图的识读

读图是根据物体的视图想象物体空间形状的思维过程。读图是每个技术人员必须具备的一种能力。要学会读图就应熟悉读图依据，掌握读图方法，反复实践。

1. 读图的基本依据

（1）三视图的投影规律及三视图与空间物体的对应关系。画图时每一部分都按投影规

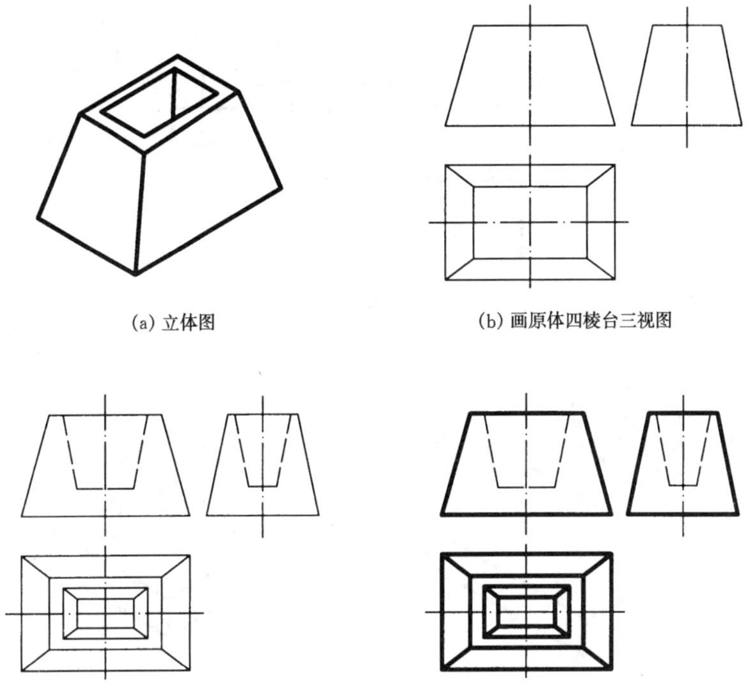

(a) 立体图　(b) 画原体四棱台三视图

(c) 画四棱台孔三视图　(d) 检查加深全图

图 3-17　切割式简单体三视图的画法示例

律画出，读图就是利用这个规律找出每一部分在三视图中的投影范围。

(2) 基本体三视图的图形特征。熟记基本体三视图的图形特征就能迅速看懂每一部分的形状。

2. 形体分析法

形体分析法读图的要点就是一部分一部分地看，具体读图步骤可分为：

(1) 识视图、分部分。识视图是弄清各视图的观看方向、各视图与空间物体之间的方位关系，从而建立起图物关系，这是整个看图过程中不能忽视的问题。分部分是从一个投影重叠较少、结构关系明显的视图入手，结合其他视图，按线框把视图分解为若干部分。

(2) 逐部分对投影、想形状。根据投影规律，逐一找出每个线框在其他视图中的对应投影，然后根据基本体三视图的图形特征，逐一想象出空间形状。

(3) 综合起来想整体。判断出各部分的形状之后，再对照视图，按它们的相互位置合在一起，综合想象出整体形状。

【例 3-5】　识读图 3-18 (a) 所示三视图，想象出该物体的空间形状。

分析

①识视图、分部分。先识视图后分部分，看主视图有三个线框，对应左视图各线框都是凸出来的部分，可知该物体由三个基本体叠加形成，如图 3-18 (a) 所示。

②逐部分对投影、想形状。先看主视图第“1”部分矩形线框，根据投影规律，对应俯视图和左视图该部分的投影都是矩形线框，由基本体三视图图形特征可判定，该部分形

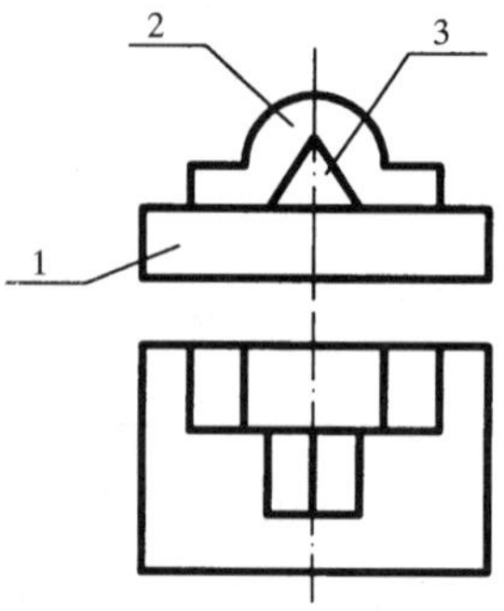

(a) 识视图、分三部分

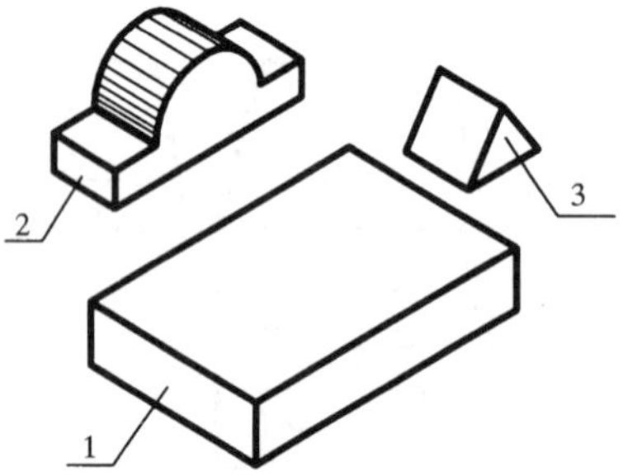

(b) 逐部分对投影、想形状

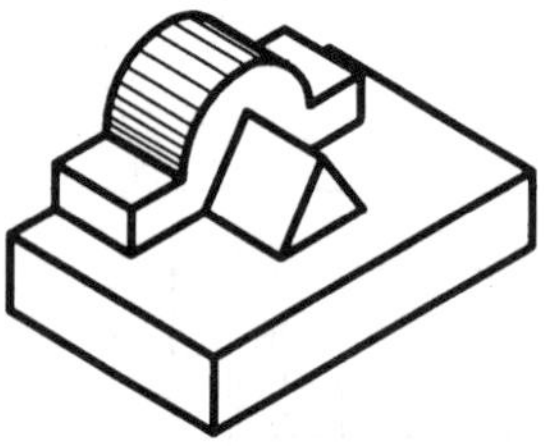

(c) 综合起来成整体

图 3-18　叠加式简单体三视图的识读示例

体是长方体；同理分析第“2”部分组合线框，对应两个矩形线框，形体为组合柱；看第“3”部分三角形线框，对应两个矩形线框，形体为三棱柱，如图 3-18（b）所示。

③综合起来想整体。由主视图可看出，组合柱和三棱柱均在长方体之上，并左右居中，由左视图可看出，组合柱在后，三棱柱在前，组合柱与长方体后边靠齐，整体形状如图 3-18（c）所示。

【例 3-6】　识读图 3-19（a）所示三视图，想象出该物体的空间形状。

分析

①识视图、分部分。先识视图，后分部分，看三视图中所有的小线框都套在大线框内，可以判定该物体是由基本体切割形成，看这样的物体分部分时，应先把原体分为一部分，然后再分切割处。各视图中大线框就是原体的投影，分为第“1”部分，另有切割两处，共分三部分，如图 3-19（a）所示。

②逐部分对投影、想形状。先看第“1”部分原体，三视图均为矩形，是长方体，如图 3-19（b）所示；看第“2”部分三角形线框，对应两个矩形线框，即在原体的左上前角切去了一个三棱柱，如图 3-19（c）所示；看第“3”部分 U 形线框，对应两个矩形线框，即在原体的右边正中挖了一个 U 形通槽，如图 3-19（d）所示。

③综合起来即为整体，如图 3-19（e）所示。

3. 练习读图的方法

（1）刻模型。刻模型的方法适用于初学者，其要点是：利用已知视图的外轮廓，先想出大致表示一个什么基本形体，而后利用每个视图的观看方向，边看图边刻模型，直至模

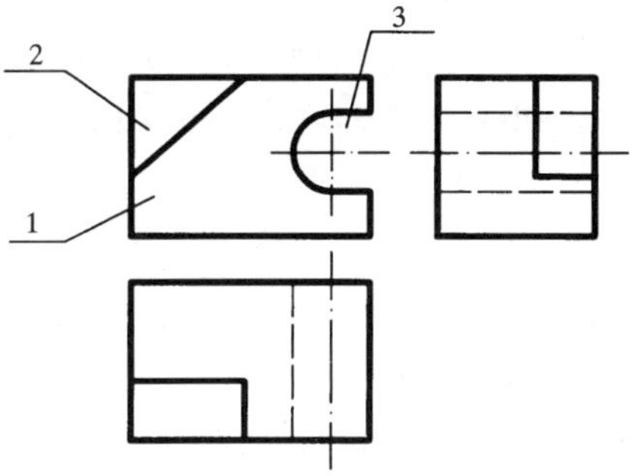

(a) 识视图、分三部分

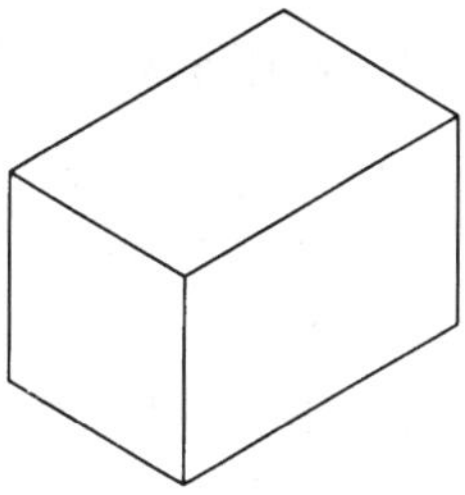

(b) 对投影想象出第“1”部分原体形状

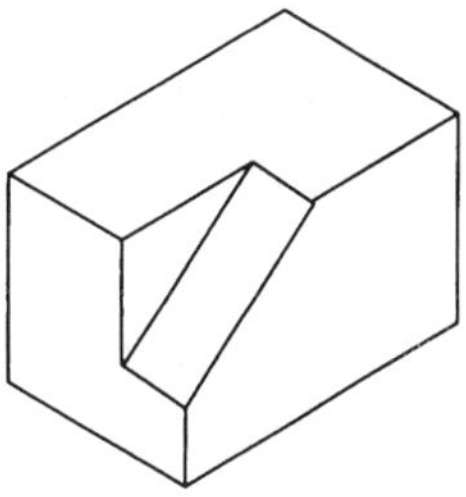

(c) 对投影想象出第“2”部分形状

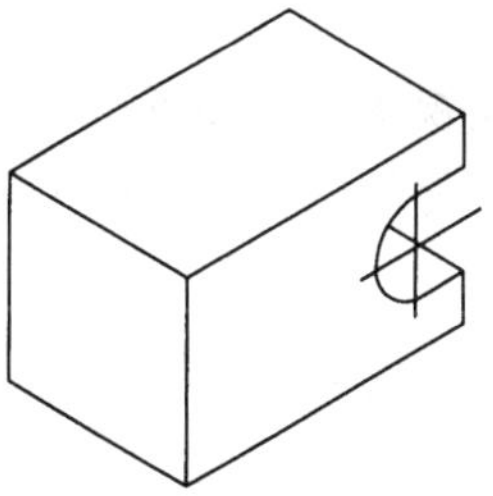

(d) 对投影想象出第“3”部分形状

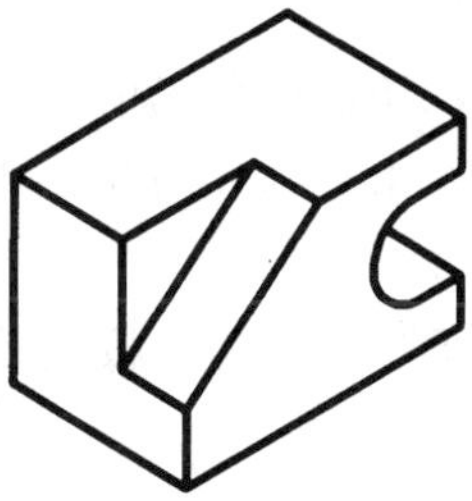

(e) 综合起来成整体

图 3-19　切割式简单体三视图的识读示例

型与视图完全对应为止。

【例 3-7】　识读图 3-20（a）所示三视图，刻出该物体的模型。

分析

①先刻出原体模型。看物体三视图小线框均在大线框内，可以判定该物体是由基本体

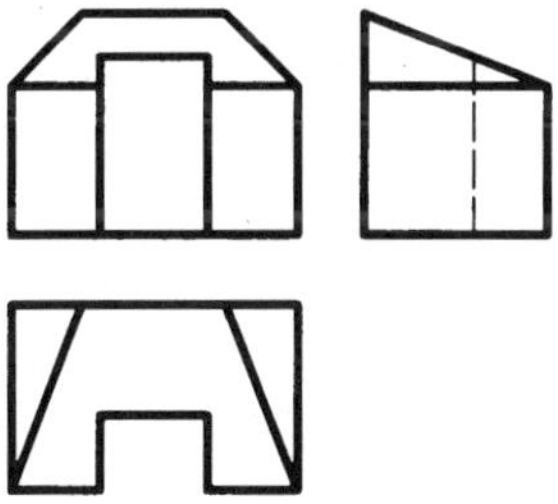

(a) 视图

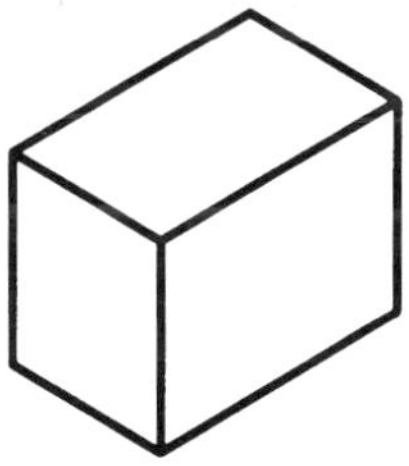

(b) 先刻出原体模型

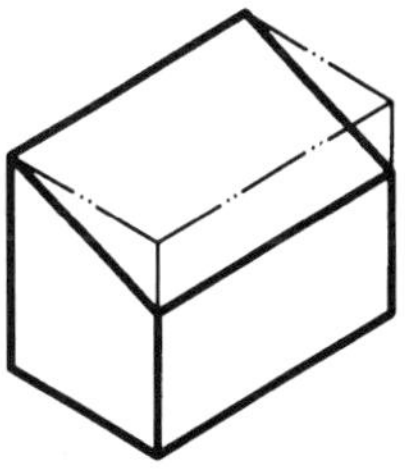

(c) 根据左视图切一刀

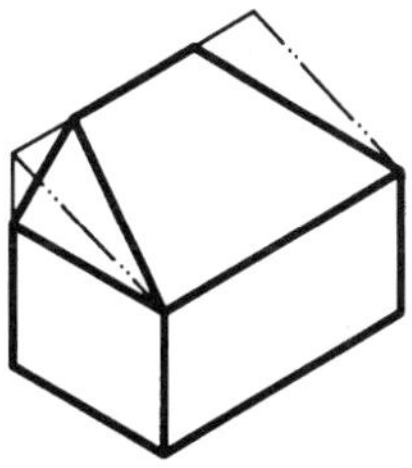

(d) 根据主视图切两刀

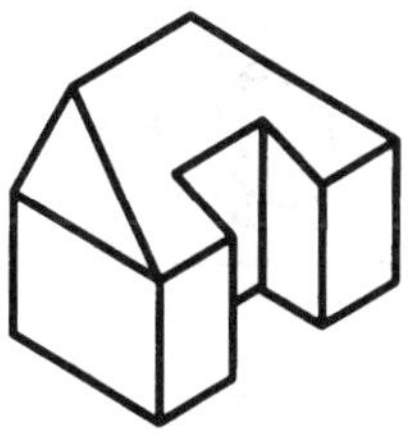

(e) 根据俯视图切三刀

图 3-20　读图刻模型示例

切割而成的，原体可视为长方体，如图 3－20（b）所示。

②逐步刻出模型的切割处。根据左视图，在长方体前上方斜切一刀，如图 3－20（c）所示；根据主视图，在长方体上方左、右角各斜切一刀，如图 3－20（d）所示；根据俯视图，在前方正中切三刀挖一个槽，如图 3－20（e）所示。

③将所刻模型与三视图反复对照，直至模型正确。

（2）根据两面视图补画第三视图。该练习简称“补视图”或“二补三”，这是一种最常用的练习读图的方法，它不仅练习读图，同时也练习画图。

【例 3－8】 识读图 3－21（a）所示两面视图，想象出该物体的空间形状，并补出第三视图。

分析

补视图前应首先根据已给的两面视图，按照前面所述的读图方法想象出物体的形状。该物体由组合柱、圆柱、圆台三部分叠加，叠加后在上下方向又挖一个方通孔，形状如图 3－21（b）所示。

根据投影规律，按照前面所述的画图思路，补出第三视图，作图步骤如图 3－21（c）所示。

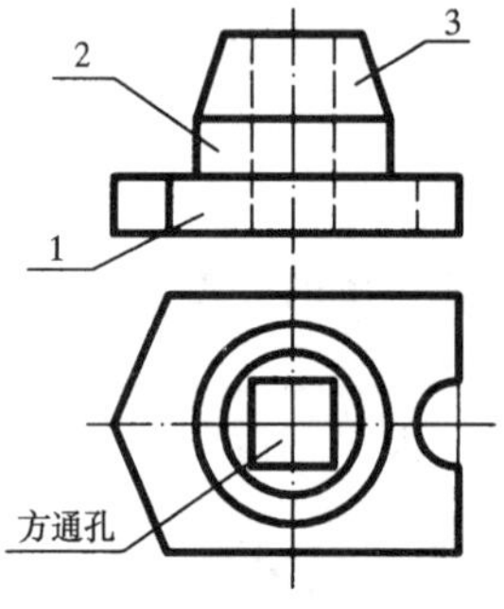

(a) 识视图、分部分

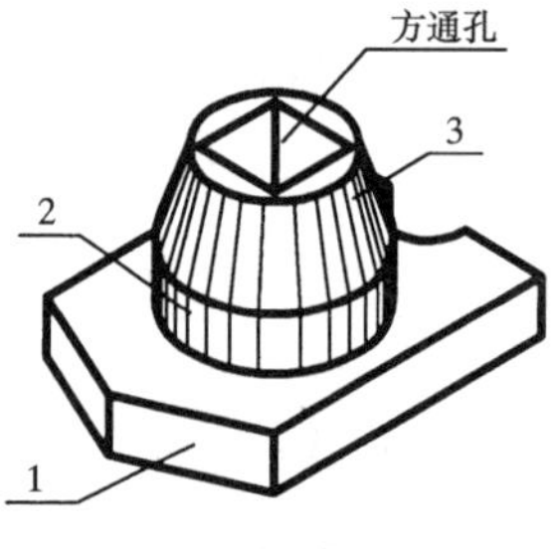

(b) 逐部分想出形状

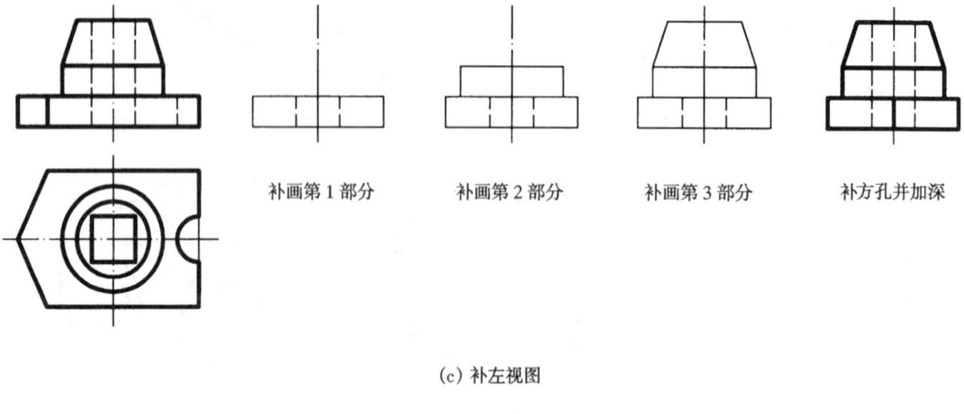

(c) 补左视图

图 3－21 补视图示例

复习思考题（单项选择题）

1. 圆柱面的形成条件是（ ）。
   (a) 圆母线绕过其圆心的轴旋转 (b) 直母线绕与其平行的轴旋转
   (c) 曲母线绕轴线旋转 (d) 直母线绕与其相交的轴旋转
2. 曲面体的轴线和圆的中心线在三视图中（ ）。
   (a) 可不表示 (b) 必须用点画线画出
   (c) 当体小于一半时才不画出 (d) 体小于等于一半时均不画出
3. 轴线垂直 H 面圆柱的正向轮廓素线在左视图中的投影位置（ ）。
   (a) 在左边铅垂线上 (b) 在右边铅垂线上
   (c) 在轴线上 (d) 在上下水平线上
4. 圆锥的四条轮廓素线在投影为圆的视图中的投影位置（ ）。
   (a) 都在圆心 (b) 在中心线上
   (c) 在圆上 (d) 分别积聚在圆与中心线相交的四个交点上
5. 两个视图为矩形的形体是（ ）。
   (a) 直棱柱 (b) 圆柱 (c) 组合柱 (d) 前三者
6. 一个视图为圆，两个视图为三角形的基本体是（ ）。
   (a) 圆台 (b) 圆柱 (c) 圆锥 (d) 圆球
7. 四棱台的一个视图反映底面实形，另两视图的图形特征是（ ）。
   (a) 三角形 (b) 圆 (c) 矩形 (d) 梯形

第四章　点、直线、平面的投影

点、直线、平面是构成物体的基本几何元素，掌握它们的投影理论和作图方法，可提高对物体投影的分析能力和空间想象能力，解决复杂物体画图与读图中的问题。

第一节　点　的　投　影

一、点的三面投影图的形成

空间点的位置，可由其直角坐标值来确定，一般书写形式为：A（x，y，z）。

如图 4－1 所示，将相互垂直的三个投影面作为直角坐标系，投影轴作为坐标轴，O 点作为坐标原点，则相应坐标值就是点到各投影面的距离。

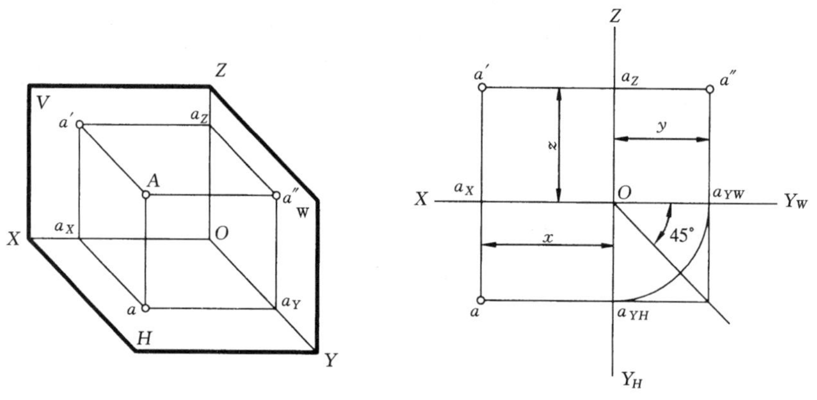

(a) 直观图　　(b) 投影图

图 4－1　点的三面投影形成

如图 4－1（a）所示，A 点在三投影面体系中，过 A 点分别向三投影面作投射线（垂线），垂足 a、a'、a''即为点在三个投影面上的投影。

规定空间点用大写字母标记，如 A、B、C、D、…；它们在 H 面上的投影用相应的小写字母标记，如 a、b、c、d、…；在 V 面上的投影用相应的小写字母加一撇标记，如 a'、b'、c'、d'、…；在 W 面上的投影用相应的小写字母加两撇标记，如 a''、b''、c''、d''、…。

A 点在 H 面上的投影 a 称为 A 点的水平投影，由坐标值 x、y 所决定，它反映 A 点到 W、V 两个投影面的距离。

A 点在 V 面上的投影 a' 称为 A 点的正面投影，由坐标值 x、z 所决定，它反映 A 点到 W、H 两个投影面的距离。

A 点在 W 面上的投影 a'' 称为 A 点的侧面投影，由坐标值 y、z 所决定，它反映 A 点到 V、H 两个投影面的距离。

移去空间点 A，按照第二章中所规定的投影面展开方法，将三投影面展开摆平，便得到点 A 的三面投影图，如图 4－1（b）所示。

点的一个投影只能反映它到两个投影面的距离（坐标值），不能确定点的空间位置。点的任意两面投影能反映点到三个投影面的距离即三个坐标，可以确定点在空间的位置。

二、点的三面投影规律

由图 4－1（a）分析：点的各投影在投影面内向坐标轴所作的垂线与投射线、坐标轴一起组成一个长方体，它们有如下关系：

$Aa''=a'a_Z=aa_Y=x$，x 坐标即为空间点 A 到 W 面的距离；

$Aa=a'a_X=a''a_Y=z$，z 坐标即为空间点 A 到 H 面的距离；

$Aa'=aa_X=a''a_Z=y$，y 坐标即为空间点 A 到 V 面的距离。

由此可得点的三面投影规律，如图 4－1（b）所示：

$a'a\perp OX$，即点的正面投影 a' 和水平投影 a 的连线垂直于 OX 轴（长对正）；

$a'a''\perp OZ$，即点的正面投影 a' 和侧面投影 a'' 的连线垂直于 OZ 轴（高平齐）；

$aa_X=a''a_Z$，即点的水平投影 a 到 OX 轴的距离等于点的侧面投影 a'' 到 OZ 轴的距离（宽相等）。

在点的三面投影图中，为了便于投影分析，要求用细实线按点的投影规律将点的投影连接起来，点的水平投影和侧面投影要用 45°斜线或圆弧来体现宽相等。

三、点的坐标与空间位置

点的空间位置取决于坐标值的大小。点的三个坐标值都不为零时，点在空间；点的一个坐标值为零时，点在投影面上；点的两个坐标为零时，点在投影轴上；点的三个坐标值都为零时，点在坐标原点。点的空间位置与坐标的关系及投影特征见表 4－1。

表 4－1　　各种位置的点

位置	直观图	投影图	坐标条件与投影特征
点在空间	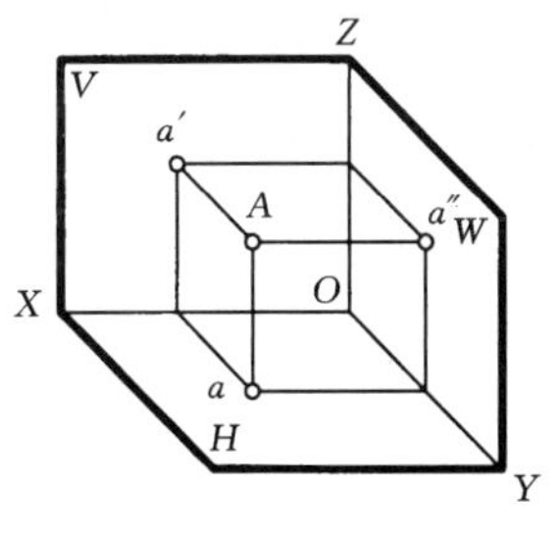	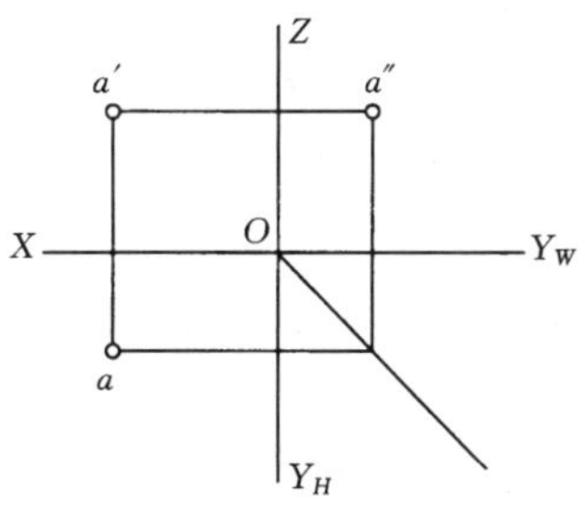	坐标条件：点的三个坐标均不为零。 投影特征：点的三个投影都在相应的投影面上

续表

<table>
<tr><th>位置</th><th>直　观　图</th><th>投　影　图</th><th>坐标条件与投影特征</th></tr>
<tr><td rowspan="3">点在投影面上</td><td>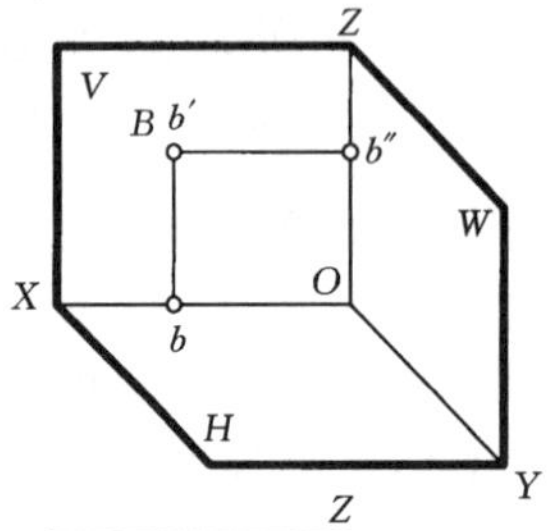
</td><td>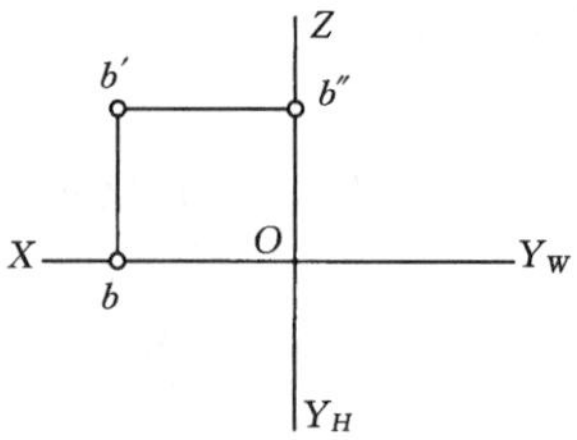
</td><td rowspan="3">坐标条件：点的一个坐标为零。
投影特征：点的一个投影在点所在的投影面上，与空间点重合；另两个投影在投影轴上</td></tr>
<tr><td>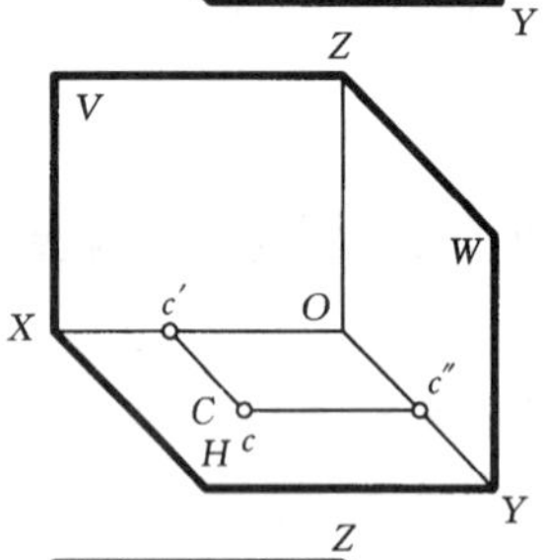
</td><td>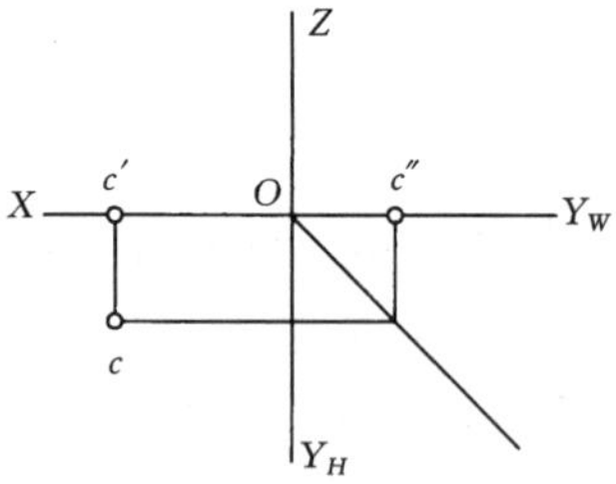
</td></tr>
<tr><td>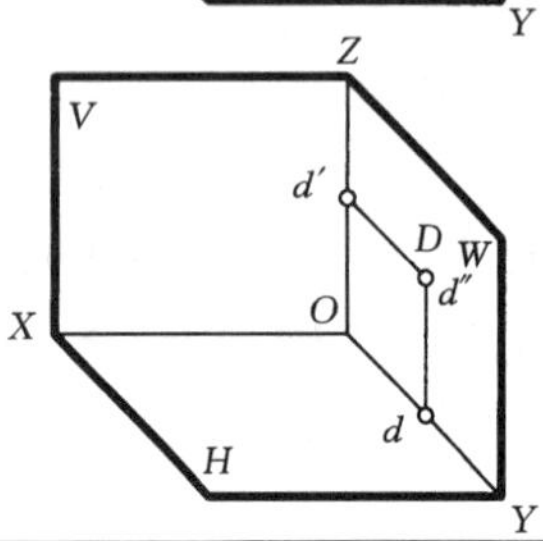
</td><td>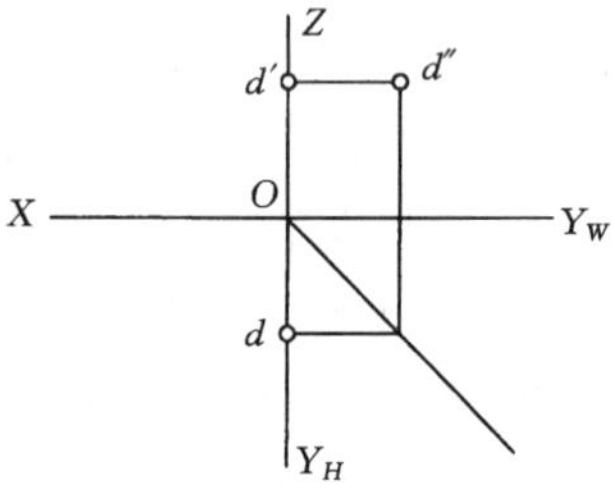
</td></tr>
<tr><td rowspan="3">点在投影轴上</td><td>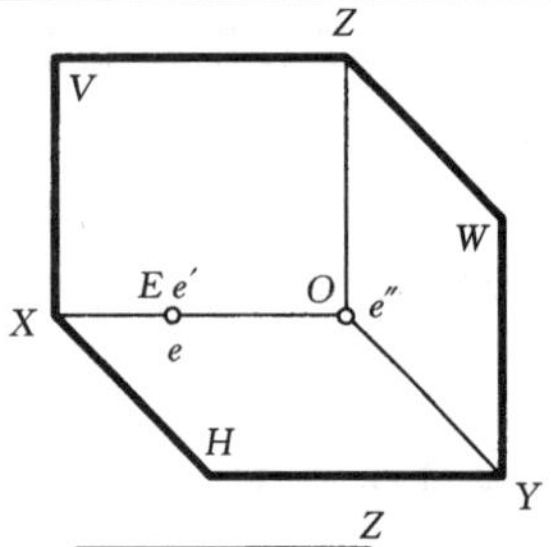
</td><td>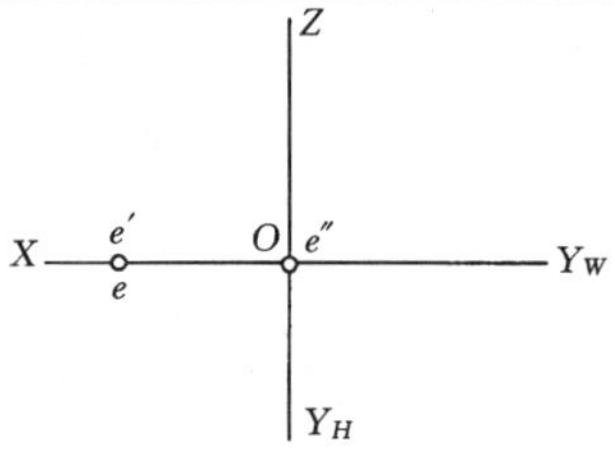
</td><td rowspan="3">坐标条件：点的两个坐标为零。
投影特征：点的两个投影在投影轴上，与空间点重合；另一个投影与原点重合</td></tr>
<tr><td>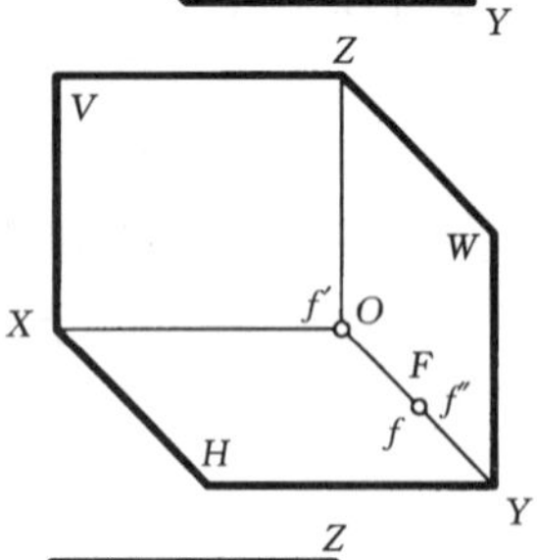
</td><td>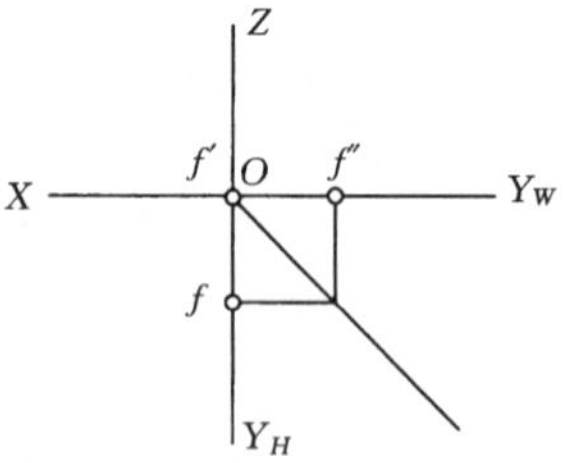
</td></tr>
<tr><td>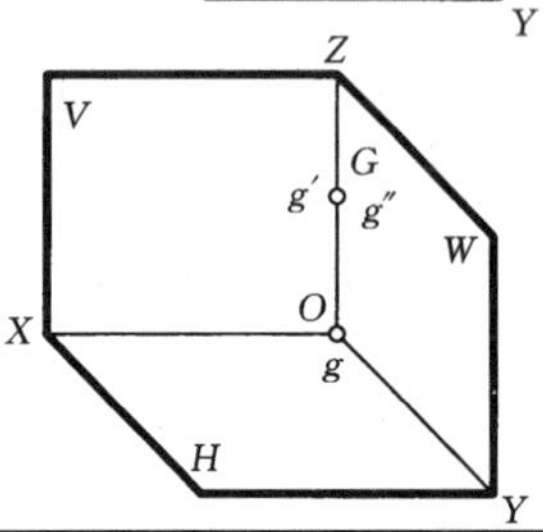
</td><td>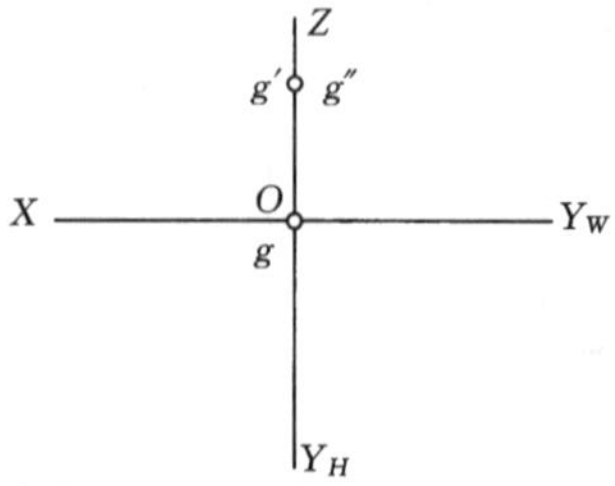
</td></tr>
</table>

续表

位置	直　观　图	投　影　图	坐标条件与投影特征
点在原点	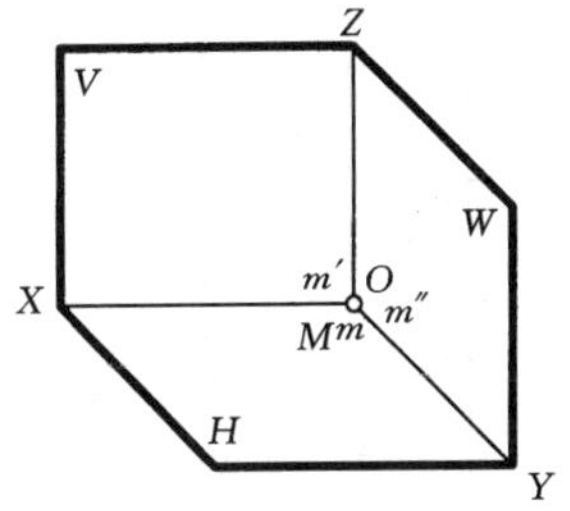	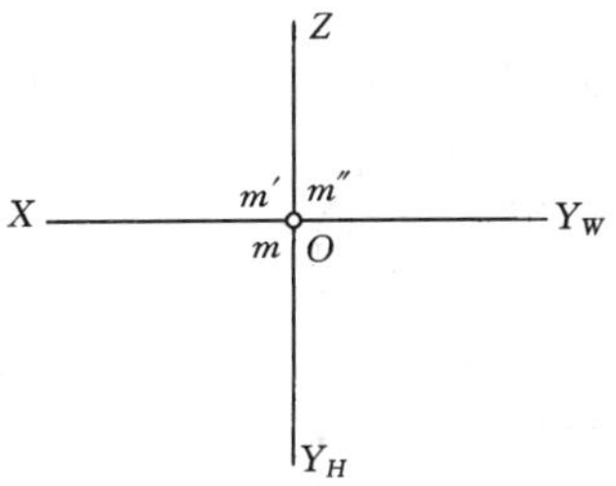	坐标条件：点的三个坐标均为零。 投影特征：点的三个投影都投影在原点，与空间点重合

四、两点的相对位置和重影点

1. 两点的相对位置

由于点的 x、y、z 坐标反映了空间点相对于 W、V、H 三投影面的距离，因此确定两点的相对位置只需要比较两点对应坐标值的大小。x 值大者在左，y 值大者在前，z 值大者在上。图 4－2 中，$x_A > x_B$、$y_A < y_B$、$z_A > z_B$，可知 A 点在 B 点的左、后、上方。

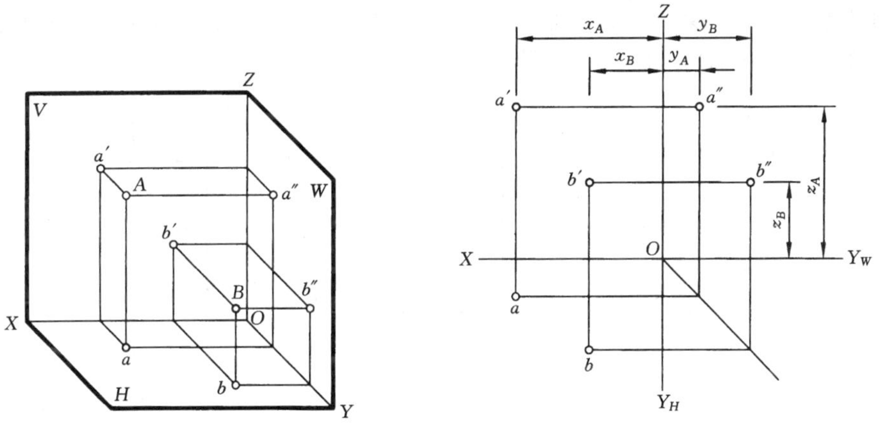

(a) 直观图　　(b) 三面投影图

图 4－2　两点的相对位置

2. 重影点

处于同一投射线上的空间两点，它们在投射线垂直的投影面上的投影重合为一点，这两点称为该投影面的重影点。根据定义可知：重影点必有两个坐标值相同。如图 4－3 所示，A、B 两点在向 V 面投射的同一条投射线上，且 $x_A = x_B$、$z_A = z_B$，它们的正面投影 a' 和 b' 重影为一点，空间点 A、B 称为正投影面的重影点。重影点由第三坐标来判别投影的可见性，规定不可见点的投影要加圆括号。如图 4－3 中，$y_A > y_B$，可知 A 点在 B 点之前，B 点为不可见点，其正面投影应加括号。

五、点的投影图与直观图的画法

【例 4－1】　已知空间点 A 到三个投影面 W、V、H 的距离分别为 10、15、20，画

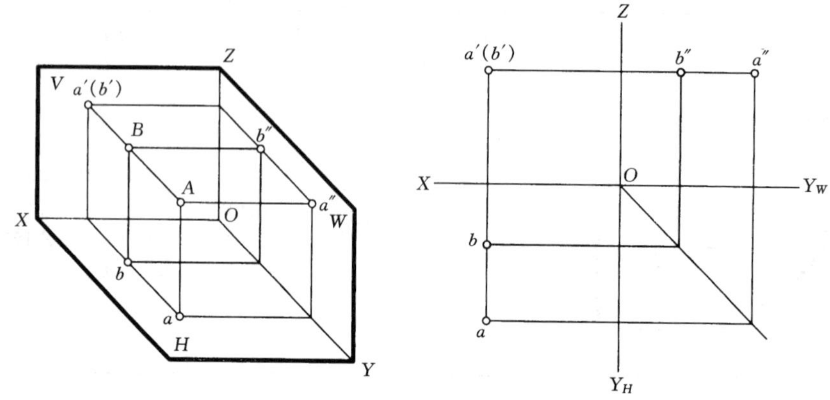

(a) 直观图　　(b) 投影图

图 4-3　重影点的投影

出 A 点的三面投影图。

分析

由所给条件可知：$x_A=10$、$y_A=15$、$z_A=20$，即 A（10，15，20）。

作图时应先画出投影轴，然后根据点的坐标和投影规律，依次画出点的三面投影图，作图步骤如图 4-4（a）、（b）、（c）所示。

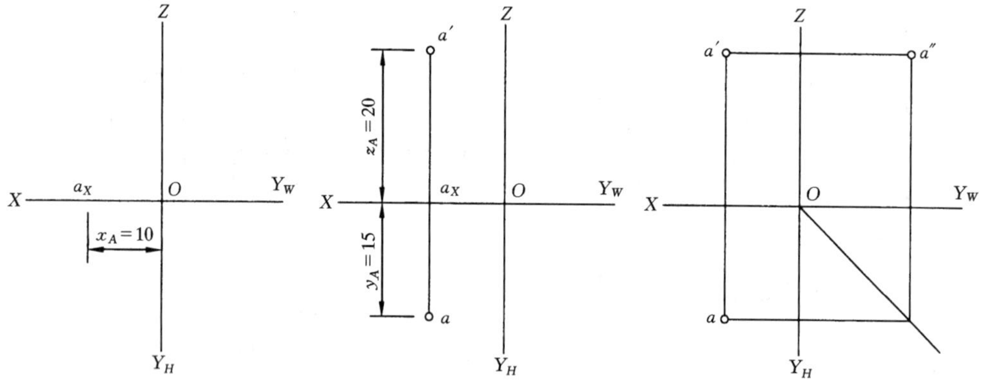

(a) 先画出投影轴，然后从原点沿 OX 轴向左量 10，得 a_X

(b) 过点 a_X 作 OX 轴的垂线，从 a_X 向下量 15，得 a；从 a_X 向上量 20，得 a'

(c) 由 a 和 a' 根据点的投影规律得 a''

图 4-4　作点的三面投影图示例

【例 4-2】　根据图 4-5（a）所示 B 点的三面投影图，画出 B 点的直观图。

分析

点的直观图中，三投影轴的位置一般画成 OX 轴水平、OZ 轴铅垂、OY 轴与水平线成 45°。画投影面时，投影面的边框与相应的投影轴平行，也可省略。

B 点直观图的作图步骤如图 4-5（b）、（c）、（d）所示。

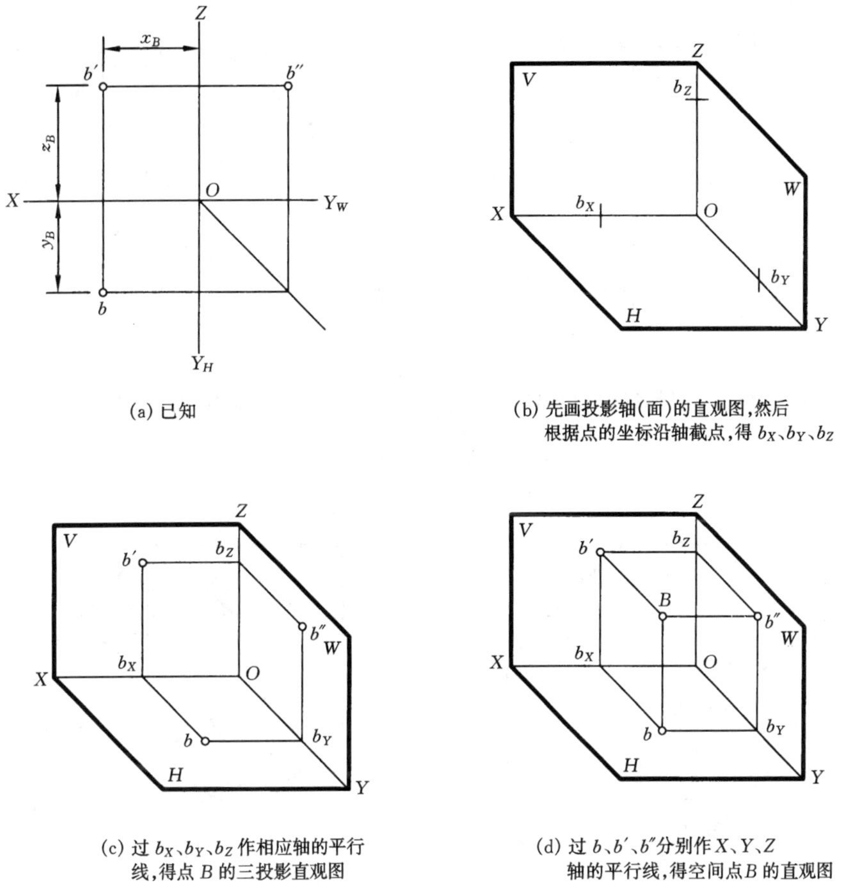

图 4-5 画点的直观图示例

第二节 直线的投影

一、直线的投影图和直观图的画法

直线的投影一般仍为直线。画直线段的投影，可先画出直线段两端点的投影，然后用粗实线将其同面投影连成直线即得，如图 4-6 所示。

画直线的直观图时，可先画出直线上两点的直观图，然后用粗实线分别连接空间两点和两点的同面投影即得，如图 4-7 所示。

二、直线上点的从属性和定比性

1. 直线上点的从属性

直线上任一点的投影必在该直线的同面投影上，这个特性称为从属性。如图 4-8 所示，K 点在直线 AB 上，根据点在直线上投影的从属性和点的三面投影规律，可知 K 点的三面投影 k、k'、k'' 必定分别在直线 AB 的同面投影 ab、$a'b'$、$a''b''$ 上，并且三投影间符合点的投影规律。K 点的三面投影只要有一个不在直线 AB 的同面投影上，该点就一定不在该直线上。

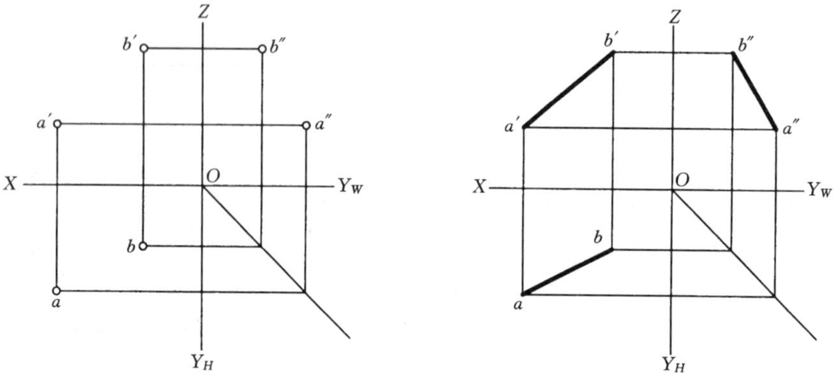

(a) 先画出直线两端点的投影　　(b) 连接同面投影，完成直线三投影

图 4-6　直线三面投影图的画法

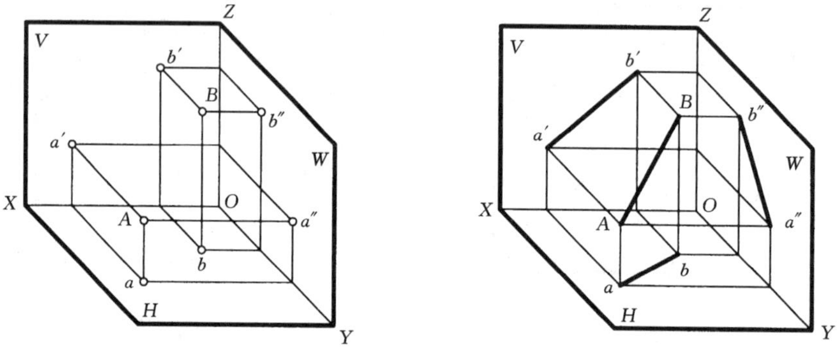

(a) 先画出直线两端点的直观图　　(b) 连接同面投影及空间点，完成直线直观图

图 4-7　直线直观图的画法

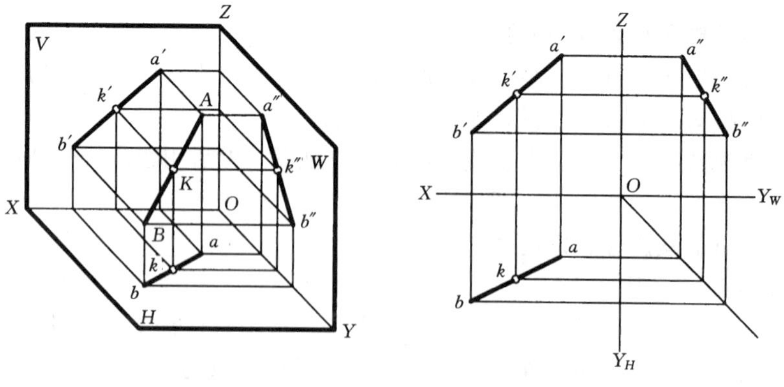

(a) 直观图　　(b) 投影图

图 4-8　直线上点的从属性和定比性

2. 直线上点的定比性

直线上的点分割直线之比，投影后保持不变，这个特性称为定比性。如图 4－8 所示，$AK:KB=ak:kb=a'k':k'b'=a''k'':k''b''$

【例 4－3】 如图 4－9（a）所示，已知直线 AB 的两面投影及线上一点 K 的水平投影 k，求点的正面投影 k'。

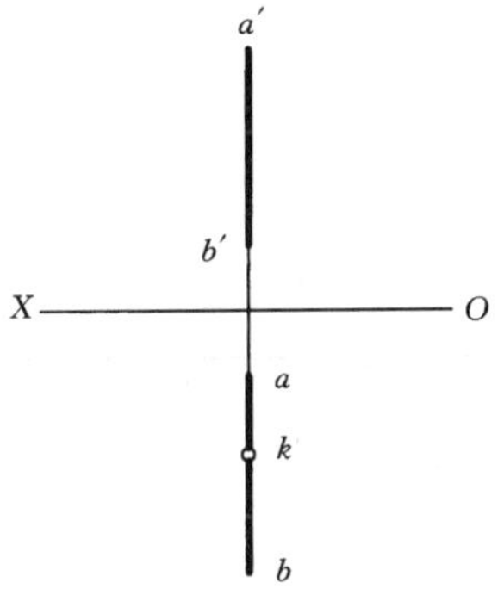

(a) 已知

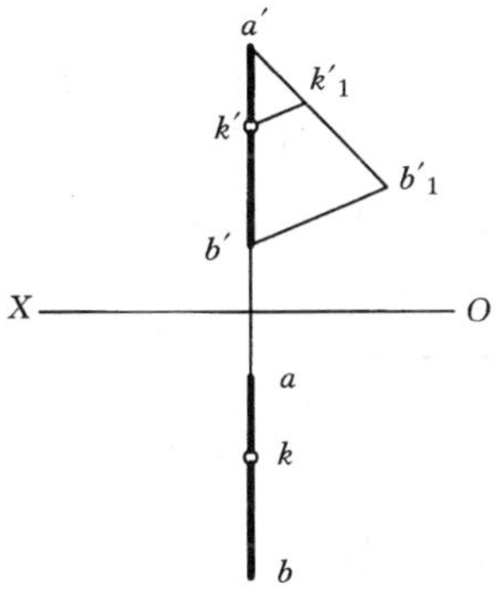

(b) 过 a' 作任一直线，使得 $a'b'_1=ab$、$a'k'_1=ak$，连接 $b'b'_1$，过 k'_1 作 $b'b'_1$ 的平行线，交 $a'b'$ 于 k'，k' 即为所求

图 4－9　求直线上点的投影

分析

根据直线上点的从属性可知，k' 必定落在 $a'b'$ 上。根据直线上点的定比性又可知，$a'k':k'b'=ak:kb$，由此可作辅助线求得 k'，作图步骤如图 4－9（b）所示。

三、各种位置直线的投影特征

在三面投影体系中，直线的位置有三类：一般位置直线、投影面平行线、投影面垂直线。后两类统称为特殊位置直线。

1. 一般位置直线

相对三投影面都倾斜的直线称为一般位置直线，直线与 H、V、W 三投影面的倾角分别用 α、β、γ 表示，如图 4－10 所示。

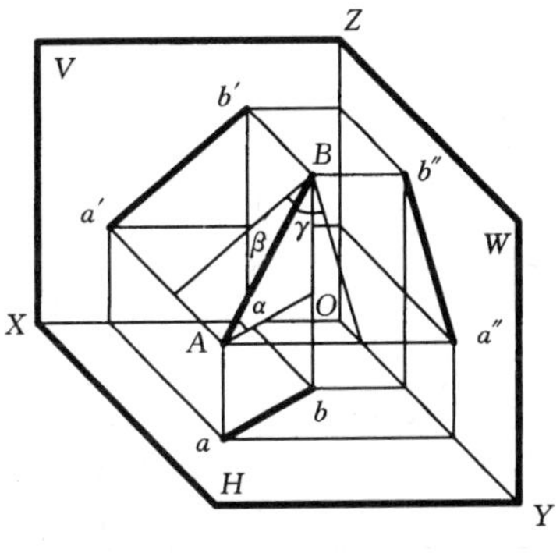

(a) 直观图

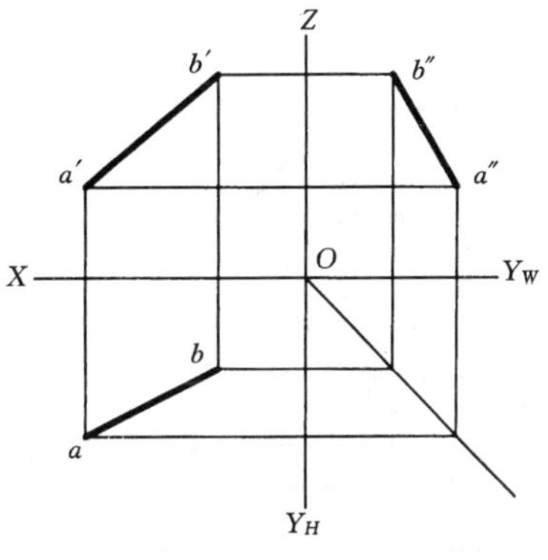

(b) 投影图

图 4－10　一般位置直线

一般位置直线的投影特征为：三投影均为斜线且小于实长，三投影与投影轴的夹角不反映空间直线与投影面的倾角。

2. 投影面平行线

平行于一个投影面，倾斜于另外两个投影面的直线称为投影面平行线。投影面平行线分为三种：

（1）正平线。平行于 V 面，倾斜于 H、W 面。

（2）水平线。平行于 H 面，倾斜于 V、W 面。

（3）侧平线。平行于 W 面，倾斜于 V、H 面。

各种投影面平行线的直观图、三投影图及投影特征见表 4-2。

表 4-2　　投影面平行线

种类	直观图	投影图	投影特征
正平线	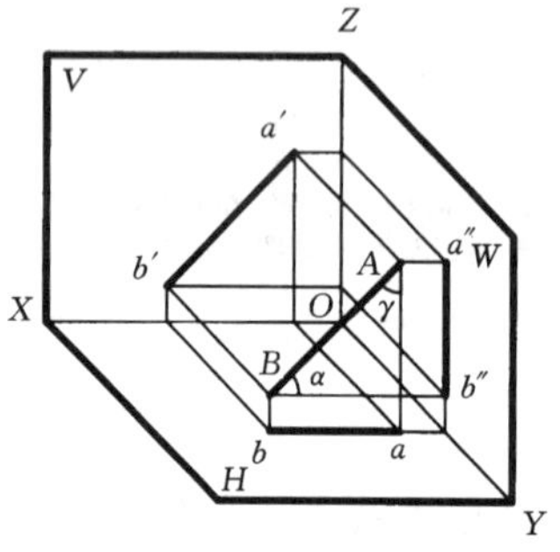	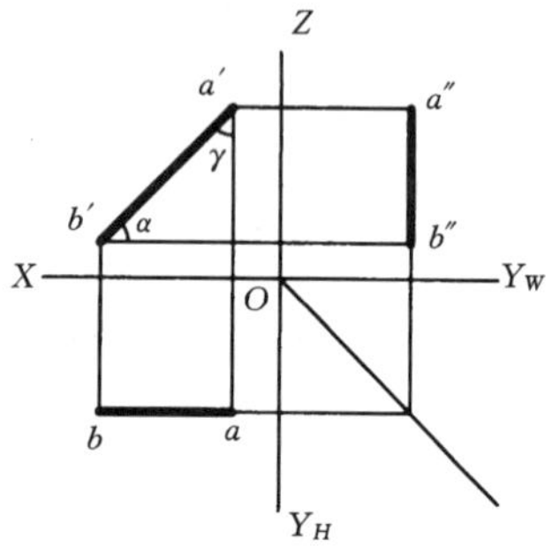	1. $a'b'=AB$； 2. $ab//OX$，$a''b''//OZ$； 3. 反映直线与其他两投影面的倾角 α、γ
水平线	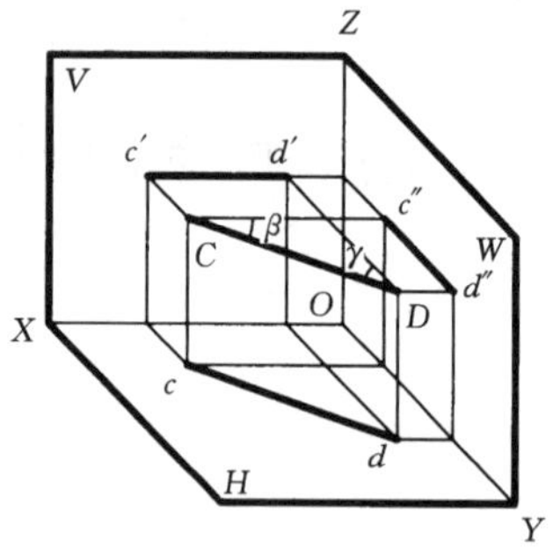	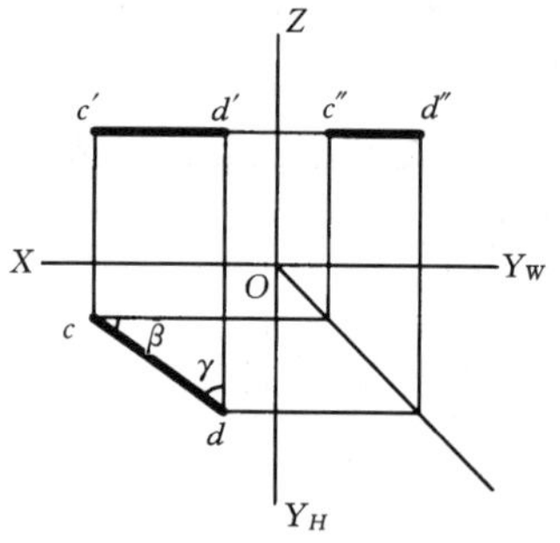	1. $cd=CD$； 2. $c'd'//OX$，$c''d''//OY_W$； 3. 反映直线与其他两投影面的倾角 β、γ
侧平线	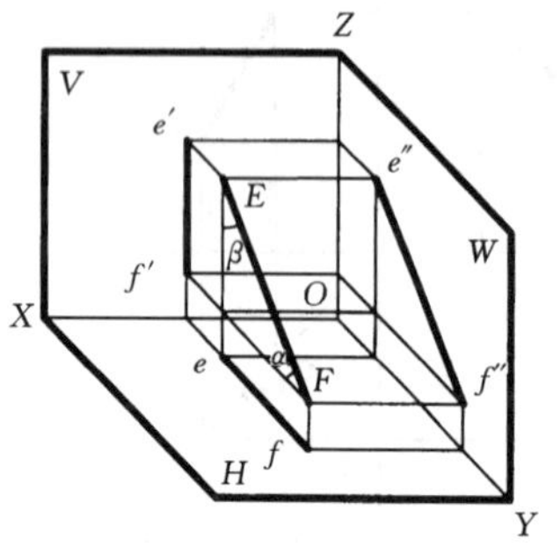	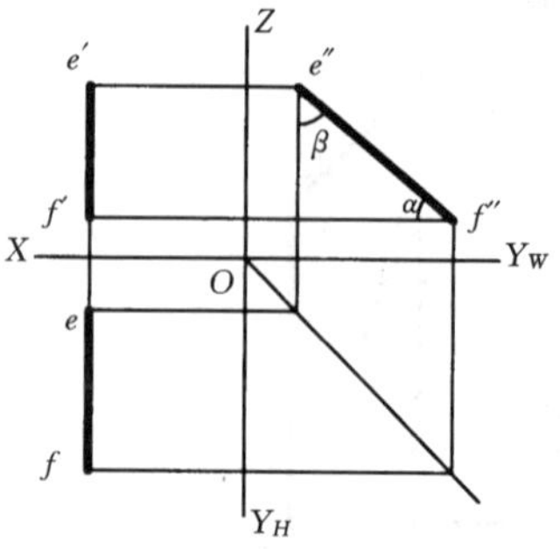	1. $e''f''=EF$； 2. $ef//OY_H$，$e'f'//OZ$； 3. 反映直线与其他两投影面的倾角 α、β

投影面平行线的投影特征可归纳为：在与直线平行的投影面上的投影为一斜线，反映

实长，并反映直线与其他两投影面的倾角；其余两投影的长度小于实长，并平行相应的两投影轴。

3. 投影面垂直线

垂直于一个投影面，平行于另外两个投影面的直线称为投影面垂直线。投影面垂直线也可分为三种：

（1）正垂线。垂直于 V 面，平行于 H、W 面。

（2）铅垂线。垂直于 H 面，平行于 V、W 面。

（3）侧垂线。垂直于 W 面，平行于 V、H 面。

各种投影面垂直线的直观图、三投影图及投影特征见表 4-3。

表 4-3　　　　　　　　　　投影面垂直线

种类	直观图	投影图	投影特征
正垂线	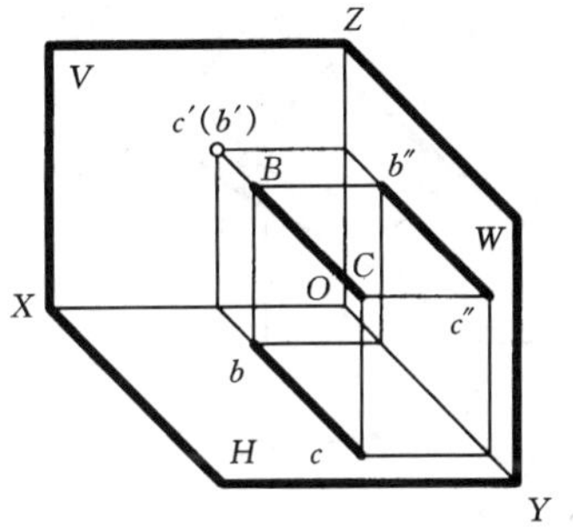	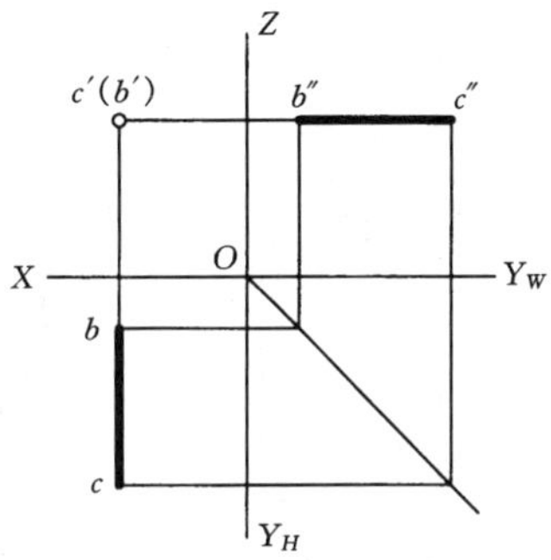	1. $c'b'$积聚为一点； 2. $cb \perp OX$，$c''b'' \perp OZ$； 3. $cb=c''b''=CB$
铅垂线	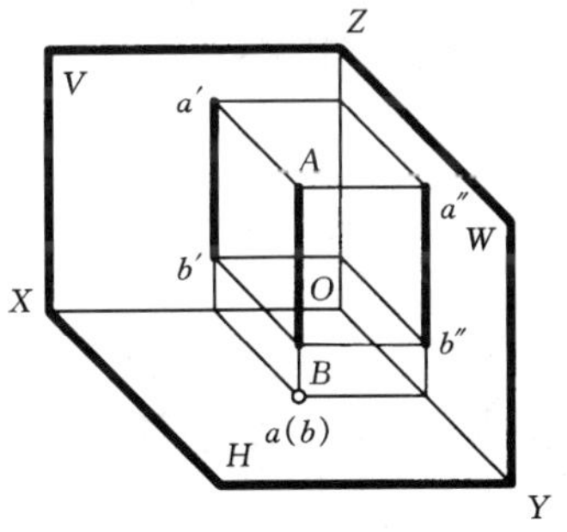	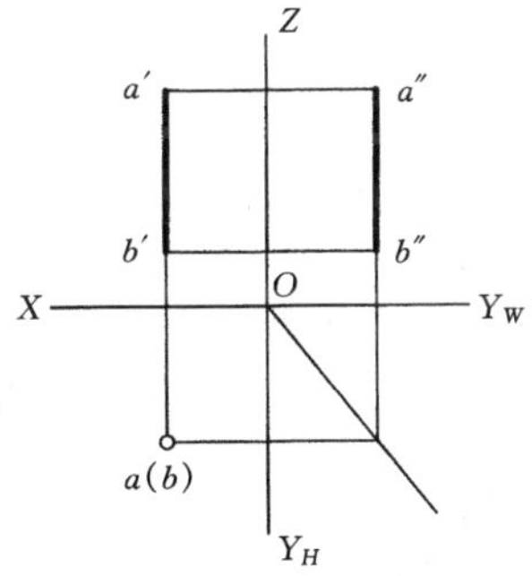	1. ab 积聚为一点； 2. $a'b' \perp OX$，$a''b'' \perp OY_W$； 3. $a'b'=a''b''=AB$
侧垂线	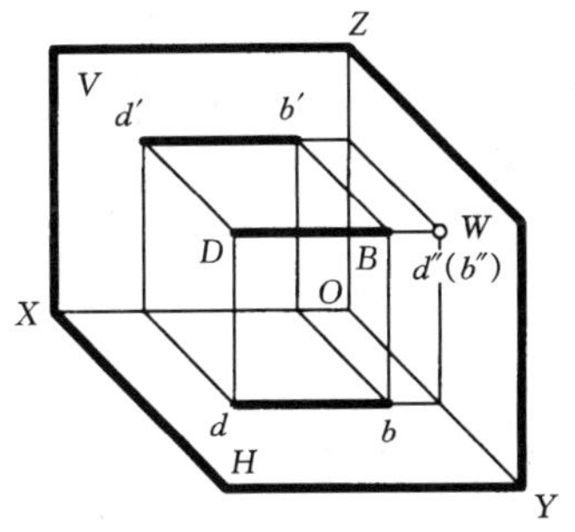	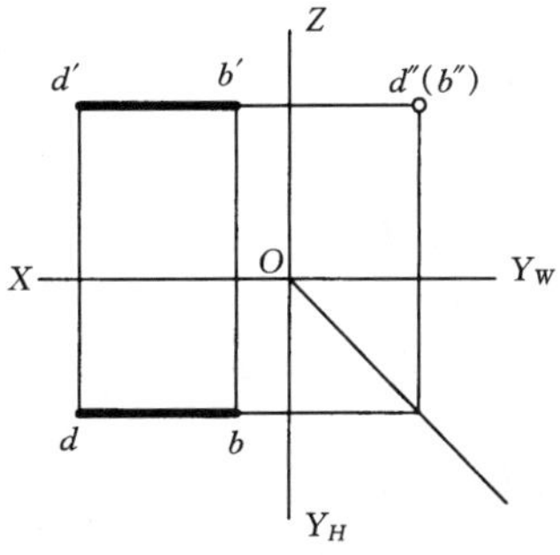	1. $d''b''$积聚为一点； 2. $db \perp OY_H$，$d'b' \perp OZ$； 3. $db=d'b'=DB$

投影面垂直线的投影特征可归纳为：与直线垂直的投影面上的投影积聚为一点；其他两投影反映实长，并垂直于相应的两投影轴。

比较三类直线的投影特征可以看出：直线只要有两个投影倾斜于投影轴，即为一般位置直线；直线只有一个投影为斜线或直线的两个投影分别平行于第三投影面的两投影轴，为投影面的平行线；直线的一个投影积聚为一点或直线的两个投影分别垂直于第三投影面的两投影轴，为投影面的垂直线。

四、用直角三角形法求线段的实长和倾角

根据前面的分析可知，特殊位置直线可以从它们的三面投影中直接求得空间直线的实长和倾角，而一般位置直线的三投影不反映实长和对投影面的倾角。一般位置直线的实长和倾角可在投影图上用图解法求出。本节介绍直角三角形法。

图 4-11（a）表示了反映倾角 α 的直角三角形的空间几何关系。在直角三角形 ABC

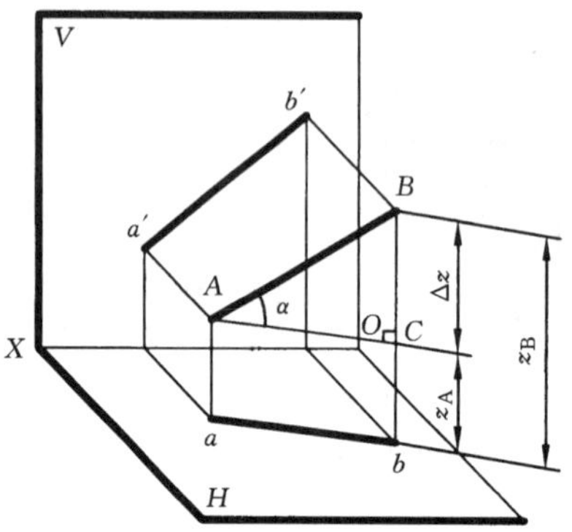

(a) 反映倾角 α 的直角三角形的空间几何关系

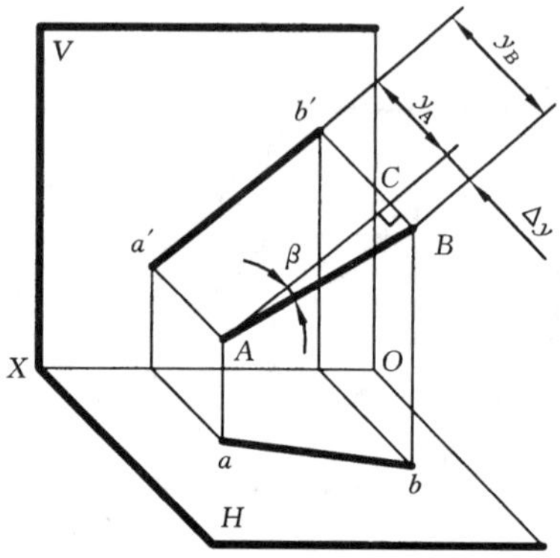

(b) 反映倾角 β 的直角三角形的空间几何关系

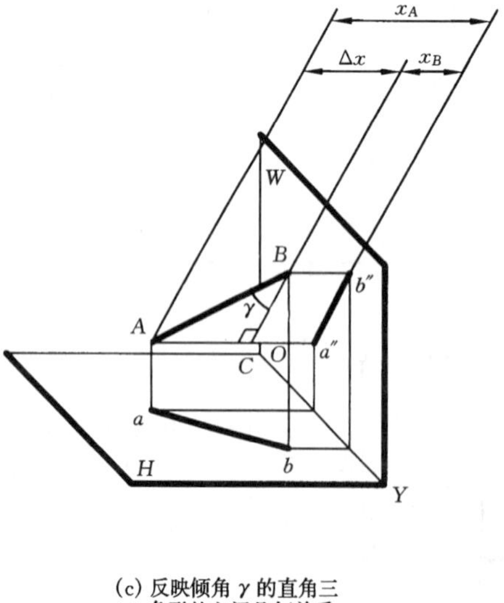

(c) 反映倾角 γ 的直角三角形的空间几何关系

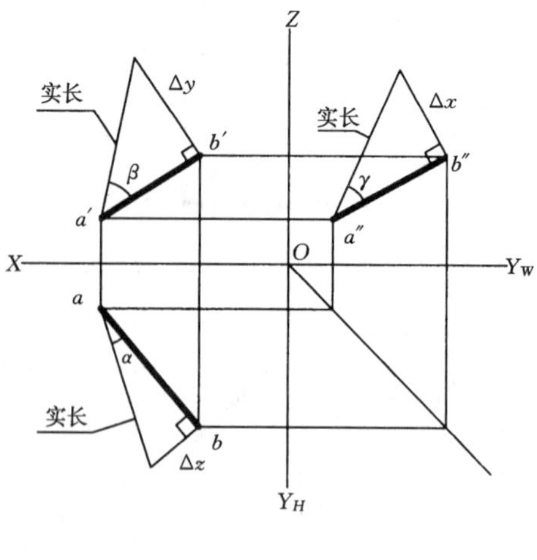

(d) 直角三角形法的作图方法

图 4-11　直角三角形法的空间分析与投影

中，斜边 AB 是线段本身，底边 AC 等于线段 AB 的水平投影 ab，对边 BC 等于线段 AB 两端点的 z 坐标之差（$\Delta z = z_B - z_A$），即等于 $a'b'$ 两端点到投影轴 OX 轴的距离之差，斜边 AB 与底边 AC 的夹角就是线段 AB 对水平投影面的倾角 α。同理可分析另两直角三角形的空间几何关系，如图 4-11（b）、（c）所示。可以看出：α、β、γ 分别处在不同的直角三角形中，每个三角形的斜边都是线段 AB 的实长；一条直角边为 AB 在一个投影面上的投影长；另一直角边为线段两端点至该投影面的距离差。只要作出这些三角形，便可得到线段实长及倾角，这种图解方法称为直角三角形法。图 4-11（d）集中表示了求 α、β、γ 及线段实长的作图方法。解题时应有针对性地选作三角形。在这些直角三角形中，涉及到线段实长、线段的一个投影、线段与该投影所在投影面的倾角以及另一个投影两端点相对该投影的坐标差四个参数，只要已知其中的两个就可以作出一个直角三角形，从而求出其他参数。

【例 4-4】 如图 4-12（a）所示，已知直线段 AB 的两面投影，求其实长和倾角 α。

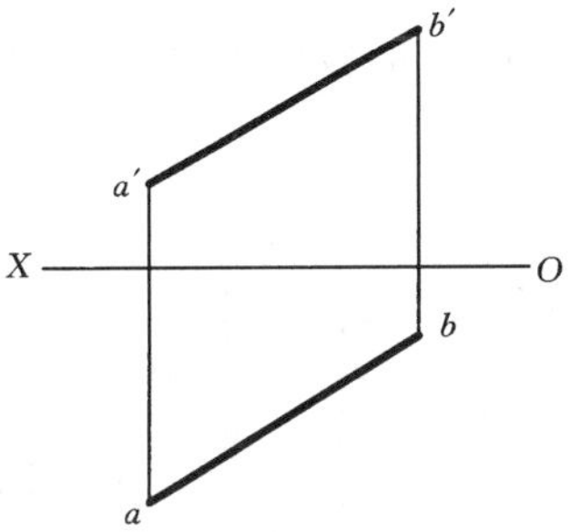

(a) 已知

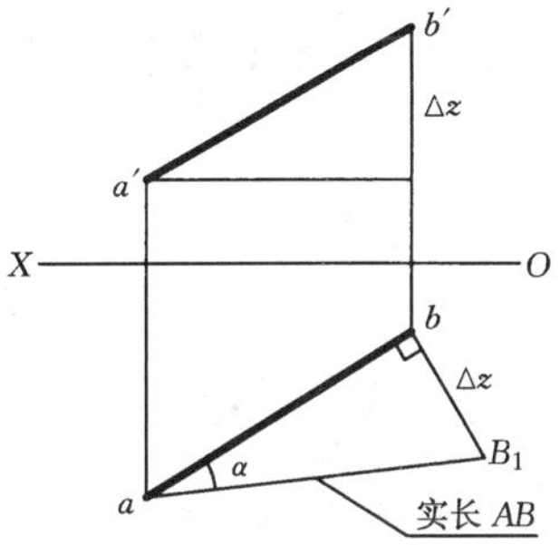

(b) 过 b 作垂线，使 $bB_1 = \Delta z$，连接 aB_1 画出直角三角形

图 4-12 求直线 AB 的实长和倾角 α

分析

求直线的倾角 α，应作反映倾角 α 的直角三角形，该三角形的水平投影长 ab 已知，Δz 可从正投影上求得，两个参数已知，可画出这个直角三角形，由此即可得线段 AB 的实长和倾角 α。用图解法画直角三角形，理论上可以画在任意位置，为了作图简便，作图时常借助线段的已知投影画直角三角形。本题所作直角三角形借助的是水平投影 ab，如图 4-12（b）所示。

五、两直线的相对位置

两直线的相对位置有平行、相交、交叉三种情况，前两种位置直线统称为同面直线，后一种称为异面直线。

1. 两直线平行

如图 4-13 所示，$AB /\!/ CD$，直线与投射线形成的平面 $ABba /\!/ CDdc$，则水平投影面的交线互相平行，即 $ab /\!/ cd$。同理可证明 $a'b' /\!/ c'd'$。

由此可得，平行两直线的投影特征为：空间两直线平行，它们的同面投影必定相互平行；反之，各组同面投影都互相平行，两直线在空间必然互相平行。

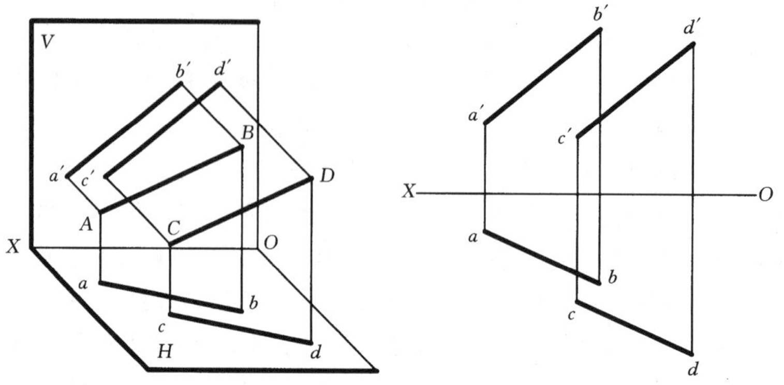

(a) 直观图　　(b) 投影图

图 4-13　两直线平行

当两直线是一般位置时，只要有两对同面投影互相平行就可判定两直线平行；若两直线同时平行某投影面，一般还要看它们在该投影面上的投影是否平行才能判定，如图 4-14 所示。

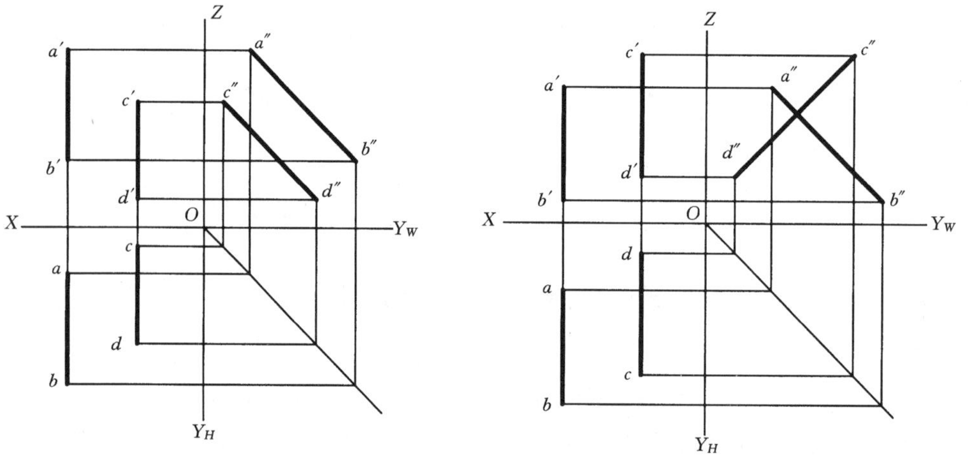

(a) 平行　　(b) 不平行

图 4-14　两直线平行的判定

2. 两直线相交

相交两直线必有一交点，交点为两直线的共有点。如图 4-15 所示，AB 与 CD 交于 K 点，K 点的三投影必符合点的投影规律，即 $k'k \perp OX$，$k'k'' \perp OZ$，$kk_X = k''k_Z$；K 点在 AB 上，k'应在 $a'b'$上，k 在 $a\ b$ 上，k''在 $a''b''$上；K 点在 CD 上，k'应在 $c'd'$上，k 在 cd 上，k''在 $c''d''$上。

由此可得，相交两直线的投影特征为：若空间两直线相交，它们的同面投影必定相交，并且交点的投影符合点的投影规律。反之，两直线的各组同面投影都相交，而且交点符合空间点的投影规律，这两直线在空间一定相交。

两直线相交成直角时，称为垂直相交或正交。

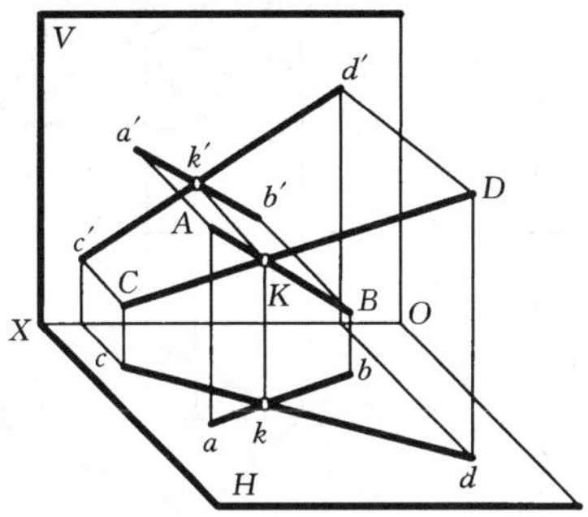

(a) 直观图

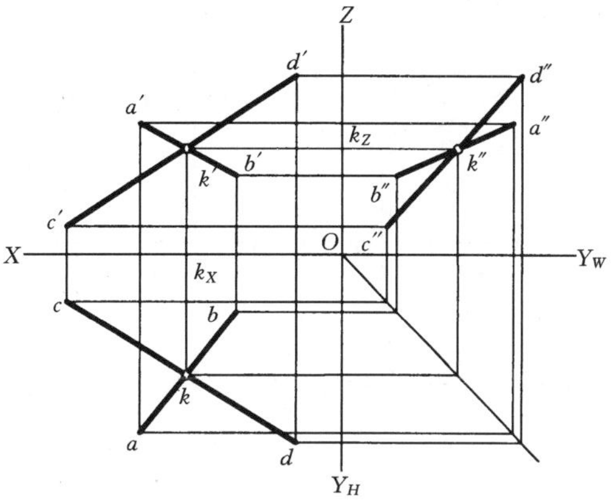

(b) 三面投影图

图 4-15　两直线相交

如图 4-16（a）所示，已知直线 AB 与直线 BC 在空间相互垂直，AB 平行于 H 面。因为 $AB\perp BC$、$AB\perp Bb$，由几何定理可知：AB 必垂直于 BC 和 Bb 所决定的平面 Q 及 Q 面上的任一直线，如 BC_1、BC_2、cb、…，又已知 $AB/\!/ab$，所以 ab 也必垂直于 Q 面及 Q 面上的任一直线，即 $ab\perp cb$，其投影如图 4-16（b）所示。

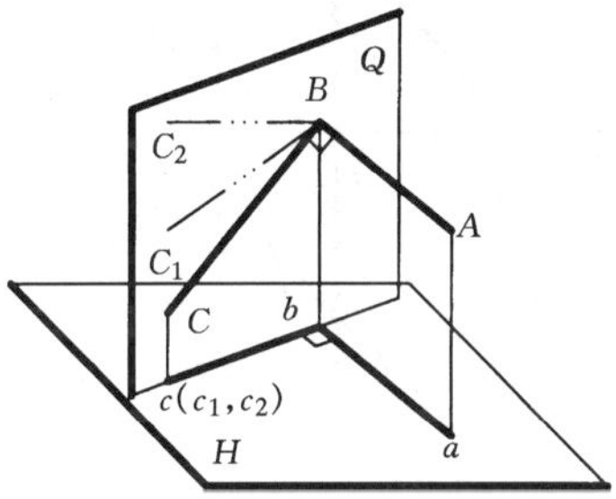

(a) 直观图

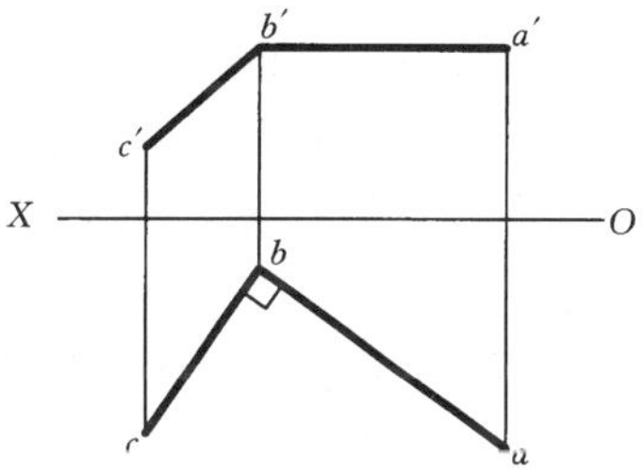

(b) 投影图

图 4-16　两直线垂直相交

由此可得：如果两直线垂直相交，只要其中一条直线为投影面平行线，则在所平行的投影面上两直线的同面投影垂直相交，即交角投影为直角。此特性称为直角投影定理。

应该指出的是，两直线投影为直角，在空间不一定垂直，只有符合直角投影定理在空间才是一对垂直的直线。

【例 4-5】　如图 4-17（a）所示，已知菱形 $ABCD$ 对角线 BD 的两面投影和点 A 的水平投影 a，求作菱形 $ABCD$ 的两面投影图。

分析

因为菱形的对角线互相垂直平分，又知对角线 BD 为正平线，所以菱形的两对角线 BD 和 AC 的正投面影相互垂直（根据直角投影定理），交点为两对角线的中点。

作图步骤如图 4-17（b）、（c）所示。

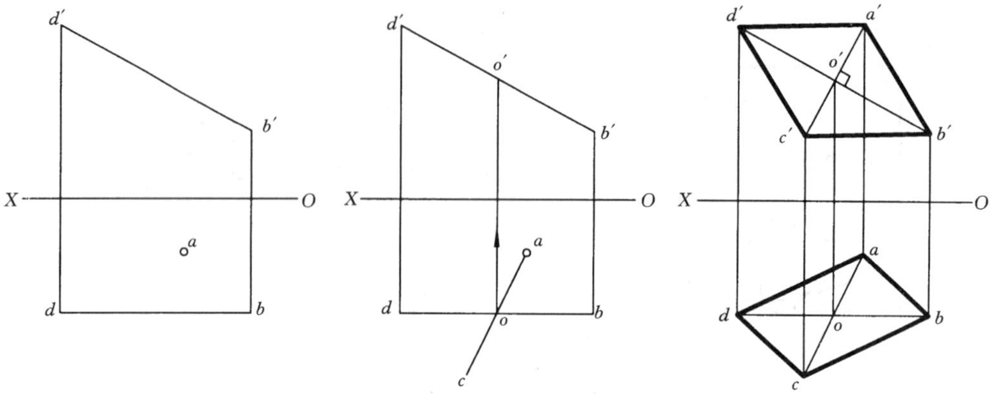

(a) 已知

(b) 过 bd 的中点 o 作对角线 AC 的水平投影，使 $oa=oc$，由 o 根据投影规律得 o'

(c) 过 o' 作 $b'd'$ 的垂线，由 a、c 得 a'、c'。依次连接 $ABCD$ 的同面投影，完成作图

图 4－17　求作菱形 $ABCD$ 的两面投影图

3．两直线交叉

两直线既不平行又不相交称为两直线交叉。

交叉两直线的投影特征是：各面投影既不符合两直线平行的投影特征，也不符合两直线相交的投影特征，如图 4－18 所示。

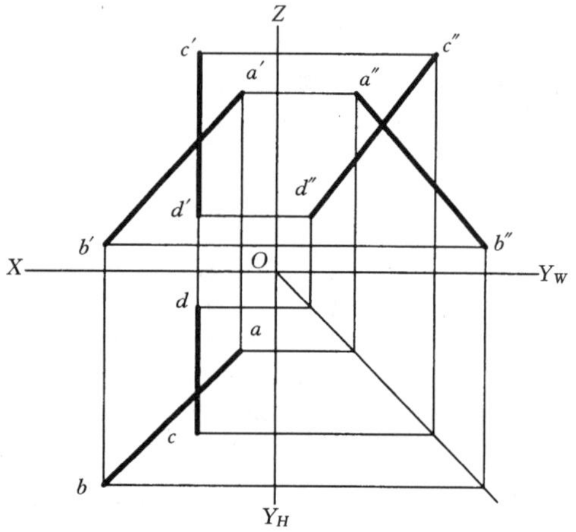

图 4－18　两直线交叉

交叉两直线的投影也可能有一组、两组甚至三组是相交的，但它们的交点不符合点的投影规律，是重影点的投影，如图 4－19（a）所示。

判断交叉两直线重影点可见性的步骤为：从重影点入手，画一根垂直于投影轴的直线到另一个投影，就可以得到重影点不重合的两个投影点，两个点中坐标值大的点为可见

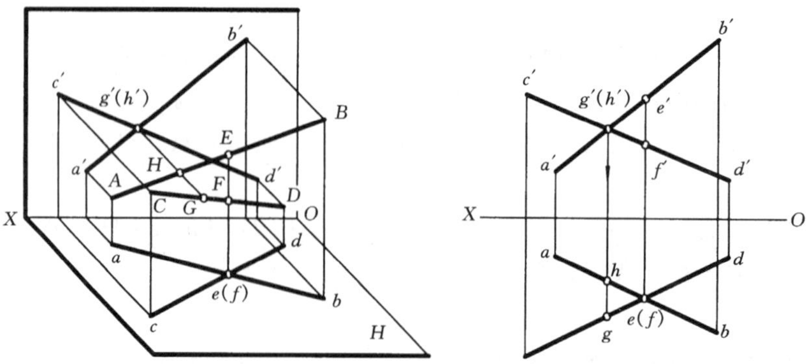

(a) 直观图

(b) 投影图

图 4－19　交叉两直线重影点的分析

点，坐标值小的点为不可见点，不可见点的投影应加括号，如图 4－19（b）所示。

第三节　平面的投影

一、平面的表示法与投影图的画法

平面的空间位置可由下列任一组几何元素确定：

（1）不在同一直线上的三个点，如图 4－20（a）所示。

（2）一直线和直线外的一个点，如图 4－20（b）所示。

（3）两条平行直线，如图 4－20（c）所示。

（4）两条相交直线，如图 4－20（d）所示。

（5）任意平面图形，如图 4－20（e）所示。

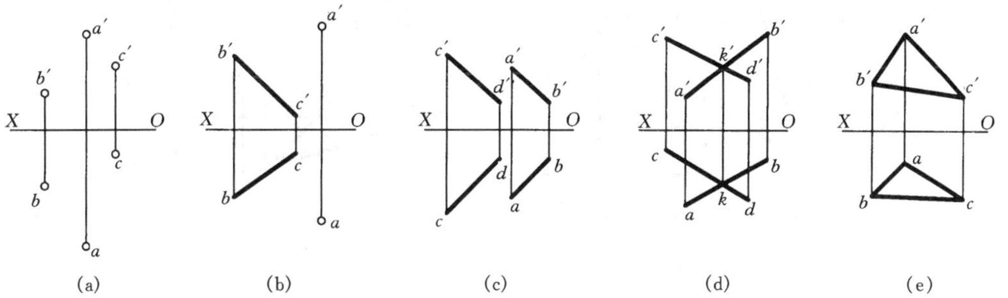

图 4－20　平面的表示法

用几何元素表示平面，只要作出表示平面的几何元素的投影即可。用平面图形的投影表示平面是最形象的一种方法。画平面多边形的投影方法一般是：先画出各顶点的投影，然后将它们的同面投影依次连接。图 4－21 为已知平面的两面投影求第三投影的作图过程。

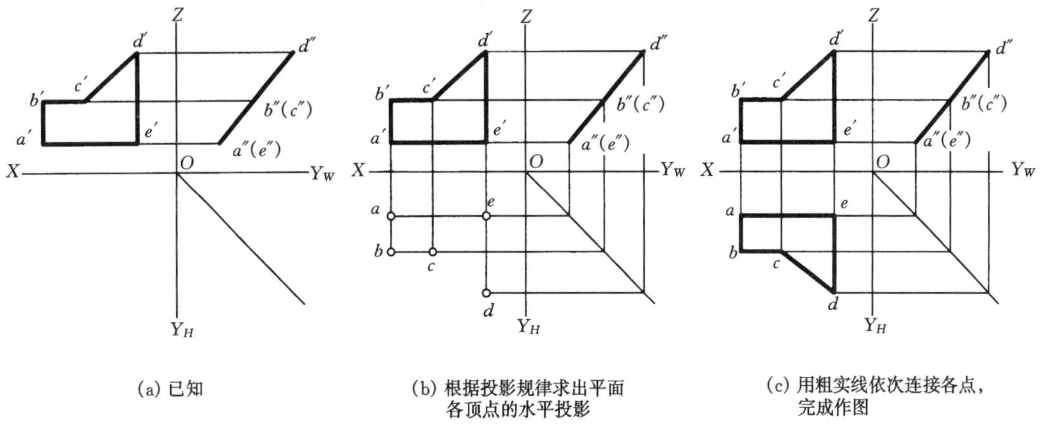

图 4－21　已知平面的两面投影求作第三投影

二、各种位置平面的投影特征

在三投影面体系中，平面的位置有三类：一般位置平面、投影面平行面、投影面垂直面。后两类统称为特殊位置面。

1. 一般位置平面

相对三投影面都倾斜的平面称为一般位置平面，如图 4－22 所示。平面对 H、V、W 三投影面的倾角分别用 α、β、γ 表示。

一般位置平面的投影特征是：三投影均为类似形，而且不反映该平面与投影面的倾角。

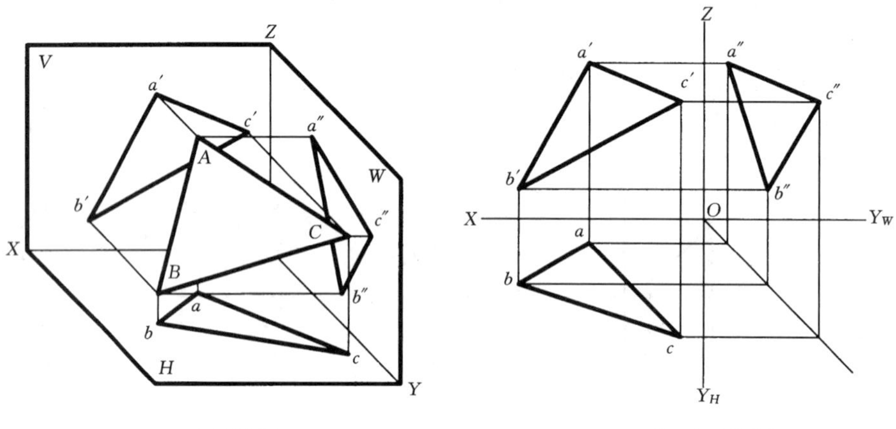

(a) 直观图　　(b) 三面投影图

图 4－22　一般位置平面

2. 投影面平行面

平行于一个投影面，垂直于另外两个投影面的平面称为投影面平行面。投影面平行面分为三种：

(1) 正平面。平行于 V 面，垂直于 H、W 面。

(2) 水平面。平行于 H 面，垂直于 V、W 面。

(3) 侧平面。平行于 W 面，垂直于 V、H 面。

各种投影面平行面的直观图、三投影图及投影特征见表 4－4。

表 4－4　　投影面平行面

种类	直观图	投影图	投影特征
正平面	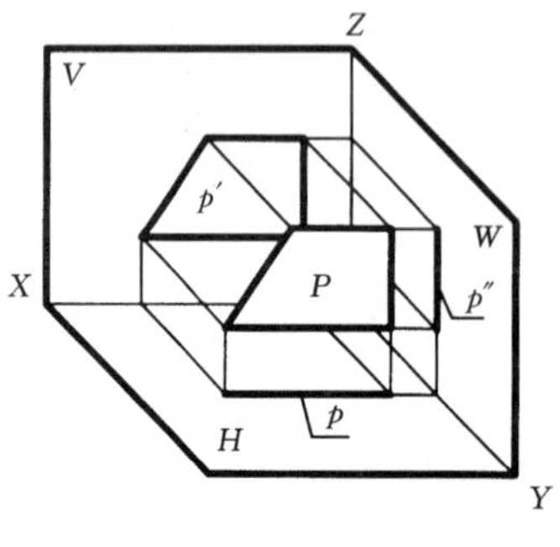	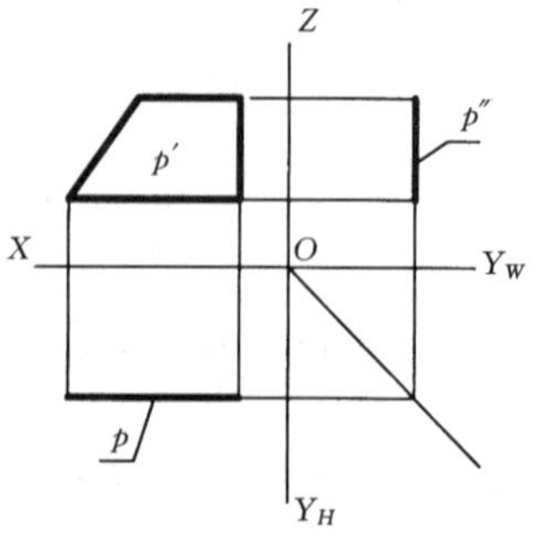	1. V 面投影反映平面实形。 2. H、W 面投影均积聚为直线，且分别平行于 OX、OZ 轴

续表

种类	直观图	投影图	投影特征
水平面	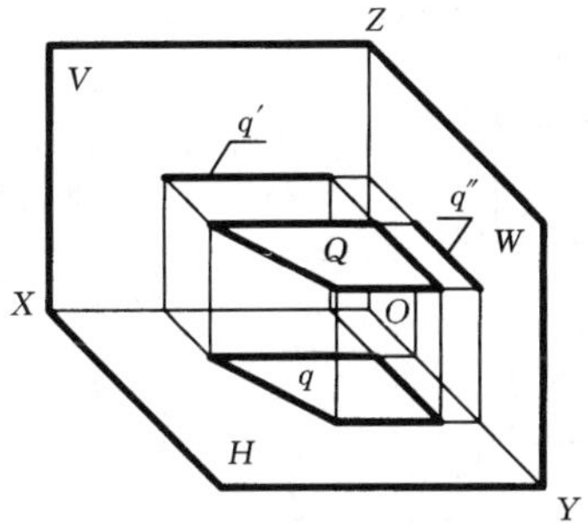	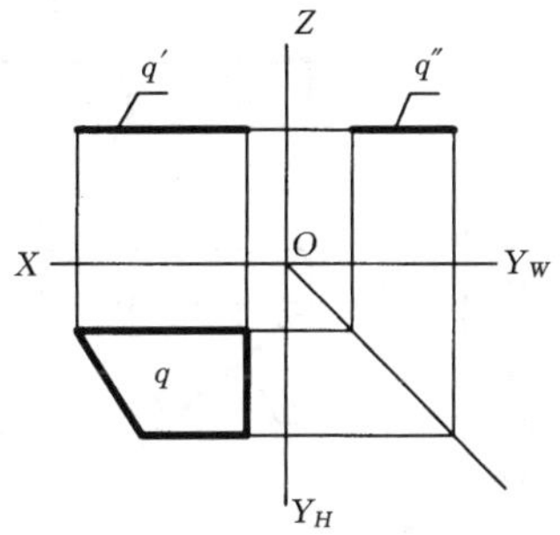	1. H 面投影反映平面实形。 2. V、W 面投影均积聚为直线，且分别平行于 OX、OY_W 轴
侧平面	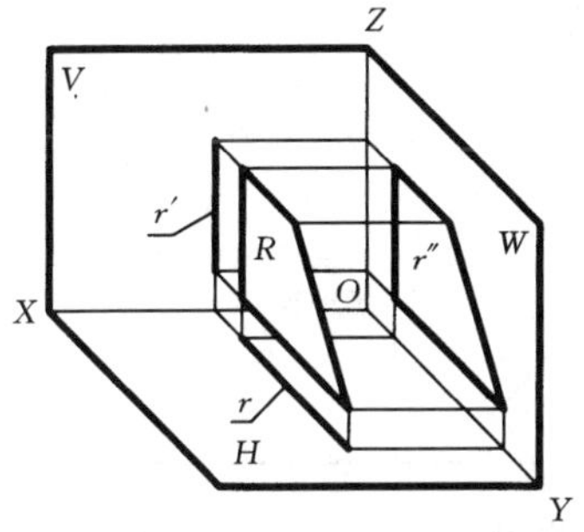	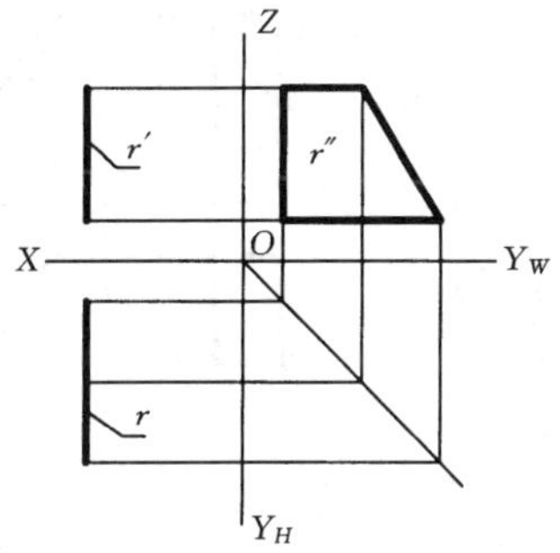	1. W 面投影反映平面实形。 2. V、H 面投影均积聚为直线，且分别平行于 OZ、OY_H 轴

投影面平行面的投影特征可归纳为：与平面所平行的投影面上的投影反映实形；其余两投影均积聚为一直线，而且平行于相应的两投影轴。

3. 投影面垂直面

垂直于一个投影面，倾斜于另外两个投影面的平面称为投影面垂直面。投影面垂直面也分为三种：

（1）正垂面。垂直于 V 面，倾斜于 H、W 面。

（2）铅垂面。垂直于 H 面，倾斜于 V、W 面。

（3）侧垂面。垂直于 W 面，倾斜于 V、H 面。

各种投影面垂直面的直观图、投影图及投影特征见表 4－5。

表 4－5　　　　投影面垂直面

种类	直观图	投影图	投影特征
正垂面	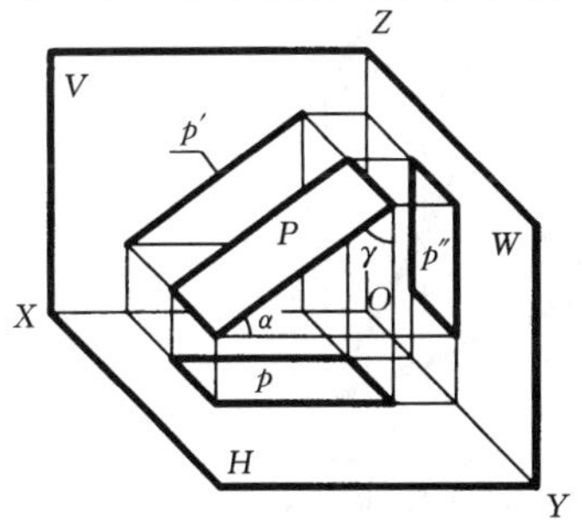	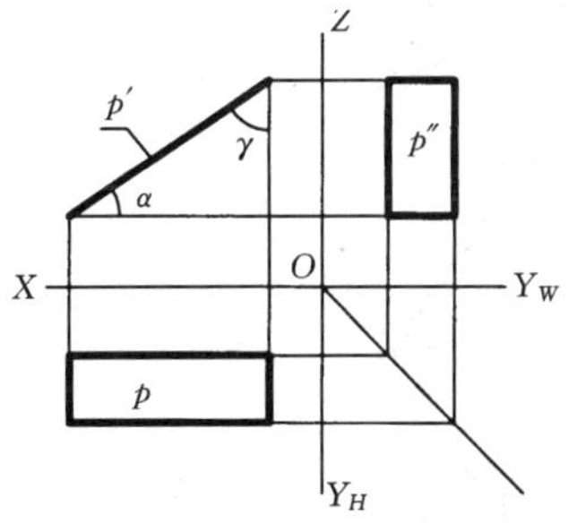	1. V 面投影积聚为斜线，并反映平面与投影面的倾角 α 和 γ。 2. H、W 面投影为该平面的类似形

续表

种类	直观图	投影图	投影特征
铅垂面	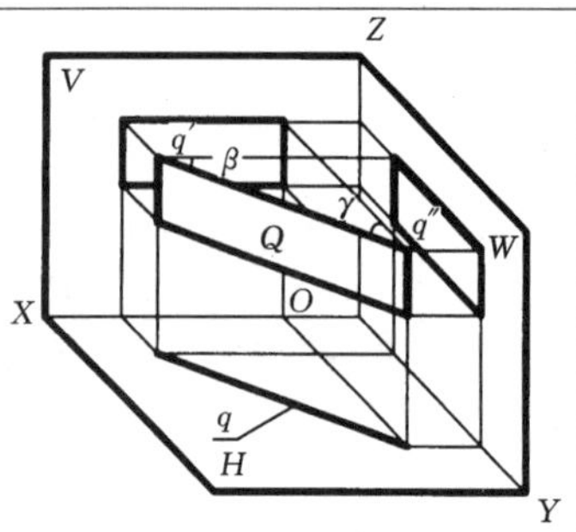	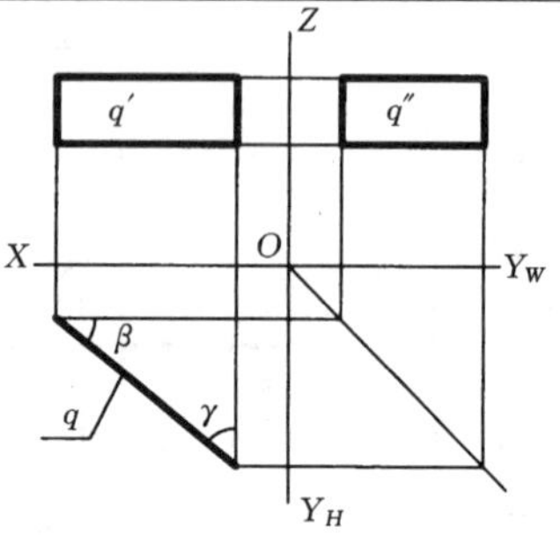	1. H 面投影积聚为斜线，并反映平面与投影面的倾角 β 和 γ。 2. V、W 面投影为该平面的类似形
侧垂面	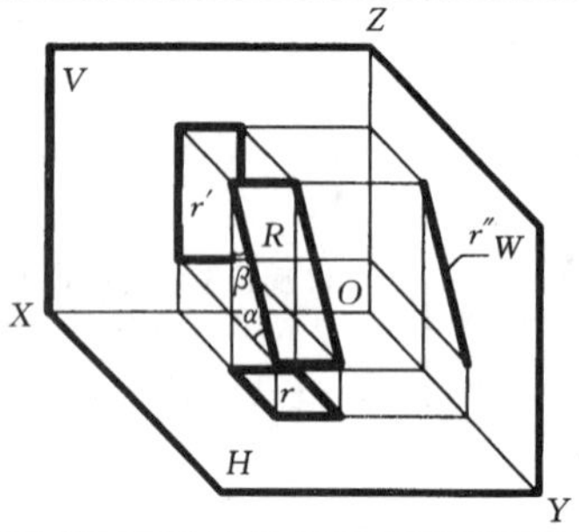	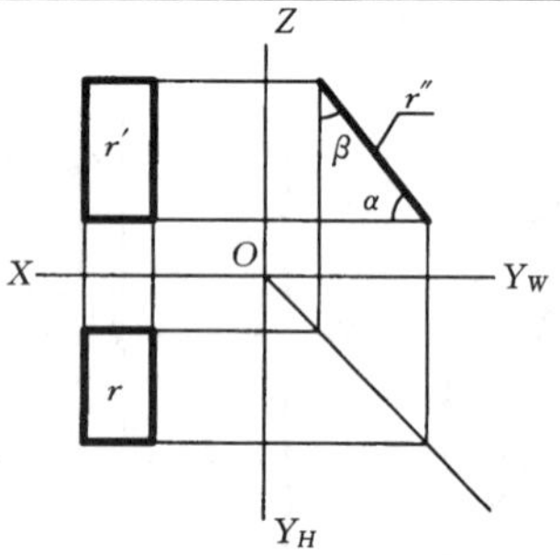	1. W 面投影积聚为斜线，并反映平面与投影面的倾角 α 和 β。 2. V、H 面投影为该平面的类似形

投影面垂直面的投影特征可归纳为：与平面所垂直的投影面上的投影积聚为一斜线，该斜线与相应投影轴的夹角反映平面对其他两投影面的倾角；其他两投影均为类似形。

比较三类平面的投影特征可以看出：平面的投影中有一投影积聚为一斜线，平面为该投影面的垂直面。平面的投影只要有一个积聚为平行投影轴的直线，平面为投影面的平行面；平面的三个投影均为类似图形，平面为一般位置平面。

三、平面上的直线和点

1. 平面上的直线

由几何学可知，直线在平面上的条件是：如果一直线通过平面上的两点，或者通过平面上的一点且平行于平面上的另一直线，则此直线必在该平面上，如图 4-23 所示。

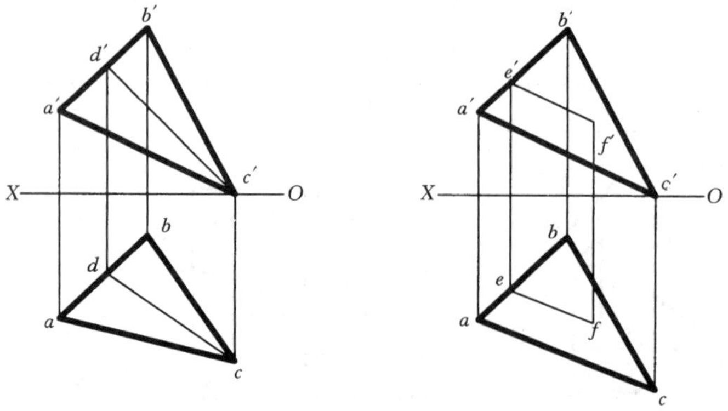

(a) CD 过平面上两点，是平面上的直线

(b) EF 过平面上一点并平行 AC 边，是平面上的直线

图 4-23　平面上的直线

2. 平面上的点

点在平面上的几何条件是：点在平面内的任一直线上，则该点必在此平面上。

在平面上取点，特殊位置平面可利用积聚性直接求，一般位置平面应先在平面上作一条辅助直线，然后在辅助直线的投影上取得点的投影。这种作图方法称为辅助直线法。

用辅助直线法在平面上取点的作图步骤如图 4-24 所示。

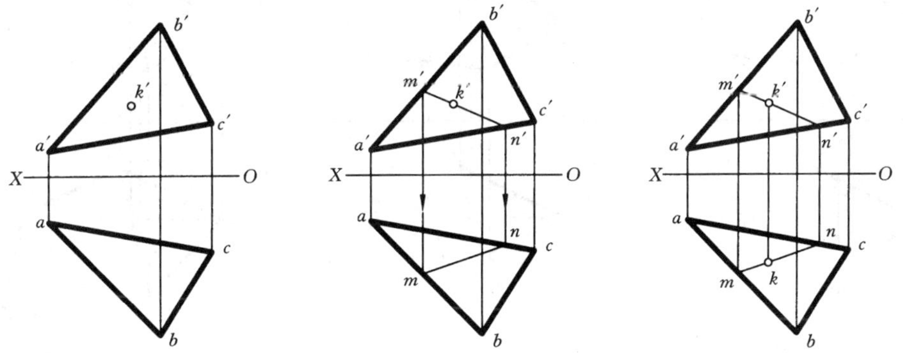

(a) 已知平面上 K 点的正面投影 k′　　(b) 过 K 点作平面内直线 MN 的投影　　(c) 由 k′作 OX 轴的垂线，在 mn 上得到 k，完成作图

图 4-24　用辅助直线法在平面上取点

【例 4-6】　如图 4-25（a）所示，已知△ABC 及 D 点和 E 点的两面投影，判断 D 点、E 点是否在△ABC 平面内。

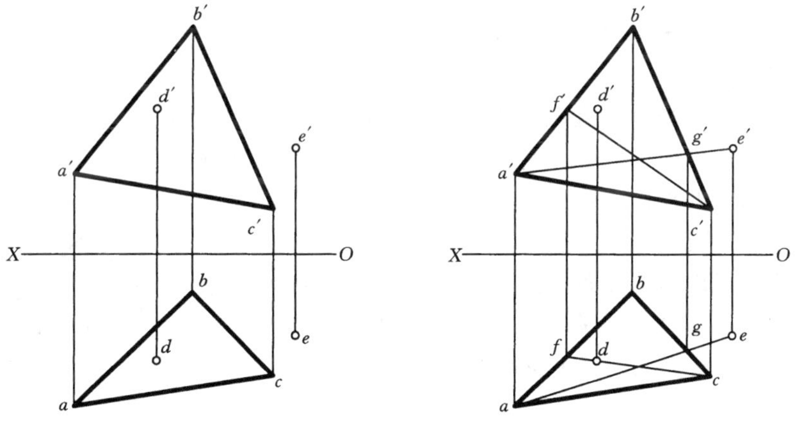

(a) 已知　　(b) 作图判断

图 4-25　判断点是否在平面内

分析

若点 D、E 在△ABC 平面内，则点 D、E 必在△ABC 内的某一直线上，否则不在△ABC 平面内。

作图判断：如图 4-25（b）所示，连接 cd 并延长 cd 交 ab 于 f，再求出其正面投影

f'，连接 $c'f'$，由于 d'不在 $c'f'$上，则点 D 不在△ABC 平面内。连接 ae 交 bc 于 g，再求出其正面投影 g'，连接 $a'g'$，由于 e'在 $a'g'$的延长线上，则点 E 在△ABC 平面内。

【例 4－7】 完成图 4－26（a）所示平面 $ABCDE$ 的水平投影。

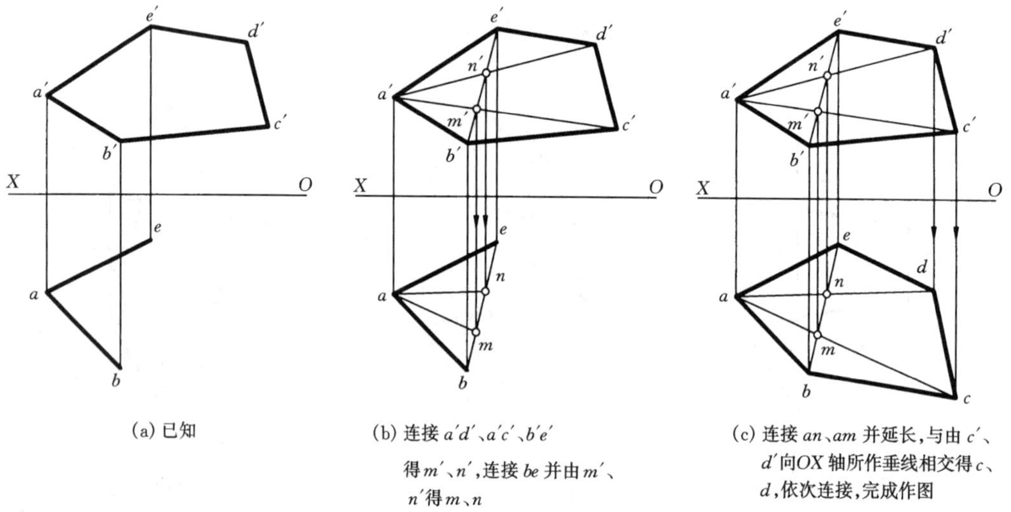

图 4－26 完成平面 $ABCDE$ 的水平投影

分析

A、B、E 三点的两面投影为已知，C、D 两点的水平投影待求，因为 C、D 和 A、B、E 在同一平面内，所以可用辅助直线法求得。

作图步骤如图 4－26（b）、（c）所示。

3. 平面内的平行线

平面内与投影面平行的直线，称为平面内的平行线。平面内平行 V、H、W 面的直线，分别称为平面内的正平线、平面内的水平线、平面内的侧平线。

平面内平行线的投影，既具有投影面平行线的投影特征，又符合平面内直线的几何条件。

同一平面上可以作无数条投影面平行线，但如果要求必须通过平面内某一点，或离某个投影面的距离为一定，则在平面上只能作出一条与某投影面平行的直线。

如图 4－27 所示，AM 是△ABC 内的水平线，水平线的正面投影平行于 OX 轴，求作它的作图方法是：在△ABC 的正面投影内，过 a'作 OX 轴的平行线，交 $b'c'$于 m'。根据投影规律，在水平投影上求得 m，连接 am，便得△ABC 内过 A 点的水平线 AM 的两面投影。

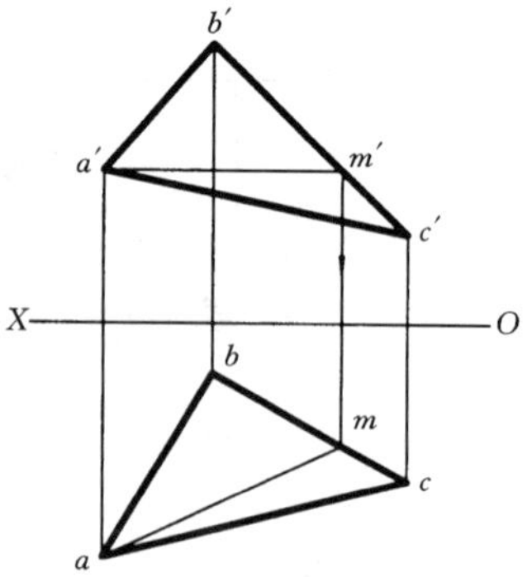

图 4－27 平面内投影面的平行线

过点也可作平面内正平线和平面内侧平线，读者可自行分析。但无论求作平面内哪种平行线，都应先求作平行于轴的那个投影。

第四节 直线与平面、平面与平面的相对位置

画法几何中认为平面为无限大，所以直线与平面、平面与平面的相对位置不是平行就是相交。

一、平行问题

1. 直线与平面平行

由几何定理可知：若一直线与平面上任一直线平行，则此直线与该平面平行；反之，若一直线与某平面平行，则在此平面上必能作出与该直线平行的直线，如图 4－28 所示。

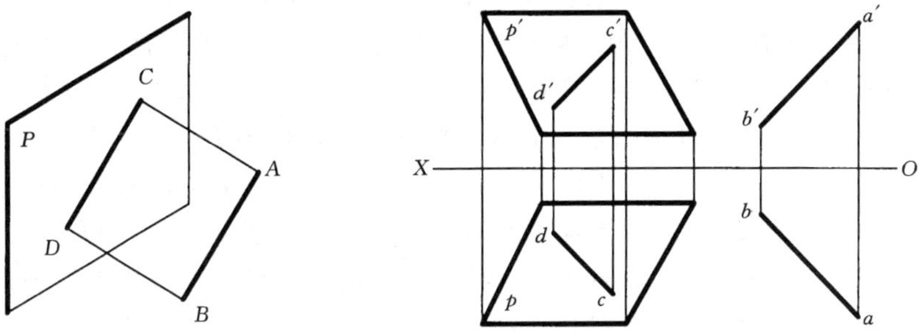

(a) 直观图 (b) 投影图

图 4－28 直线与平面平行

直线与某投影面的垂直面平行时，直线与该平面积聚性投影的同面投影一定相互平行。

2. 两平面平行

由几何定理可知：一平面上的两相交直线对应地平行于另一个平面内的两相交直线，则这两个平面互相平行。如图 4－29 所示，直线 AB、BC 和 EF、FG 分别属于平面 P 和 Q，因 $AB/\!/EF$、$BC/\!/FG$，则 $P/\!/Q$。

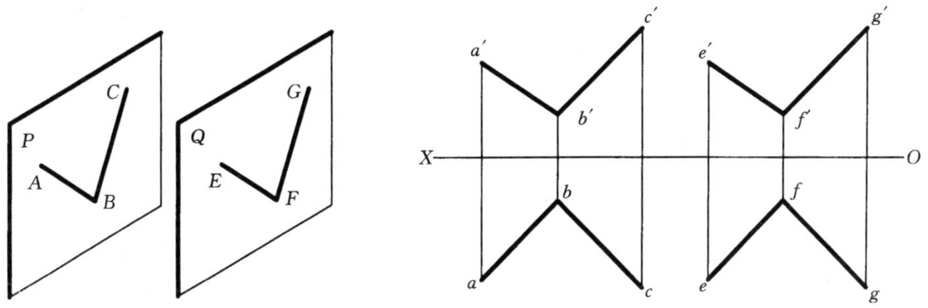

(a) 直观图 (b) 投影图

图 4－29 两平面平行

若两投影面的垂直面互相平行，则它们的积聚投影一定互相平行。

二、相交问题

直线与平面相交只有一个交点，这个交点也称为贯穿点，它是直线与平面的共有点。作图时，应首先求出交点的投影，然后判定直线与平面重影部分的可见性，交点是可见与不可见的分界点。

两平面相交的交线为一直线，是两平面的共有线。作图时，应首先求出两平面的两个共有点，连接共有点得交线，然后判定两平面重影部分的可见性，交线是可见与不可见部分的分界线。

1. 投影面垂直线与一般位置平面相交

如图 4-30（a）所示，铅垂线 AB 与一般位置平面 $EFGH$ 相交。由于铅垂线 AB 具有积聚性，交点 K 是 AB 上的一点，所以点 K 的水平投影 k 与 a（b）重影，可直接求出；又因交点 K 在平面 $EFGH$ 内，则可用平面取点作辅助线的方法，求出交点 K 的正面投影 k'。如图 4-30（b）所示，连接 ek 并延长使之交 gh 于 m，再作 EM 的正面投影 $e'm'$，$e'm'$与$a'b'$的交点 k'即为所求。其水平投影的可见性不需要判定，正面投影的可见性可利用重影点法判定。如图 4-30（c）所示，在正面投影上标出直线 AB 上部与平面 FG 边的投影重影点 $1'(2')$，由该点向 OX 轴作垂线到水平投影上，可以看出平面 FG 边在直线 AB 的前面，即交点 K 上部分的直线被平面挡住不可见，应用虚线表示，交点 K 以下的直线在平面的前面可见，应用粗实线表示。

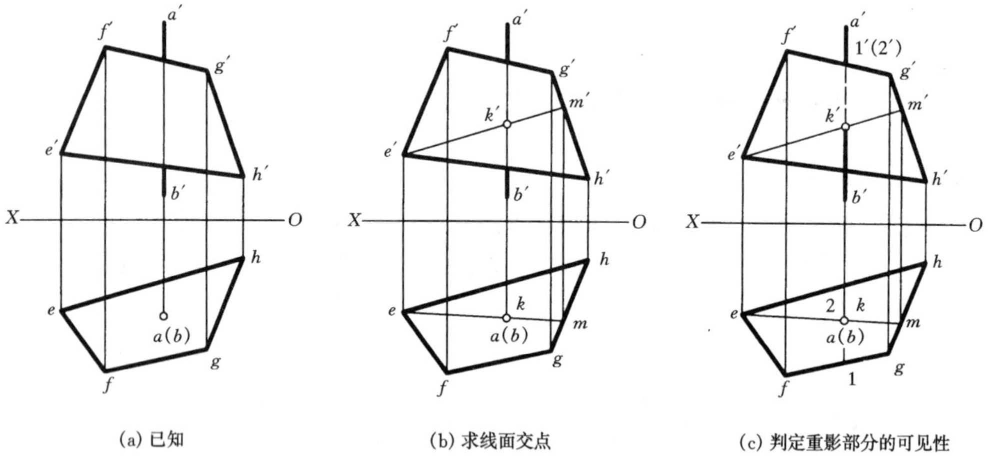

图 4-30 投影面垂直线与一般位置平面相交

2. 一般位置直线与特殊位置平面相交

如图 4-31（a）所示，$CDEF$ 平面为铅垂面，它的水平投影积聚为一直线，包含了平面 $CDEF$ 上所有的点。交点 K 位于 $CDEF$ 平面内，它的水平投影也必在 $CDEF$ 面的积聚投影上，交点 K 又是直线 AB 上的点，所以两者的水平投影的交点就是 K 点的水平投影 k，可直接求出。然后根据投影规律可求出 k'，如图 4-31（b）所示。K 点的正面投影，需判定直线的可见性。由水平投影可直接看出，以交点 K 为界，直线 AB 上的 KB 段在 $CDEF$ 平面之后，AK 段在 $CDEF$ 平面之前，因此，在正投影上 KB 段被 $CDEF$ 平面挡住的部分应画成虚线。

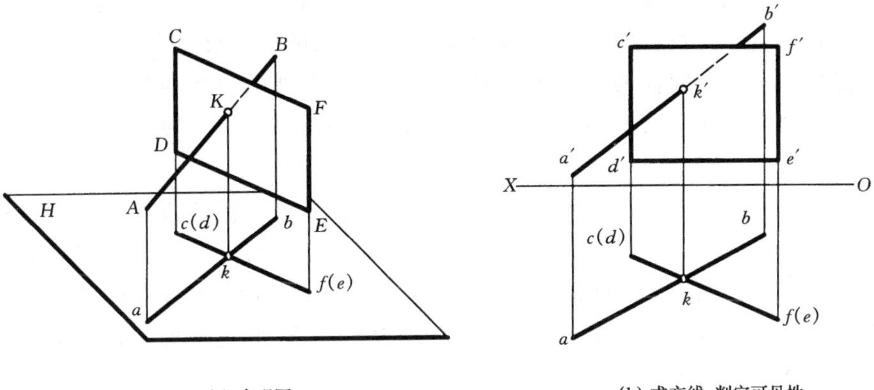

(a) 直观图　　(b) 求交线，判定可见性

图 4-31　一般位置直线与特殊位置平面相交

3. 特殊位置平面与一般位置平面相交

图 4-32（a）所示为铅垂面 $DEFG$ 与一般位置平面△ABC 相交。两平面的交线为直线，只要求出两平面的两个共有点便可得交线。由于平面 $DEFG$ 的水平投影有积聚性，在水平投影上可直接求出直线与平面△ABC 的交点 M 和 N 的水平投影 m、n，然后根据投影规律可求出正面投影 m'、n'，连接 $m'n'$，即为所求交线 MN 的投影，如图 4-32（b）所示。其水平投影的可见性不需判断，正面投影可见性可以通过观察判断，也可用重影点的方法判断，读者可自行分析。

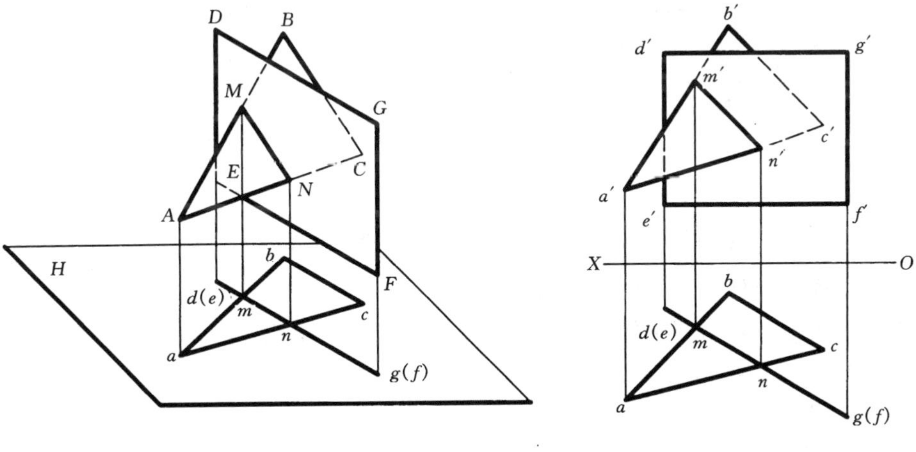

(a) 直观图　　(b) 求交线，判定可见性

图 4-32　特殊位置平面与一般位置平面相交

第五节　用换面法求直线实长和平面实形

一、换面法的基本概念

直线或平面与投影面平行时，投影才反映直线的实长或平面的实形。因此，当空间几

何元素处于一般位置时，将一般位置直线或平面变换为特殊位置，就可达到求直线实长或平面实形的目的。变换投影面法（简称换面法）是常用的一种投影变换。

换面法就是保持空间几何元素的位置不动，用一个新的投影面代替原来的某个投影面，使空间几何元素在新的投影面体系中处于平行或垂直的位置，并求出几何元素在新投影面上的投影。

如图 4－33（a）所示，△ABC 在 V/H 投影面体系中，其铅垂面不反映实形。若设一个与 H 面垂直且平行于△ABC 平面的新投影面 V_1 来代替 V 面，组成新的投影面体系 V_1/H，则△ABC 平面在 V1 面上的投影△$a_1'b_1'c_1'$反映实形。在 V_1/H 中，V_1 与 H 面的交线为新投影轴 X_1，将 V_1 绕 X_1 轴展开和原投影面 H 同处一面时，得出 V_1/H 投影面体系的投影图，如图 4－33（b）所示。

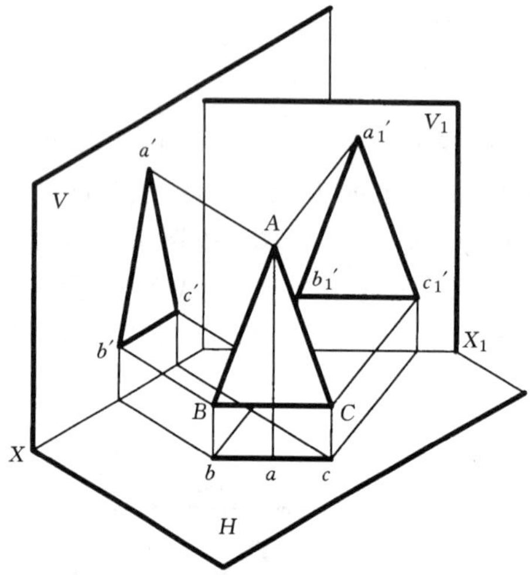

(a) 直观图

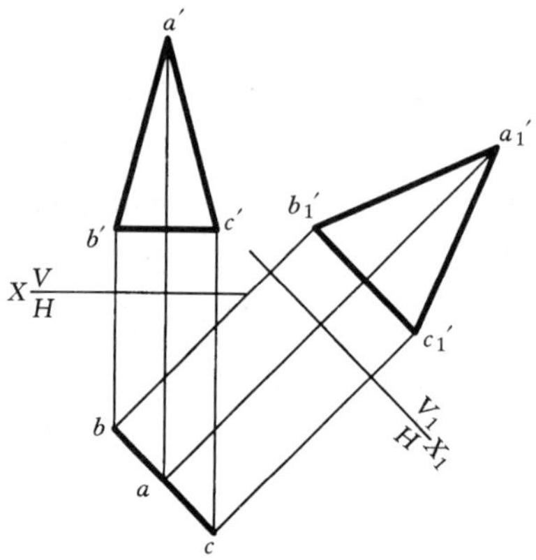

(b) 投影图

图 4－33 换面法的概念

新投影面的建立应符合以下两个条件：

（1）投影面必须处于有利于解题的位置。

（2）新投影面必须与原来投影面之一垂直。这样才能组成一个新的互相垂直的投影面体系，才可根据正投影的规律作图。

二、点的变换

点是最基本的空间几何元素，因此必须首先掌握点的投影变换规律。

1．点的一次变换

如图 4－34（a）所示，点在 V/H 投影面体系中，它的两个投影为 a'、a，现保持 H 面不变，用一个铅垂面 V_1 代替 V 面，建立新的 V_1/H 投影面体系，V_1 面与 H 面的交线为新投影轴，用 X_1 表示。点 A 在 V_1 面上的投影用 a_1'表示。由图 4－34 可以看出，点 A 的各个投影 a、a'、a_1'之间有如下的关系：点 A 到 H 面的距离（即 z 坐标）在变换前后不变，即 $a_1'a_{X_1}=a'a_X=Aa$。当 V_1 面绕 X_1 轴转到和 H 面重合时，a 和 a_1'两投影一定在 X_1 轴的同一垂线上，即 $aa_1'\perp X_1$ 轴。

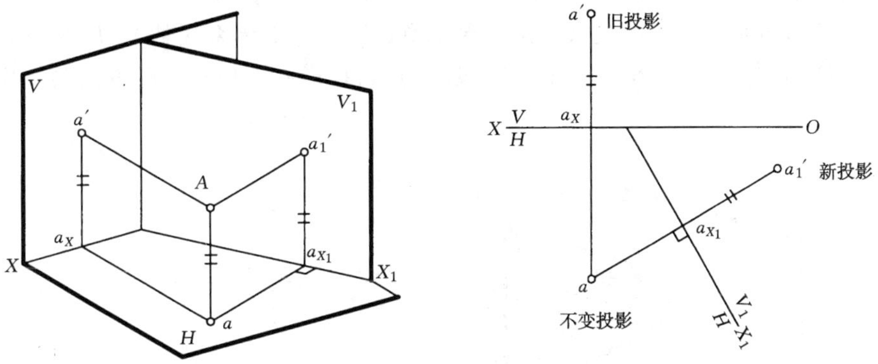

(a) 直观图　　(b) 投影图

图 4－34　点的一次变换（变换 V 面）

根据上述分析，得出点的投影变换规律：

（1）点的新投影与不变投影的连线垂直于新投影轴。

（2）新投影到新投影轴的距离等于旧投影到旧投影轴的距离。

图 4－34（b）表示点 A 由 V/H 体系中的投影（a、a'）变换成 V_1/H 体系中投影的作图方法。首先作出新投影轴 X_1，再过点 a 作 X_1 轴的垂线 aa_{X_1}，并在此线的延长线上量取 $a_1'a_{X_1}=a'a_X$，即可定出 a_1'。

图 4－35 表示用与 V 面垂直的新投影面 H_1 代替 H 面时，点 A 新投影 a_1 的求法。作图方法与变换 V 面类似。因 H_1 与 H 都垂直于 V 面，故 $a_1a_{X_1}=aa_X=Aa'$，且 $a'a_1$ 垂直于 X_1 轴。

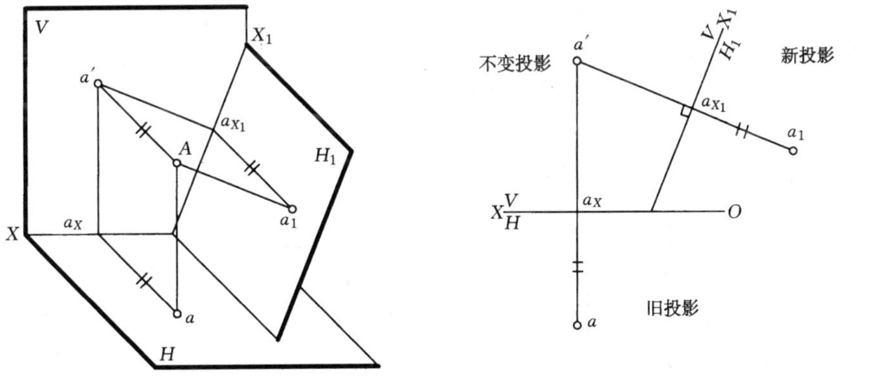

(a) 直观图　　(b) 投影图

图 4－35　点的一次变换（变换 H 面）

2. 点的二次变换

在运用换面法解题时，当变换一次投影面不能解决实际问题时，需要两次或多次变换投影面。

第二次变换时，新投影面必须垂直 V_1（或 H_1）面，用 V_2（或 H_2）标记，新投影轴

用 X_2 标记，点的新投影用 a_2'、b_2'、…（或 a_2、b_2、…）表示。

图 4-36 所示是点的二次变换。第一次变换，用 V_1/H 体系代替 V/H 体系，第二次变换用 V_1/H_2 代替 V_1/H 体系。第二次变换求点新投影的原理及作图方法与一次变换完全相同。

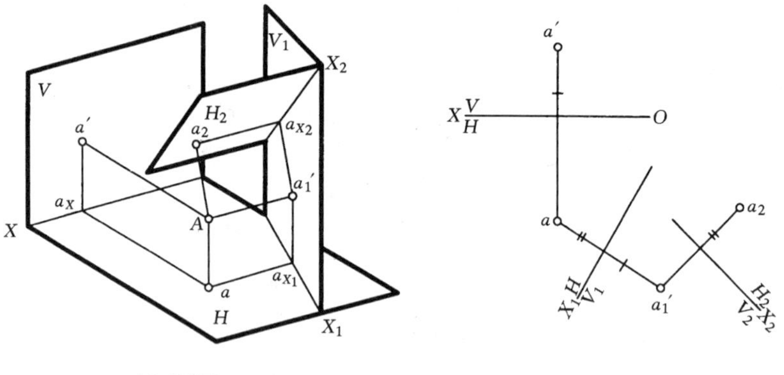

(a) 直观图　　(b) 投影图

图 4-36　点的二次变换

二次变换可按 $V/H \rightarrow V_1/H \rightarrow V_1/H_2$ 的顺序，也可按 $V/H \rightarrow V/H_1 \rightarrow V_2/H_1$ 的顺序，但是每次只能变换一个投影面，而且要交替进行。

三、直线的变换

直线的投影变换，只需要求出直线上两个端点的新投影，即可得到直线的新投影。在解题过程中，直线的变换经常遇到以下三种情况：

1. 变一般位置直线为投影面平行线（一次变换）

如图 4-37（a）所示，直线 AB 在 V/H 体系中为一般位置直线。若要求 AB 的实长，必须把直线 AB 变换成投影面平行线。用 V_1 面代替 V 面，使 V_1 面平行于直线 AB 并垂直于 H 面，这时直线 AB 在新投影面体系 V_1/H 中平行于 V_1 面，在 V_1 面上的投影反映直线 AB 的实长。如图 4-37（b）所示，作图时，应使新轴 X_1 平行不变投影，取 $X_1 /\!/ ab$（距离可任定），求出 a_1' 及 b_1'，连接 $a_1'b_1'$，即为直线 AB 在 V_1 面上的投影，

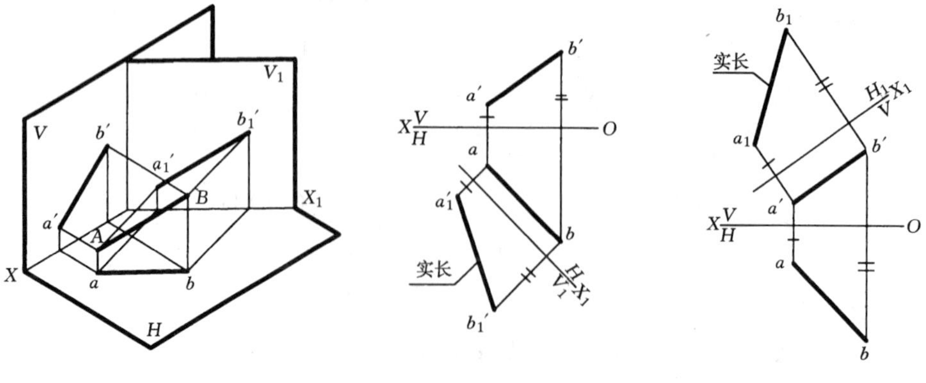

(a) 换 V 面的直观图　　(b) 换 V 面的投影图　　(c) 换 H 面的投影图

图 4-37　变一般位置直线为投影面平行线

$a_1'b_1'$等于直线AB的实长。

图4－37（c）所示是将直线AB变换成H_1面平行线的作图方法，作图时取$X_1 /\!/ a'b'$，新投影a_1b_1反映实长。

2. 变投影面平行线为投影面垂直线（一次变换）

如图4－38所示，直线AB平行于V面，若要使它变成新投影面的垂直线，则新投影面应垂直于直线AB，同时垂直于V面，即新轴X_1垂直于反映实长的投影，即反映实长的投影应为不变投影。图中X_1垂直于$a'b'$，新投影a_1b_1积聚为一点。

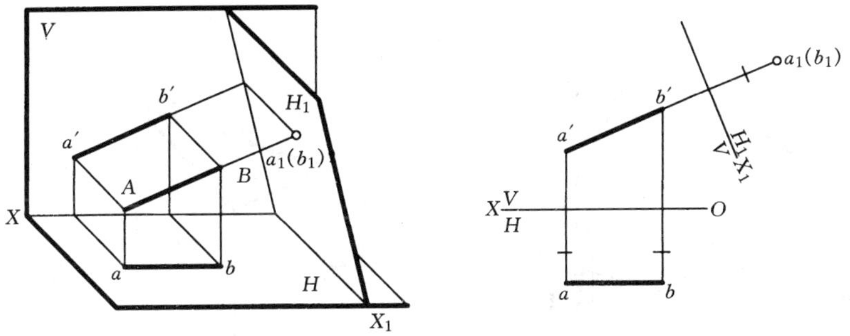

(a) 直观图　　(b) 投影图

图4－38 变正平线为投影面垂直线

图4－39所示是将水平线AB变成投影面垂直线的作图方法。在V/H体系中，ab反映实长，所以ab为不变投影，应换V面。作$X_1 \perp ab$，则直线AB在V_1面上的投影$a_1'b_1'$聚积为一点。

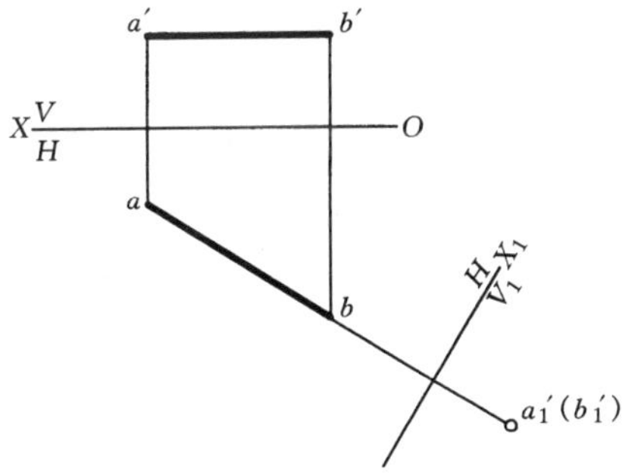

图4－39 变水平线为投影面垂直线

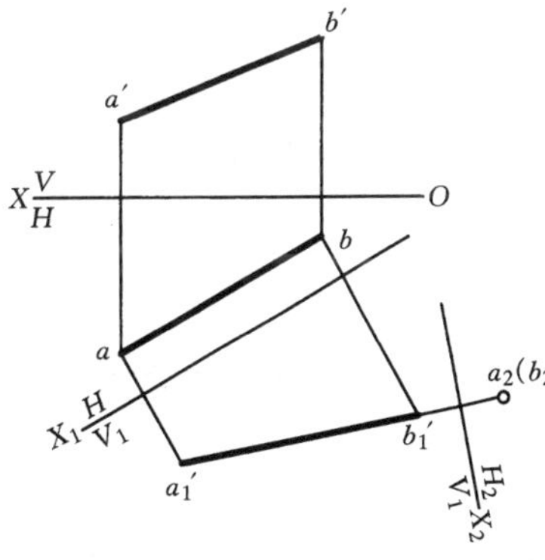

图4－40 变一般位置直线为投影面垂直线

3. 变一般位置直线为投影面垂直线（二次变换）

将一般位置直线换成新投影面的垂直线必须经过二次变换。因为若使新的投影面垂直于一般位置直线，则这个投影面不可能与H面或V面垂直，因此不能形成一个互相垂直的新的投影面体系。要解决这一问题必须经过两次变换，第一次将一般位置直线变换成投影面平行线，第二次将投影面平行线变换成投影面垂直线。具体作图方法即是前述两种一次变换的综合。如图4－40所示，先将一般位置直线AB变为V_1面的平行线（新轴X_1

与 ab 平行)，然后再变 AB 为 H_2 面的垂直线（新轴 X_2 与 $a_1'b_1'$垂直)。

四、平面的变换

1. 变一般位置平面为投影面垂直面（一次变换)

如图 4-41 (a) 所示，要将一般位置平面$\triangle ABC$ 变成 V_1 面的垂直面，必须使 V_1 面垂直于平面$\triangle ABC$ 内的一条直线。一般位置直线变换为投影面垂直线需要变换两次，而投影面平行线变换为投影面垂直线只需变换一次。所以，应先在$\triangle ABC$ 内求作一条水平线 AD，然后作新轴 $X_1 \perp ad$，这时$\triangle ABC$ 与 V_1 面垂直，平面的新投影 a_1'、b_1'、c_1'积聚成一直线，如图 4-41 (b) 所示。

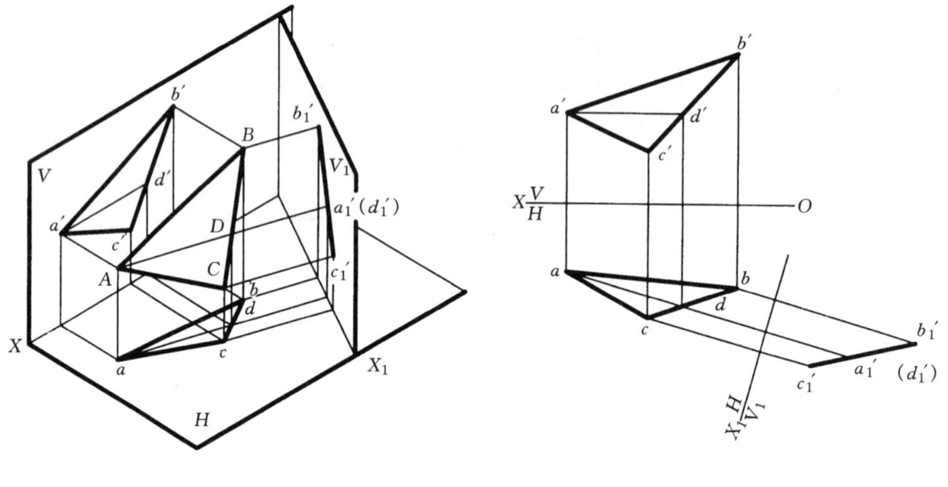

(a) 直观图　　(b) 投影图

图 4-41　变一般位置平面为投影面垂直面

2. 变投影面垂直面为投影面平行面（一次变换)

如图 4-42 所示，在 V/H 体系中$\triangle ABC$ 为铅垂面，要变它为新投影面的平行面，必

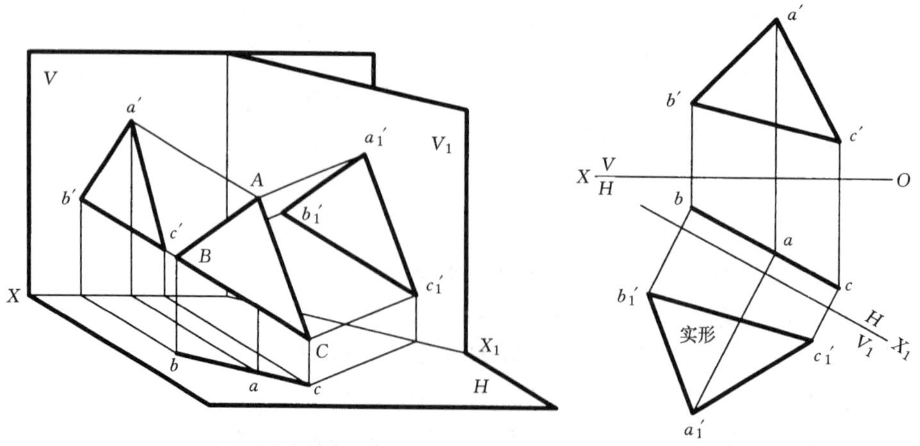

(a) 直观图　　(b) 投影图

图 4-42　变垂直面为投影面平行面

须使新投影面垂直于平面投影有积聚性的投影面（H 面），即新轴 X_1 平行于该平面有积聚性的投影，所以积聚投影为不变投影，图中新轴 $X_1 /\!/ abc$，新投影$\triangle a_1'b_1'c_1'$反映$\triangle ABC$ 的实形。

3. 变一般位置平面为投影面平行面（二次变换）

变一般位置平面为投影面平行面，需经两次变换：第一次将一般位置平面变换成投影面垂直面；第二次将投影面垂直面变换成投影面平行面，如图 4－43 所示。

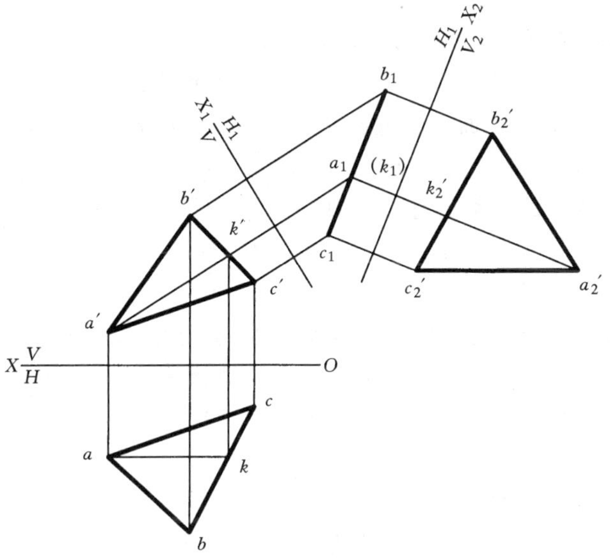

图 4－43　变一般位置平面为投影面平行面

复习思考题（单项选择题）

1. 空间点 A 的正面投影 a' 到 OX 轴的距离等于空间点 A 到（　　）。

(a) V 面的距离　　(b) H 面的距离

(c) W 面的距离　　(d) H 面和 V 面的距离

2. 空间点 A 只有 y 坐标为零时，空间位置在（　　）。

(a) 原点处　(b) W 面上　(c) OX 轴上　(d) V 面上

3. 空间点 A 在点 B 的正左方，这两个点为（　　）。

(a) H 面的重影点　　(b) W 面的重影点

(c) V 面和 W 面的重影点　　(d) V 面的重影点

4. 下列几组点中，哪一组是 W 面上的重影点，并且 A 点为可见（　　）。

(a) A（5，10，8）、B（10，10，8）　(b) A（10，10，8）、B（10，10，5）

(c) A（10，30，－5）、B（8，30，－5）(d) A（10，30，8）、B（10，20，8）

5. 直线 AB 的正面投影与 OX 轴倾斜，水平投影与 OX 轴平行，则直线 AB 是（　　）。

(a) 水平线　(b) 正平线　(c) 侧垂线　(d) 一般位置线

6. 用直角三角形法求一般位置直线的倾角 α 时，直角三角形画在（　　）。

（a）H 面上　　（b）V 面上　　（c）W 面上　　（d）任意投影面上

7. 下列哪组条件，能用直角三角形法求一般位置直线的倾角 β（　　）。

（a）ab，$a'b'$　　（b）$\triangle x$，$\triangle y$，$\triangle z$　　（c）ab，a'　　（d）$a'b'$，a

8. 求点 A 到直线 BC 的距离实长时，能从投影图中直接量取的已知条件是（　　）。

（a）直线 BC 为一般位置　　（b）直线 BC 为侧平线

（c）直线 BC 为铅垂线　　（d）直线 BC 为水平线

9. 在 V、H 两投影面上不能直接判断是否平行的是（　　）。

（a）两水平线　　（b）两正平线　　（c）两侧平线　　（d）两侧垂线

10. 空间两交叉直线在 V 面上的重影点为 a'、b'，如 a' 可见，应符合条件（　　）。

（a）$x_A<x_B$　　（b）$x_A>x_B$　　（c）$y_A>y_B$　　（d）$y_A<y_B$

11. 在空间可能垂直的一般位置直线的投影特征是（　　）。

（a）$ab\perp bc$，$a'b'\perp b'c'$　　（b）$ab\perp bc$，$a'b'\angle b'c'$

（c）$ab\angle bc$，$a'b'\perp b'c'$　　（d）$ab\angle bc$，$a'b'\angle b'c'$

12. 一条正平线与一条一般位置直线在空间垂直，投影图中互相垂直的是（　　）。

（a）正面投影　　（b）水平投影　　（c）侧面投影　　（d）三面投影

13. 平面的正面投影积聚为一条直线并与 OX 轴平行，该平面是（　　）。

（a）正平面　　（b）水平面　　（c）正垂面　　（d）铅垂面

14. 能取到正垂线的平面是（　　）。

（a）铅垂面　　（b）一般位置平面　　（c）正垂面　　（d）侧垂面

15. 在一般位置平面 P 内取一直线 AB，已知 $ab/\!/OX$ 轴，直线 AB 是（　　）。

（a）水平线　　（b）正平线　　（c）侧平线　　（d）侧垂线

16. 交线为水平线的一组平面是（　　）。

（a）正垂面与侧垂面　　（b）水平面与正垂面

（c）两个一般位置面　　（d）侧垂面与一般位置面

17. 使用换面法求一般位置直线的实长时，需要经过（　　）。

（a）一次换面　　（b）二次换面　　（c）三次换面　　（d）四次换面

18. 用换面法求一般位置平面的实形时，需要经过（　　）。

（a）一次换面　　（b）二次换面　　（c）三次换面　　（d）四次换面

第五章　立体的表面交线

立体的表面交线分为截交线和相贯线两大类。平面截切立体所产生的表面交线称为截交线，如图 5－1（a）所示；两立体相交所产生的表面交线称为相贯线，如图 5－1（b）所示。这些交线在简单体中没有接触到，是较复杂的交线。本章将研究这些交线的性质和画法。

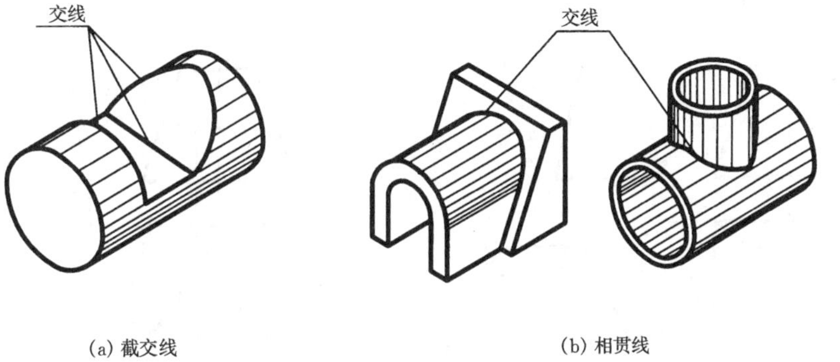

图 5－1　立体表面交线

第一节　平面体的截交线

如图 5－2 所示，基本体被平面截断后的部分称为截断体，截断基本体的平面称为截平面，截平面与基本体表面的交线称为截交线。掌握截交线的画法是学习截断体画法的

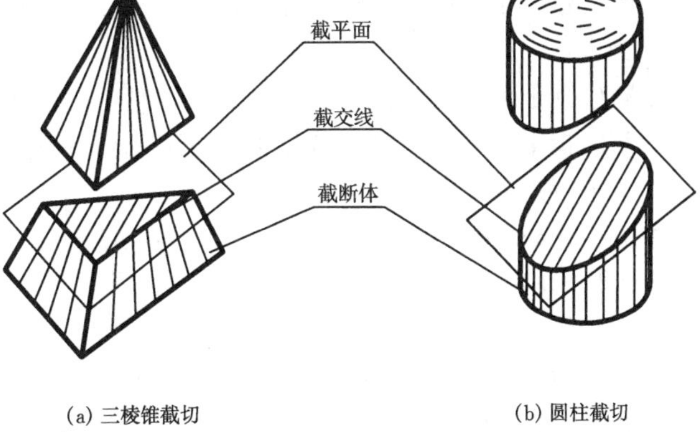

图 5－2　截交线、截平面、截断体

关键。

基本体有平面体和曲面体两类。截平面截切不同的立体，或截平面与基本体的相对位置不同，所产生的截交线形状也不相同。但无论是什么形状，截交线都是截平面与基本体表面的共有线，因此说截交线具有"共有性"。截交线上的每一点都是截平面与立体表面的共有点，这些共有点的连线就是截交线。求画截交线，首先要掌握体表面取点。

一、平面体表面取点

1. 积聚性法

当立体表面相对投影面处于特殊位置时，投影具有积聚性，即该表面上所有点的投影都在面的积聚投影上。求其表面上点的投影，可利用积聚性直接求得，这种方法称为积聚性法。

【例 5-1】 如图 5-3（a）所示，已知四棱台侧面上 K 点的正面投影 k'，求 K 点的水平投影和侧面投影。

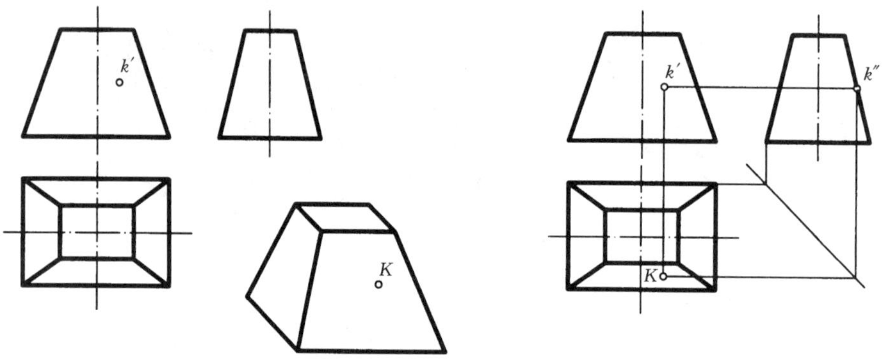

(a) 已知

(b) 先由 k' 向 Z 轴作垂线，求出 k''，再根据投影规律，由 k' 和 k'' 求得 k

图 5-3 四棱台表面取点

分析

由于 k' 可见，可知 K 点位于四棱台的前侧面上。四棱台前侧面为侧垂面，侧面投影积聚为一斜线，K 点的侧面投影 k'' 必定积聚于该斜线上。

如图 5-3（b）所示，先利用积聚性由 k' 求出侧面投影 k''，再根据投影规律，由 k' 和 k'' 求出水平投影 k。

求作体表面点的投影应判定可见性，判定可见性的原则是：点所在面的投影可见，点的该投影可见；点所在面的投影不可见，点的该投影也不可见。不可见点的投影标记应加括号，但面的积聚投影上不可见的点，可省略括号。

【例 5-2】 如图 5-4（a）所示，已知六棱柱表面上点 M 和点 N 的正面投影 m' 和（n'），求它们的水平投影和侧面投影。

分析

由于点 M 的正面投影 m' 可见，又位于左侧，可知点 M 在六棱柱的左前侧面上。点 N 的正面投影（n'）为不可见，又位于右侧，可知点 N 在右后侧面上。六棱柱的这两个侧面均为铅垂面，投影在 H 面上有积聚性。故 M、N 点的水平投影可利用积聚性直接求出。

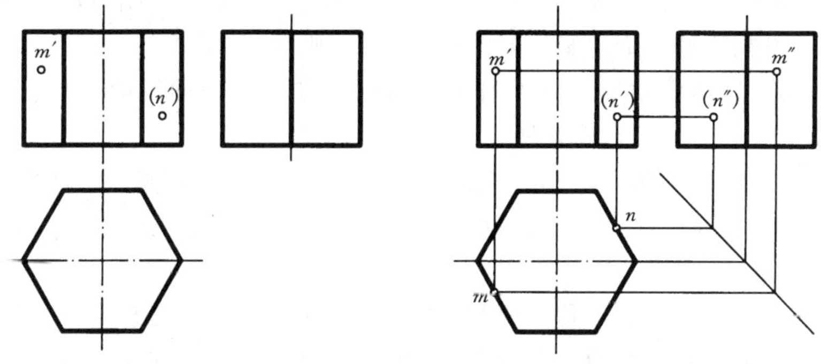

(a)已知　　(b) 先由 m′和n′向X轴作垂线，求出 m 和n，再根据投影规律求得 m″和n″

图 5-4　六棱柱表面取点

如图 5-4（b）所示，应先利用积聚性分别由 m'和（n'）求出水平投影 m 和 n，再根据投影规律，分别由 m'、m 和 n'、n 求出侧面投影 m''和 n''。N 点所在面的侧面投影不可见，n''也不可见，应标记为（n''），积聚投影上的点 m、n 不可见，但括号可以省略。

2. 辅助直线法

当立体表面为一般位置面时，它的三面投影都没有积聚性，在这些面上取点应采用辅助直线法。

【例 5-3】　如图 5-5（a）所示，已知三棱锥表面上 K 点的正面投影 k'，求 K 点的水平投影和侧面投影。

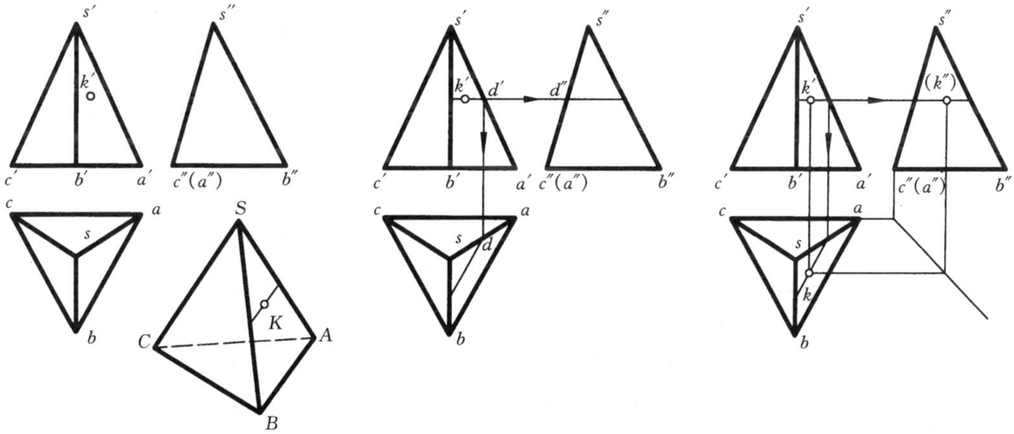

(a) 已知　　(b) 过 k′作辅助线的三投影　　(c) 求点的投影 k、(k″)

图 5-5　三棱锥表面取点

分析

由于 k'可见，可判定 K 点在 SAB 侧面上，SAB 侧面的三投影都是线框，无积聚性，为一般位置平面，该面上的点要用辅助直线法求解。

作图

①先作辅助线的三投影。过 k'作辅助直线平行于 $a'b'$并与 $s'a'$交于 d'，由 d'分别向

OX 轴和 OZ 轴作垂线，与 sa 和 $s''a''$ 交于 d 和 d''，再过 d 和 d'' 分别作 ab 和 $a''b''$ 的平行线，即得辅助线的水平投影和侧面投影，如图 5－5（b）所示。

②求 K 点的另外两面投影。由 k' 作 OX 轴的垂线，与辅助线的水平投影相交于 k，再由 k、k' 求出 k''，如图 5－5（c）所示。

③判定可见性。SAB 侧面位于三棱锥的右侧，侧面投影不可见，该面上 K 点的侧面投影 k'' 也不可见，应标记为（k''）；SAB 侧面的水平投影可见，面上 K 点的水平投影 k 也可见。

综上所述，体表面取点时，首先要判定点所在面的位置，看投影是否有积聚性，若有积聚性，可用积聚性法直接求得；若没有积聚性，就要采用辅助线法求得。

应该指出的是：平面体各棱线上的点，均可根据投影规律直接求得。

二、平面体截交线的形状

平面体表面都是平面，所以它被平面所截而得的截交线都是平面多边形，对单一截平面而言，多边形的顶点是平面体上各棱线（包括底边线）与截平面的交点，有几个交点即为几边形。

三、平面体截交线的画法

求平面体截交线的方法就是求出截平面与平面体上各被截棱线的交点，然后依次连接成多边形，即为所求截交线。求作截交线的思路为：首先根据截切位置判断出截交线的空

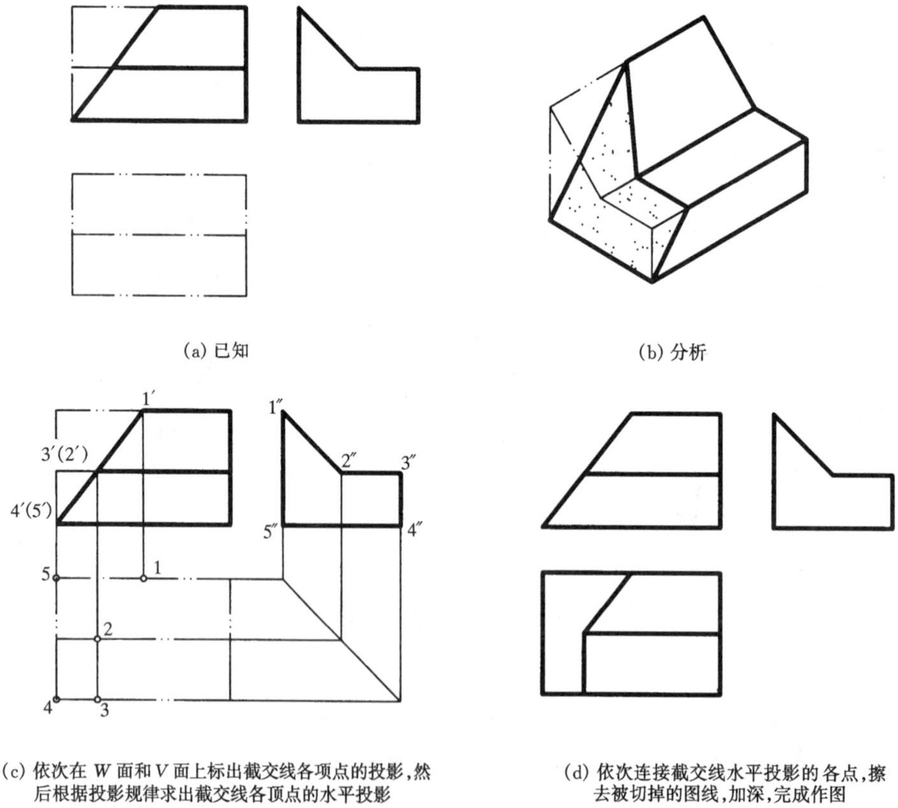

(a) 已知　(b) 分析

(c) 依次在 W 面和 V 面上标出截交线各项点的投影，然后根据投影规律求出截交线各顶点的水平投影

(d) 依次连接截交线水平投影的各点，擦去被切掉的图线，加深，完成作图

图 5－6　求作五棱柱截交线

间形状，进而分析交线的投影情况，然后再动手画图。

【例 5-4】　图 5-6（a）所示为直五棱柱被一个正垂面截切，求作截交线的投影。

分析

直五棱柱被正垂面截切，截平面与棱柱上五条棱线相交，截交线为五边形，如图 5-6（b）所示。截交线的正面投影积聚成一斜直线，为已知，其侧面投影与直棱柱左视图五边形重合，水平投影应为类似形，需要求作。

作图步骤如图 5-6（c）、（d）所示。

【例 5-5】　图 5-7（a）所示为一正四棱锥被两相交平面截切，完成其俯视图和左视图。

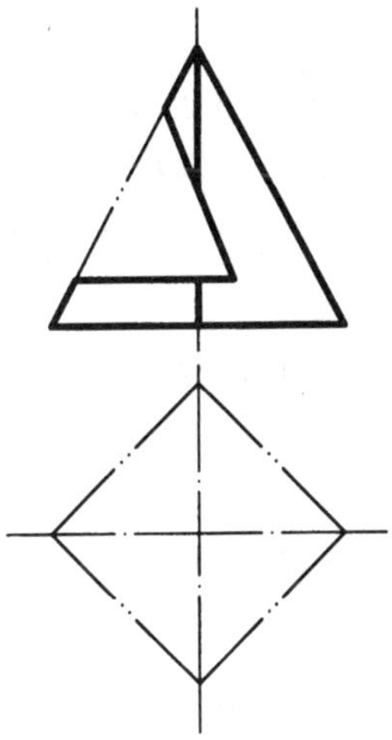

(a) 已知

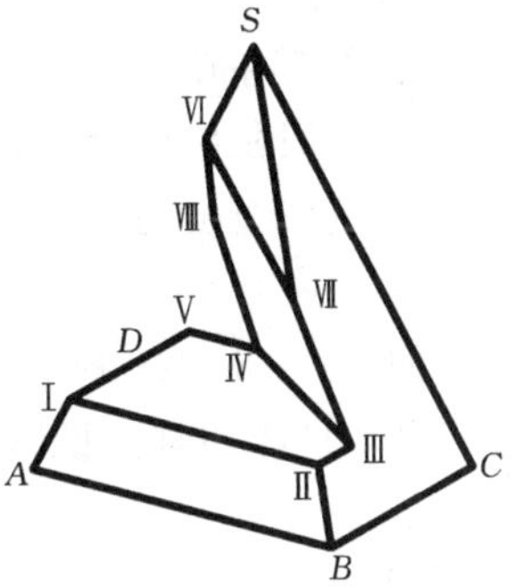

(b) 分析

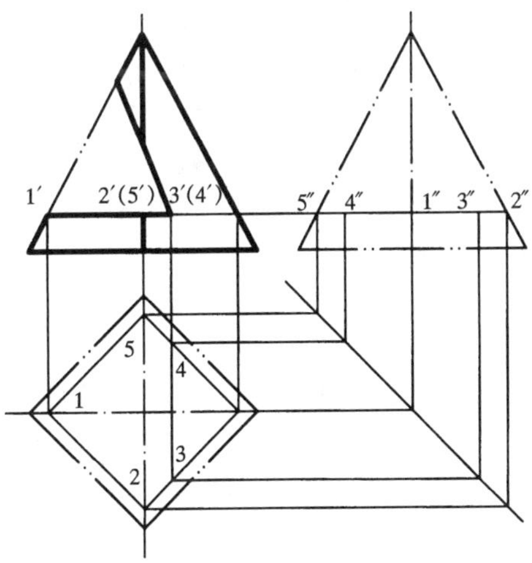

(c) 由V面投影先求作水平面与四棱锥截交线的投影，然后根据V面投影取其所截部分，得截交线ⅠⅡⅢⅣⅤ的水平投影和侧面投影

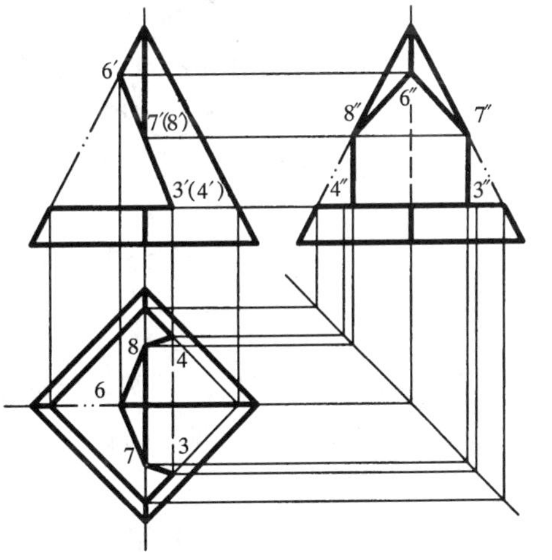

(d) 根据V面投影求作正垂面与四棱锥截交线的投影ⅢⅣⅧⅥⅦ，擦去被切掉的图线，不可见的棱线应画成虚线，加深，完成作图

图 5-7　求作四棱锥截交线

分析

四棱锥被一个水平面和一个正垂面组合起来截切，如图 5－7（b）所示。四棱锥与水平面的截交线可看作是各边与底边分别平行的正四边形的一部分，水平投影反映实形，正面投影和侧面投影均积聚为水平线。四棱锥与正垂面的截交线为五边形，正面投影积聚为一斜直线，水平投影和侧面投影均为类似形。

作图步骤如图 5－7（c）、（d）所示。作图时应注意，不可见的棱要画成虚线。

第二节　曲面体的截交线

一、曲面体表面取点

在曲面体表面上取点和在平面上取点的基本方法是相同的，即当曲面体表面的一个投影具有积聚性时，可利用积聚性投影直接求得点的投影；当各投影都没有积聚性时，则需要用辅助线法来求。应该指出的是：曲面无论有没有积聚性，轮廓素线上的点均可以直接求得。

【例 5－6】　如图 5－8（a）所示，已知圆柱面上 K 点和 A 点的正面投影 k'、a'，求作 K 点和 A 点的水平投影和侧面投影。

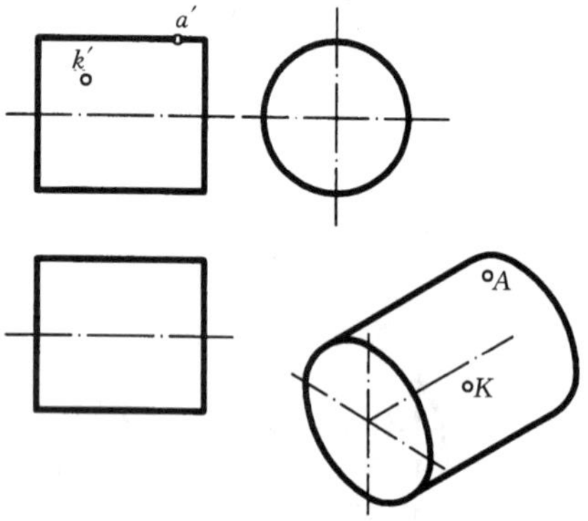

(a) 已知

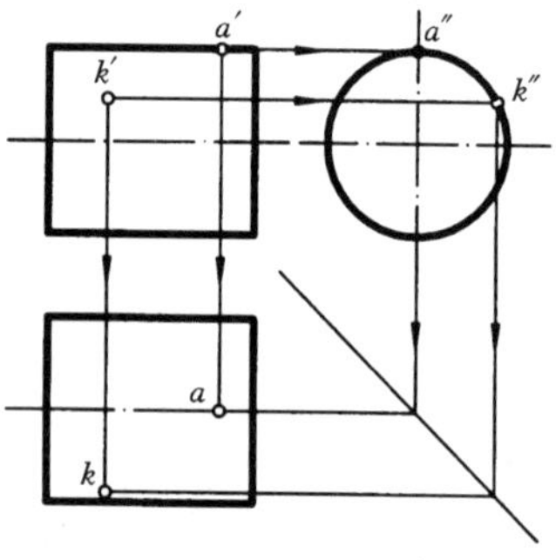

(b) 先利用积聚性由 k'、a' 求出侧面投影 k''、a''，再根据投影规律求得水平投影 k、a

图 5－8　圆柱体表面取点

分析

圆柱面的侧面投影积聚为一圆，因此 K 点、A 点的侧面投影 k''、a'' 必在该圆周上，可直接求得。由于 k'、a' 可见，所以 K 点位于圆柱的前半圆柱面上，A 点位于正向轮廓素线上。

如图 5－8（b）所示，先利用积聚性由 k'、a' 直接求出侧面投影 k''、a''，再分别由 k'、k'' 和 a'、a'' 根据投影规律求出水平投影 k、a。K 点、A 点均在上半圆柱面上，水平投影可见。

【例 5－7】　如图 5－9（a）所示，已知圆锥面上 A 点的正面投影 a'，求 A 点的水平投影和侧面投影。

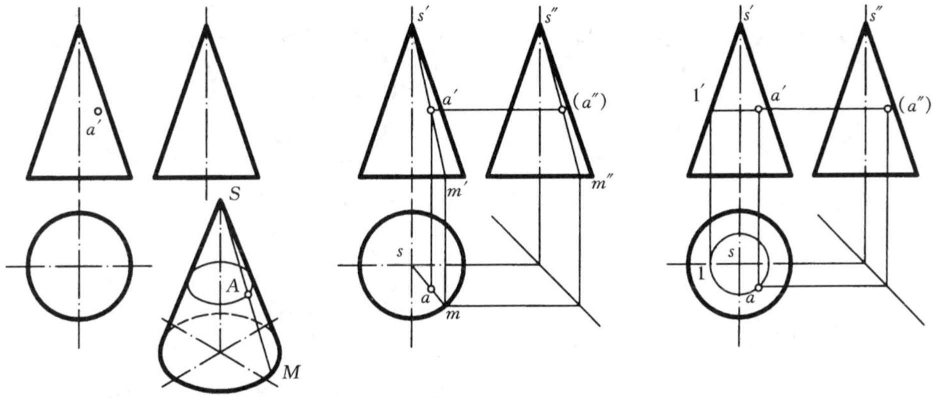

(a) 已知　　(b) 素线法取点　　(c) 辅助圆法取点

图 5-9　圆锥体表面取点

分析

A 点在圆锥面上，圆锥面无积聚性，应用辅助线法求。圆锥面是直线面，可利用素线作辅助线，称为素线法。圆锥面又是轴线为铅垂线的回转面，在该面上可作出一系列水平圆，所以又可利用水平圆作辅助线，称为辅助圆法。

作图

方法一：用素线法求 a 及 a''。如图 5-9（b）所示，连接 $s'a'$ 并延长交圆周于 m'，$s'm'$ 即为过点 A 的素线。M 点在底面上，根据投影规律由 m' 可直接求出 m、m''，再连接 sm 和 $s''m''$，即可得辅助线的水平投影和侧面投影。根据直线上点的从属性，可求出 a 及 a''，a'' 不可见。

方法二：用辅助圆法求 a 及 a''。如图 5-9（c）所示，过 A 点在圆锥面上作一辅助圆，该圆就是 A 点的运动轨迹。辅助圆的圆心在轴上，且与底圆相互平行，所以它的水平投影是底面的同心圆，正面投影和侧面投影均为水平直线。过 a' 作一水平线，与两侧轮廓素线相交，长度即为辅助圆的直径，以水平投影中心 s 为圆心，上述长度之半为半径画圆，此圆即为辅助圆的水平投影，根据投影规律可求出辅助圆的侧面投影。同理，由直线上点的从属性可求出 a 及 a''，a'' 不可见。

【例 5-8】　如图 5-10（a）所示，已知球面上 A 点的正面投影 a' 及 B 点的水平投影 b，求 a、a'' 及 b'、b''。

分析

A 点在圆球面的非轮廓素线上，应采用辅助圆法求。在圆球面上取点只能采用平行于投影面的圆作辅助线。B 点在圆球面的正向轮廓素线上，可直接求得。

作图

如图 5-10（b）所示：

①求 a 及 a''。过 a' 作一水平线，两侧交于正向轮廓素线，长度即为辅助圆的直径。根据“长对正”，在俯视图上画一水平圆，即为辅助圆的水平投影，辅助圆的侧面投影也是一条水平线。由直线上点的从属性可求出 a 及 a''，A 点在左下半球，a'' 可见，a 不可见。

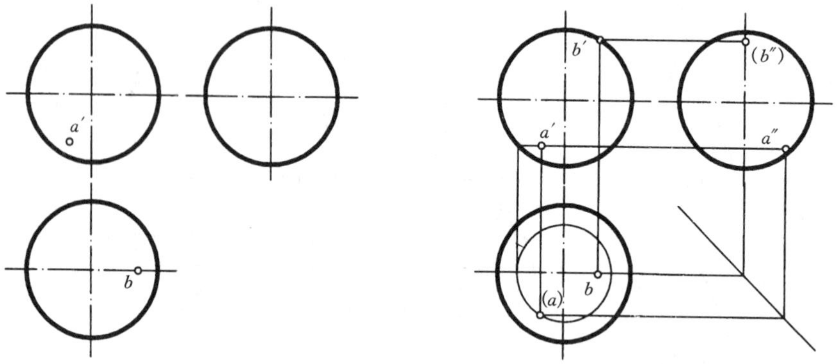

(a) 已知　　(b) 用辅助圆法求 A 点的投影，B 点的投影可直接求

图 5－10　圆球体表面取点

②求 b' 及 b''。正向轮廓素线是前后半球的分界线，B 点的正投影及侧面投影均在相应投影上，由 b 根据投影规律可求出 b'，由 b' 求出 b''。B 点在右上半球，b''不可见，b 可见。

应该指出的是：曲面轮廓素线上的点均可直接求出。

二、曲面体截交线的形状

1. 平面截切圆柱

由于截平面与圆柱轴线的相对位置不同，平面截切圆柱所得截交线有矩形、圆、椭圆三种形状，如表 5－1 所示。

表 5－1　　圆柱截切的三种情况

截平面位置	与轴线平行	与轴线垂直	与轴线倾斜
截交线形状	矩　形	圆	椭　圆
轴测图		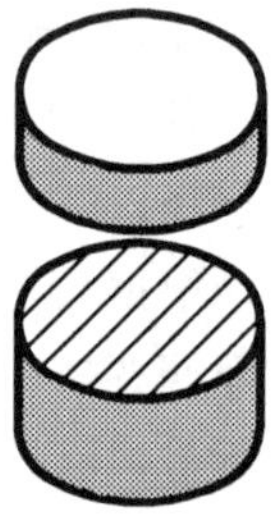	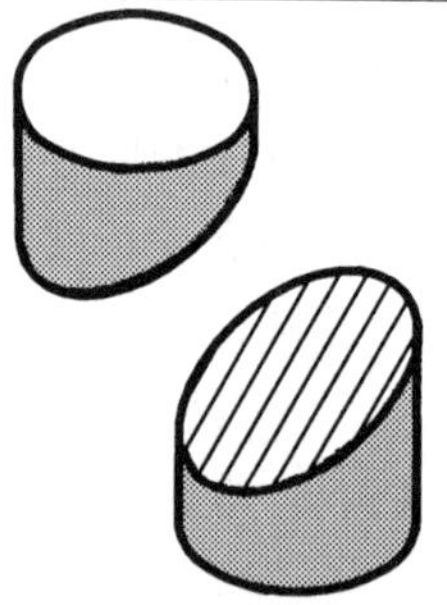
投影图	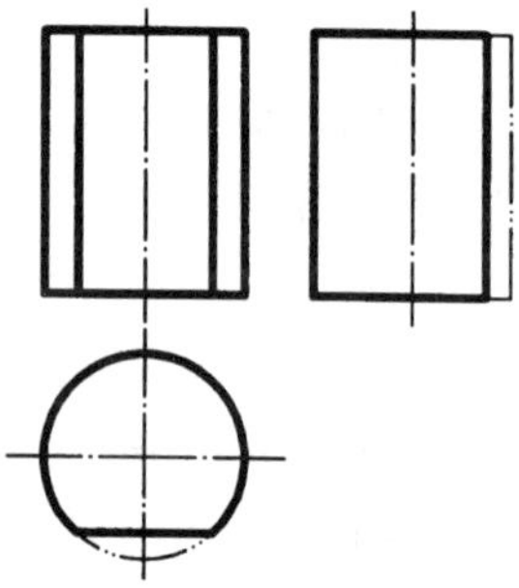	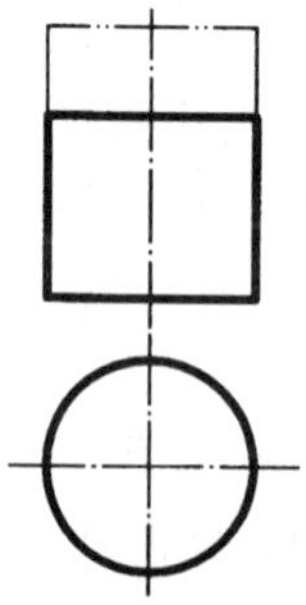	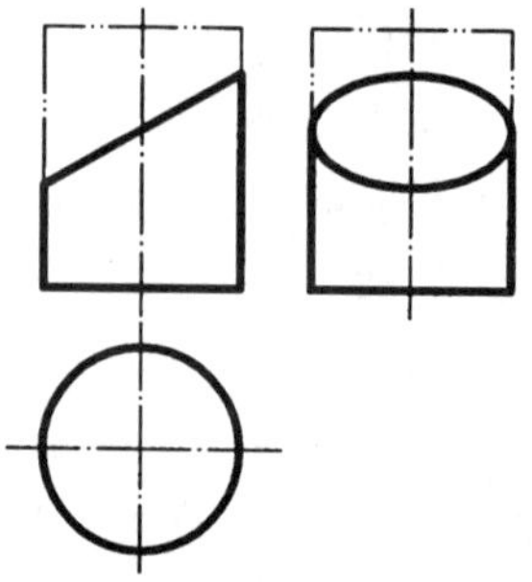

表 5-2 **圆锥截切的五种情况**

截平面位置	垂直于轴线	倾斜于轴线，与所有素线相交，$\alpha<\theta$	倾斜于轴线，平行于一条素线，$\alpha=\theta$	平行或倾斜于轴线，与两条素线平行，$\alpha>\theta$	过 锥 顶
截交线形状	圆	椭 圆	抛物线 与直线组成	双曲线 与直线组成	三角形
轴测图	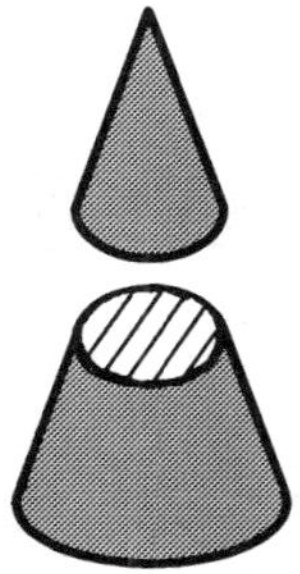	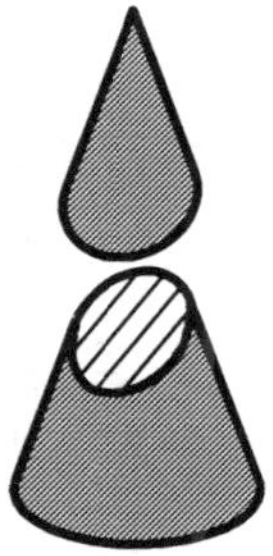	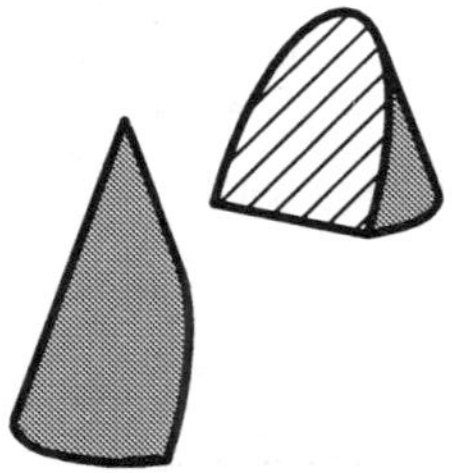	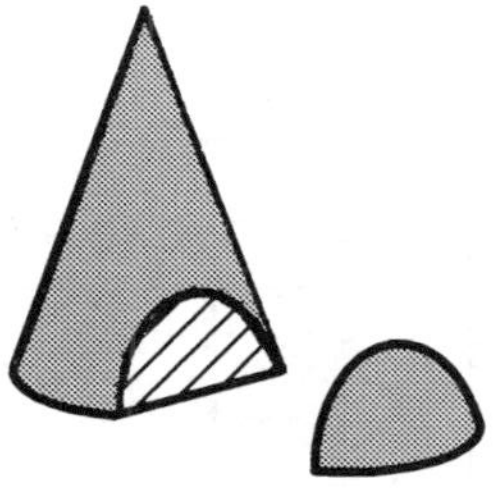	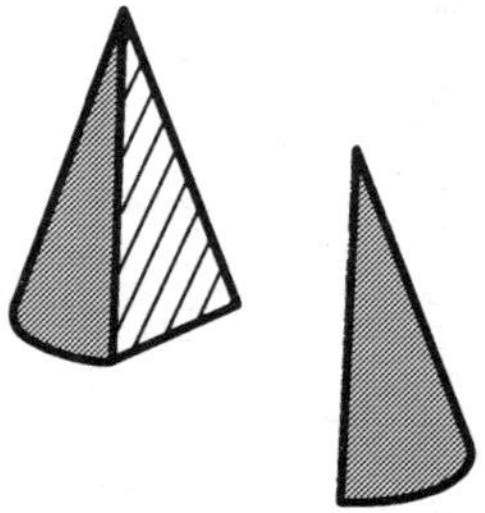
投影图	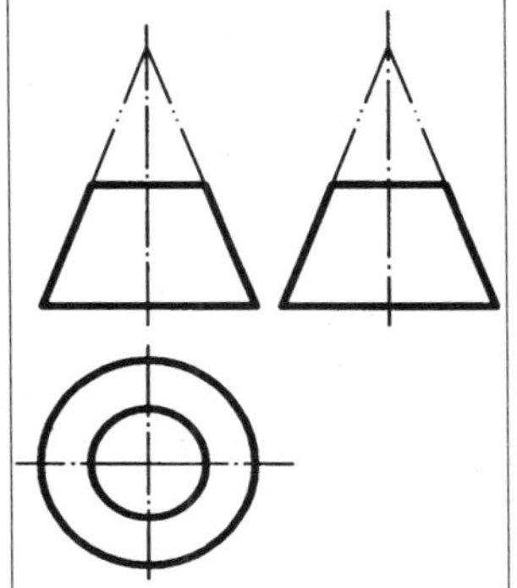	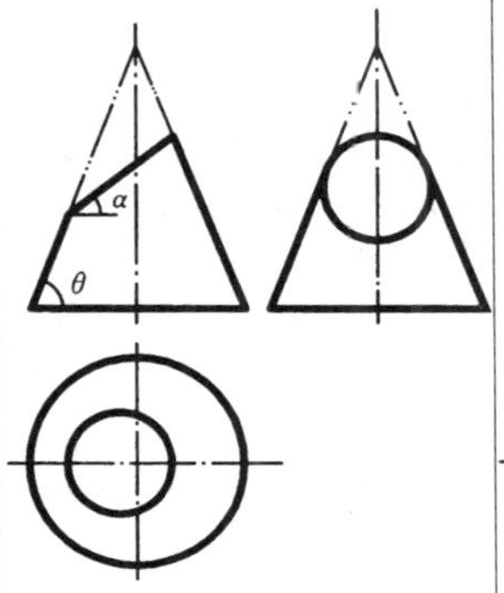	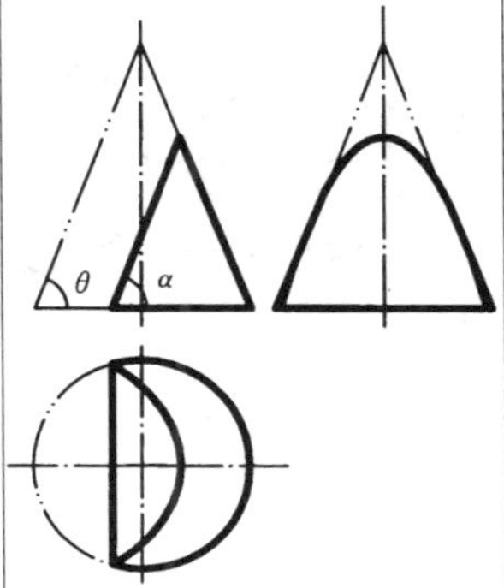	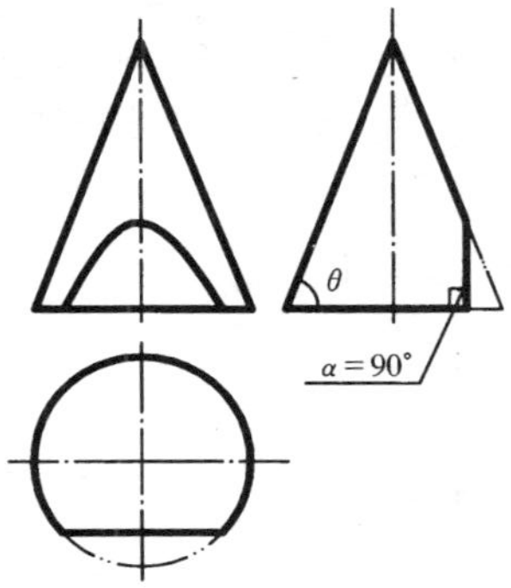	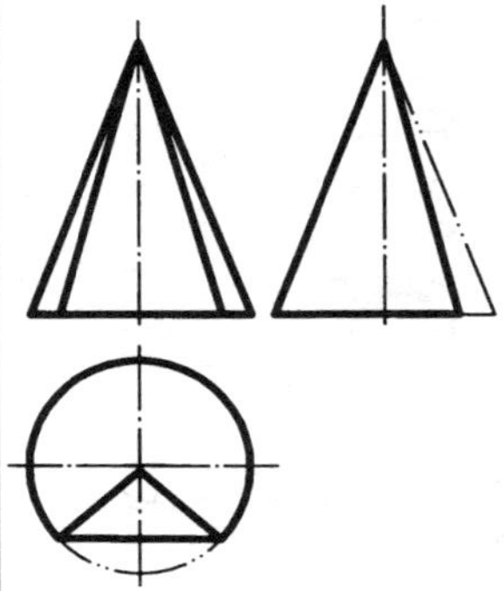

2. 平面截切圆锥

由于截平面与圆锥轴线的相对位置不同，平面截切圆锥所得截交线有圆、椭圆、抛物线、双曲线、三角形五种形状，如表 5 - 2 所示。

3. 平面截切圆球

平面截切圆球，不论截平面处于何种位置，截交线都是圆。截平面与球心的距离不同，截交线圆的直径不同；截平面对投影面的位置不同，截交线圆的投影也不同，如表 5 - 3 所示。

表 5 - 3　　圆球截切情况

截平面位置	投影面的平行面（以正平面截切为例）	投影面的垂直面（以正垂面截切为例）
截交线形状	圆	圆
轴测图		
投影图	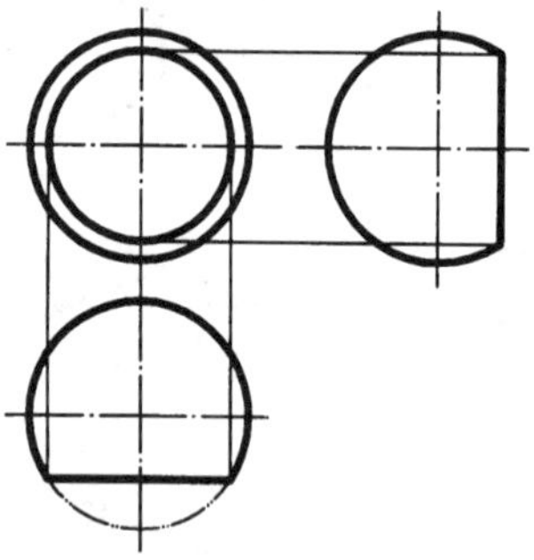	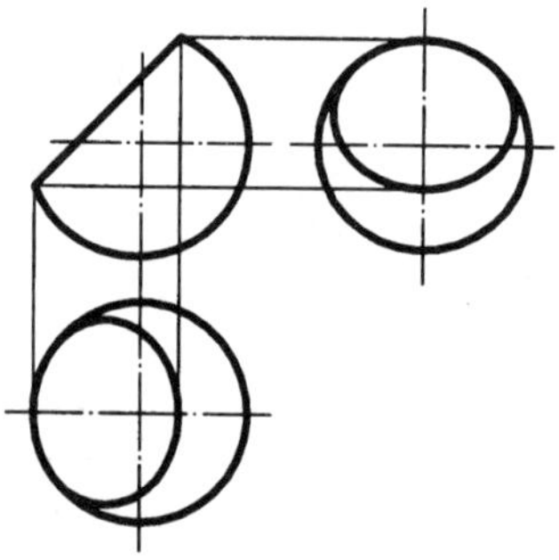

三、曲面体截交线的画法

求作曲面体截交线的投影，可分为以下两种情况：

(1) 截交线为直线或平行圆时，投影可由已知条件根据投影规律直接作出。

(2) 截交线为椭圆、抛物线、双曲线等非圆曲线或非平行圆时，需求出曲面和截平面上的一系列共有点，然后依次连接。求共有点常用的方法是“体表面取点法”。

为了使所求的截交线形状准确，在求作非圆曲线截交线投影时，应首先求出截交线上最高、最低、最左、最右、最前、最后六个方位控制点及截交线与体轮廓素线的交点（转向点），截交线上的六方位控制点及截交线与体轮廓素线的交点（转向点）称为截交线的特殊点，其余的点称为截交线的中间点。

【例 5 - 9】　图 5 - 11 (a) 所示圆柱被一个正垂面截切，求作截交线的投影。

分析

圆柱被正垂面倾斜于轴线截切，截交线为椭圆。如图 5 - 11 (b) 所示，椭圆截交线上有四个特殊点 A、B、C、D，这四个特殊点就是截交线上六个方位控制点及截交线与轮廓素线的交点。截交线椭圆是截平面与圆柱面的共有线，所以椭圆的正面投影与截平面

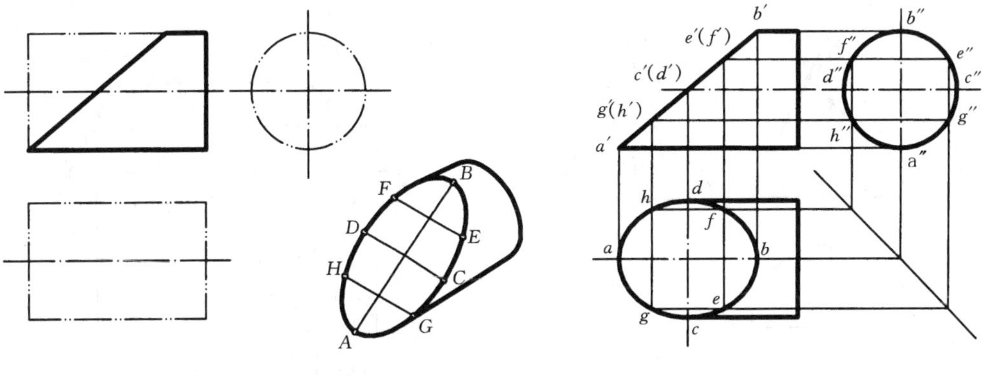

(a) 已知　　(b) 分析　　(c) 先求特殊点 A、B、C、D 的投影，再求中间点 E、F、G、H 的投影 擦去多余图线，依次光滑连接各点

图 5-11　平面斜切圆柱截交线的画法

的积聚投影重合，侧面投影与圆周重合，只需求作截交线的水平投影。

作图

如图 5-11（c）所示：

①先求截交线上的特殊点。在侧面投影圆上标出 a''、b''、c''、d''，根据“长对正”，在正面投影上标出 a'、b'、c'（d'），然后根据投影规律求出水平投影 a、b、c、d。

②求截交线上的中间点。中间点可任意选取，但为了作图方便，通常是取几个对称点。首先在侧面投影上标出 e''、f''、g''、h''，根据“长对正”，在正面投影上标出 e'(f')、g'（h'），然后根据投影规律求出水平投影 e、f、g、h。

③依次光滑连接各点，形成一个椭圆，擦去被切掉的图线，加深全图。

需要指出的是：交线曲率方向已知，中间点可省略不求。若正垂面与水平投影面倾斜为 45°，截交线椭圆的水平投影为一个直径与圆柱直径相等的圆。

【例 5-10】　图 5-12（a）所示圆锥被正垂面截切，求作其截交线的投影。

分析

圆锥被正垂面切断所有素线，截交线为椭圆。该椭圆截交线上有六个特殊点 A、B、C、D、E、F，其中 E、F 是椭圆的最前、最后点，位于截交线正面投影的中点。该椭圆的正面投影积聚为一直线，为已知；椭圆的水平投影及侧面投影均为椭圆，需求作。该截交线上六个特殊点相距近，曲率方向已知，可不求中间点。

如图 5-12（b）所示，首先从积聚投影入手，直接求出圆锥四条轮廓素线与截平面的交点 A、B、C、D 的水平投影和侧面投影；然后再从正面投影入手，用辅助圆法求出截交线椭圆的最前、最后点 E、F 的水平投影和侧面投影。

【例 5-11】　求作图 5-13（a）所示圆柱切槽截交线的投影。

分析

圆柱被三个面截切，如图 5-13（b）所示，P 为侧平面，R 为水平面，Q 为正垂面。截平面 P 垂直于轴线截切，截交线为圆（因为截切大半部分，故为大半圆）；截平面 R 平

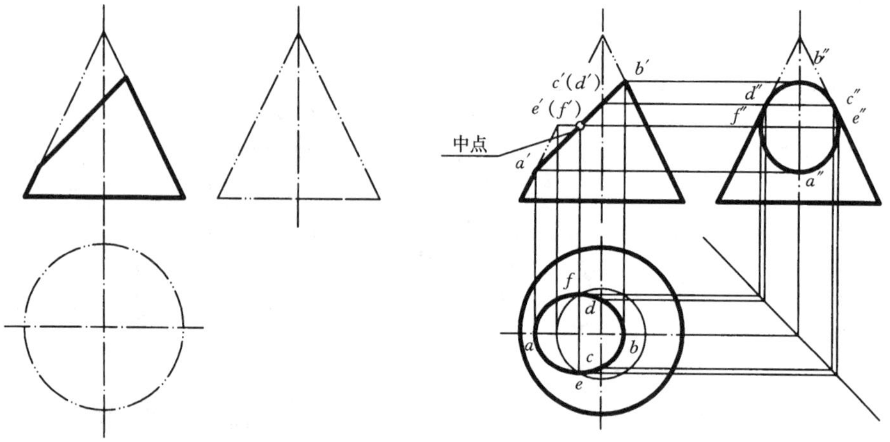

(a) 已知　　(b) 从 V 面入手，依次求特殊点 A、B、C、D、E、F 的投影，擦去多余图线，依次光滑连接各点

图 5-12　平面切断圆锥所有素线截交线的画法

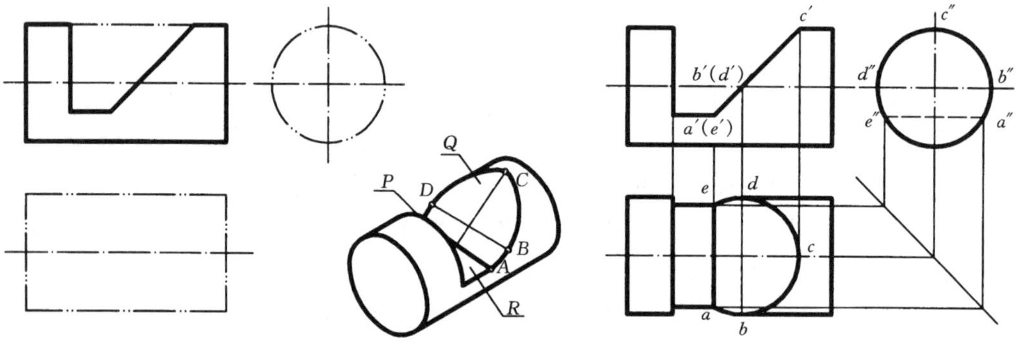

(a) 已知　　(b) 分析　　(c) 一个面一个面地求作

图 5-13　圆柱切槽截交线的画法

行于轴线截切，截交线为矩形；截平面 Q 倾斜于轴线截切，截交线为大半椭圆，椭圆上有五个特殊点 A、B、C、D、E。三条截交线的正面投影均与截平面的积聚投影重合；侧面投影中，圆和椭圆截交线的投影与圆周重合，矩形截交线为一条虚线，需画出；水平投影中，矩形反映实形，圆积聚为一条直线，椭圆为类似形，需求作。切口交线应一个面一个面地求作。

作图

如图 5-13（c）所示：

①求作 R 面截交线的投影。由正投影补出侧面投影一条虚线，然后根据投影关系求出水平投影矩形。

②求作 P 面截交线的投影。由正投影和侧面投影根据投影规律求出水平投影一条直线。

③求作 Q 面截交线的投影。从正投影和侧面投影入手，求作特殊点的水平投影，然

后依次光滑连接各点，擦去被切掉图线，加深全图。

第三节　两平面体相交

两立体相交所产生的表面交线称为相贯线。两立体表面形状、相对位置及大小不同，相贯线的形状也各不相同。但无论是什么形状，相贯线都是两相交立体表面的共有线，因此说相贯线具有“共有性”。相贯线上每一点都是两相交立体表面的共有点，因此，求相贯线的基本问题是求两相交立体表面上共有点的问题，求作思路与截交线相同。

一、两平面体相贯线的形状

两平面体相交所产生的相贯线形状一般为封闭的空间折线，如图 5-14 所示。

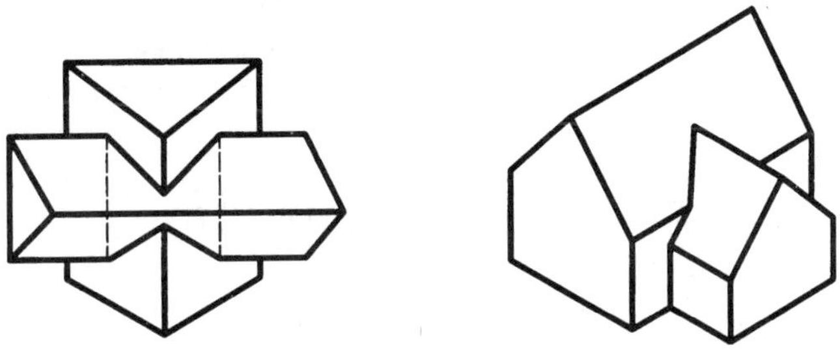

图 5-14　两平面体相交

二、两平面体相贯线的画法

两平面体相贯线空间折线的转折点均为一个立体上的棱线对另一个立体表面的交点或两立体棱线的交点。求两平面立体相贯线的方法，可以归结为求参与相交的棱线对棱面（或底面）的交点，然后依次连接各点，得相贯线。

【例 5-12】　图 5-15（a）所示为两个直五棱柱相交，求作相贯线的投影。

分析

大直五棱柱的侧棱均垂直于侧面，小直五棱柱的侧棱均垂直于正面。如图 5-15（b）所示，参与相交的有小直五棱柱的五条侧棱，分别与大直五棱柱的两棱面相交，得五个交点 A、B、C、D、E；参与相交的还有大五棱柱上的一条侧棱，与小五棱柱的两棱面相交得两个交点 F、G。因为参与相交的棱面均为特殊位置面，所以可利用积聚性法求各交点的投影。

如图 5-15（c）所示，标出各交点的正面投影 a'、b'、c'、d'、e'、f'、g'与侧面投影 a''、b''、c''、(d'')、(e'')、f''、(g'')，然后根据投影规律求出水平投影（a）、b、c、d、(e)、f、g。最后判定可见性，连接各点。

连接各点的原则是：只有位于同一立体的同一棱面上、而又同时位于另一立体的同一棱面上的两点才能连接。

判定可见性的原则是：如果参与相交的两个棱面均可见，则相贯线为可见；如果两棱面中有一个面不可见，则相贯线不可见。

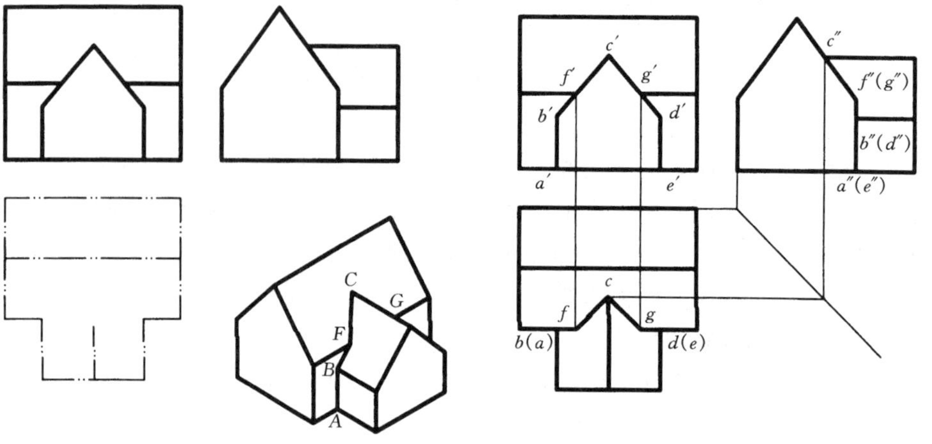

(a) 已知

(b) 分析

(c) 在 V 面和 W 面上标出相贯线各交点的投影，根据投影规律求出各交点的水平投影，判定可见性，依次连接各点，完成作图

图 5-15 两直五棱柱相交相贯线的画法

第四节 平面体与曲面体相交

一、平面体与曲面体相贯线的形状

平面体与曲面体相交所产生的相贯线形状与平面截切曲面体的截交线形状相同，一般为平面曲线。

二、平面体与曲面体相贯线的画法

平面体与曲面体的相贯线与平面截切立体所产生的交线形状相同，因此，求作相贯线的方法也类同。

【例 5-13】 图 5-16（a）所示圆台与三棱柱相交，求作相贯线的投影。

分析

圆台与三棱柱相交实质上是圆锥面与三棱柱上斜面相交，所产生的相贯线的形状是椭圆的一部分，相贯线上有两个特殊点 A、B，如图 5-16（b）所示。相贯线的侧面投影与斜面的积聚投影重合；水平投影和正面投影为类似形，需求作。该相贯线应从已知侧面投影入手标点，然后看成圆台表面上的点来求作。

该相贯线应先求特殊点，再求中间点，作图步骤如图 5-16（c）所示。

【例 5-14】 图 5-17（a）所示护坡（直棱柱）与翼墙（组合柱）相交，求作相贯线的投影。

分析

如图 5-17（b）所示，护坡与翼墙平面段的交线 A、B 是直线段，与翼墙曲面段（1/4 圆柱面）的交线 BMC 是平面曲线（1/4 椭圆），整个交线上共有三个特殊点 A、B、C。直线段相贯线是护坡斜平面与翼墙外平面的共有线，所以直线段相贯线的水平投影和

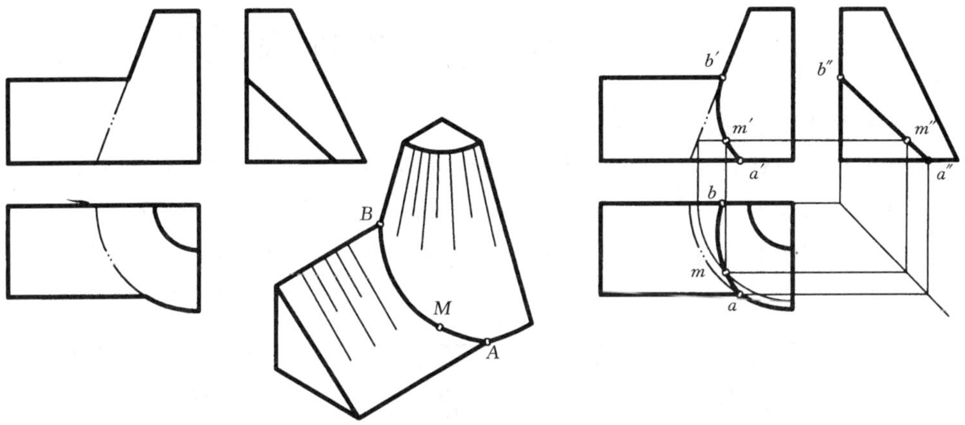

(a) 已知　　(b) 分析　　(c) 从 W 面入手，标出已知投影 a''、b'' m''，先根据投影规律求特殊点 A、B 的投影，再用辅助圆法求中间点 M 的投影，依次连接各点的同面投影，完成作图

图 5-16　圆台与三棱柱相交相贯线的画法

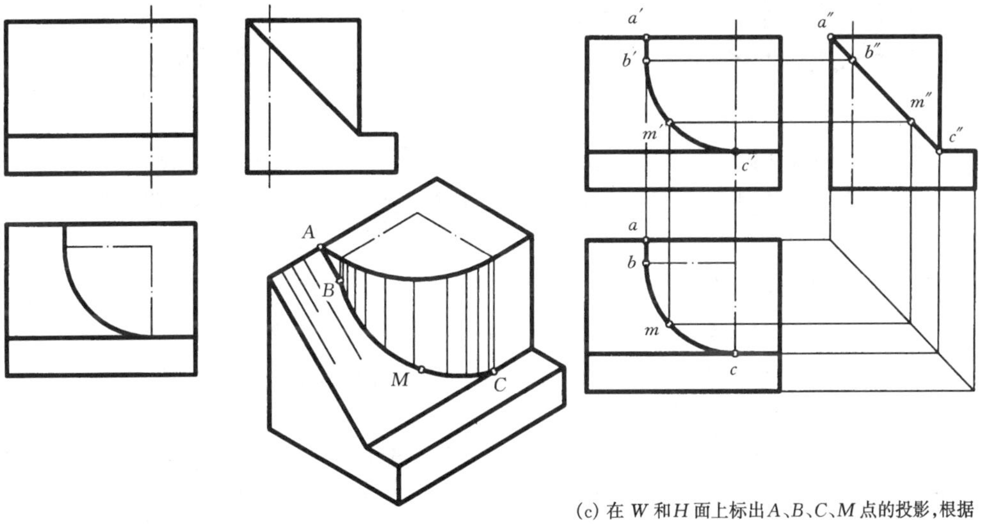

(a) 已知　　(b) 分析　　(c) 在 W 和 H 面上标出 A、B、C、M 点的投影，根据投影规律，依次求出正面投影 a'、b'、c'、m'，连接 $a'b'$ 直线，光滑连接 b' m' c' 曲线，完成作图

图 5-17　护坡与翼墙相交相贯线的画法

侧面投影分别与它们的积聚投影重合；正面投影为直线，需求作。椭圆段相贯线是护坡斜平面与翼墙圆柱面的共有线，相贯线的侧面投影和水平投影也与这些面的积聚投影重合，正面投影为类似形，需求作。

求直线相贯线 AB 只需找两个端点，求该曲线相贯线除求全特殊点外，应求中间点。作图步骤如图 5-17（c）所示。

第五节 两曲面体相交

一、两曲面体相贯线的形状

两曲面立体相交所产生的相贯线形状一般为封闭的空间曲线，特殊情况为平面曲线或直线。两曲面体相交时，轴线垂直相交称为正交，轴线垂直不相交称为偏交，轴线不垂直称为斜交。两曲面立体相交最常见的是两圆柱体相交，所产生的相贯线形状如图 5-18 所示。

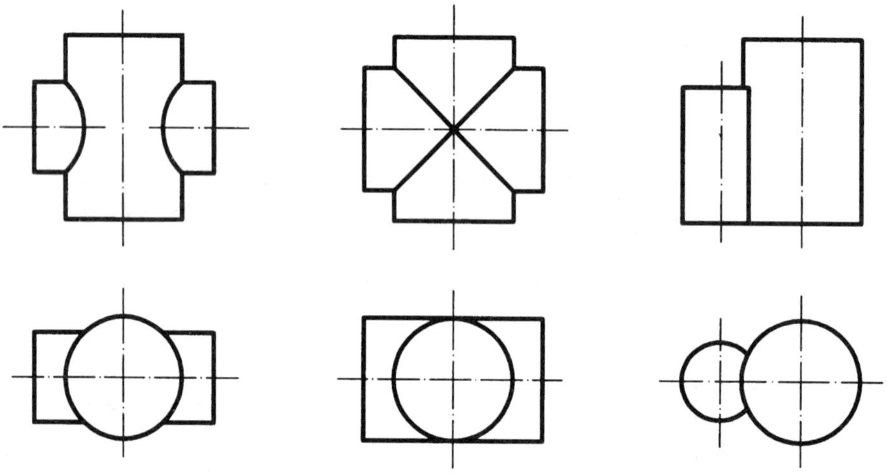

(a) 两不等直径的圆柱正交，相贯线为封闭的空间曲线　(b) 两相等直径的圆柱正交，相贯线为平面曲线，属特殊情况　(c) 两圆柱轴线平行相交，相贯线为直线，属特殊情况

图 5-18　两圆柱体相交

二、两曲面体相贯线的画法

相贯线是两曲面的共有线，相贯线的具体形状取决于相交两立体的形状、大小和它们的相对位置。求两曲面体相贯线常用的方法有：体表面取点法和辅助面法。

1. 体表面取点法求相贯线

因为相贯线是相交两立体表面的共有线，所以当相交立体之一的一个投影有积聚性时，相贯线的同面投影与此重合为已知，其余投影可利用面上取点的方法求出。

【例 5-15】 图 5-19（a）所示为两不等直径圆柱正交，求作相贯线的投影。

分析

两不等直径圆柱正交，相贯线是一条前后、左右对称的空间曲线。如图 5-19（b）所示，相贯线上有四个特殊点 A、B、C、D（D 点是 C 点的对称点，立体图上未标出）。因为相贯线是小圆柱表面的线，又是大圆柱表面的线，所以相贯线的水平投影与小圆重合，侧面投影与大圆上部（大、小圆柱的公共部分）重合，为已知，只有相贯线的正面投影需求作。相贯线前后对称，正面投影前半部分与后半部分重影，前半部分为可见，后半部分为不可见。

应先求特殊点 A、B、C、D，再求一对中间点 E、F，作图步骤如图 5-19（c）、

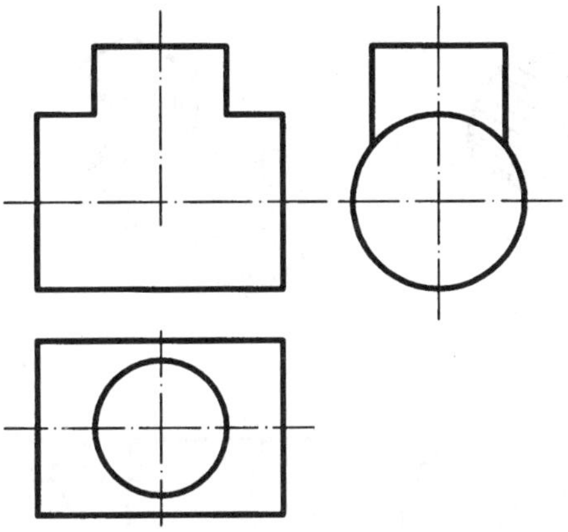

(a) 已知

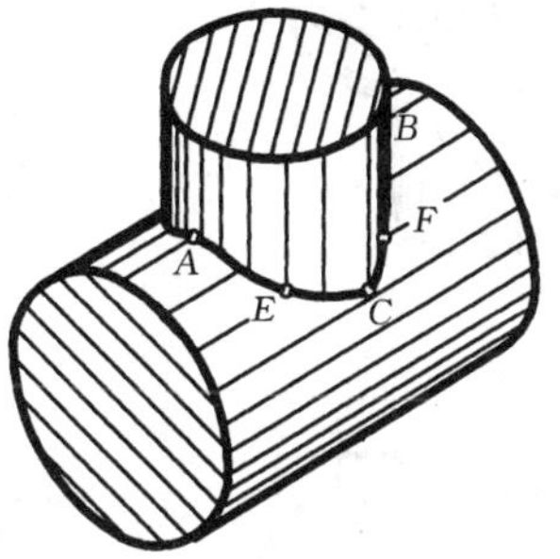

(b) 分析

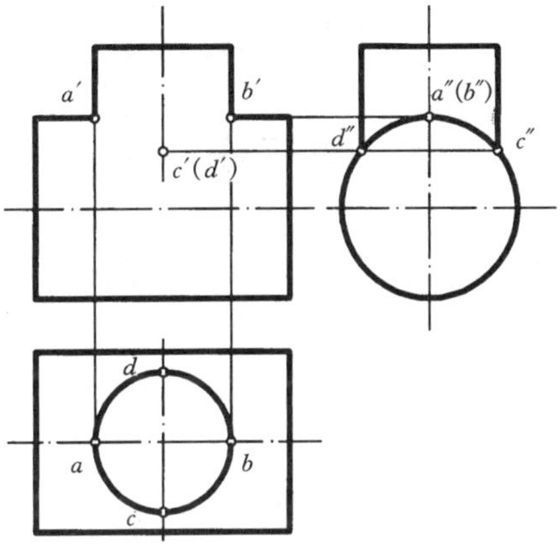

(c) 在 H 面和 W 面上标出特殊点 A、B、C、D 的投影，根据投影规律求得正面投影 a'、b'、c'、d'

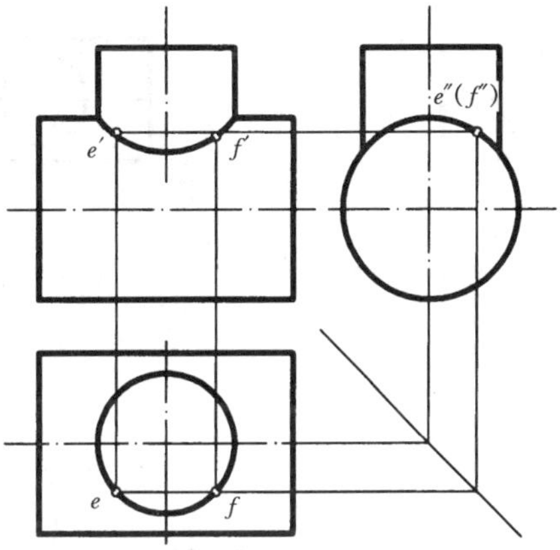

(d) 在 H 面和 W 面上标出中间点 E、F 的投影，根据投影规律求得正面投影 e'、f'，然后依次光滑连接各点

图 5－19　两不等直径圆柱正交相贯线的画法

(d) 所示。

两不等直径圆柱相交，相交的两曲面无论是外表面还是内表面（孔），只要两圆柱的轴线垂直相交，它们的相贯线形状和作图方法即是相同的，如图 5－20 所示。

图 5－20 (a) 表示一个小的圆柱全部贯穿一个大的圆柱（也可以看成是上下两个小圆柱分别与一个大圆柱正交），相贯线是上、下对称的两条封闭的空间曲线；图 5－20 (b) 表示一个水平放置的大圆柱被一个垂直的小圆柱（孔）全部贯穿，相贯线也是上、下对称的两条封闭的空间曲线，即大圆柱表面上、下孔口的两条曲线；图 5－20 (c) 表示一个长方体上开挖两个不等直径的正交圆柱孔，两个圆柱孔表面相交产生相贯线，相贯线同样是上下对称的两条封闭的空间曲线，但不可见，应画成虚线。

两个不等直径圆柱偏交，相贯线空间曲线的形状与正交不同，但求相贯线的方法不变，如图 5－21 所示，从已知投影入手，先求全特殊点Ⅰ、Ⅱ、Ⅲ、Ⅳ、Ⅴ、Ⅵ的投影，再求中间点 E、F 的投影。

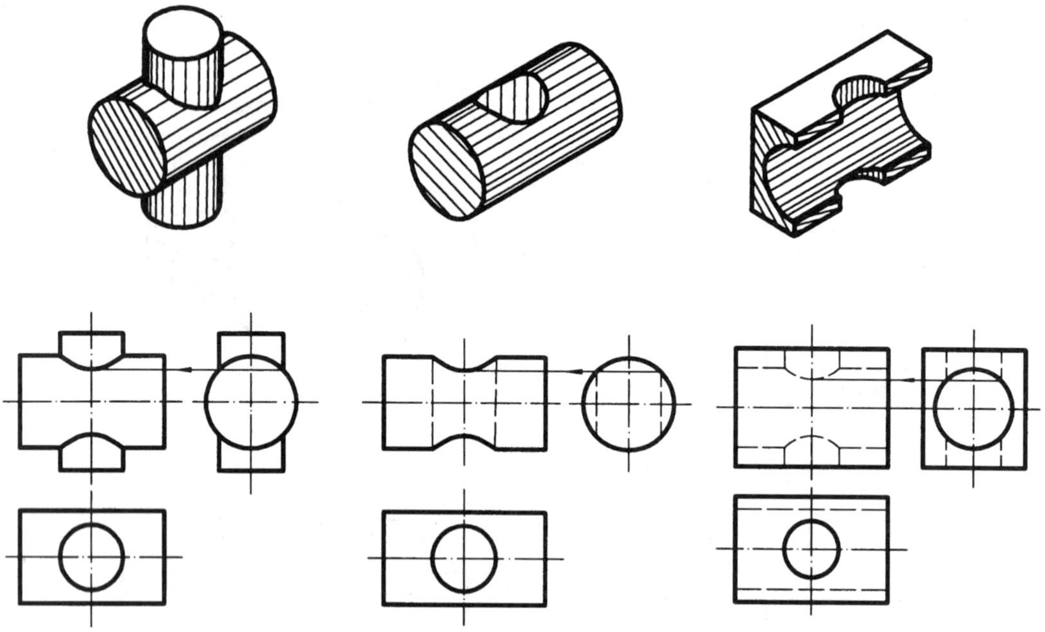

(a) 两外表面相交　　(b) 外表面与内表面相交　　(c) 两内表面相交

图 5-20　两圆柱面相交的三种形式

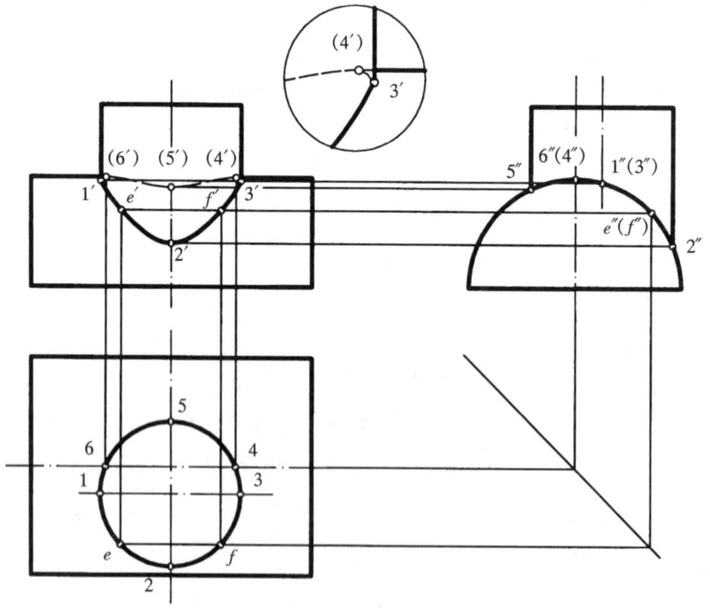

图 5-21　两圆柱偏交

2. 辅助面法求相贯线

用辅助面法求相贯线的作图方法采用的是三面共点的原理，其作图要点是：

（1）作一个辅助面（通常为特殊位置面）与两曲面体的曲面相交。画出该面有积聚性的投影。

（2）分别求出辅助面与两立体表面的交线。同一辅助面上两交线的交点是两曲面和辅助面的共有点，因此就是相贯线上的点。

图 5－22 所示是以水平面 P 作为辅助面，求两曲面的共有点 A 的作图方法。这种作图方法的关键在于辅助面的选择，原则是所截得的交线应是直线或圆。一般对于圆柱与圆柱相交，辅助面要平行于圆柱轴线；圆柱与圆锥相交，辅助面应垂直于圆锥的轴线；圆柱与圆球相交，辅助面应平行于投影面。

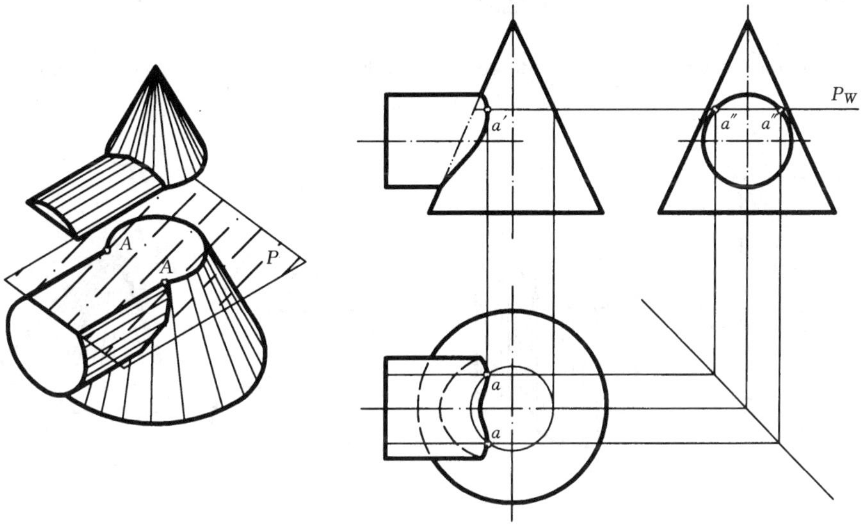

(a) 分析　　(b) 三视图

图 5－22　辅助面法求相贯线

三、两曲面体相贯线的特殊情况

两曲面体相交，相贯线一般为封闭的空间曲线。但在特殊情况下，相贯线是平面曲线或直线。常见的特殊相贯线有以下三种情况：

（1）同轴的两回转体相交，相贯线是垂直于轴线的圆，当轴线平行于某一投影面时，相贯线在该投影面上的投影积聚成一直线，如图 5－23 所示。

（2）两圆柱轴线平行或两圆锥共顶相交，相贯线为直线，如图 5－24 所示。

（3）圆柱与圆柱、圆柱与圆锥轴线相交，并公切于一圆球，相贯线为两条平面椭圆曲线，该椭圆的正面投影为直线，水平投影为椭圆的类似形，如图 5－25 所示。

画相贯线时，如遇到上述特殊情况，可直接画出相贯线。

四、相贯线的简化表示法

为了减少绘图工作量，提高设计效率及图样的清晰度，加快设计进程，在 1996 年 12 月发布的国家《技术制图》标准中简化表示法中（GB/T 16675.1—1996）规定：“在不至于引起误解时，图形中的相贯线可以简化。例如用圆弧或直线代替非圆曲线……”。如图 5－26 所示为用直线代替非圆曲线。

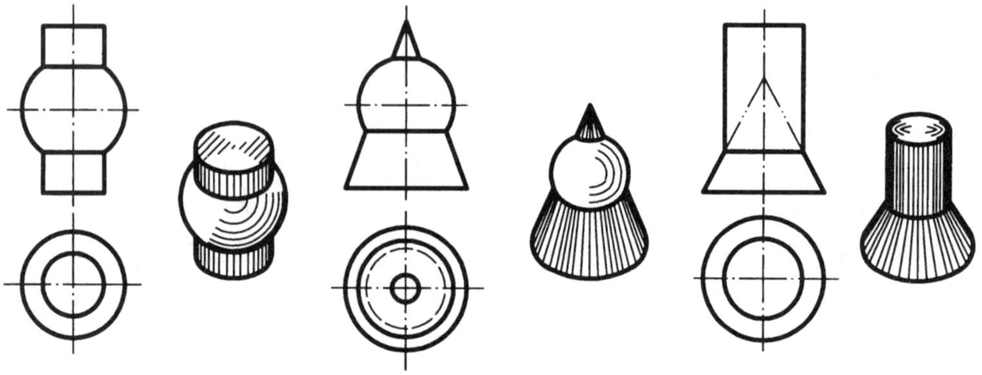

(a) 圆柱与圆球共轴相交　(b) 圆锥与圆球共轴相交　(c) 圆柱与圆锥共轴相交

图 5-23　特殊相贯线——圆

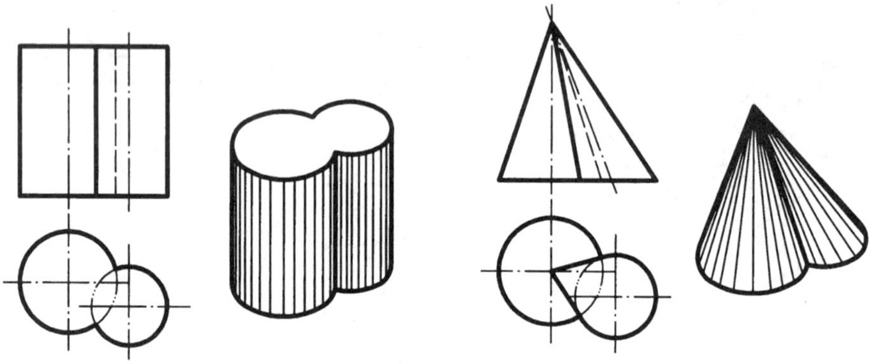

(a) 两圆柱轴线平行相交　(b) 两圆锥共顶相交

图 5-24　特殊相贯线——直线

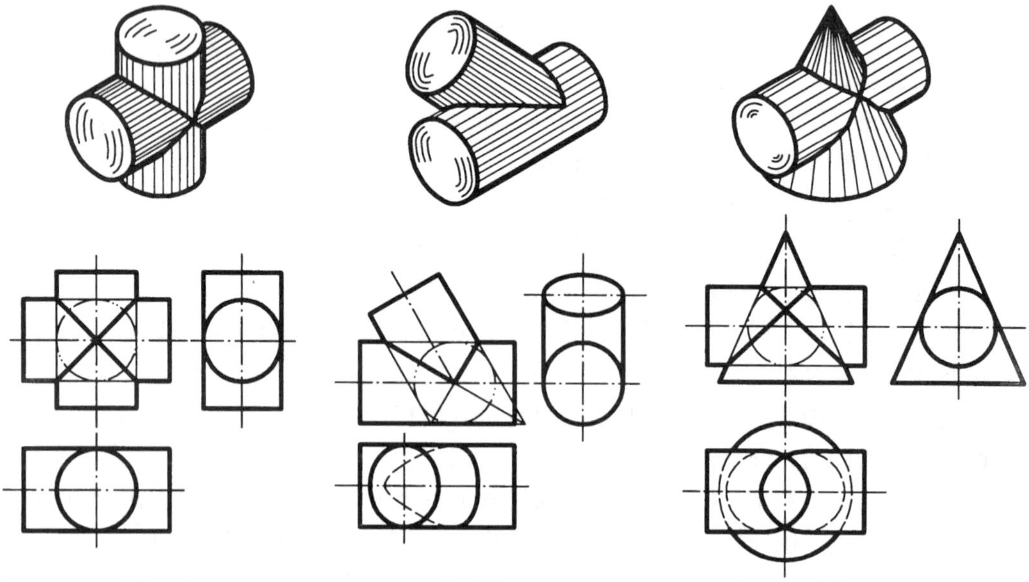

(a)　(b)　(c)

图 5-25　特殊相贯线——平面椭圆

在求作非圆曲线相贯线时，关键是求全特殊点。

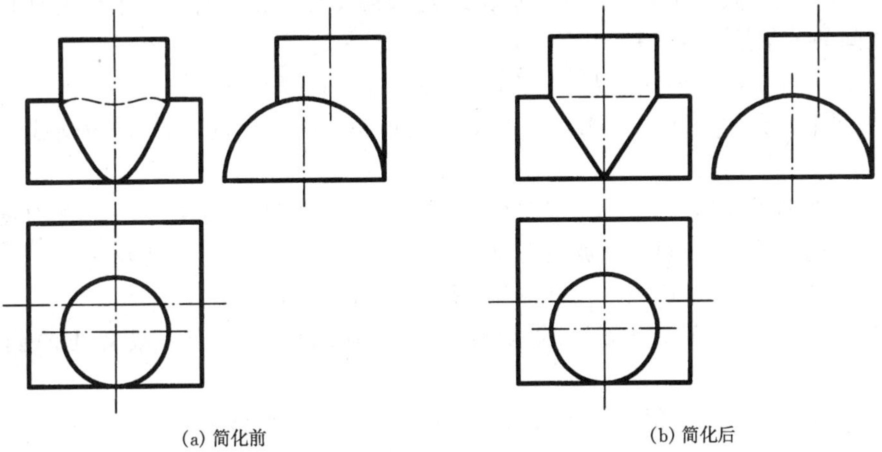

图 5-26 相贯线的简化表示法

在工程图中经常遇到的两个不等直径圆柱正交的相贯线，习惯上常用圆弧代替曲线，其画法如图 5-27 所示。

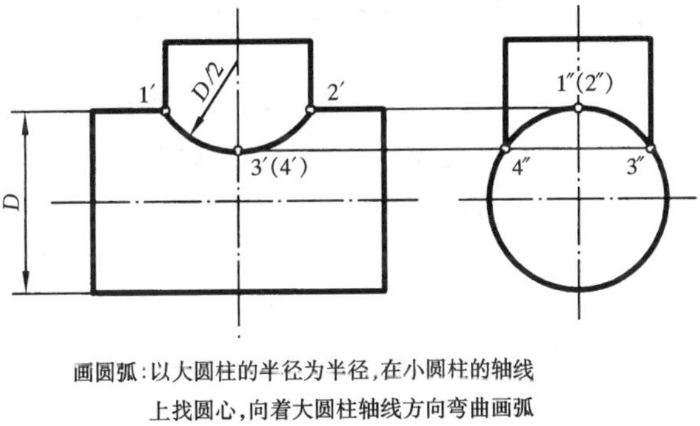

图 5-27 两不等直径圆柱正交相贯线的简化画法

复习思考题（单项选择题）

1. 在体表面取点，首先应（ ）。

   (a) 判定点所在面的位置　　(b) 作出辅助直线

   (c) 作出辅助圆线　　(d) 直接求

2. 不能用积聚性法取点的面是（ ）。

   (a) 圆锥面　(b) 特殊位置平面　(c) 圆柱面　(d) 特殊位置平面和圆柱面

3. 在圆锥面上取点（ ）。

   (a) 都要用辅助圆法求　　(b) 都要用辅助直线法求

   (c) 都必须作辅助线求　　(d) 在轮廓素线上时可直接求

4. 通过锥顶和底平面截切四棱锥，截交线的空间形状为（ ）。

(a) 五边形 (b) 底面类似形 (c) 三角形 (d) 四边形

5. 正圆锥被一截平面截切，要求截交线是抛物线时，截平面与水平线的夹角 α 与锥底角 θ 之间的关系是（ ）。

(a) $\alpha<\theta$ (b) $\alpha=\theta$ (c) $\alpha>\theta$ (d) $\theta=90°$

6. 用两个相交截平面切正圆锥，一个面过锥顶，一个面的 $\theta<\alpha$，截交线空间形状为（ ）。

(a) 双曲线与椭圆 (b) 双曲线与直线 (c) 椭圆与直线 (d) 抛物线与直线

7. 轴线垂直 H 面的圆柱，被正垂面截切柱曲面，截交线的空间形状为（ ）。

(a) 圆 (b) 椭圆 (c) 矩形 (d) 一条直线

8. 与 H 面呈 45°的正垂面，截切轴线为铅垂线的圆柱面，截交线的侧面投影是（ ）。

(a) 圆 (b) 椭圆 (c) 1/2 圆 (d) 抛物线

9. 一个正圆柱与一个正圆锥轴线相交并且公切于一球，相贯线的空间形状为（ ）。

(a) 空间封闭曲线 (b) 两个平面椭圆 (c) 直线 (d) 圆

10. 一个正圆柱与一个圆球共轴相交，相贯线的空间形状为（ ）。

(a) 椭圆 (b) 空间曲线 (c) 圆 (d) 直线

11. 一个正圆柱和一个正圆锥共轴相交，相贯线在轴线所平行的投影面上的投影为（ ）。

(a) 圆 (b) 椭圆 (c) 直线 (d) 双曲线

12. 两个圆锥相交，交线是两条直线，它们的空间位置是（ ）。

(a) 共顶 (b) 轴线垂直不相交 (c) 轴线平行 (d) 轴线交叉

13. 空间曲线的三个投影，在（ ）。

(a) V、H、W 面上皆为曲线 (b) H、V 面上为曲线，W 面上为直线
(c) H、W 面上为曲线，V 面上为直线 (d) 两面为曲线，一面为直线

14. 用 $\beta=45°$的铅垂面，距球心为 1/3 半径处截切圆球，所产生截交线的特殊点有（ ）。

(a) 6 个 (b) 8 个 (c) 10 个 (d) 12 个

15. 如图所示，圆柱被一平面截切所产生截交线的特殊点有（ ）。

(a) 6 个 (b) 5 个 (c) 4 个 (d) 3 个

16. 如图所示，两体相交所产生相贯线的特殊点有（ ）。

(a) 8 个 (b) 4 个 (c) 5 个 (d) 6 个

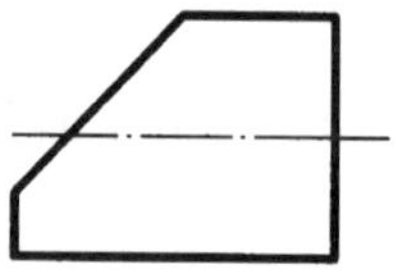

第 15 题图

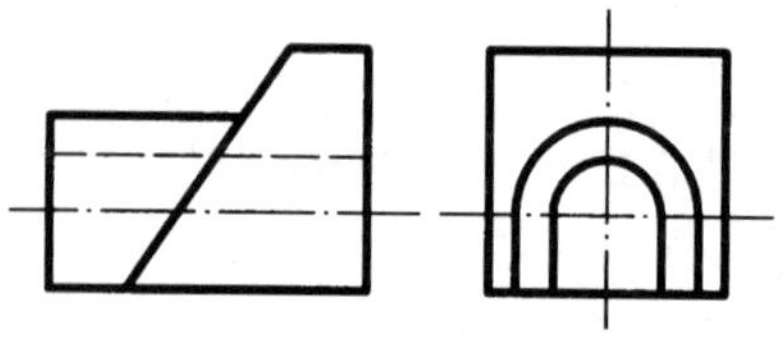

第 16 题图

第六章 轴 测 图

轴测图是一种能同时反映物体长、宽、高三个方向的单面投影图。轴测图具有立体感，可以弥补正投影的不足，是一种帮助读图、构思的辅助图样。

第一节 轴测投影的基本知识

一、轴测图的形成

如图 6－1 所示，将物体连同参考直角坐标系，沿不平行于任一坐标平面的方向，用平行投影法将其投射在单一投影面上所得的具有立体感的图形，称为轴测图。投影面 P 称为轴测投影面，参考直角坐标系（O_1X_1、O_1Y_1、O_1Z_1）在轴测投影面上的投影（OX、OY、OZ）称为轴测轴。

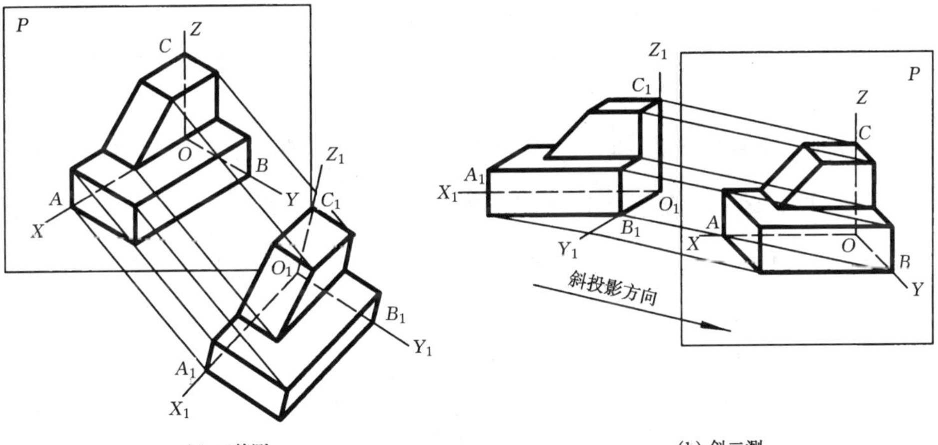

(a) 正等测　　　　(b) 斜二测

图 6－1　轴测图的形成

在轴测图中，相邻两轴测轴间的夹角称为轴间角。轴测轴上的投影长度与原长之比称为轴向伸缩系数，OX、OY、OZ 轴的伸缩系数分别用 p、q、r 表示。有

$$p=\frac{OA}{O_1A_1},\quad q=\frac{OB}{O_1B_1},\quad r=\frac{OC}{O_1C_1}$$

二、轴测图的分类

根据所采用的投影方法，轴测图可分为两类：

(1) 用正投影法所得到的轴测图称为正轴测图，如图 6－1（a）所示。

(2) 用斜投影法所得到的轴测图称为斜轴测图，如图 6－1（b）所示。

在上述两类轴测图中，由于物体相对于轴测投影面的位置及投射方向不同，轴向伸缩系数也不同，所以每类又可分为三种：

（1）$p=q=r$，称为正等轴测图或斜等轴测图，简称为正等测或斜等测。

（2）$p=q\neq r$，或 $p\neq q=r$，或 $p=r\neq q$，称为正二等轴测图或斜二等轴测图，简称正二测或斜二测。

（3）$p\neq q\neq r$，称为正三轴测图或斜三轴测图，简称为正三测或斜三测。

本章介绍常用的正等测和斜二测的画法。

三、轴测图的基本性质

（1）平行性。物体上互相平行的线段，在轴测图中仍然互相平行。物体上平行于坐标轴的线段，在轴测图中平行于相应的轴测轴。

（2）可量性。物体上互相平行的线段，在轴测图中伸缩系数相等。物体上平行于坐标轴的线段，在轴测图中与相应轴的伸缩系数相同。由于轴测图中只有轴测轴的伸缩系数是已知的，所以只有与轴测轴平行的线段，才能按相应轴测轴的轴向伸缩系数量取尺寸。这就是可量性，也是“轴测”二字的含义。

第二节　平面体轴测图的画法

一、平面体正等测的画法

如图 6-2（a）所示，正等测的轴间角$\angle XOY=\angle YOZ=\angle ZOX=120°$。$OZ$ 轴为垂直位置，OX 轴和 OY 轴可用 30°三角板配合丁字尺绘出。轴间角的大小说明轴测图中长、宽、高方向的画法。

正等测的轴向伸缩系数 $p=q=r=0.82$，为了画图简便，常采用简化轴向伸缩系数 $p=q=r=1$ 作图，因而正等测图比实际物体的轴测图放大了$\frac{1}{0.82}$倍，即 1.22 倍，如图 6-2（b）所示。轴向伸缩系数说明了量取长、宽、高尺寸时所采用的比例。

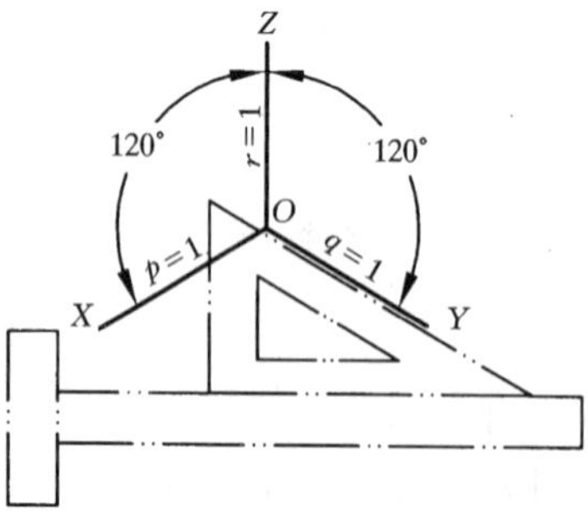

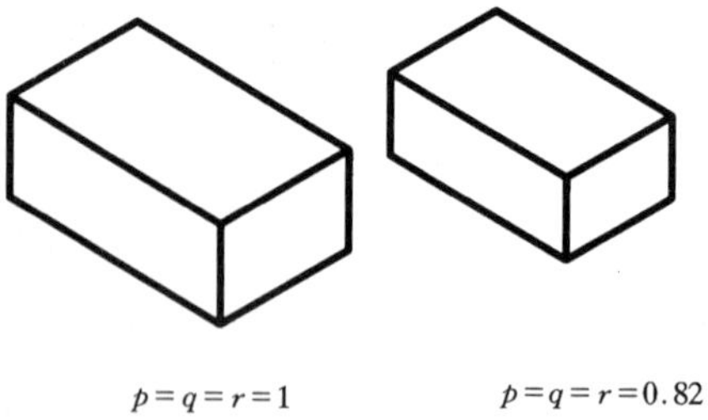

图 6-2　正等测的轴间角和轴向伸缩系数

画轴测图常用的方法有：坐标法、特征面法、叠加法、切割法。其中坐标法是最基本的方法，其他方法都是根据物体的特点对坐标法的灵活运用。画轴测图时，轴测图上不必画出轴测轴，可画出参照轴测轴，然后以测量尺寸方便为原则选定起画点，依据“平行性”、“可量性”画出。

1. 坐标法

利用平行坐标轴的线段量取尺寸，确定物体上各顶点的位置，并依次连接，这种得到物体轴测图的方法称为坐标法。

图 6-3 所示是用坐标法画半四棱台正等测的作图步骤。

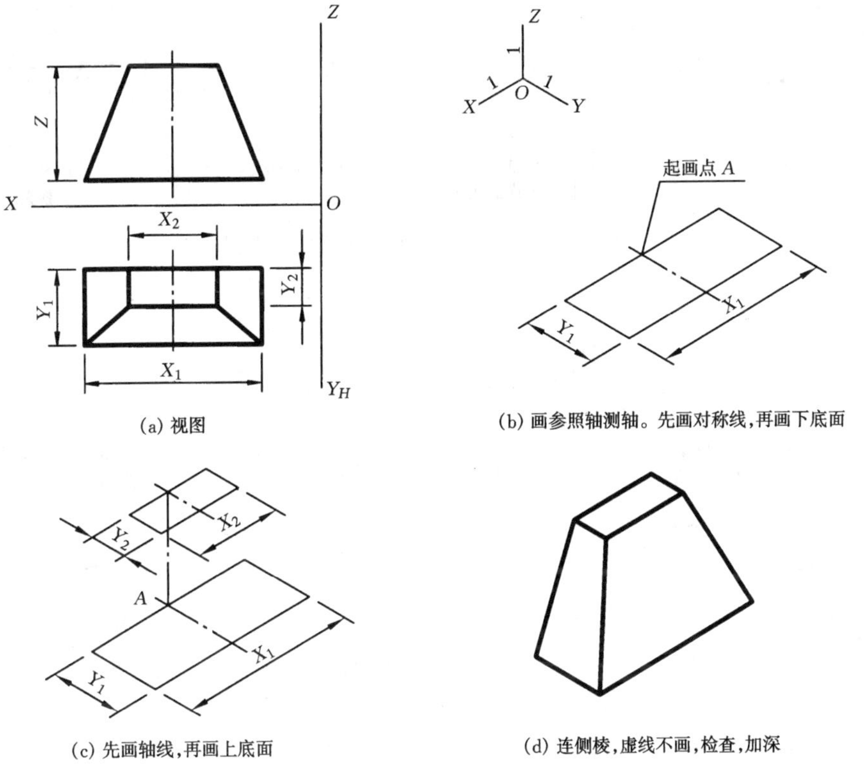

图 6-3 用坐标法画四棱台的正等测

半四棱台可看成由八个顶点连接而成，顶面、底面的各边及轴线分别与 OX、OY、OZ 轴平行。画半四棱台的正等测，可沿这些线段量取尺寸，确定八个顶点，然后依次连接，完成作图。本题选下底面上 A 点为起画点。

2. 特征面法

特征面法适用于画柱类形体的轴测图。先画出能反映柱体形状特征的一个可见底面，再画出可见的侧棱，然后画出另一底面的可见轮廓线，这种得到物体轴测图的方法称为特征面法。

图 6-4 所示是用特征面法画跌水坎正等测的作图步骤。

该形体是直棱柱体，主视图是特征图，底面是正平面。本题选前底面上 A 点为起画点，先画出前底面，再画出可见侧棱，然后画出后底面的可见轮廓，完成作图。

图 6-5 所示是底面为侧平面或水平面的柱类形体正等测的画法。

3. 叠加法

画叠加形体时，从主到次逐个画出各基本体的轴测图，这种完成物体轴测图的方法称

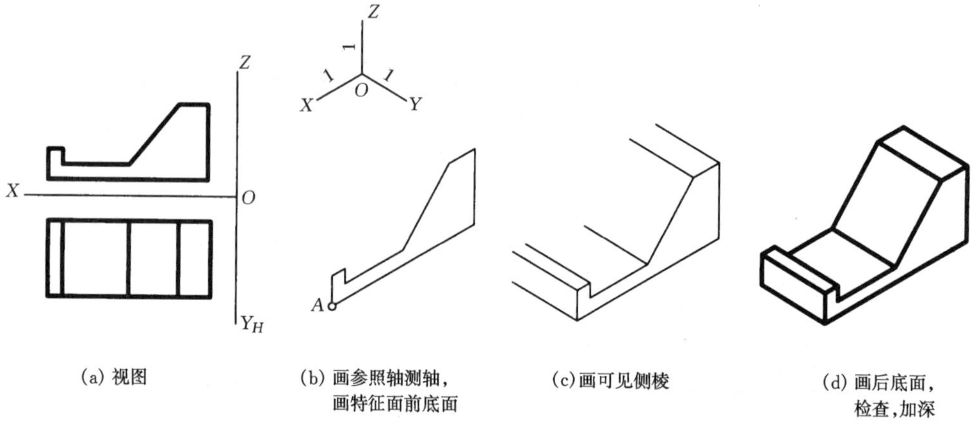

图 6-4　用特征面法画跌水坎的正等测

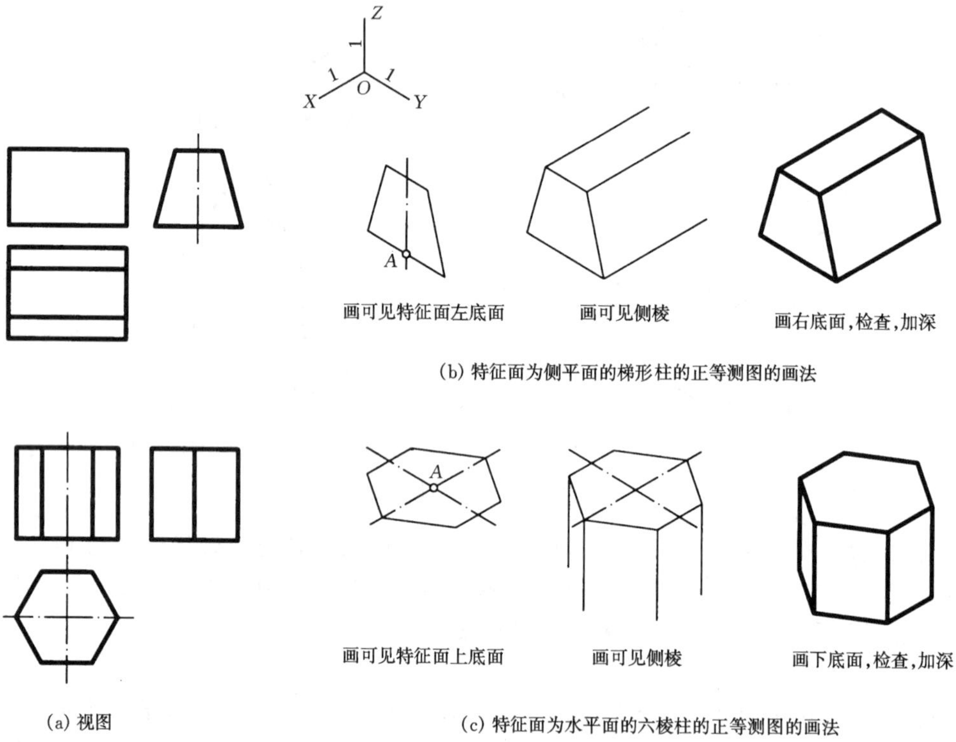

图 6-5　用特征面法画柱类形体正等测的示例

为叠加法。叠加时一定要注意基本体之间的定位。

图 6-6 所示是用叠加法画挡土墙正等测的作图步骤。

挡土墙可看成由一个直十棱柱和两个三棱柱组合而成。应先画主体直十棱柱，再按三棱柱的位置逐一将两个三棱柱画出，完成作图。

4. 切割法

画切割形体时，先画出原体，然后通过在可见面上“移线”，依次切割完成物体轴测

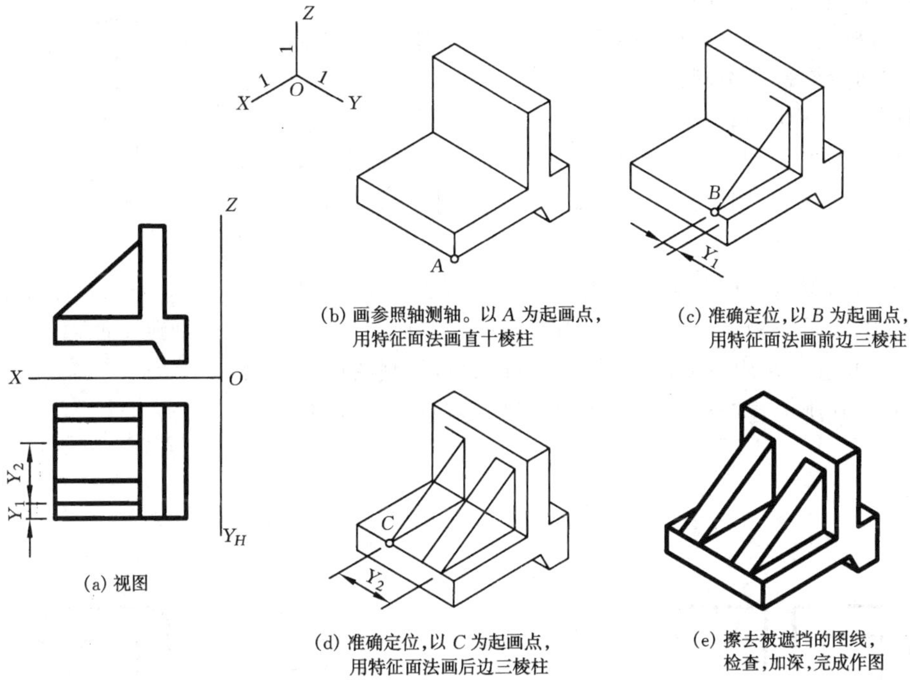

(a) 视图

(b) 画参照轴测轴。以 *A* 为起画点，用特征面法画直十棱柱

(c) 准确定位，以 *B* 为起画点，用特征面法画前边三棱柱

(d) 准确定位，以 *C* 为起画点，用特征面法画后边三棱柱

(e) 擦去被遮挡的图线，检查，加深，完成作图

图 6-6 用叠加法画挡土墙的正等测

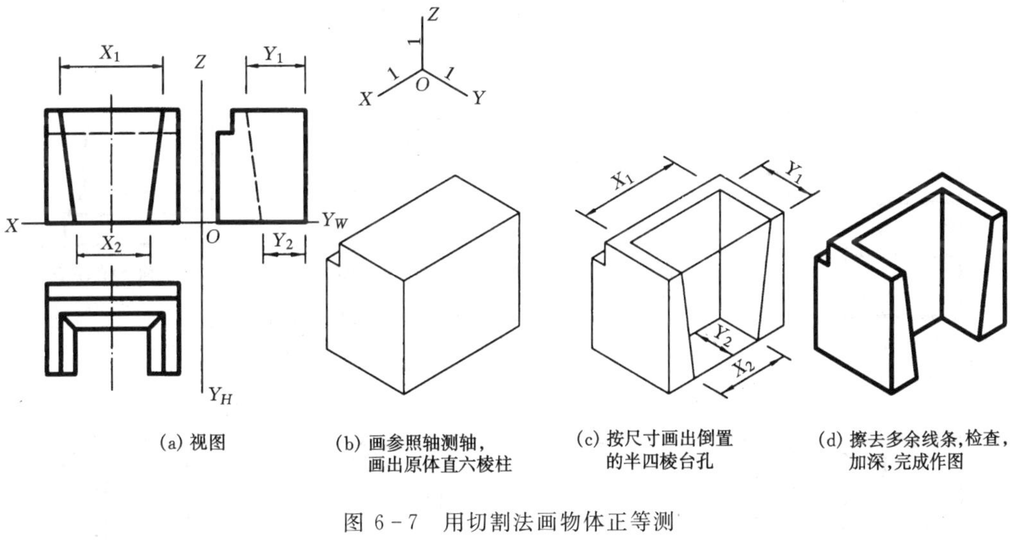

(a) 视图

(b) 画参照轴测轴，画出原体直六棱柱

(c) 按尺寸画出倒置的半四棱台孔

(d) 擦去多余线条，检查，加深，完成作图

图 6-7 用切割法画物体正等测

图的方法称为切割法。切割时一定要注意切割位置的确定。

图 6-7 所示是用切割法画轻型桥台上部正等测的作图步骤。

该物体的原体可看成是直六棱柱，在前面居中上下切出一个倒置的半四棱台孔。应先画出原体直六棱柱，再按孔的位置通过移线画出孔，完成作图。

二、平面体斜二测的画法

斜二测的画法与正等测基本相同，区别仅在于两者轴间角与轴向伸缩系数不同。

如图 6-8 所示，斜二测的轴间角 $\angle XOZ=90°$，$\angle ZOY=\angle XOY=135°$。$OZ$ 轴为垂直位置，OX 轴水平，OY 轴可用 45°三角板配合丁字尺画出。斜二测的轴向伸缩系数 $p=r=1$，$q=0.5$。

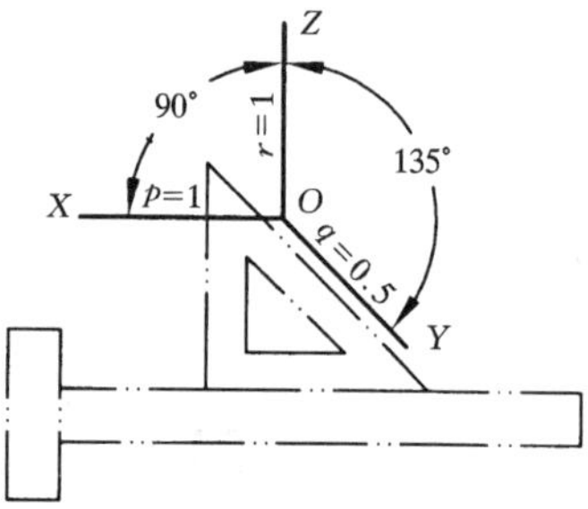

图 6-8 斜二测的轴间角和轴向伸缩系数

因为斜二测的 XOZ 坐标面平行于轴测投影面，所以斜二测的特点是：物体上正平面的斜二测反映实形。

图 6-9 所示是用特征面法画柱类形体的斜二测的作图步骤。

图 6-10 所示是用叠加法画挡土墙斜二测的作图步骤。

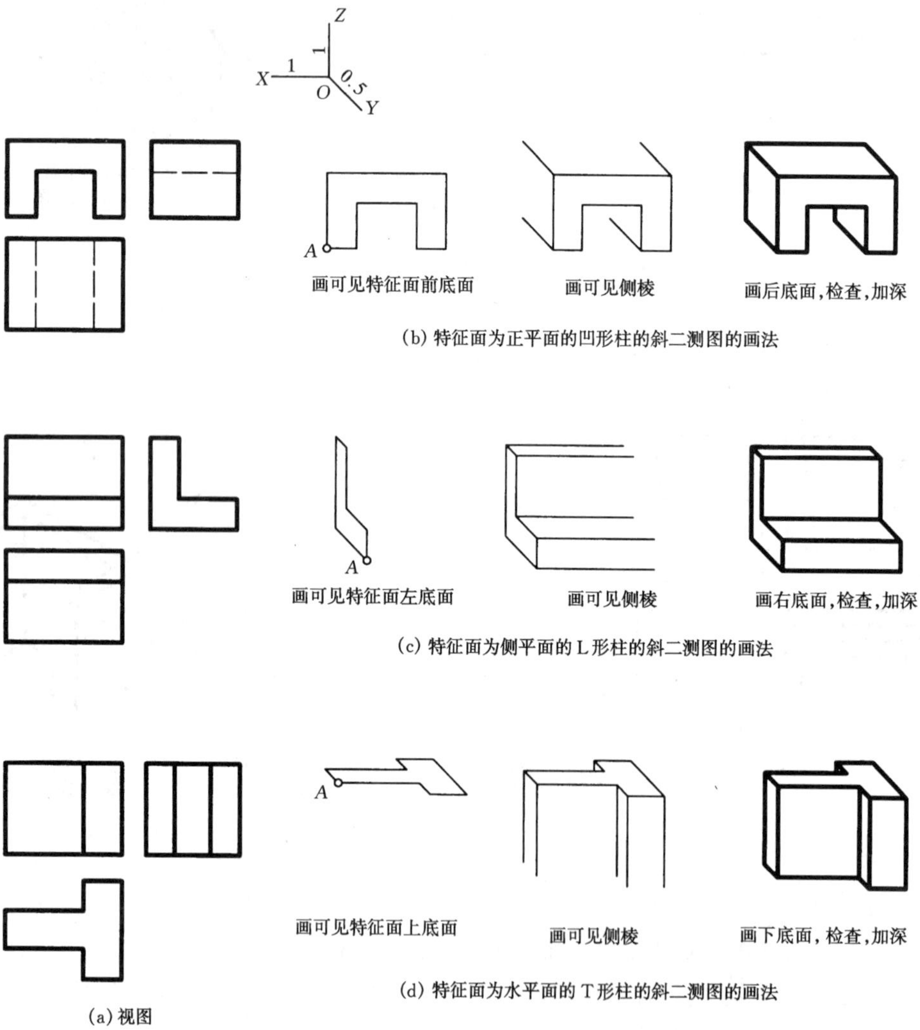

图 6-9 用特征面法画柱类形体斜二测的示例

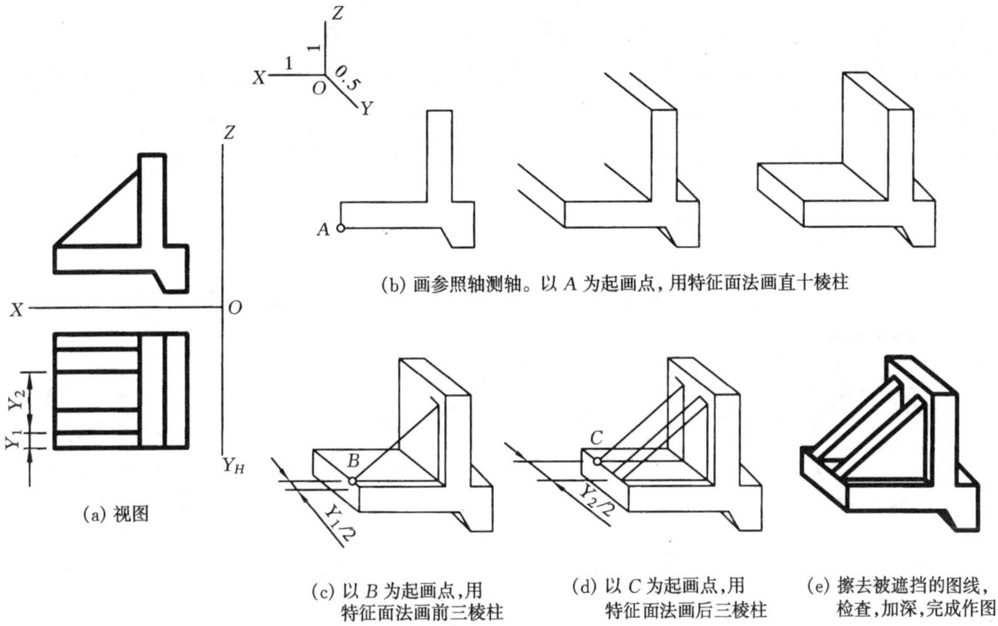

图 6-10　用叠加法画挡土墙的斜二测

第三节　曲面体轴测图的画法

曲面体轴测图的画法与平面体相同，画曲面体轴测图的关键是掌握物体上圆的画法。

一、曲面体正等测的画法

1. 平行坐标面的圆的正等测的画法

由于各坐标面都倾斜于轴测投影面，所以平行于各坐标面的圆的正等测都是椭圆。

由图 6-11 可以看出：

(1) 圆的中心线的正等测平行于相应坐标面上的两根坐标轴。

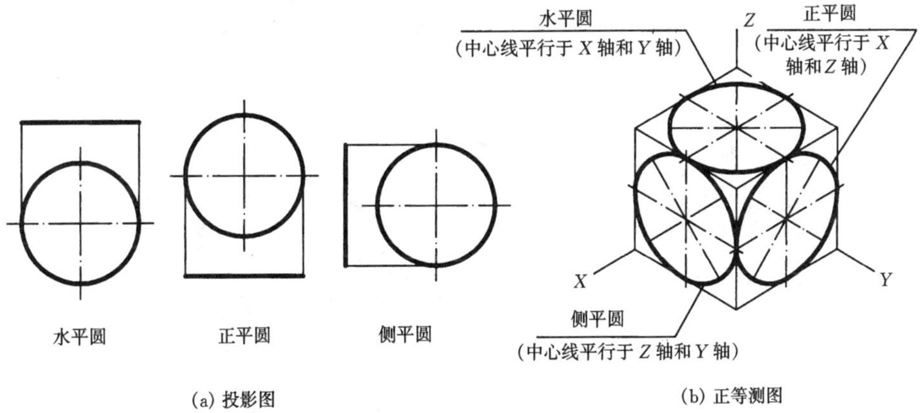

图 6-11　平行坐标面的圆的正等测

(2) 椭圆的长轴方向垂直于不在这个坐标面上的那根坐标轴。如水平圆的正等测，其中心线的正等测平行于 OX、OY 轴，长轴方向垂直于 OZ 轴。

画平行于坐标面的圆的正等测一般采用菱形法。菱形法是用四段圆弧近似画出椭圆，仅适用于正等测。其画法如图 6-12 所示，以圆的中心为起画点，先画中心线，然后根据圆的半径定出一对共轭直径的端点 A、B、C、D，过此四个点画圆的外切正方形的正等

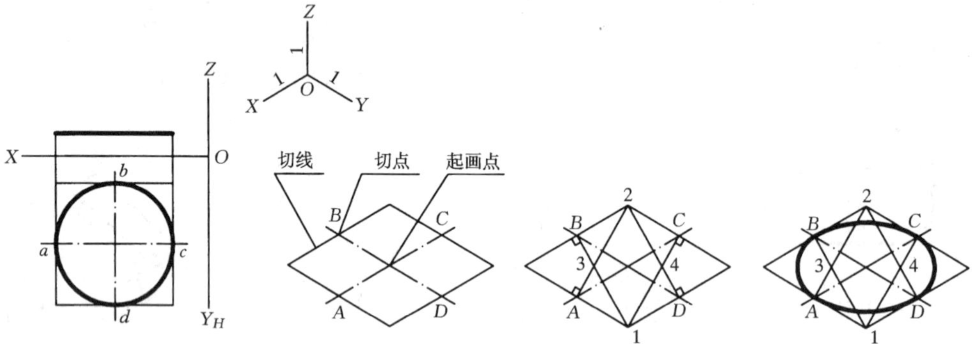

(a) 视图　(b) 画圆的外切正方形　(c) 求四段圆弧的圆心　(d) 画出四段圆弧

图 6-12　水平圆正等测的画图步骤

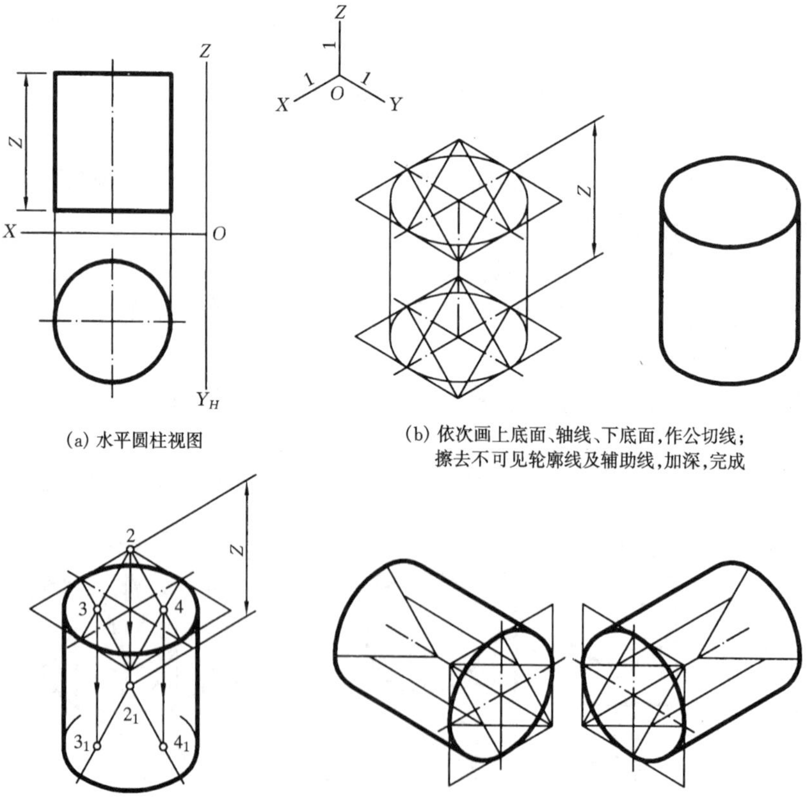

(a) 水平圆柱视图

(b) 依次画上底面、轴线、下底面，作公切线；擦去不可见轮廓线及辅助线，加深，完成

(c) 用移心法画下底面

(d) 用移心法画侧平圆柱和正平圆柱

图 6-13　圆柱正等测的画法步骤

测菱形，A、B、C、D 为椭圆与菱形各边的切点，如图 6－12（b）所示。过切点作菱形各边的垂线得四个交点 1、2、3、4，即为四段圆弧的圆心，如图 6－12（c）所示。分别以 1、2 为圆心，$1B$ 为半径，画 BC、AD 圆弧，再分别以 3、4 为圆心，$3A$ 为半径画 AB、CD 圆弧，完成作图。如图 6－12（d）所示。

2. 底面平行坐标面的曲面体正等测的画法

常用的曲面体是圆柱、圆台（锥），它们的正等测图是画出两底面圆，再作出两底面公切线表示柱面或锥面。

图 6－13 所示是底面平行坐标面的圆柱正等测的画图步骤。为了减少作图线，画圆柱下底面三段可见的圆弧时，可以从上底面的各圆弧的圆心（2、3、4）沿轴线方向量取圆柱两底面间距，直接得到下底面三段圆弧的圆心，然后用相应的半径画出下底面三段圆弧，这种作图方法称为移心法，如图 6－13（c）所示。

图 6－13（d）所示是底面为侧平圆的圆柱和底面为正平圆的圆柱的正等测，画法与上相同。

3. 应用举例

【例 6－1】 画出图 6－14（a）所示桥墩的正等测。

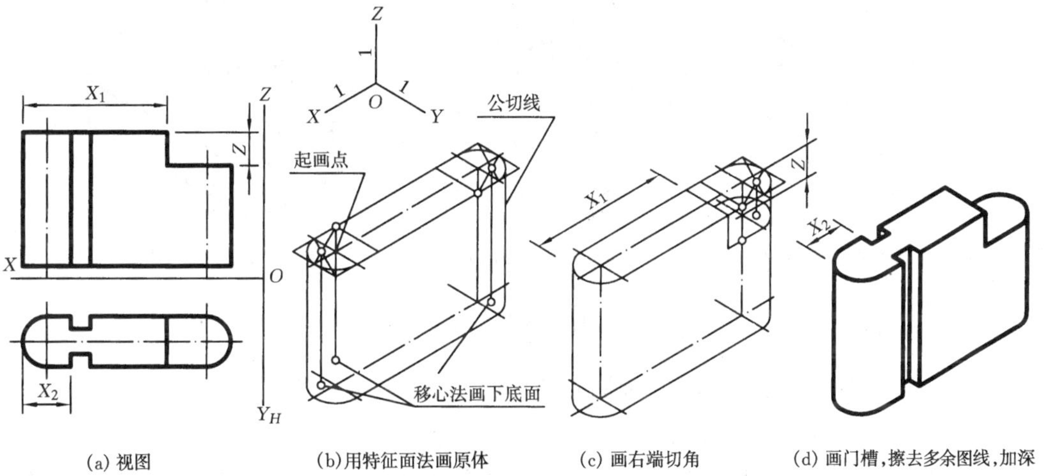

图 6－14 桥墩正等测的画图步骤

分析

桥墩是一个切割形体，原体是上下底面为水平面的组合柱，右端切角，左端前后各切出一个长方体形门槽。用切割法画桥墩正等测，起画点宜选在组合柱上底面圆的圆心处。作图步骤如图 6－14（b）～（d）所示。

【例 6－2】 画出图 6－15（a）所示物体的正等测。

分析

该物体是一个综合类组合体，由底板和直立板两部分组成，底板上倒了两个圆角，直立板上挖了一个圆通孔，画该物体的正等测应综合运用上述方法。作图步骤如图 6－15（b）～（e）所示。其中，圆角的画法为：①由半径 R 定上底面圆角的切点；②过切点作

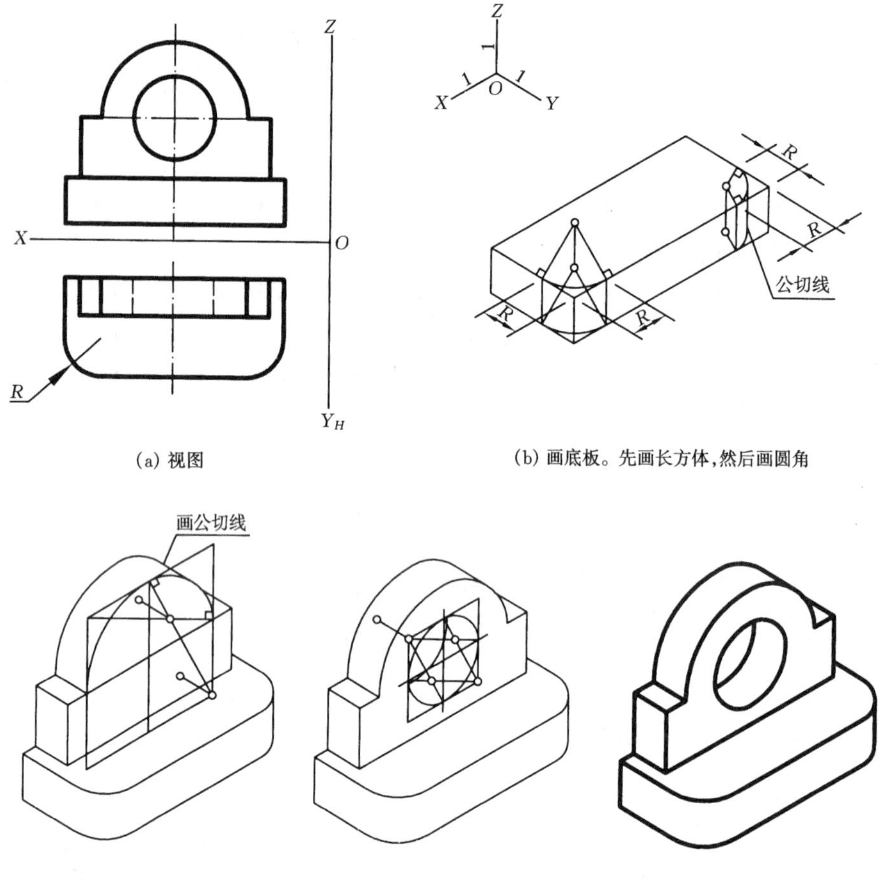

(a) 视图　(b) 画底板。先画长方体，然后画圆角

(c) 准确定位画直立板　(d) 画直立板上圆孔　(e) 检查，加深，完成作图

图 6-15　曲面体正等测的画法示例

垂线定圆心；③采用移心法定下底面圆心及切点；④画圆弧；⑤画公切线。

作图时应注意以下两点：

（1）画底板的圆角时，应在作圆角的边上量取圆角半径 R 得切点，过切点作边线的垂线，然后以两垂线的交点为圆心，以圆心到切点的距离为半径画弧，即为圆角正等测图。可用移心法画底面圆角。

（2）直立板圆孔后壁的圆是否可见，取决于孔径与板厚之间的关系。若直立板厚小于椭圆短轴，则后面的圆可见，反之为不可见。

二、曲面体斜二测的画法

1. 平行坐标面的圆的斜二测的画法

由于斜二测的 XOZ 坐标面平行于轴测投影面，所以正平圆的斜二测反映实形，可直接画出。水平圆及侧平圆的斜二测为椭圆，需运用坐标法画出。方法是：先在视图上画出一组平行于坐标轴的辅助线，然后作出这些辅助线与圆周交点的轴测图，再光滑连成椭圆，如图 6-16 所示。

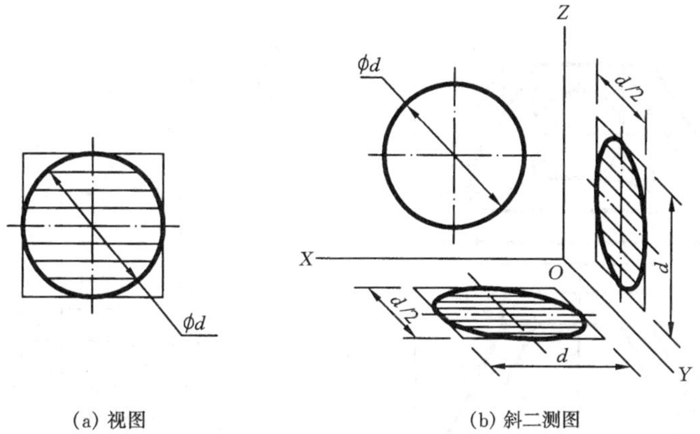

图 6-16　平行坐标面的圆的斜二测的画法

2. 应用举例

【例 6-3】　画出图 6-17（a）所示小桥的斜二测。

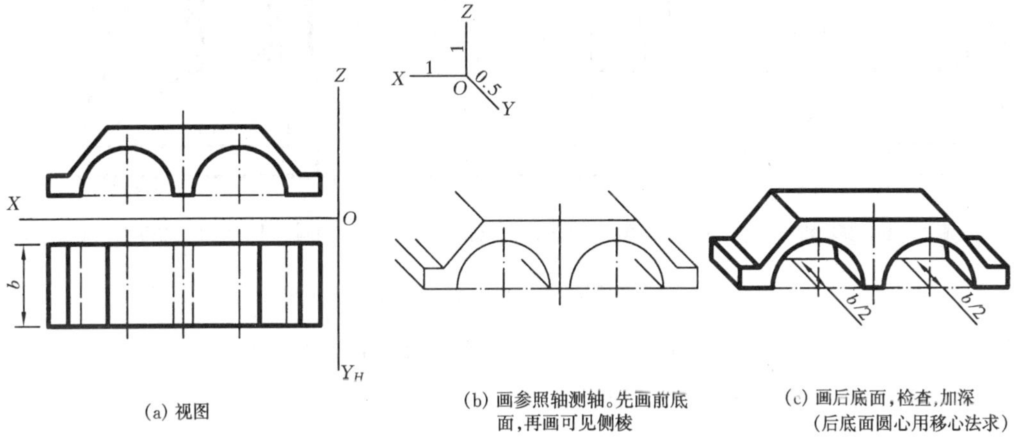

图 6-17　小桥斜二测的画法步骤

分析

小桥可看成是一个前后底面为正平面的组合柱，应先画出前底面的实形，再画出可见侧棱，然后画出后底面的可见轮廓线。作图步骤如图 6-17（b）、（c）所示。

【例 6-4】　画出图 6-18（a）所示八字翼墙出水口的斜二测。

分析

该物体可看成是一个叠加式组合体，由底板、八字翼墙和带孔的胸墙三部分组成，因为底板和翼墙同宽，并且前后底面均为正平面，所以底板和翼墙两部分的斜二测可一起画。

作图步骤如图 6-18（b）～（e）所示。

画斜二测时应注意：

（1）Y 轴的轴向伸缩系数为 0.5，因此宽度方向尺寸要缩短一半。

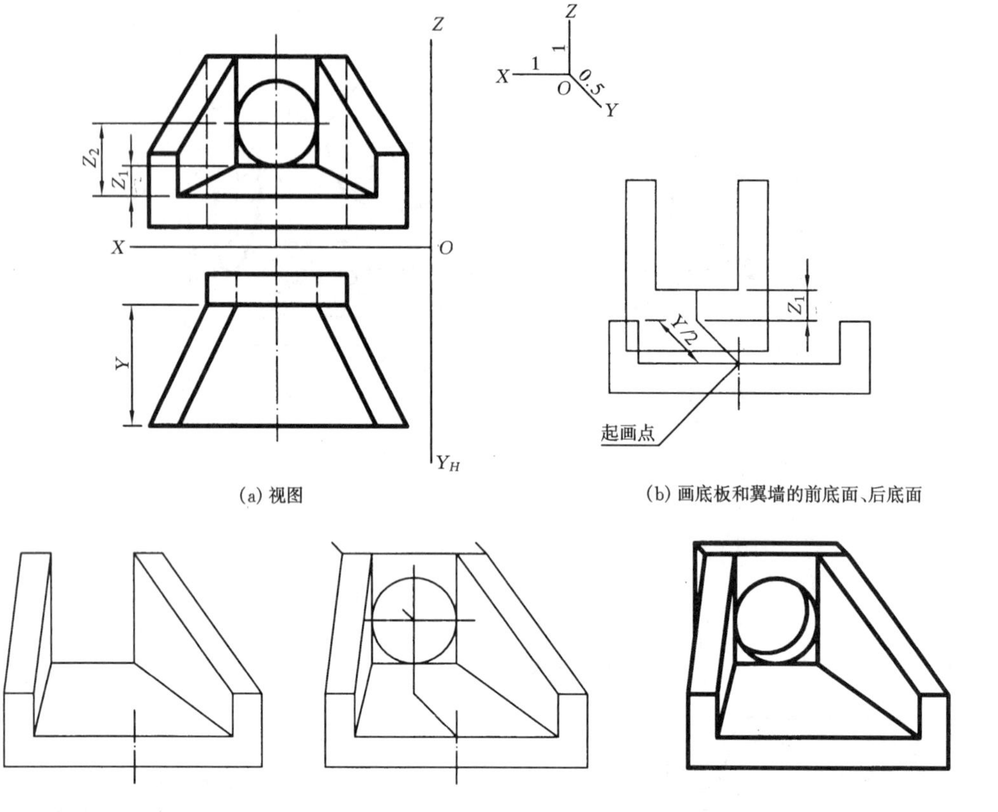

(a) 视图　(b) 画底板和翼墙的前底面、后底面

(c) 画侧棱，擦去多余图线　(d) 先画胸墙前面，再画侧棱(孔移心)　(e) 画胸墙后面，擦去多余图线，加深，完成

图 6-18　八字翼墙出水口斜二测的画法步骤

(2) 平行于 *XOZ* 坐标面的各平面形状，一般应从前向后依次完成。

(3) 同一圆柱后底面的圆心沿轴线方向用移心法求出比较简便。

第四节　轴测图的选择

不同的轴测图或同一种轴测图，选择的投影方向不同，所画出的轴测图的表达效果也不同。选择轴测图时，一般从以下两个方面来考虑。

1. 作图简便

当物体单一坐标面上具有圆或圆弧及其他复杂形状时，选择斜二测作图比较简便；当物体多个坐标面上有圆或圆弧时，选择正等测作图比较简便。

2. 直观性好

如图 6-19 所示的工作桥，如改变 *OY* 轴的方向，将得到形状、大小完全相同但表达效果不同的轴测图，因为工作桥底部形状复杂，显然图 (b) 比图 (a) 的直观性好。要使轴测图直观性好就应按物体特征选择投影方向，如图 6-20 中列出了四种从不同方向画出的物体的正等测，可按主观表达意愿和物体的特征进行选择。

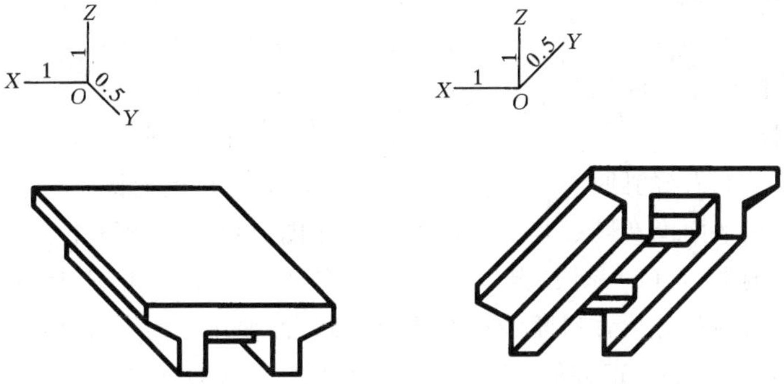

(a) (b)

图 6-19 *OY* 轴方向不同的工作桥斜二测

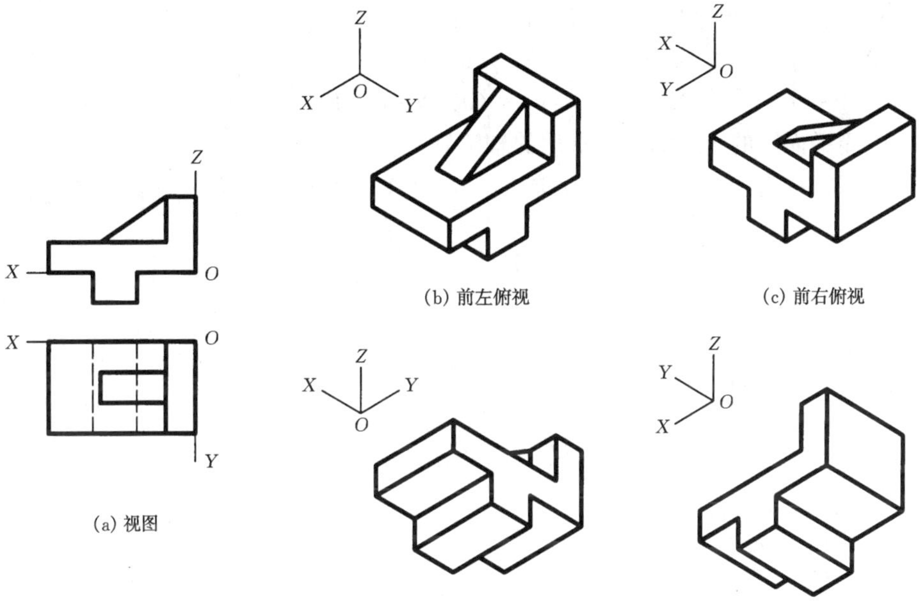

(a) 视图 (b) 前左俯视 (c) 前右俯视 (d) 前左仰视 (e) 前右仰视

图 6-20 投影方向的选择

复习思考题（单项选择题）

1. 获得斜轴测图的投影方法是（ ）。
   (a) 中心投影法 (b) 正投影法 (c) 斜投影法 (d) 平行投影法
2. 获得正轴测图的投影方法是（ ）。
   (a) 中心投影法 (b) 正投影法 (c) 斜投影法 (d) 平行投影法
3. 斜二测图的轴间角是（ ）。
   (a) 都是90° (b) 都是120° (c) 90°，135°，135° (d) 90°，90°，135°
4. 斜二测图的轴向伸缩系数是（ ）。

(a) $p=q=r=1$ (b) $p=q=r=0.82$

(c) $p=r=1$，$q=0.5$ (d) $p=q=1$，$r=0.5$

5. 正平面上圆的斜二测图是（　　）。

(a) 椭圆 (b) 与视图相同的圆

(c) 放大 1.22 倍的圆 (d) 放大 1.22 倍的椭圆

6. 形体只在正平面上有圆、半圆、圆角时，作图简单的轴测图是（　　）。

(a) 正等测 (b) 斜二测 (c) 正二测 (d) 前三者一样

7. 平行于正面的正方形，对角线平行于 X 轴、Z 轴，它的正等测图是（　　）。

(a) 菱形 (b) 正方形 (c) 多边形 (d) 长方形

8. 轴测图具有的基本特性是（　　）。

(a) 平行性，可量性 (b) 平行性，收缩性

(c) 可量性，积聚性 (d) 可量性，收缩性

9. 画正等测图一般采用的轴向伸缩系数是（　　）。

(a) $p=q=r=0.82$ (b) $p=q=r=1$

(c) $p=q=r=1.22$ (d) $p=q=1$，$r=0.5$

10. 画侧平面圆的正等测图应选用的轴测轴是（　　）。

(a) X、Y 轴 (b) X、Z 轴 (c) Y、Z 轴 (d) 任意两轴

第七章　组　合　体

形状复杂的立体可以看成是由较多的基本体或简单体按一定方式组合而成，称为组合体。本章阐述组合体的画法、尺寸注法和读图方法。

第一节　组合体的形体分析

一、形体分析法的概念

形体分析法是以基本体或简单体为单元，将组合体先分解后综合的一种分析方法。

图 7－1（a）所示是渡槽槽墩（包括底板、墩身和支墩）。渡槽槽墩由下至上可以看成是由四棱柱、四棱台、组合柱和八直棱柱四部分叠加而成，如图 7－1（b）所示。

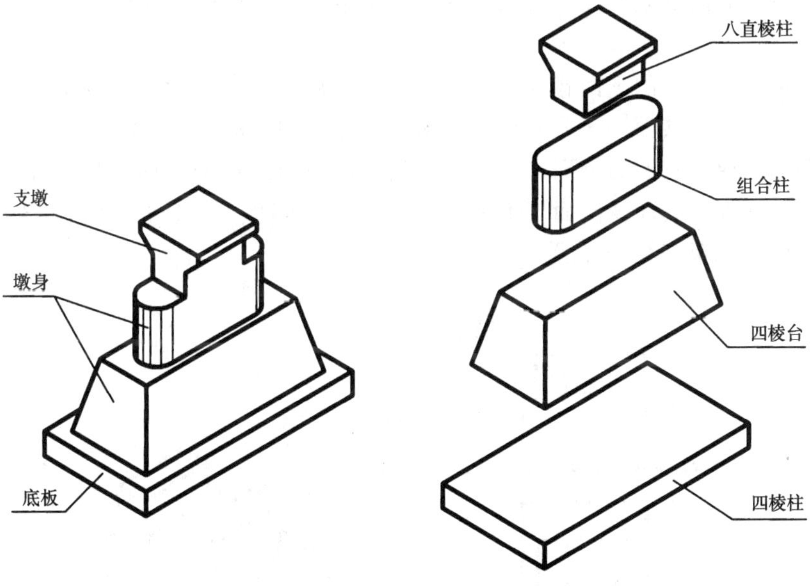

(a)渡槽槽墩　　(b)渡槽槽墩分解

图 7－1　形体分析示例一

图 7－2 所示是岸墙，岸墙可以看成是由基本体切割而成的，原体为四棱柱，在前上中部切去一个半四棱台，在前下中部切去一个四棱柱。

在组合体画图、读图和标注尺寸的过程中，一般都是运用形体分析法假想把组合体分解成若干基本体或简单体，弄清它们之间的相对位置、组合形式及表面连接关系。

形体分析法是画图、看图和标注尺寸的常用方法。

二、组合体的组合形式

运用形体分析法对组合体进行分析，通常将组合体的组合形式分为以下三种：

(1) 叠加式。由若干个基本体或简单体叠加而成的组合体称为叠加式组合体，简称叠加体。

(2) 切割式。由基本体切割而成的组合体称为切割式组合体，简称切割体。

(3) 综合式。既有叠加又有切割的组合体称为综合式组合体，简称综合体。

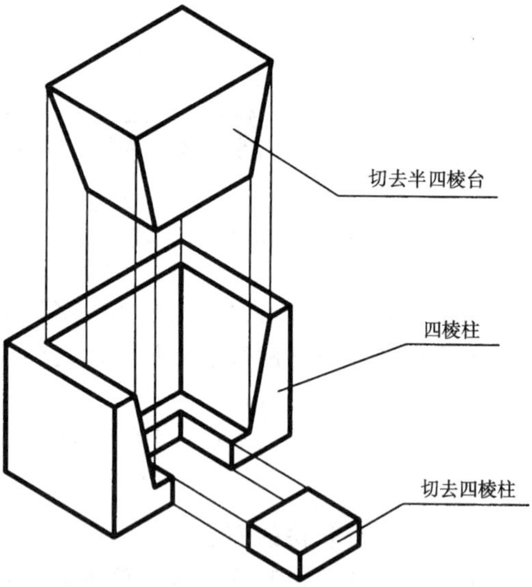

图 7-2　形体分析示例二

三、组合体各部分间的表面连接关系及连接处的画法

组合体各部分间的表面连接关系可分为：相贴、相切和相交三种情况。

1. 相贴

相贴是指两部分间的平面相互接触。两部分相贴时，非相贴表面不平齐（即不共面）有分界线，平齐（即共面）无分界线。如图 7-3 所示物体，可以看成是由凹形柱与梯形柱两部分叠加而成，它们的表面连接关系是相贴，即凹形柱的底面与梯形柱的顶面相贴，两部分的前面平齐，后面及左面均不平齐，因此在主视图相贴处应画出虚线分界线，在左视图相贴处应画出粗实线分界线。

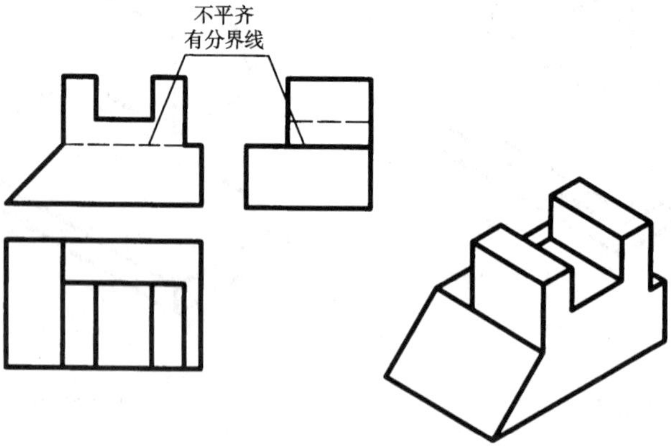

图 7-3　组合体两部分表面相贴

2. 相切

相切是指两部分间平面与曲面或曲面与曲面光滑过渡。平面与曲面、曲面与曲面相切时，在相切处不存在交线，但应特别注意切点在视图中的位置。如图 7-4 所示物体，可

以看成是由圆筒与圆头组合柱两部分叠加而成，表面连接关系是相切，即组合柱的前平面与圆筒的圆柱面相切，在相切处形成了光滑过渡，相切处无交线，因此在主视图和左视图中相切处不应画线。但应注意两个切点在主视图和左视图中的位置。

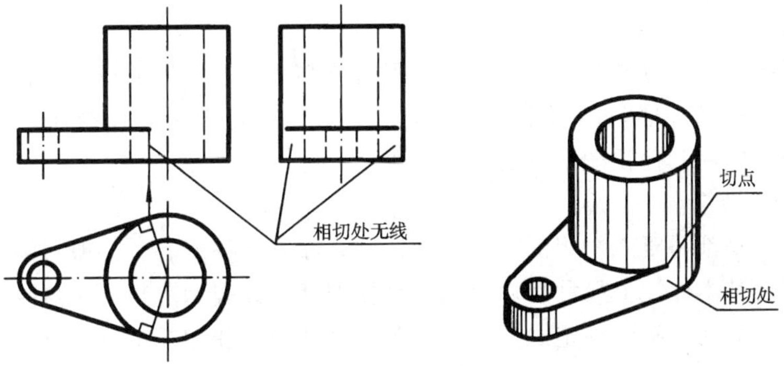

图 7-4 组合体两部分表面相切

3. 相交

相交是指两部分间的表面彼此相交。两部分相交时，相交处形成相贯线，应画出，如图 7-5 所示。

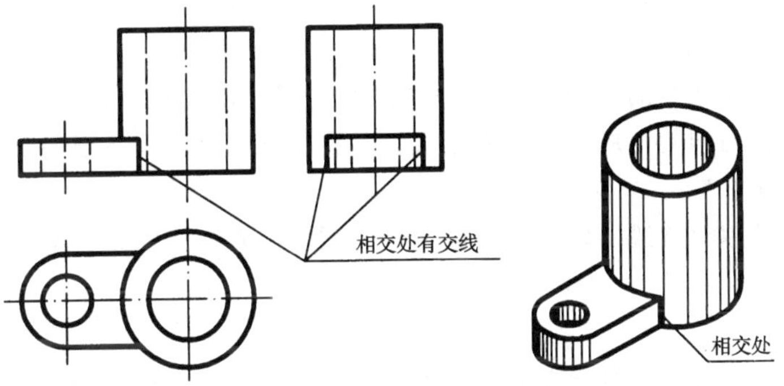

图 7-5 组合体两部分表面相交

第二节 组合体视图的画法

画组合体视图，一般按照形体分析、视图选择、画图三步进行。

一、形体分析

画三视图之前，应对组合体进行形体分析。首先分析所要表达的组合体是属于哪一种（切割、叠加、综合）组合形式，有几部分组成；然后分析各部分之间的表面连接关系，从而对所要表达组合体的形体特点有个总的概念，为画图做好准备。

二、视图选择

视图选择的原则是：用尽量少的视图把物体完整、清晰地表达出来。

视图选择包括确定物体的放置位置、选择主视图的投影方向及确定视图数量。

1. 确定物体的放置位置

物体一般按正常的工作位置放置。

有些物体按制造加工时的位置放置，如预制桩等一类的杆状物体按加工位置平放。

2. 选择主视图的投影方向

选择主视图的投影方向时，应使主视图尽可能多的反映物体的形状特征及各组成部分的相对位置。考虑到合理利用图纸，应使它的长方向平行于正立投影面；考虑到图形清晰、看图方便，应使其他视图呈现的虚线最少。

3. 确定视图数量

基本体并不是都需要三个视图才能表达清楚，在有特征图时，一般只需两个视图就能表达清楚，有的基本体注上尺寸后，只需一个视图就可以表达清楚。表达一个组合体究竟需要几个视图，应在主视图确定之后，考虑各部分的形状和相互位置还有哪些没有表达清楚，还需要几个视图来补充表达才能确定。

三、画图

1. 选定比例、确定图幅

视图选择后，应根据组合体的大小和复杂程度，根据三视图所占的面积，考虑标注尺寸的地方，按标准规定选择适当的比例和图幅。选择原则为：图中的图线疏密适当，表达清楚。

2. 布置视图的位置

布置视图就是在适当的位置画出各视图的基准线，使各视图的位置在图纸上确定下来。布图应使各视图均匀布局，不偏向某边；各视图之间要留有适当的空间，以便于标注尺寸。

基准线一般选用对称线、较大的平面或较大圆的中心线、轴线，基准线是画图和量取尺寸的起始线。

3. 画底稿

用形体分析法一部分一部分地画，画图时应注意每部分三视图间都必须符合投影规律，注意各部分之间表面连接处的画法。

4. 检查、加深

底稿图画完后，应对照立体检查各图是否有缺少或多余的图线，改正错处，然后加深全图。

【例 7－1】 画出图 7－6（a）所示轴承座的视图。

分析

①形体分析。轴承座是综合式组合体，可以分解为如图 7－6（b）所示的底板、肋板、支承板、圆筒和凸台（小圆筒）五部分。支承板的左右两侧面和圆筒外表面相切，相切处无线；肋板与圆筒外圆柱面相交，相交处有交线；圆筒与凸台相交，产生内、外相贯线；其他各部分间表面连接关系均是相贴，应注意平齐时不画线。

②视图选择。轴承座按照工作位置放置，底面放水平。图 7－6（a）中箭头所指投影方向能较多地反映轴承座的形状特征及相对位置，选该方向为主视图的投影方向。圆筒、

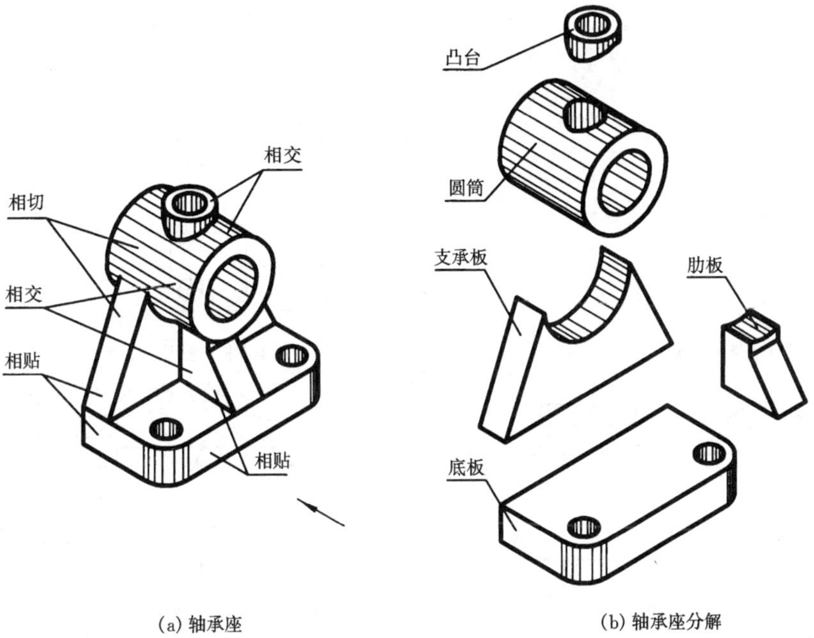

图 7-6 轴承座形体分析

支承板和肋板需要用主视图和左视图两个视图表达，而凸台和底板则需要用主视图和俯视图两个视图表达，因此，轴承座需要用主视图、俯视图、左视图三个视图来表达。

作图

①选定比例，确定图幅，布置视图，画出各图基准线，如图 7-7（a）所示。

②画底稿。先画主要部分底板和圆筒，然后依次画出支承板、肋板、凸台的三视图，具体作图步骤如图 7-7（b）～（e）所示。

③检查、加深，如图 7-7（f）所示。

画组合体视图一般采用以上所述的形体分析法，即一部分一部分地画，但有时会遇到物体的部分结构与基本形体相差较大，用形体分析法难以画出。画这样物体的视图可在形体分析法的基础上辅以线面分析法，即对较难画的部分，一个面一个面地画。下面举例分析。

【例 7-2】 画出图 7-8（a）所示八字翼墙进水口的视图。

分析

①形体分析。八字翼墙进水口是叠加型组合体，可分为底板、直墙和八字翼墙（对称两边为一部分）三部分，各部分之间表面连接关系均是相贴，如图 7-8（b）所示。底板是被切两刀的梯形柱体，胸墙是带孔的长方体，它们均可由基本体三视图图形特征直接画出，但八字翼墙的形状与基本体相差较大，这部分应采用线面分析法，一个面一个面地画。

②视图选择。进水口按工作位置放置，底板是基础，应在下边平放。主视图投影方向选择垂直水流方向（与专业图一致）。底板只需用主视图和俯视图就能表达清楚，但要充分、完整地表达八字翼墙，需用主、俯、左三个视图，因此，该进水口需要用主视图、俯视图和左视图三个视图来表达。

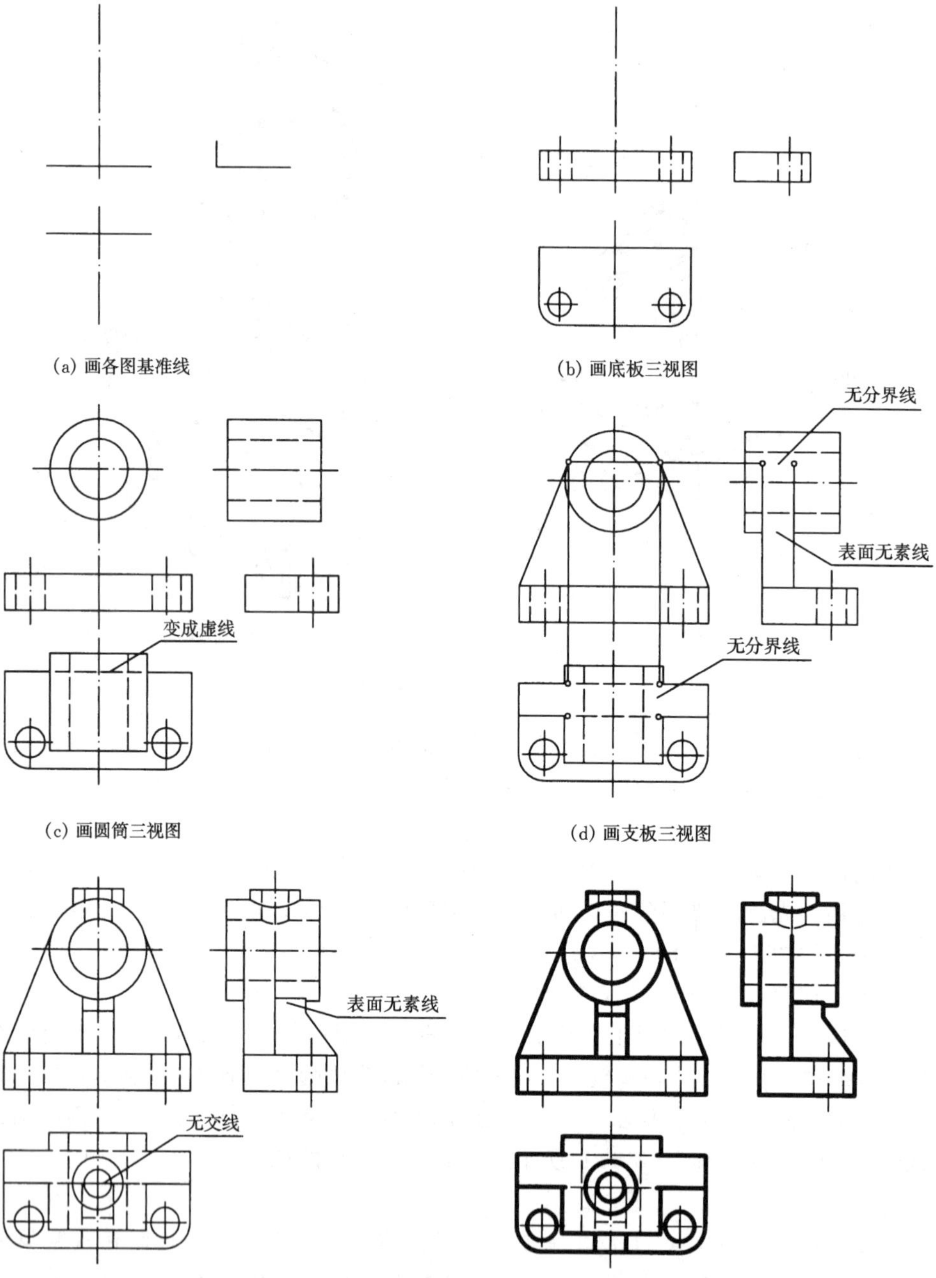

(a) 画各图基准线 (b) 画底板三视图

(c) 画圆筒三视图 (d) 画支板三视图

(e) 画肋板和凸台三视图 (f) 检查并加深全图

图 7-7 轴承座视图的画图步骤

作图

①选定比例，确定图幅，合理布置视图，画出各图基准线。

②画底稿。画底稿时，应先画底板三视图，再画直墙三视图，如图 7-9（a）～（c）所示。

③画八字翼墙三视图，最后检查、加深，如图 7-9（d）所示。

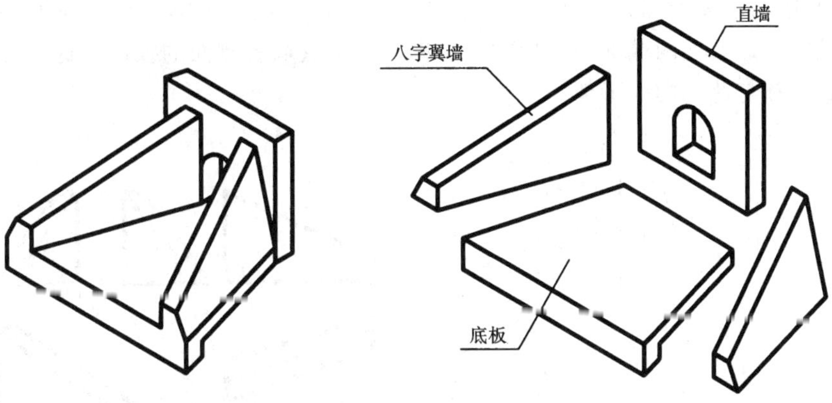

(a) 八字翼墙进水口　　(b) 八字翼墙进水口分解

图 7-8 八字翼墙进水口形体分析

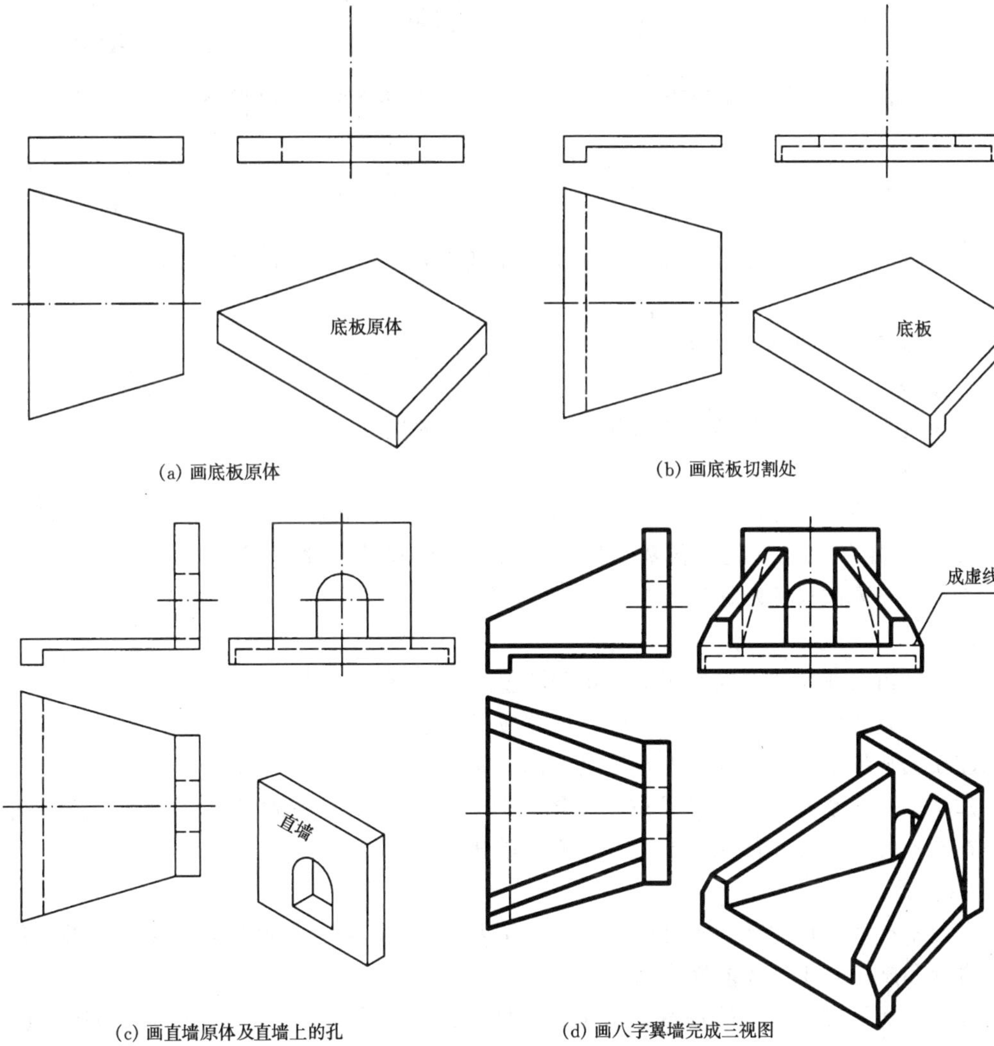

(c) 画直墙原体及直墙上的孔　　(d) 画八字翼墙完成三视图

图 7-9 八字翼墙进水口视图的画图步骤

图 7-9 中八字翼墙部分的具体画法如图 7-10 所示，采用端面法，即先画八字翼墙两端面的投影，然后连两端面各对应顶点，即得八字翼墙各侧面的投影。这种方法适用于各类八字翼墙和与此类同的形体。

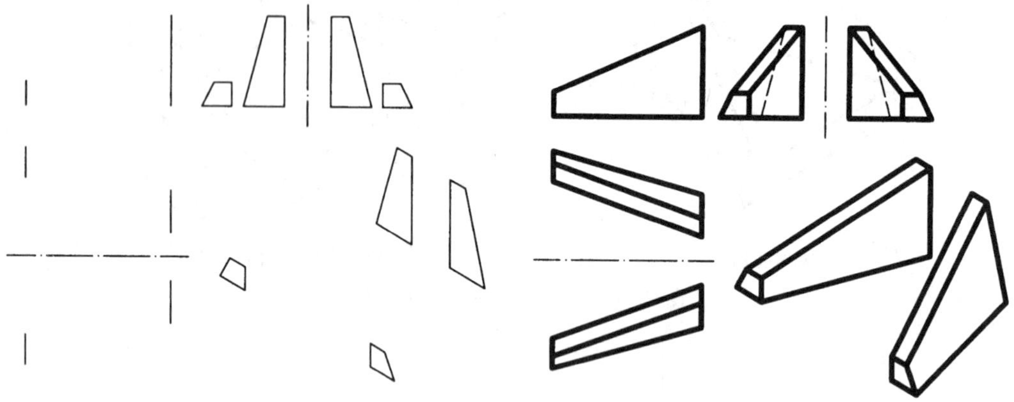

(a) 画八字翼墙两端面　　(b) 连各侧棱，完成八字翼墙三视图

图 7-10　八字翼墙的画法

第三节　组合体的尺寸标注

一、标注尺寸的基本要求

1. 正确

正确是指尺寸标注要符合国家和行业制图标准的规定。

2. 完整

完整是指所注尺寸能够完全确定物体的形状和大小，即定形尺寸（确定各基本形体大小的尺寸）、定位尺寸（确定各基本形体之间相对位置的尺寸）、总体尺寸（确定物体总长、总宽、总高的尺寸）标注齐全。

3. 清晰

清晰是指所注尺寸位置要明显，排列要整齐，要便于读图。

(1) 位置要明显。表示同一部分的尺寸应尽量集中在一个或两个视图上标注，并且尽量标注在反映形状特征的视图上，尽量不标注在虚线上。

(2) 排列要整齐。尺寸尽量放在视图之外，与两视图有关的尺寸最好注在两视图之间；在同一方向的尺寸排在一条线上，不要错开。

4. 合理

合理是指所注尺寸既能满足设计要求，又方便施工。要符合设计施工要求，需具备一定的设计和施工知识后才能逐步做到。

综上所述，标注尺寸的基本要求是：正确、完整、清晰、合理。“正确、清晰”已在前面章节作了介绍，“合理”本书只作以上原则性介绍，本节重点阐述如何将组合体的尺寸标注“完整”的问题。

二、基本体的尺寸标注

基本体的尺寸应按照基本体的形状特点进行标注。如图 7－11 是几种常见基本体的尺寸标注。

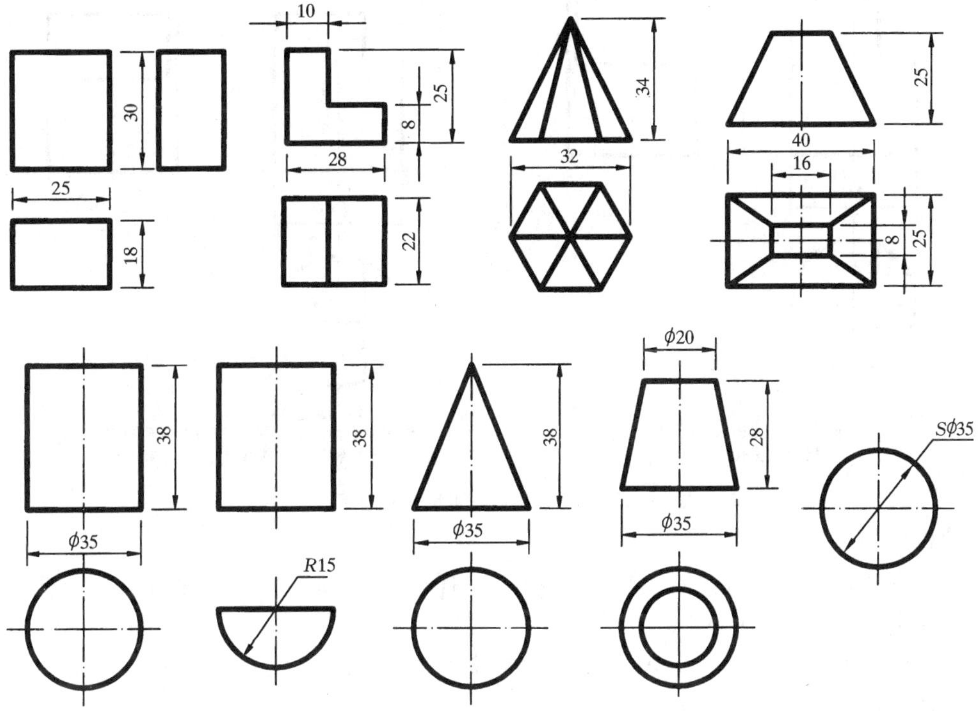

图 7－11　基本体的尺寸标注

1. 基本体需要标注的尺寸

（1）柱体、台体需要标注的尺寸是底面形状尺寸和两底面之间的距离。

（2）锥体需要标注的尺寸是底面形状尺寸和底面与锥尖之间的距离。

（3）圆球体只需标注球面直径。

2. 基本体尺寸标注需要注意的问题

基本体上同一处的尺寸在视图上只能标注一次。如圆柱底面尺寸“φ35”标注在主视图上，俯视图圆上就不能再标注。

平面体确定底面形状的尺寸一般标注在反映底面实形的特征图上；曲面体的底面直径标注在非圆视图上比较清楚，半径标注在圆视图上比较清楚。

三、切割式组合体的尺寸标注

标注组合体的尺寸，首先要进行形体分析。标注切割式组合体尺寸，应分析该切割体原体是什么形体，如何进行切割，然后再依次进行尺寸标注。

1. 切割体需要标注的尺寸

原体的定形尺寸和截平面的定位尺寸。

2. 切割体尺寸标注需要注意的问题

截断面的形状不标注尺寸。因为确定了截平面的位置后，截交线自然形成。

【例 7-3】 标注图 7-12 所示组合体的尺寸。

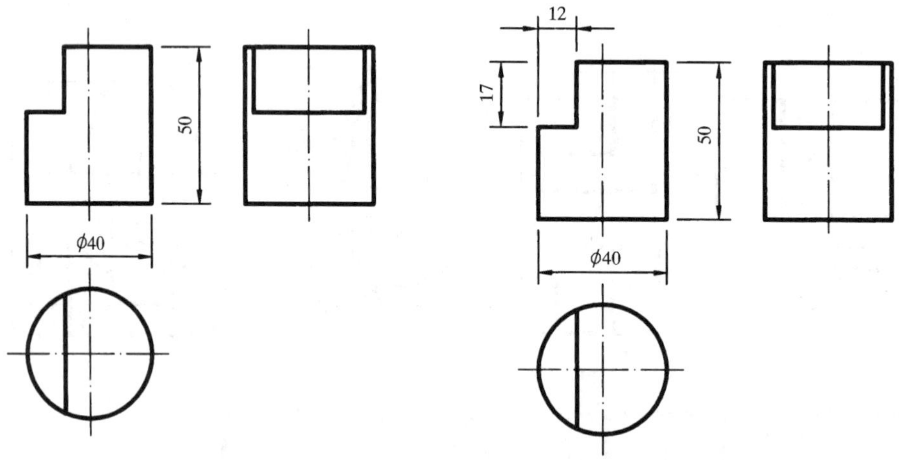

(a) 先标注原体尺寸,并应集中标注在主视图上

(b) 标注截平面的定位尺寸 17、12,并应标注在反映缺口特征的主视图上，完成标注

图 7-12 切割式组合体尺寸标注示例一

分析

该组合体是切割式组合体，原体是圆柱，用两个截平面（一个水平面，一个侧平面）在圆柱左上角切一个缺口。

应先标注原体尺寸ϕ40、50，原体圆柱需标注两个尺寸，再标注截平面定位尺寸 17、12，具体标注如图 7-12 所示。

该组合体由上述四个尺寸即完全确定了它的大小，注意截交线的形状（如左视图中矩形及俯视图中小半圆形）不能再标注尺寸，可由主视图按投影规律画出。

【例 7-4】 标注如图 7-13 所示组合体的尺寸。

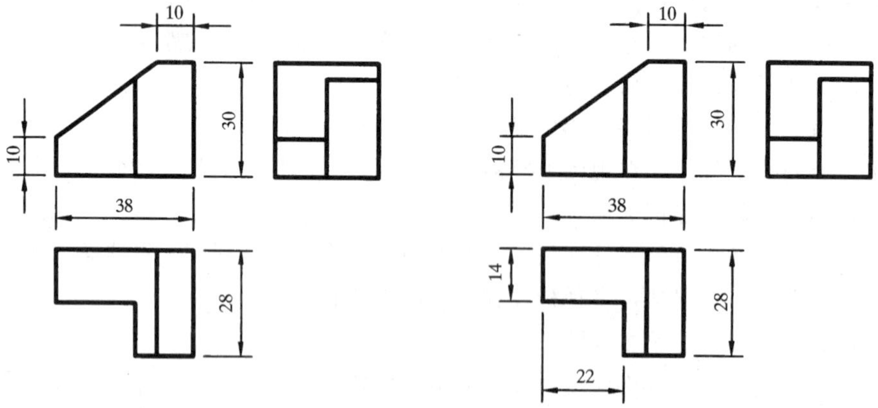

(a) 先标注原体尺寸,并应集中标注在主、俯视图上

(b) 标注截平面的定位尺寸 14、22,并应标注在反映缺口特征的俯视图上，完成标注

图 7-13 切割式组合体尺寸标注示例二

分析

该组合体是切割体，原体是直五棱柱，用两个截平面（一个正平面，一个侧平面）在直五棱柱左前处切角。

应先标注原体尺寸 38、10、10、30、28，再标注截平面定位尺寸 14、22，具体标注如图 7 - 13 所示。

该组合体由上述七个尺寸即可完全确定大小，注意主视图和左视图中截交线形状不能再标注尺寸。

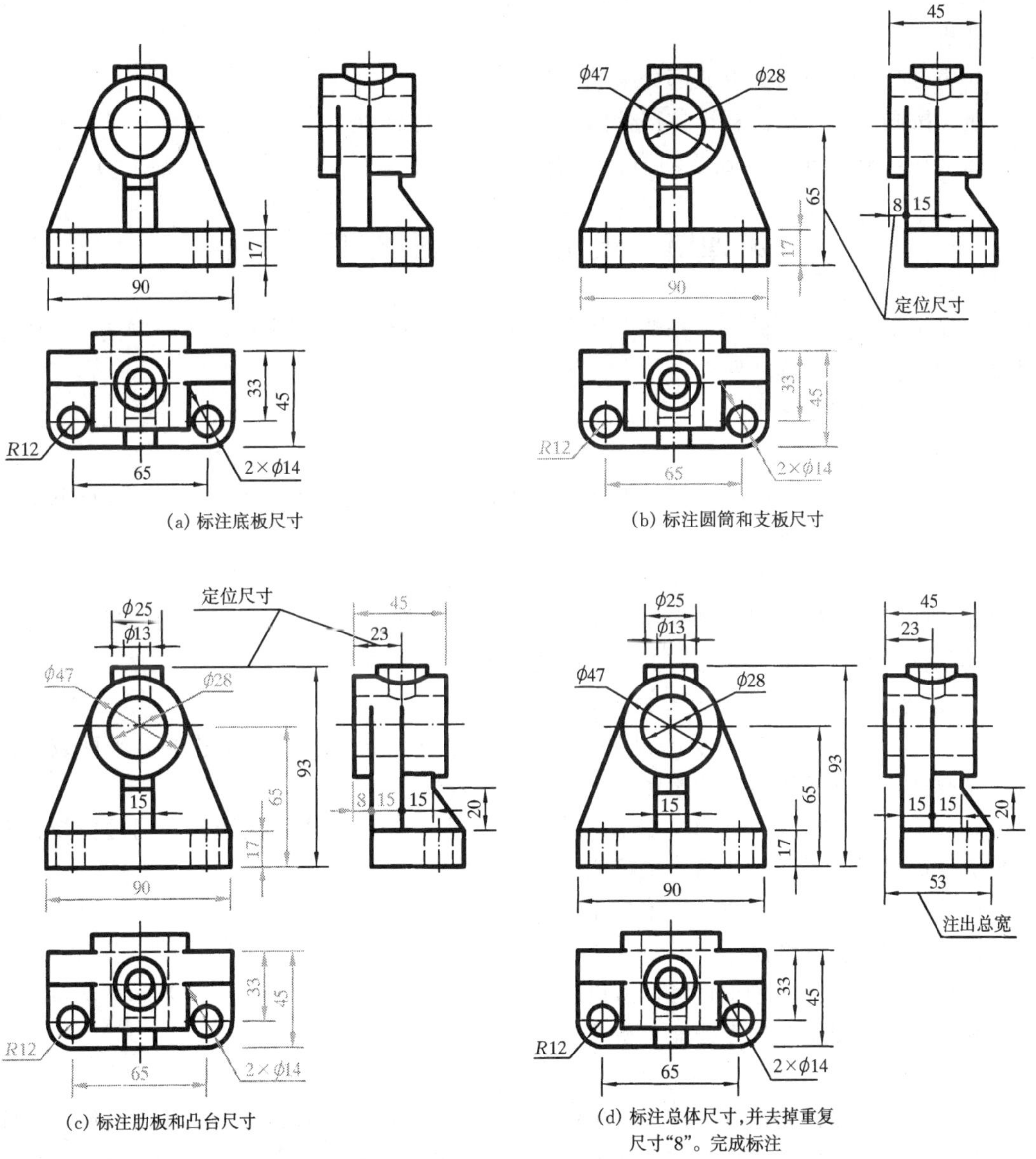

(a) 标注底板尺寸

(b) 标注圆筒和支板尺寸

(c) 标注肋板和凸台尺寸

(d) 标注总体尺寸，并去掉重复尺寸“8”。完成标注

图 7 - 14　轴承座的尺寸标注

四、叠加式（综合式）组合体的尺寸标注

标注叠加式（综合式）组合体的尺寸，应先进行形体分析。分析该叠加体有几部分组成，各部分间的叠加方式及相对位置。

1. 叠加（综合）体需要标注的尺寸

各部分的定形尺寸、各部分间的定位尺寸及组合体的总体尺寸。

2. 叠加（综合）体尺寸标注需要注意的问题

相贯线形状不标注尺寸。因为确定了两相交部分形状及相对位置后，相贯线自然形成。

【例 7-5】 标注如图 7-14 所示轴承座的尺寸。

分析

前边已分析了该物体由五部分组成。

应先按画图顺序依次标出各部分的定形尺寸和定位尺寸，然后标注总体尺寸，总长和总高已标注，只需再标注总宽 53 即可，但应去掉重复尺寸“8”，如图 7-14 所示。

第四节 组合体视图的识读

为能正确迅速地读懂图，一要有扎实的读图基础知识，二要掌握读图的方法，三要通过典型题反复进行读图实践。

一、读图的基础知识

1. 掌握读图的准则

由于一个视图不能确定物体的形状，因此看图时应以主视图为中心，将各视图联系起来看，这是读图的准则。

2. 熟记读图的依据

三视图间的投影规律及基本体三视图的图形特征和各种位置直线、平面的投影特征是读图的依据，只有熟练地掌握它们，才能读懂各类物体的视图。

3. 弄清图中线和线框所代表的含义

(1) 如图 7-15 (a) 所示，视图中的图线可表示：面与面交线的投影；平面或柱面的积聚投影；曲面轮廓素线的投影。

(2) 如图 7-15 (b) 所示，视图中封闭的线框可表示：体的投影；孔洞的投影；面的投影。面可能是平面、曲面，也可能是平曲组合。

两线框如有公共线，两个面不是相交就是错开。

二、读图的基本方法

读图是画图的反向思维过程，所以读图的方法与画图相同，即读图的基本方法也是形体分析法，遇难点部分辅以线面分析法。

1. 形体分析法

形体分析法读图是以基本体或简单体为读图单元，将组合体视图分解为若干简单的线框，然后判断各线框所表达的基本体或简单体的形状，再根据各部分的相对位置综合想象出整体形状。简单地说，形体分析法读图就是一部分一部分地看（具体读图步骤已在本书

第二章作了介绍)。

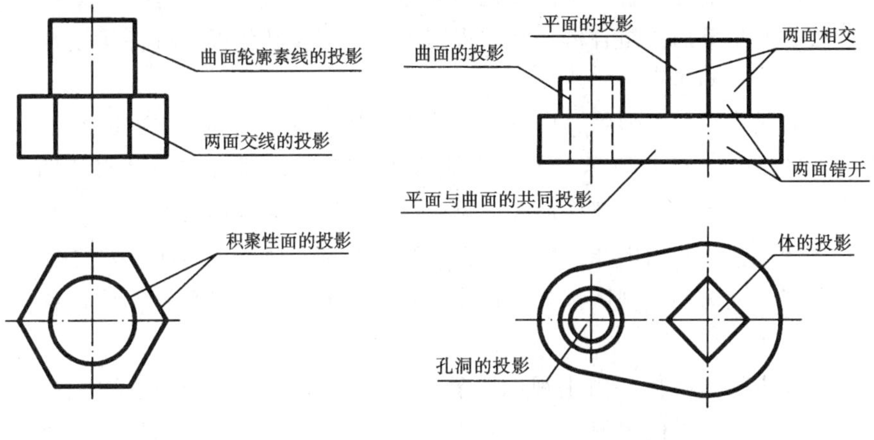

(a) 线的含义

(b) 线框的含义

图 7-15 视图中线和线框的含义

【例 7-6】 根据图 7-16(a)所示涵洞面墙的三视图,想象空间形状。

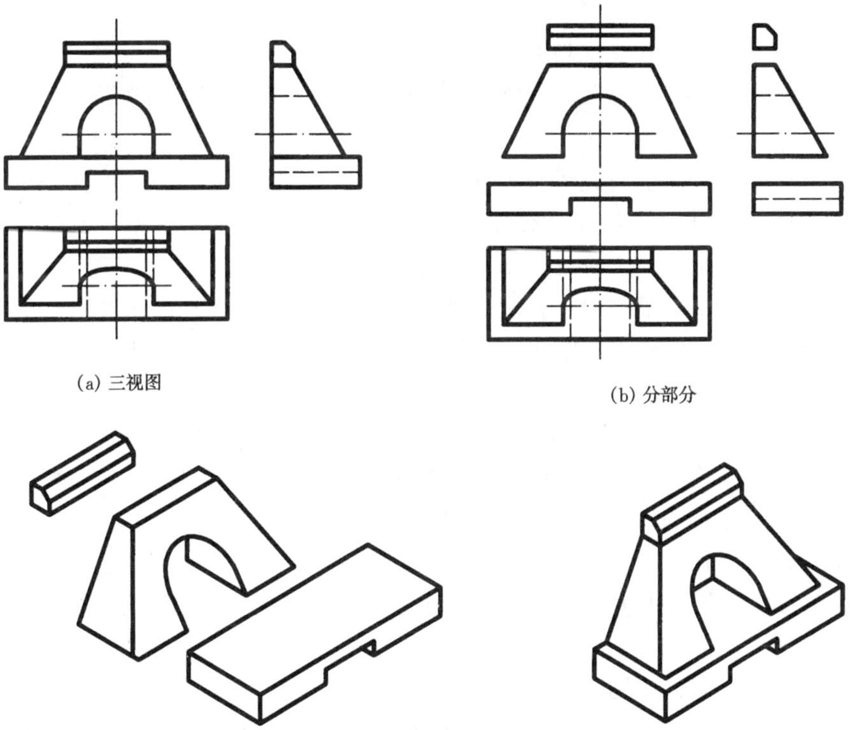

(a) 三视图

(b) 分部分

(c) 逐部分对投影、想形状

(d) 综合起来想出整体

图 7-16 组合体读图示例一

分析

(1) 识视图、分部分。首先弄清各视图名称、观看方向，建立起物图关系。然后分部分，该物体很显然是叠加式组合体，从左视图入手，结合其他视图可将其分为上、中、下三部分，如图 7-16 (b) 所示。

(2) 逐部分对投影、想形状。由左视图按投影规律找出各部分在主视图和俯视图上的对应线框。如图 7-16 (b) 所示，下部三线框为两矩形线框对应一倒写的凹字多边形，空间形状为倒放的凹形柱；中部梯形线框对应的主视图也为梯形线框，从对应的俯视特征图可看出是半四棱台，其内虚线对应三投影可知是在半四棱台中间前后方向挖穿的一个倒U形孔；上部对应的另两个视图都是矩形线框，是直五棱柱，各部分立体形状如图 7-16 (c) 所示。

(3) 综合起来想出整体。由主视图可看出，半四棱台、直五棱柱依次在倒凹形柱之上，且左右位置对称，看俯视图（或左视图）三部分后边靠齐，整体形状如图 7-16 (d) 所示。

2. 线面分析法

线面分析读图是以线面为读图单元，一般不独立应用。当物体上的某部分形状与基本体相差较大、用形体分析法难以判断形状时，这部分的视图可以采用线面分析法读图，即将这部分视图的线框分解为若干个面，根据投影规律逐一找全各面的三投影，然后按平面的投影特征判断各面的形状和空间位置，进而综合得出该部分的空间形状。简单地说，线面分析法读图就是一个面一个面地看。

【例 7-7】 根据图 7-17 (a) 所示物体的三视图，想象其空间形状。

分析

(1) 识视图、分部分。首先弄清各视图的名称、观看方向，建立物与图之间的关系。从图 7-17 (a) 可看出，该物体是叠加式组合体。从左视图入手，结合其他视图可将其分为三部分：下部是底板、上部是闸墩，闸墩两侧各突出一个形体，工程上称为“牛腿”。

(2) 逐部分对投影、想形状。根据投影规律，由基本体图形特征可知底板为倒凹形柱，闸墩为组合柱体，如图 7-17 (b) 所示。牛腿的形状用形体分析法不易看懂，需要进行线面分析。

如图 7-17 (c) 所示（将前边的牛腿投影放大画出），主视图上平行四边形线框 $1'$ 在俯视图及左视图上没有对应的类似线框，它对应俯视图上一条横平线，对应左视图上一条竖直线，因此可知Ⅰ面为正平面；线框 $2'$ 也为平行四边形，在俯视图和左视图上对应类似线框 2 及 ($2''$)，因此Ⅱ面为一般位置面。Ⅰ、Ⅱ面在主视图中可见是形体前面的两个面。形体左侧面在主视图上为一斜线 $3'$，对应左视图和俯视图均为矩形线框 $3''$ 及 (3)，因此Ⅲ面为一正垂面。用同样的方法可以分析出牛腿的上下两面都是正垂面，形状是直角梯形。综合以上分析，可知牛腿是一斜放的截头四棱柱。

(3) 综合起来想整体。从主视图和左视图可以看出，底板在下，闸墩在底板之上，且前后、左右居中，两牛腿在闸墩右上角，前后各一个，成对称分布，整体形状如图 7-17 (d) 所示。

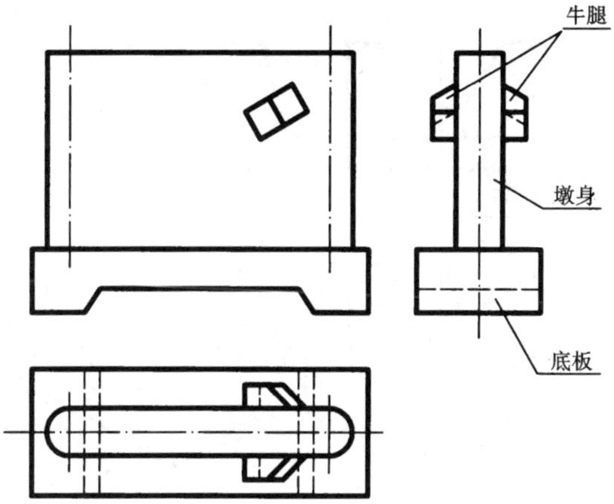

(a) 识视图,分部分

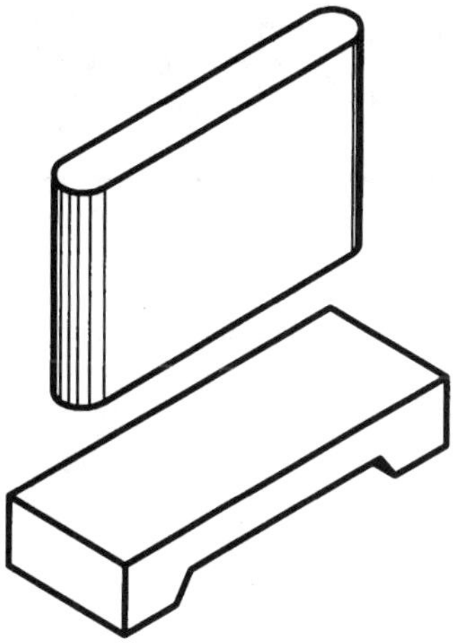

(b) 对投影,分别想象出底板和闸墩的形状

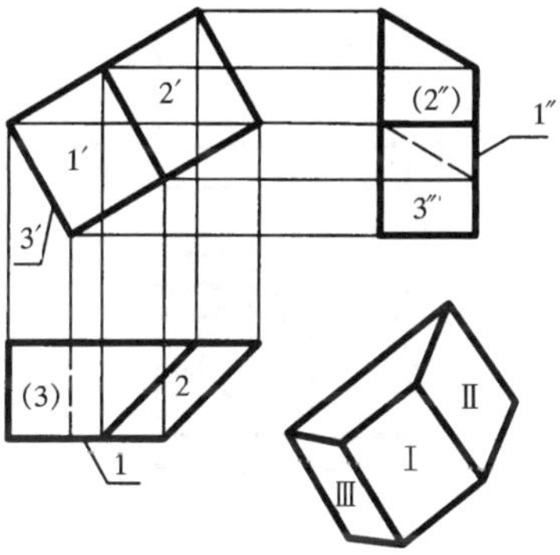

(c) 线面分析想象出牛腿的形状

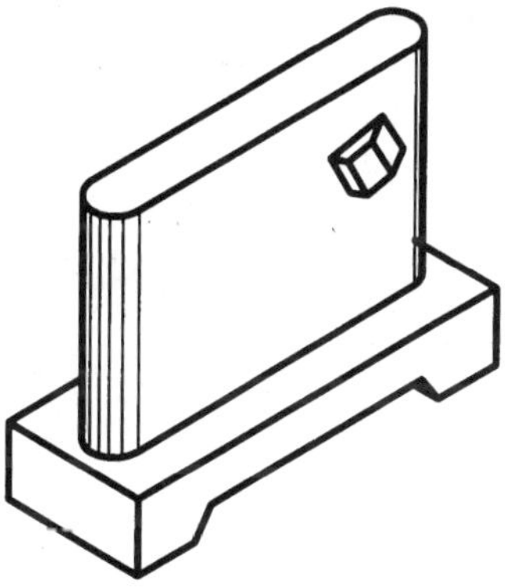

(d) 综合想象出整体形状

图 7-17 组合体读图示例二

【例 7-8】 补画 7-18（a）所示物体的俯视图。

分析

根据图 7-18（a）所示的两面视图，可以看出该物体是切割体，从左视图入手，结合主视图可分解物体为原体，切三刀。逐部分对投影、想形状，原体空间形状为直八棱柱，可用形体分析法补画出该部分的俯视图，如图 7-18（b）所示。切割部分是过体上斜面切的，视图比较复杂，应该用线面分析法一个面一个面地补出，要先补平行面，再补垂直面，如图 7-18（c）所示。最后加深完成第三视图，如图 7-18（d）所示。

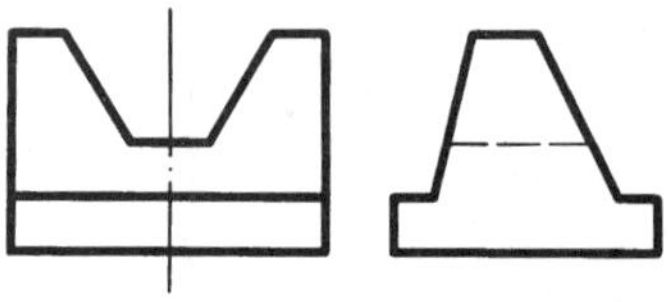

(a) 已知

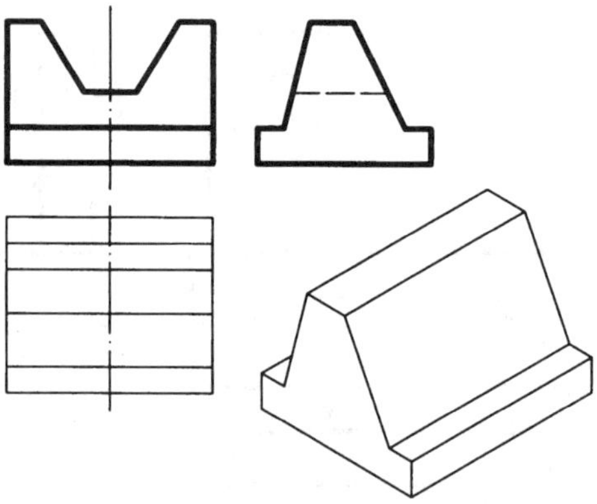

(b) 补出原体俯视图

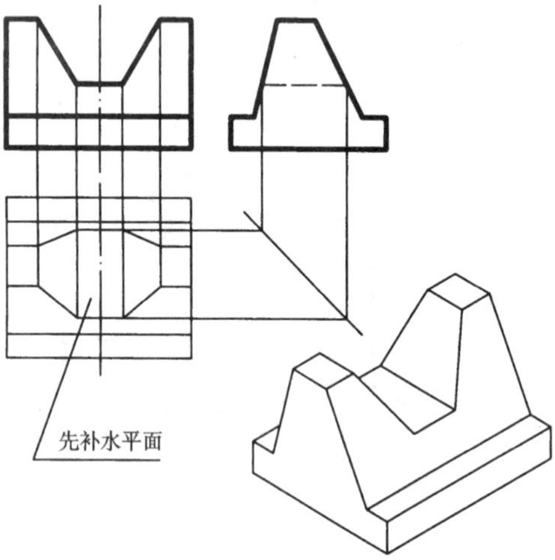

(c) 用线面法补出切槽的俯视图

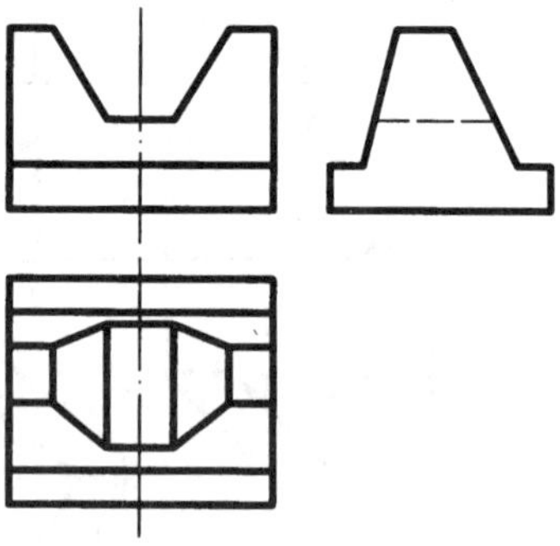

(d) 检查，加深，完成作图

图 7-18 补视图示例一

【例 7-9】 补画图 7-19（a）所示物体的左视图。

分析

根据图 7-19（a）所示的两面视图，可以看出该物体是由底板和翼墙两部分叠加而成。运用形体分析法，想象底板的空间形状原体为 L 形柱体，前后用铅垂面各斜切一刀，根据想象形体的过程，补画出该部分的左视图，如图 7-19（b）所示。翼墙部分运用线面分析法，先分析翼墙左右端面为侧平面，再进一步分析翼墙前侧面为铅垂面，上侧面为正垂面，后侧面为一般位置面，然后采用端面法补出该部分的左视图，即先画出八字翼墙两端面的投影，然后连接两端面各对应顶点，得各侧面的投影，如图 7-19（c）所示。最后加深完成第三视图，如图 7-19（d）所示。

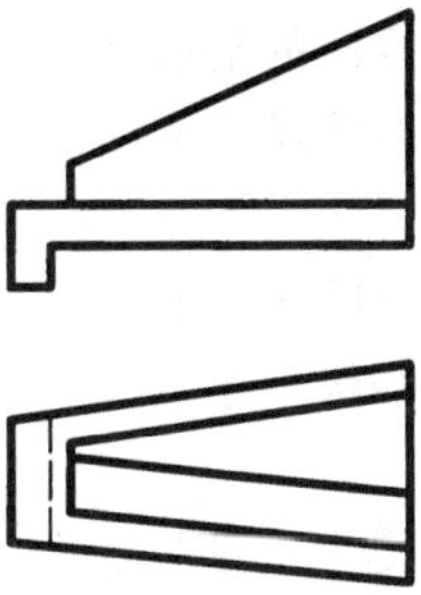

(a) 已知

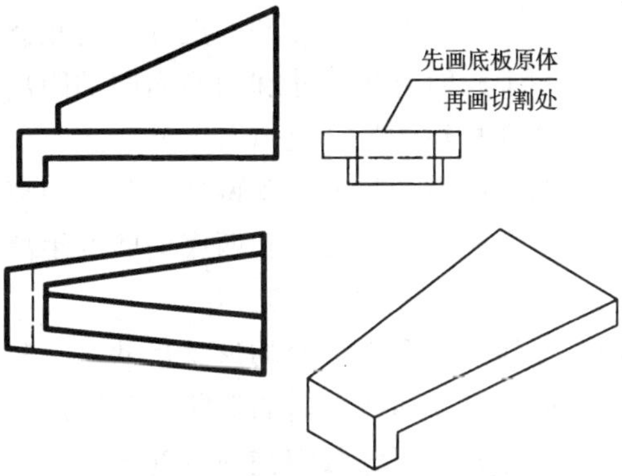

(b) 补出底板左视图

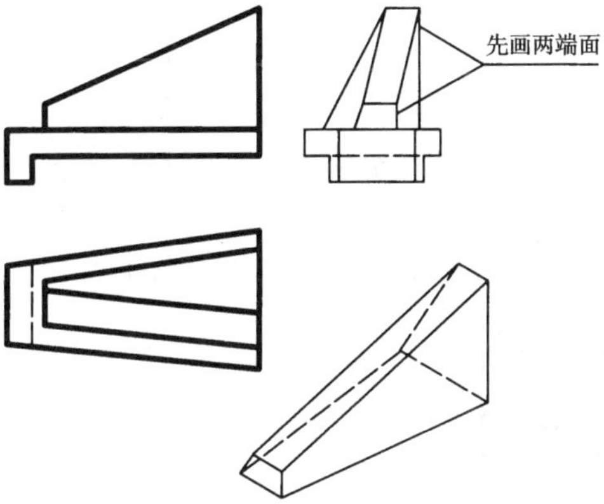

(c) 用端面法补出翼墙左视图

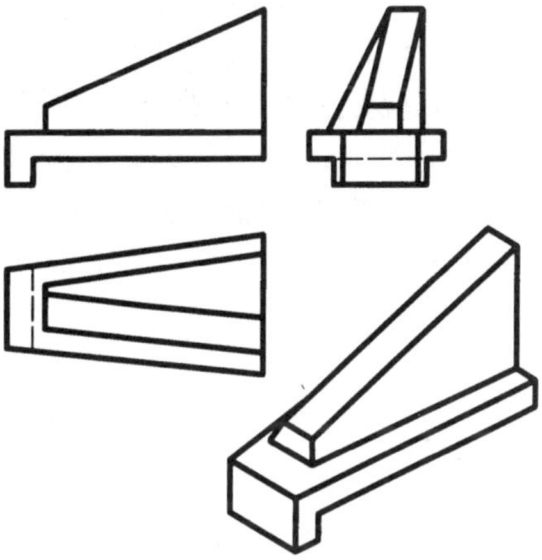

(d) 检查,加深,完成作图

图 7－19 补视图示例二

复习思考题（单项选择题）

1. 画组合体视图应先进行（　　）。
   (a) 尺寸分析　　(b) 线型分析　　(c) 视图选择　　(d) 形体分析
2. 识读三视图首先使用的读图方法是（　　）。
   (a) 线面分析法　　(b) 形体分析法　　(c) 线型分析法　　(d) 综合分析法
3. 识读组合体视图中形体较复杂的细部结构应进行（　　）。
   (a) 形体分析　　(b) 线面分析　　(c) 投影分析　　(d) 尺寸分析
4. 选择组合体主视图的投影方向应（　　）。
   (a) 尽可能多的反映组合体的形状特征及各组成部分的相对位置
   (b) 使它的长方向平行于正投影面
   (c) 使其他视图呈现的虚线最少
   (d) 前三条均考虑

5. 柱体需要标注的尺寸是（　　）。

(a) 两个底面形状尺寸和两底面间的距离　(b) 所有线段的定形尺寸

(c) 一个底面形状尺寸和两底面间的距离　(d) 底面形状尺寸

6. 台体需要标注的尺寸是（　　）。

(a) 两个底面形状尺寸和两底面间的距离　(b) 所有线段的定形尺寸

(c) 一个底面形状尺寸和两底面间的距离　(d) 底面形状尺寸

7. 切割体需要标注的尺寸是（　　）。

(a) 原体尺寸和截平面的形状尺寸　(b) 原体尺寸和截平面的位置尺寸

(c) 原体尺寸和截平面的形状与位置尺寸　(d) 所有线的定形尺寸及定位尺寸

8. 大半圆柱直径尺寸数字前应标注的符号是（　　）。

(a) ϕ　(b) R　(c) $S\phi$　(d) SR

9. 大半圆柱应标注的尺寸是（　　）。

(a) 2 个　(b) 3 个　(c) 4 个　(d) 5 个

10. L 形柱应标注的尺寸是（　　）。

(a) 4 个　(b) 5 个　(c) 6 个　(d) 7 个

11. 如图所示物体应标注的尺寸是（　　）。

(a) 10　(b) 9 个　(c) 8 个　(d) 7 个

第 11 题图

第八章　工程形体的表达方法

实际工程中的形体复杂多样，仅用三视图难以将各种工程形体的内外形状完整、清晰、简捷地表达出来，为此，制图标准中规定了一系列的表达方法。本章介绍常用的表达方法。

第一节　视　　图

物体在投影面上的投影称为视图。视图主要用于表达工程形体的外形结构。视图通常包括：基本视图、向视图、局部视图和斜视图。

一、基本视图

GB/T《技术制图》标准规定用正六面体的六个面作为基本投影面，将物体放在其中，分别向这六个基本投影面投影所得的视图称为基本视图，如图 8-1 所示。基本投影面的展开方法如图 8-2 所示，规定正投影面不动，其他投影面均按箭头方向旋转展开。展开后各视图的名称及配置如图 8-3 所示。六个基本视图按图 8-3 所示位置配置，称为按投影关系配置。在同一张图纸内基本视图按投影关系配置时，一律不标注视图名称。

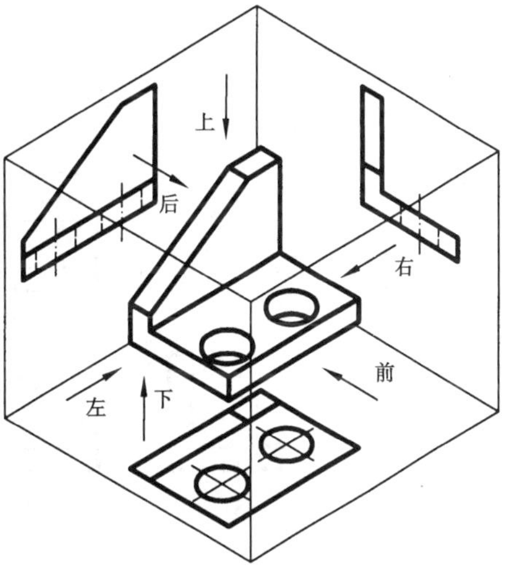

图 8-1　基本视图的概念

六个基本视图中，除前面所讲过的主视图、俯视图和左视图外，还有以下三个视图：

右视图——由右向左投射所得的视图；

后视图——由后向前投射所得的视图；

仰视图——由下向上投射所得的视图。

六个基本视图之间与三视图一样，仍应符合正投影规律，即主、俯、仰视图“长对正”；主、左、右、后视图“高平齐”；俯、左、右、仰视图“宽相等”。由基本视图的展开过程可知，除后视图外，其他视图靠近主视图的一边是物体的后面，远离主视图的一边是物体的前面。应当注意：主视图和后视图反映物体上下位置关系一致，但左右位置恰恰相反。

实际画图时，一般物体不需要全部画出六个基本视图，而是根据物体的形状特点，选择其中的几个基本视图来表达物体的形状。

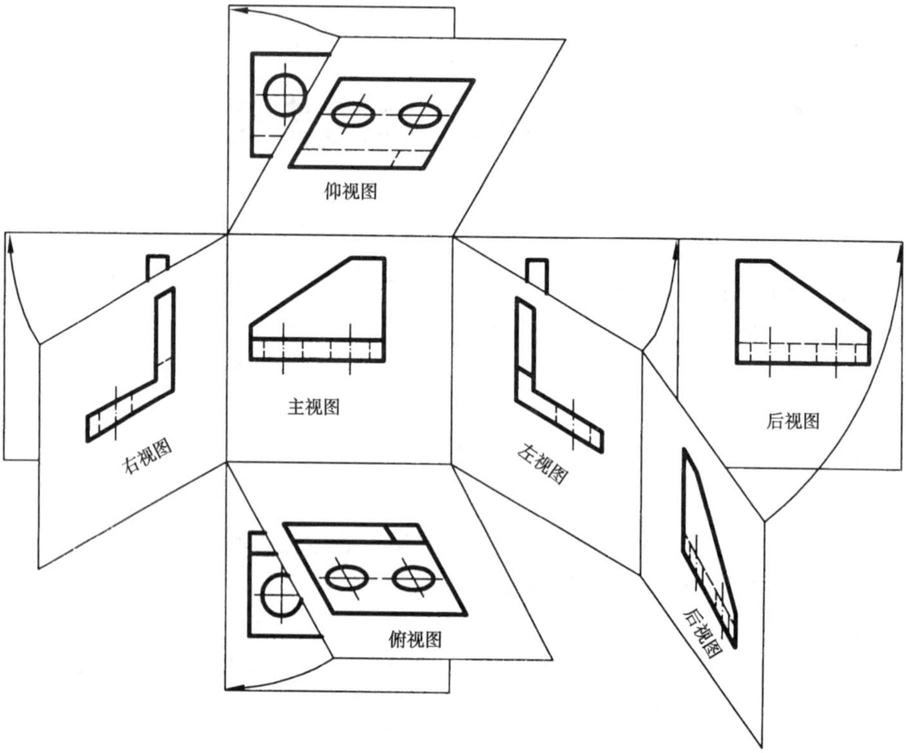

图 8-2　基本视图的形成

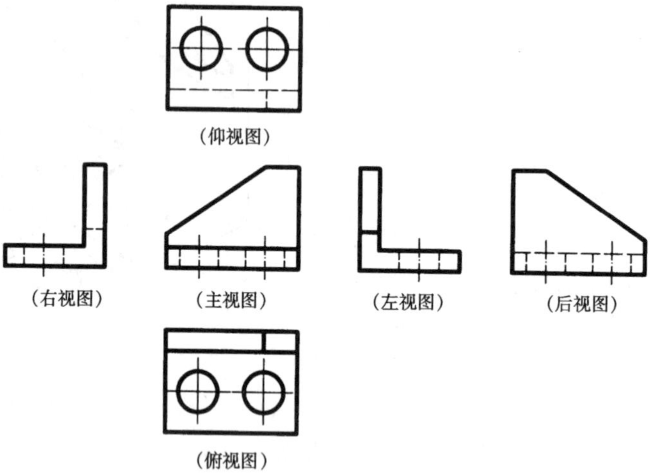

图 8-3　基本视图的配置

二、向视图

向视图是可自由配置的视图，即基本视图不按展开后的位置配置的视图称为向视图。向视图必须标注，标注的方法是：在视图下方（或上方）标注图名，水工图要求在图名下方绘制一粗横线，其长度应以图名所占长度为准，如图 8-4（a）所示；路桥图要求在图名下方绘制与图名等长的粗细实线，两线间距为 1～2mm，如图 8－4（b）所示。

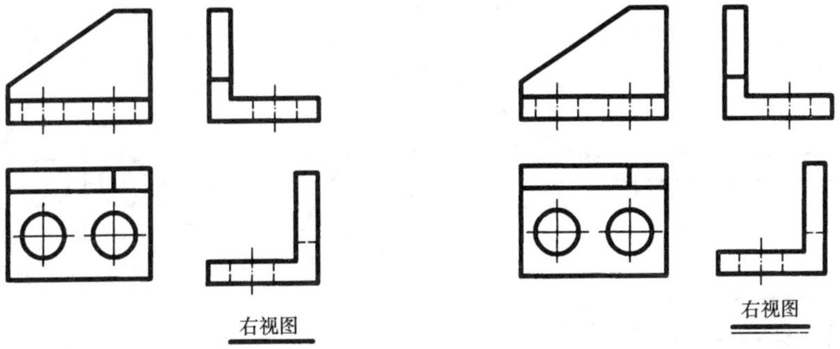

(a) 水工图标注　　(b) 路桥图标注

图 8－4　向视图

三、局部视图

如图 8－5 所示物体，用主视图、俯视图两个基本视图已把主体结构表达清楚，只有箭头所指的两凸台的形状尚未表达清楚，如果再画出左视图和右视图，则大部分重复；如果仅画出所需要表达的那一部分，则简单明了。这种只将物体的某一部分向基本投影面投射所得的视图称为局部视图。

局部视图不仅减少了画图的工作量，而且重点突出，表达比较灵活。但局部视图必须依附于一个基本视图，不能独立存在。

画局部视图时应注意以下几点：

（1）局部视图只画出需要表达的局部形状，其范围可自行确定。

（2）局部视图的断裂边界用波浪线表示，如图 8－5 中的 *A* 视图。但当所表达的局部结构是完整的且外轮廓线又成封闭时，波浪线可省略不画，如图 8－5 中的 *B* 视图。注意波浪线要画在物体的实体部分。

（3）局部视图应尽量按投影关系配置，如果不便布图，也可配置在其他位置。

（4）局部视图无论配置在什么位置都必须进行标注。标注的方法是：在视图附近用箭头指明方向，并注写字母；同时，在局部视图下方（上方）标注“×”（“×”为大写拉丁字母）。

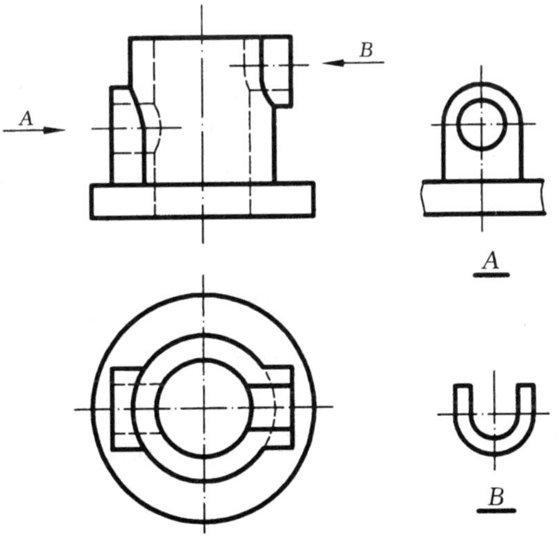

图 8－5　局部视图

四、斜视图

如图 8－6 所示，当物体上的表面与基本投影面倾斜时，在基本投影面上就不能反映表面的真实形状，为了表达倾斜表面的真实形状，可以选用一个平行于倾斜面并垂直于某一个基本投影面的平面为投影面，画出其视图。这种将物体向不平行于基本投影面的平面投射所得的视图称为斜视图。

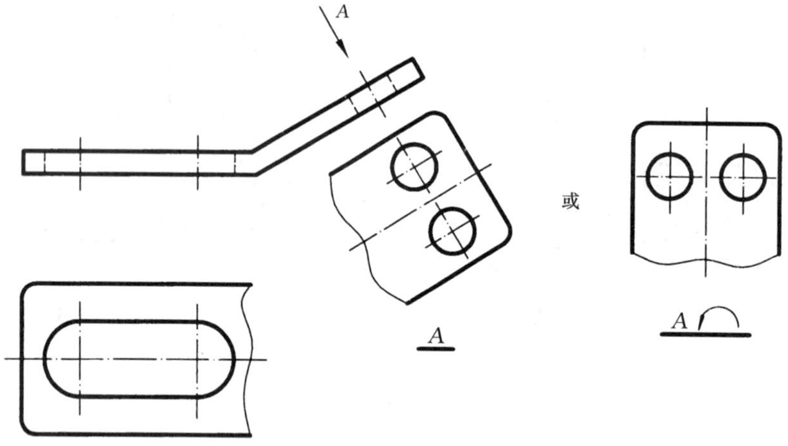

图 8-6 斜视图

画斜视图时应注意以下几点：

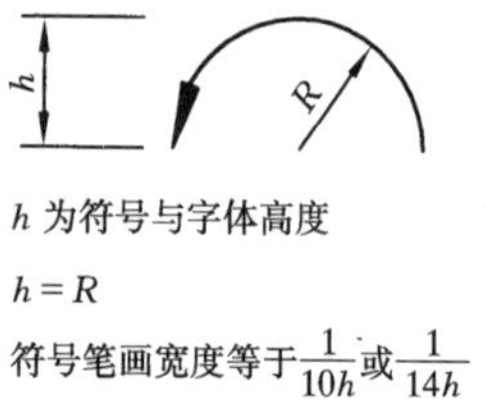

图 8-7 旋转符号的画法

(1) 斜视图只要求画出倾斜部分的真实形状，其余部分不必画出。斜视图的断裂边界以波浪线表示，波浪线画法与局部视图相同。

(2) 斜视图一般按投影关系配置，必要时也可配置在其他适当的位置。在不致引起误解时，允许将图形转正。

(3) 画斜视图时，必须进行标注。标注的方法是：如视图不旋转，则标注方法与局部视图相同；如将视图转正，则标注时应在图名上标出代表斜视图旋转方向的旋转符号，字母应靠近旋转符号的箭头端，如图 8-6 所示。旋转符号的画法如图 8-7 所示。

应注意：斜视图标注中的字母必须水平书写。

五、第三角投影

根据 GB/T《技术制图》标准规定，我国工程图样采用第一角投影（第一角画法），而有些国家采用第三角投影（第三角画法）。为了便于国际间的技术交流，下面对第三角投影作简要介绍。

假设将空间分成如图 8-8 所示的四个区域，前上方的区域称为第一分角，其他依次为第二分角、第三分角和第四分角。目前，中国、德国、法国、英国、俄罗斯和捷克等国家采用第一角画法，美国、日本、加拿大等国家采用第三角画法。

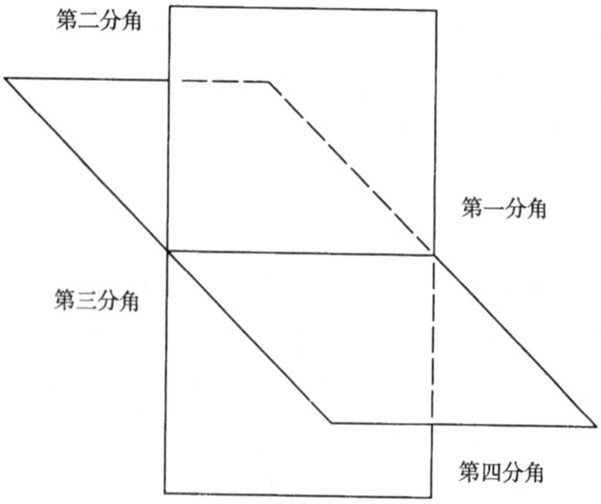

图 8-8 四分角

第三角投影是把物体放在第三角进行投射，如图 8-9 (a) 所示。这种方法假定投影

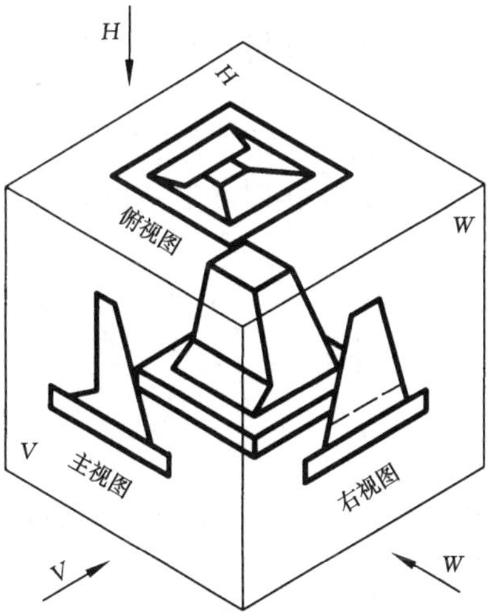

(a) 投影体系

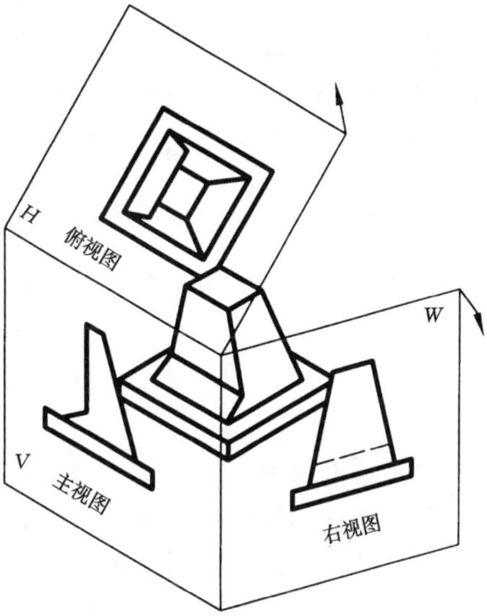

(b) 展开

图 8-9　第三角投影的概念

面是透明的，投射时，人、物体、投影面的相对位置是：人—投影面—物体。

按第三角投影所得到的三视图的名称分别为：

主视图——由前向后投射所得的视图。

俯视图——由上向下投射所得的视图。

右视图——由右向左投射所得的视图。

投影面展开的方法如图 8-9（b）所示，展开后视图的位置如图 8-10 所示，其三视图间仍符合“长对正、高平齐、宽相等”的投影规律。

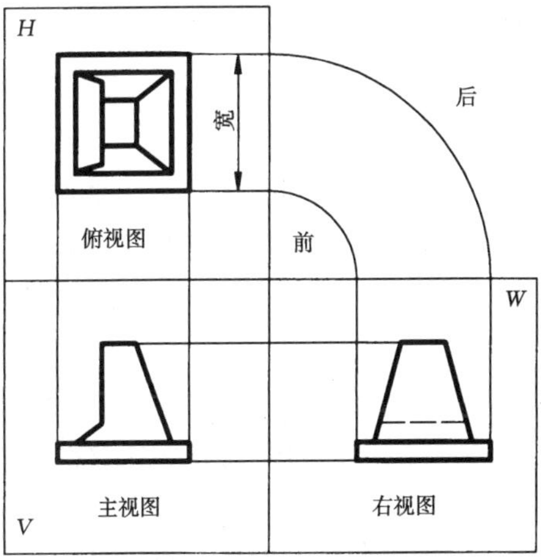

(a) 展开后视图的配置

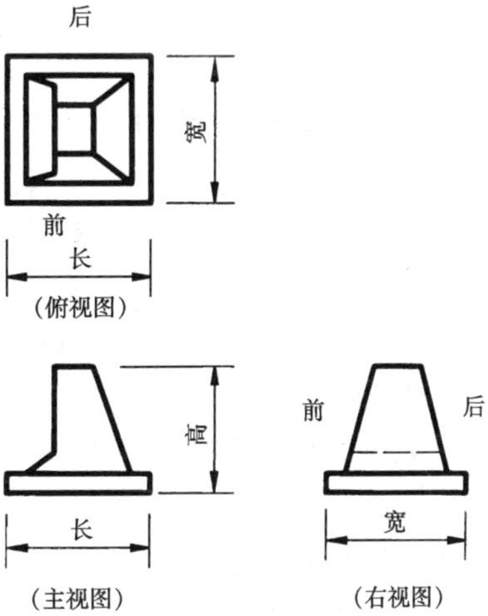

(b) 三视图间的投影规律

图 8-10　第三角投影的视图配置和投影规律

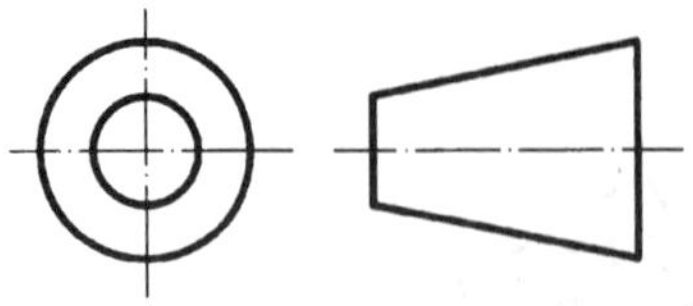

图 8-11 第三角画法的识别符号

第三角投影的物体与投影面的位置关系及投影面的展开方法与第一角投影不同，所以在视图上反映出来的视图位置关系和第一角投影也不同，看图时应注意区别。

为了便于在图上识别，GB/T《技术制图》标准规定，采用第三角画法时必须在图纸上画出其识别符号，以免引起误解。第三角画法的识别符号如图 8-11 所示。

第二节 剖 视 图

一、剖视图的概念

物体的内部结构用虚线表示，不便于读图、绘图和标注尺寸。为此制图标准规定了表达物体内部结构的方法——剖视图。

假想用剖切平面剖开物体，将处在观察者和剖切平面之间的部分移去，而将其余部分向基本投影面投射所得的图形称为剖视图（简称剖视），如图 8-12 所示。

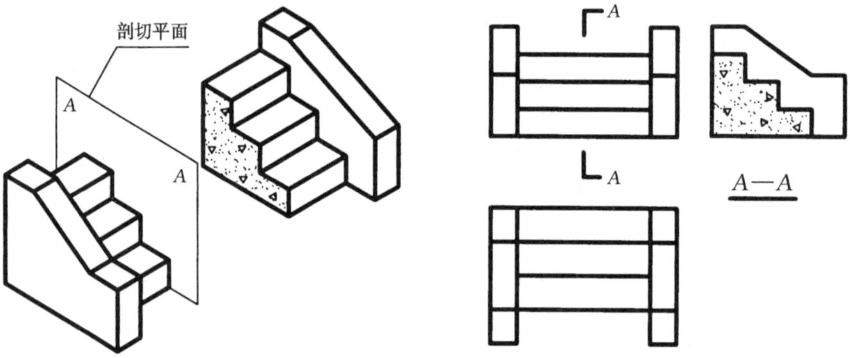

图 8-12 剖视图

二、剖视图的画法与标注

1. 画剖视图的步骤

以图 8-13 所示混凝土杯形基础主视图取剖视为例，介绍剖视图的画法步骤。

(1) 确定剖切面位置。为了表达物体内部结构的真实形状，剖切面的位置一般应平行于投影面，且与物体内部结构的对称面或轴线重合。图 8-13 (a) 中剖切面是通过基础前、后对称平面的正平面。

(2) 画剖视图轮廓线。先画剖切面与物体接触部分的轮廓线，再画剖切面后可见轮廓线，如图 8-13 (b)、(c) 所示。在剖视图中，凡剖切面切到的断面轮廓以及剖切面后的可见轮廓，都用粗实线画出。

(3) 画剖面符号。在剖视图上剖切面与物体接触的部分称为断面。国家标准规定在断面上应画出该物体的剖面符号，这样便于想象物体的内外形状，并可区别于视图。本例剖面材料为钢筋混凝土，如图 8-13 (d) 所示。在路桥图中，当仅表示断面而不表示材料

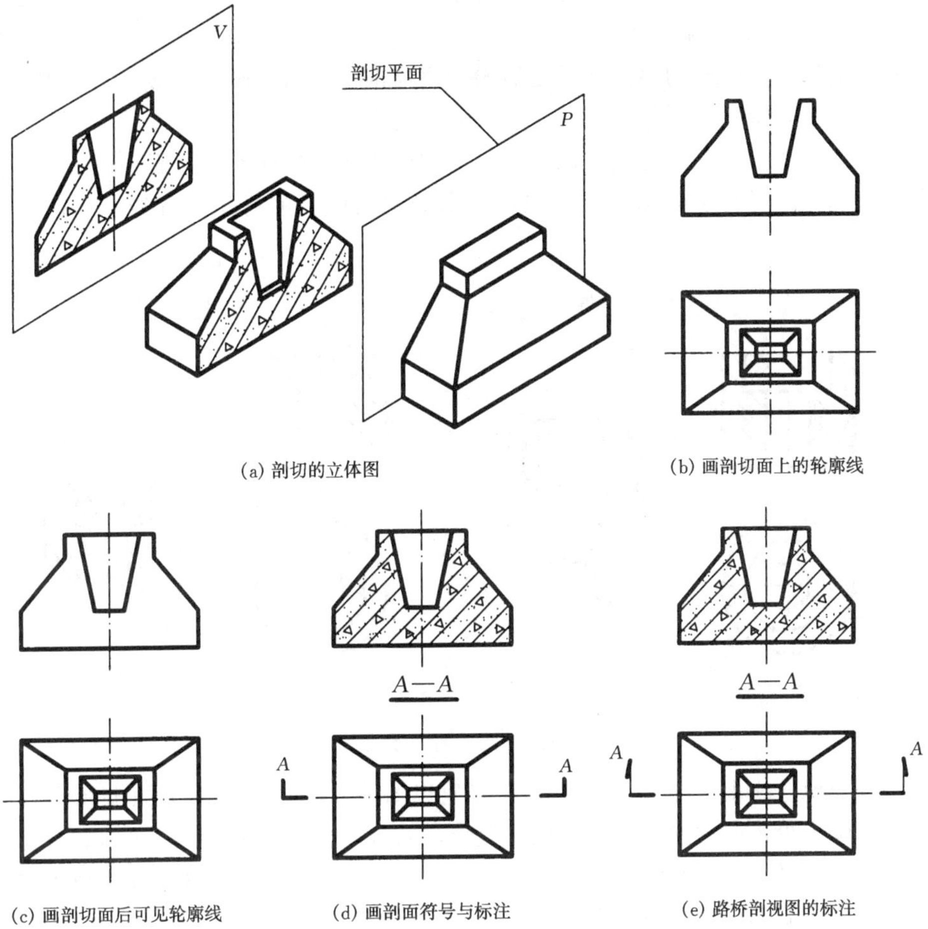

图 8-13　剖视图的画法步骤与标注

时，可采用 45°细实线（称为通用剖面线）表示。

2. 剖视图的标注

为了说明剖视图与有关视图之间的投影关系，便于读图，一般应加标注。如图 8-13 所示，标注中应注明剖切位置、投射方向和剖视图的名称。

（1）剖切位置和投射方向。用剖切符号表示，剖切符号是标明剖切面起、迄和转折位置及投射方向的符号。在水工图中，剖切符号由剖切位置线和投射方向线组成一直角，均以粗实线绘制。剖切位置线的长度宜为 5～10mm，投射方向线的长度宜为 4～6mm。绘图时，剖切符号不宜与轮廓线接触，如图 8-13（d）所示。路桥图中投射方向用单箭头表示，如图 8-13（e）所示（本章后续插图以水工图标准进行标注，不再说明）。

（2）剖切符号的编号。宜采用阿拉伯数字或拉丁字母，若有多个剖视图，应按顺序由左至右、由上至下连续编号，编号应写在剖视方向线的端部，并一律水平书写。

（3）剖视图的名称。与剖切符号的编号对应，剖视图的名称写在相应剖视图的下方（或上方），注出相同的两个字母或数字，中间加一条 5～10mm 长的细实线，如“A—

A”、“1—1”。剖视图一般应标注图名，图名的字体应大一些。

3．画剖视图应注意的问题

（1）明确剖切是假想的。剖视图是假想把物体剖切开后所画的图形，除剖视图外，其余视图仍应完整画出。

（2）不要漏线。剖视图不仅应该画出与剖切面接触的断面形状，而且还要画出剖切面后的可见轮廓线。对初学者而言，往往容易漏画剖切面后的可见轮廓线，如图 8-14 所示，应特别注意。

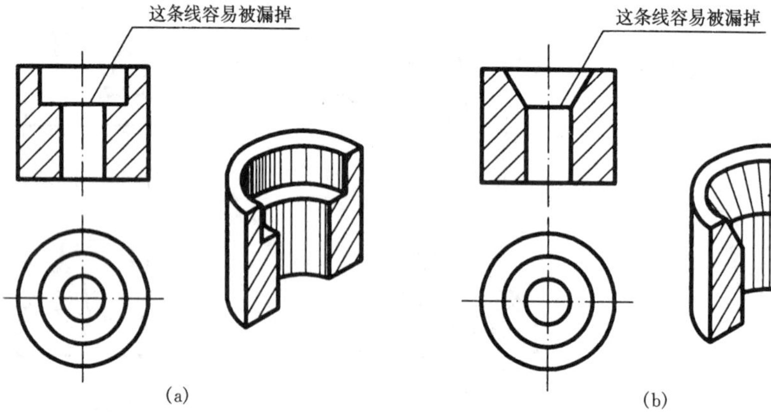

图 8-14 剖视图中容易被漏掉的图线

（3）合理地省略虚线。用剖视图配合其他视图表示物体时，图上的虚线一般省略不画。但如果画出少量的虚线可以减少视图数量，而且又不影响视图的清晰时，也可以画出少量的虚线，如图 8-15 所示。对已表达清楚的结构，所有视图中的虚线均应省略。

（4）正确绘制剖面材料符号。画剖面材料符号时，应注意同一物体各剖视图上的材料

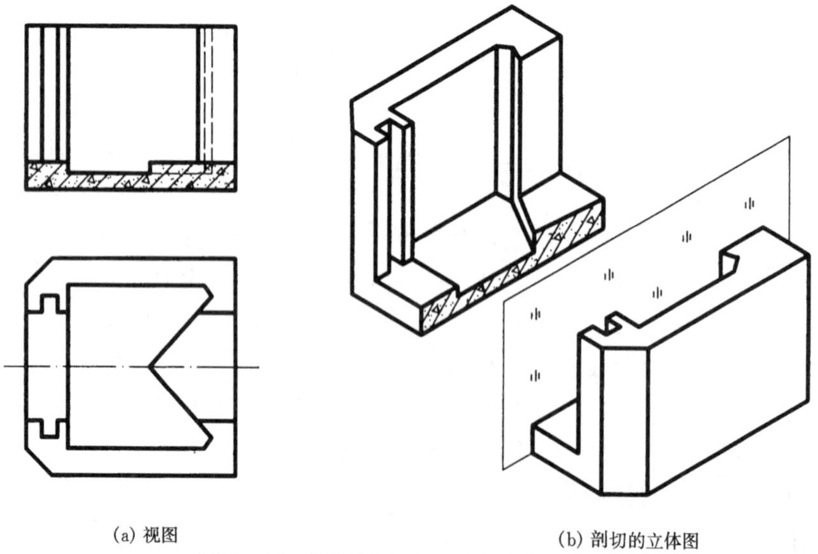

图 8-15 剖视图中合理画出虚线的示例

符号要一致，即斜线方向一致、间距相等，如图 8-16 所示。

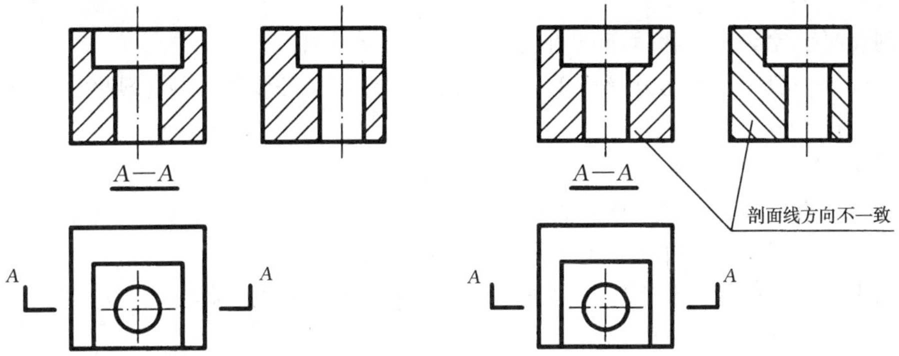

(a) 正确　　(b) 错误

图 8-16　同一物体剖面符号的画法

三、剖切面与剖切方法

物体的形状是多种多样的，有时仅有一个剖切平面并不能将物体的内部形状表达清楚，因此，对于不同的物体结构，可选用不同的剖切平面。根据剖切平面的数量和不同的相互关系，可以得到不同的剖切方法。

1. 单一的剖切平面——单一剖、斜剖

用一个平行于基本投影面的剖切平面剖开物体的方法称为单一剖，用一个垂直于（但不平行）基本投影面的剖切平面剖开物体的方法称为斜剖，剖切面如图 8-17（a）所示。

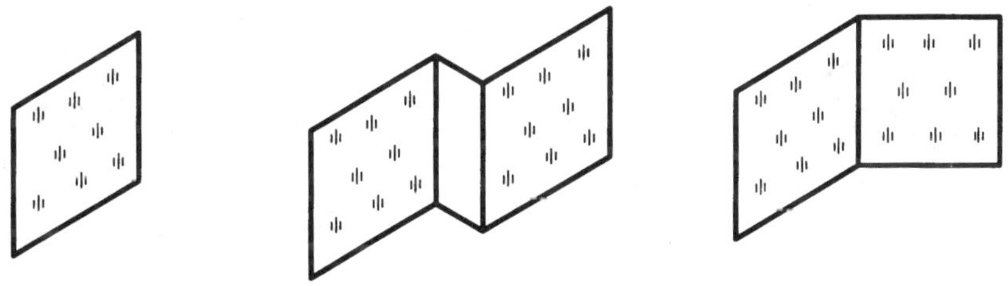

(a) 单一剖切面，用于单一剖和斜剖　　(b) 几个相互平行的剖切面，用于阶梯剖　　(c) 两相交的剖切面，用于旋转剖

图 8-17　剖切平面的种类

2. 几个相互平行的剖切平面——阶梯剖

用两个或两个以上相互平行且平行于基本投影面的剖切平面剖开物体的方法称为阶梯剖，剖切面如图 8-17（b）所示。

3. 两相交的剖切平面——旋转剖

用两个相交的剖切平面剖开物体的方法称为旋转剖，剖切面如图 8-17（c）所示。

4. 组合的剖切平面——复合剖

用上述两种或多种剖切面组合的剖切面剖开物体的方法称为复合剖。

四、剖视图的种类

在作剖视图时，不管选用什么样的剖切平面，所得到的剖视图按剖切范围均可分为三类，即全剖视图、半剖视图和局部剖视图。

1. 全剖视图

用剖切平面完全剖开物体所得的剖视图称为全剖视图。

全剖视图一般用于表达外形简单，内部结构比较复杂的物体，或主要为了表达物体内部结构时采用。

2. 半剖视图

当物体具有对称平面时，向垂直于对称面的投影面上投射，以对称线为界，一半画成剖视，一半画成视图，这样组合的图形称为半剖视图。

半剖视图主要用于内外形状均要表达的对称或基本对称的物体。

3. 局部剖视图

用剖切面局部地剖开物体所得的剖视图称为局部剖视图。

局部剖视图一般用于内外形状均需要表达但不对称的物体。

五、工程上常见的几种剖视图

在工程设计中，应根据所表达的工程形体特点，选择适当的剖切方法和剖切范围来表达其内部结构。这样所画出的剖视图实际上是不同的剖切方法与不同种类剖视图的组合。下面介绍几种工程上常用的剖视图。

1. 单一全剖视图（简称全剖视）

用单一剖的方法把物体完全剖开后所得的剖视图称为单一全剖视图，简称为全剖视。如图 8-18 所示。

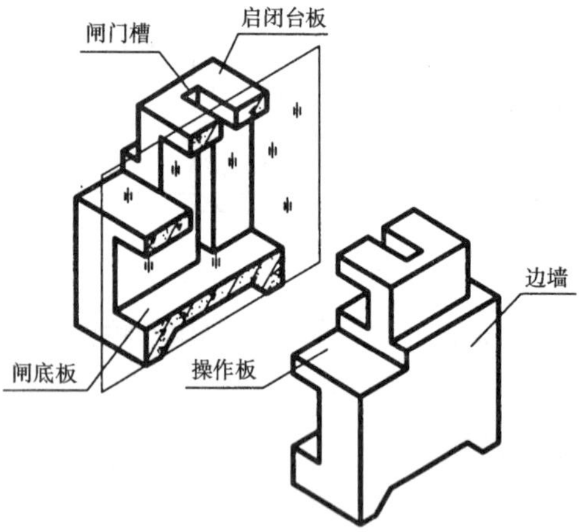

(a) 立体图

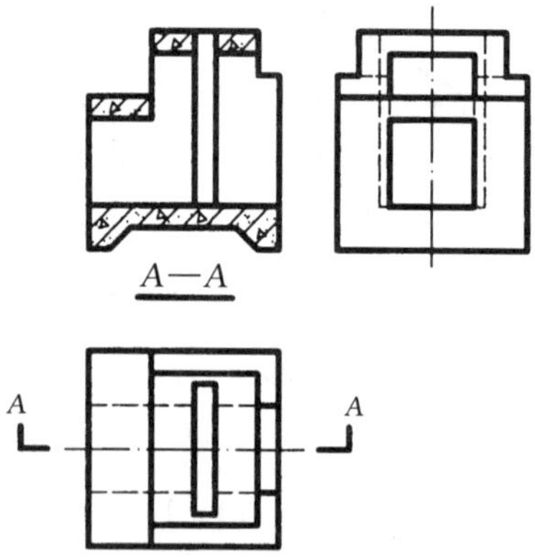

(b) 主视图为单一全剖视图

图 8-18　单一全剖视

图 8-18 所示为一钢筋混凝土闸室，假想用一平行于正投影面的剖切平面，通过闸室的前后对称中心剖切，移去前半部分，将后半部分向正投影面投射。剖切前，主视图中闸底板、闸门槽、启闭台板和操作板均为虚线，剖切后，这些部位的轮廓线均可见，用粗实线画出。前面的边墙剖切后被移去，在主视图上应不画边墙水平位置的可见轮廓线，后面边墙顶面的轮廓线，由于它在左视图中已表达清楚，在剖视图中可省略虚线。最后在断面

上画上钢筋混凝土剖面符号，就得到了闸室单一全剖的主视图。

单一全剖视图一般要标注。

2. 单一半剖视图（简称半剖视）

当物体具有对称平面时，用单一剖的方法把物体完全剖开，向垂直于对称面的投影面上投射，以对称线为界，一半画成剖视，一半画成视图，这样组合的图形称为单一半剖视图，简称为半剖视。如图 8-19 所示。

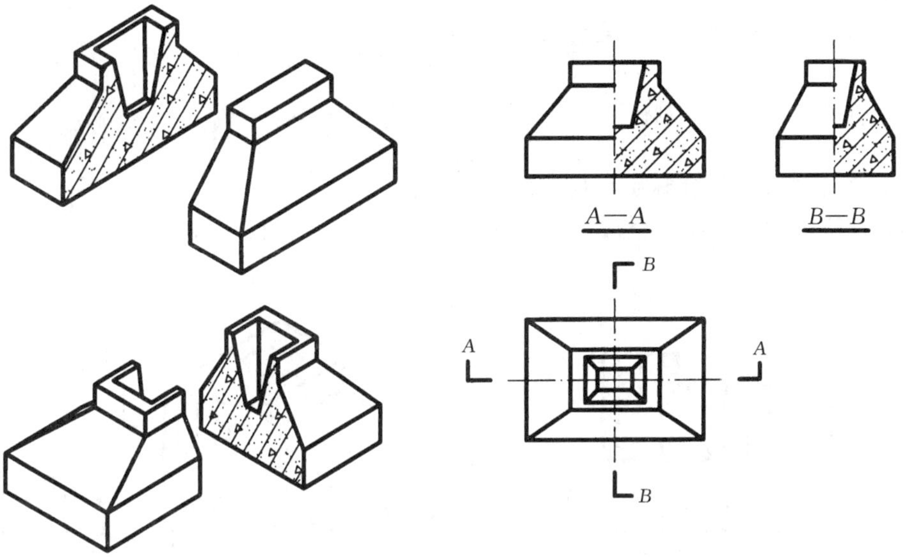

(a) 立体图　　(b) 主左视图为半剖视图

图 8-19　半剖视

图 8-19 为钢筋混凝土杯形基础，由于它前后、左右均对称，所以主视图、左视图全部剖开后可采用半剖视图表示，使其内外形状均可表达清楚。

画半剖视图时应注意以下几点：

(1) 在半剖视图中，半个剖视图和半个视图的分界线必须用点画线画出，不能与可见轮廓线重合。

(2) 由于所表达的物体是对称的，所以在半个视图中应省略表示内部形状的虚线。

(3) 剖视部分习惯上画在物体的右边或前面。

(4) 半剖视图的标注方法与全剖视图相同。

3. 单一局部剖视图（简称局部剖视）

用单一剖的方法把物体局部剖开，所得的剖视图，称为单一局部剖视图，简称为局部剖视。如图 8-20 所示。

图 8-20 是一混凝土水管，为了表达其接头处的内部形状，并保留外形轮廓，主视图采用局部剖视图，在剖切开的部分画出管子的内部结构和剖面符号，其余部分仍画外形视图。

画局部剖视图时应注意：波浪线不可与图形轮廓线重合，并且波浪线要画在物体的实体部分，不应画在空心处或图形之外，如图 8-21 所示。

局部剖视图的剖切范围用波浪线表示，一般不再进行标注。

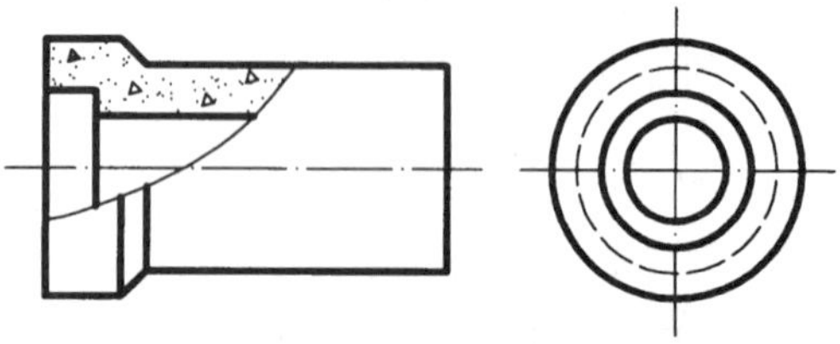

图 8-20 局部剖视

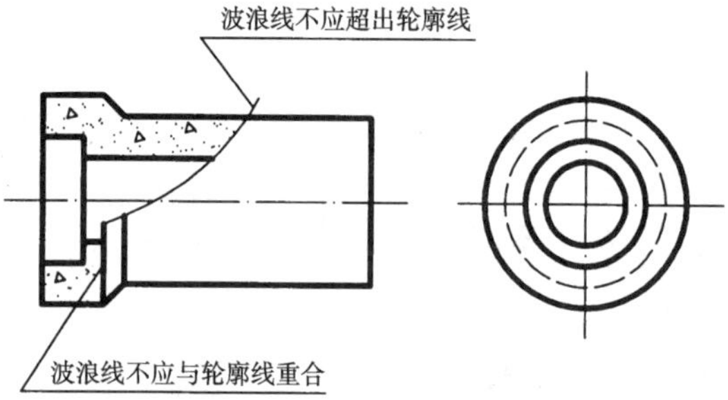

图 8-21 波浪线的画法

4. 阶梯全剖视图（简称阶梯剖视）

用阶梯剖的方法把物体全部剖开后所得的剖视图称为阶梯全剖视图，简称为阶梯剖视。如图 8-22 所示。

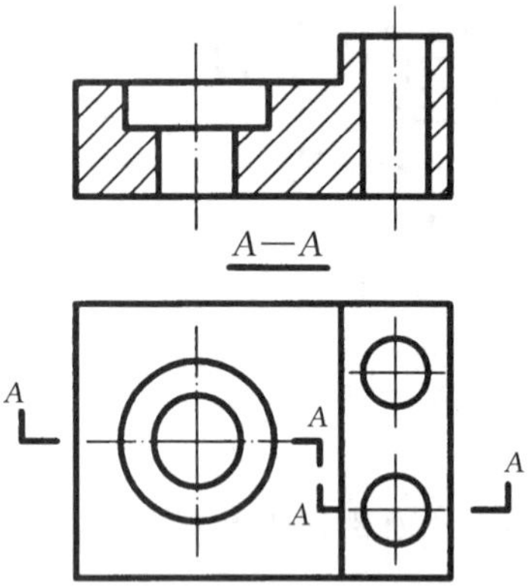

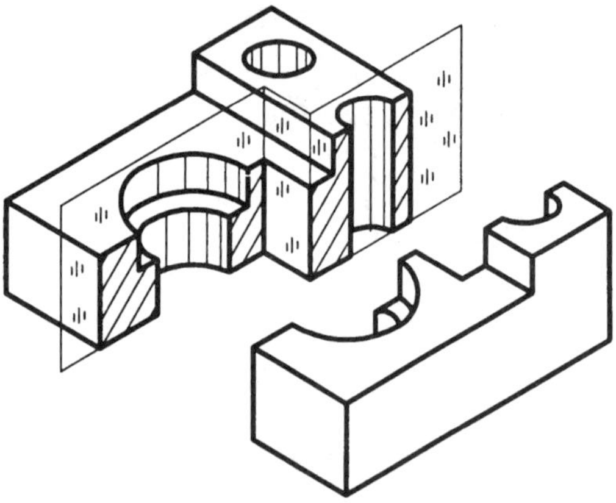

图 8-22 阶梯全剖视

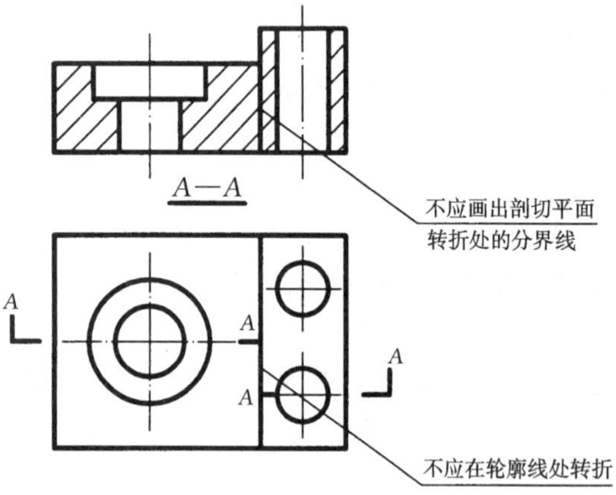

图 8-23 阶梯全剖视的错误画法

图 8-22 所示的物体上有三个孔，左边孔和右边孔的大小、深度不同，用一个剖切平面不能表达清楚。假想用两个平行于基本投影面（正投影面）的剖切平面分别通过两个孔的轴线剖切物体，将每一剖切面后的剩余部分按单一全剖视的方法画出，即得阶梯全剖视图。

画阶梯剖视图时应注意：剖切平面的转折处不应与视图中的轮廓线重合，在剖视图上不应画出两剖切平面转折处的投影，如图 8-23 所示。

阶梯全剖视图必须进行标注，标注的

基本方法同单一全剖视，不同的是每个剖切面和转折面都应画出剖切位置线，投射方向线仅画在起止剖切位置线的外侧。一般每处注写一个字母，但当剖视位置明显时，转折处允许省略字母。

阶梯剖视图在工程中应用广泛。图 8-24 所示为消力池和下游渠道的一部分，主视图采用了单一全剖视图，在左视图的位置画出了阶梯全剖视 $A—A$。

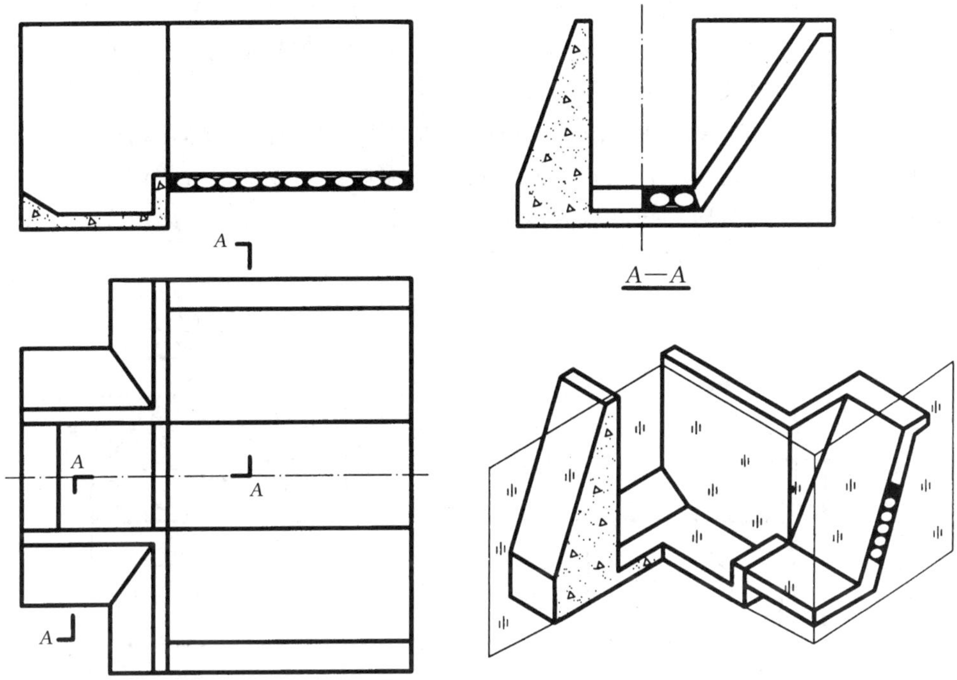

图 8-24　阶梯全剖视在工程中的应用

5. 旋转全剖视图（简称旋转剖视）

用旋转剖的方法将物体全部剖开所得的剖视图称为旋转全剖视图，简称为旋转剖视。如图 8-25 所示。

图 8-25 所示集水井的两个进水管的轴线斜交（一个平行于正投影面、一个不平行于正投影面），如果用一个剖切平面，则不可能看到倾斜部分的真实形状。假想用两个相交平面沿着两个水管的轴线把集水井剖切开，然后将被倾斜的剖切平面剖开的结构及其有关部分旋转到与选定的投影面（正投影面）平行的位置进行投射，即得旋转剖视。

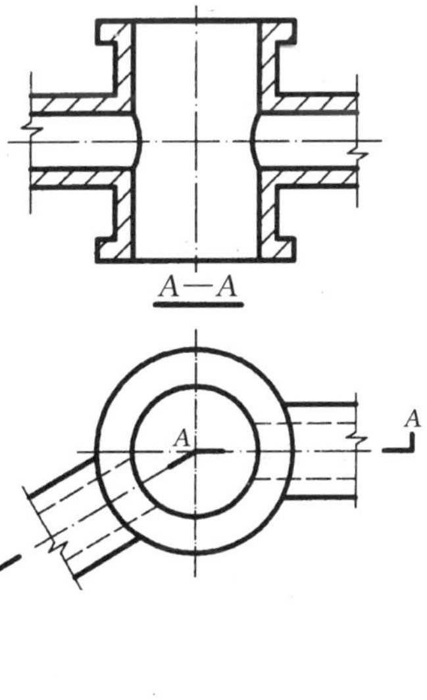

图 8-25　旋转全剖视

画旋转剖视图应注意以下几点：

（1）剖切平面的交线应与物体上的公共回转轴线重合，并应先切后转。

（2）剖切平面后的其他结构，一般仍按原来位置投影。

(3) 旋转剖视图的标注规定与阶梯剖视图的标注相同。

六、剖视图的尺寸注法

剖视图的尺寸注法与组合体的尺寸注法基本相同。但应注意以下两点:

(1) 内部、外形尺寸的注法。为了使尺寸清晰,应尽量把外形尺寸和内部尺寸分开标注。如图 8-26 (a) 中,长度方向尺寸 60、40、450 为外形尺寸,标注在一边;尺寸 50 为内部结构尺寸,标注在另一边。又如图 8-26 (b) 中,把外形的高、宽尺寸标注在图形的左边,孔的高、宽尺寸标注在图形的右边。

(2) 半剖视图和局部剖视图上内部结构尺寸的注法。半剖视图和局部剖视图上,由于对称部分视图上省略了虚线,注写内部尺寸时,只需画出一端的尺寸界限和尺寸起止符号,这时尺寸线要稍超过对称线、尺寸数字应注写整个结构的尺寸,如图 8-26 (a) 中的ϕ120、ϕ160 和图 8-26 (b) 中的 410、200。

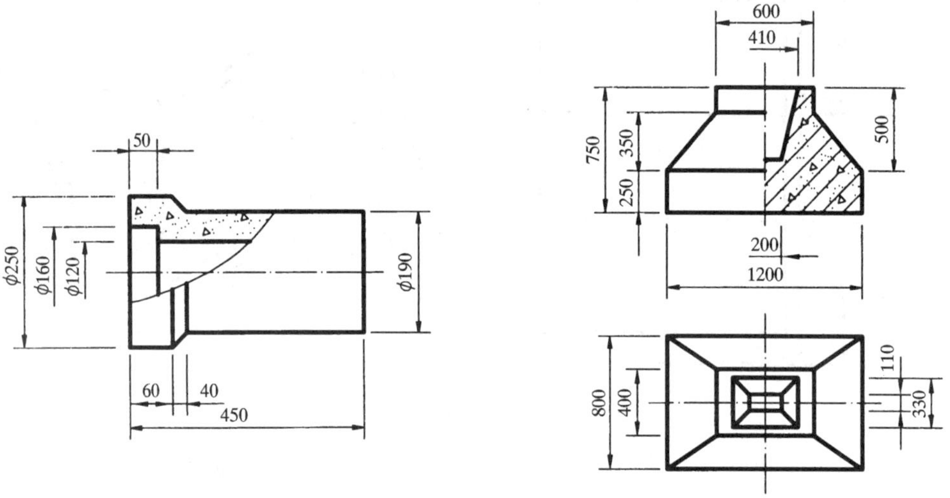

(a) 示例一　　(b) 示例二

图 8-26　剖视图的尺寸注法

第三节　断　面　图

一、断面图的概念

假想用剖切面将物体的某处切断,仅画出该剖切面与物体接触部分及剖面符号的图形称为断面图。断面图不包括剖切面后的轮廓,这是它与剖视图的不同点,实质上断面图就是剖视图的一部分,如图 8-27 所示。

断面图主要用来表达物体某处断面的形状,如水工建筑物上的各段翼墙、大坝各段的断面形状等。为了表示截断面的真形,剖切平面一般应垂直于物体结构的主要轮廓线。

二、断面图的种类

根据断面图的配置位置不同,可分为移出断面图和重合断面图两种。

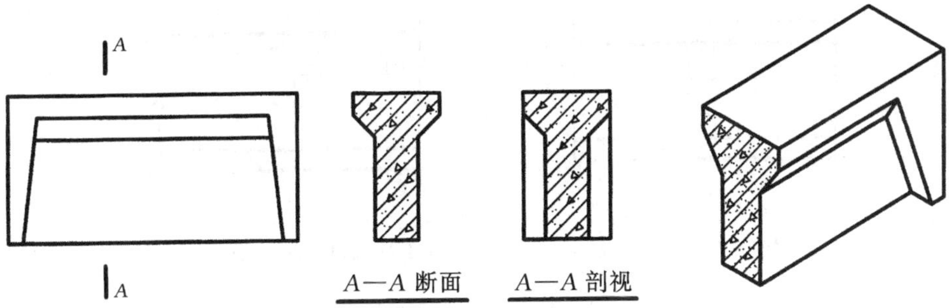

图 8-27 断面图与剖视图的区别

1. 移出断面图

画在视图之外的断面称为移出断面图，如图 8-28 所示。

2. 重合断面图

画在视图之内的断面称为重合断面图，如图 8-29 所示。

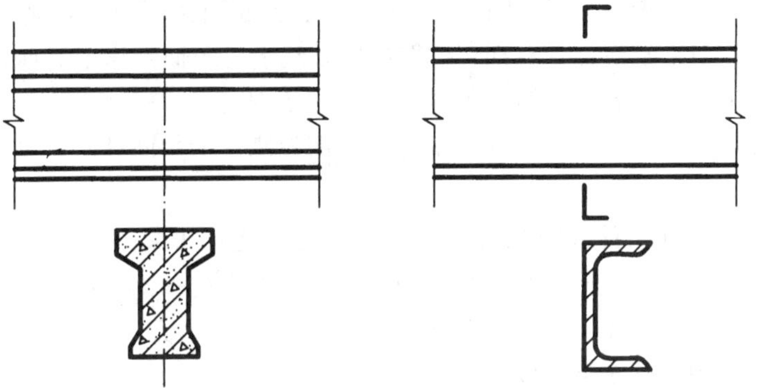

(a) 断面对称，并配置在剖切位置的延长线上，可不标注

(b) 断面不对称，并配置在剖切位置的的延长线上，只能省略字母

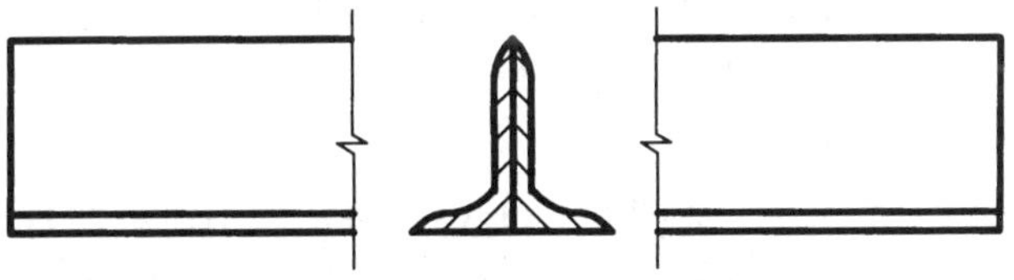

(c) 断面对称，并配置在视图中断处，可不标注

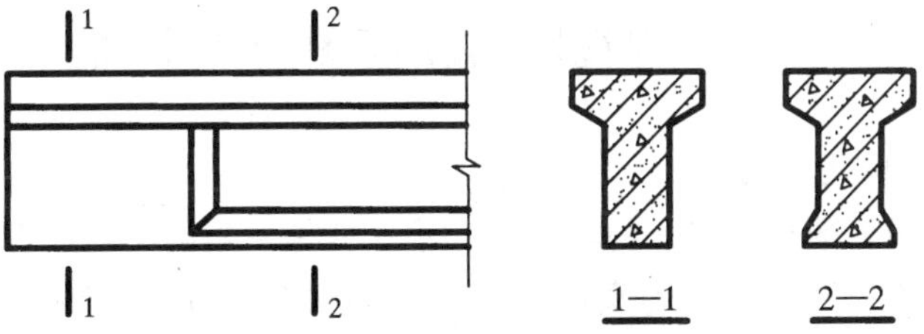

(d) 断面对称，并按投影关系配置，可省略投射方向线，编号应写在投射方向一侧

图 8-28 移出断面图

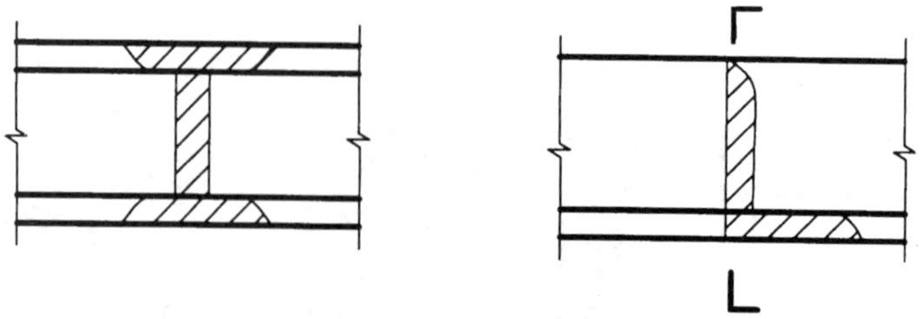

(a) 重合断面图对称，可不标注　　(b) 重合断面图不对称应标注，但可省略字母

图 8-29　重合断面图

三、移出断面图的画法与标注

1. 移出断面图的画法要点

移出断面图的画法与剖视相同，只是仅画出断面形状，移出断面是独立存在的图形，其轮廓线应用粗实线绘制。

2. 移出断面图的配置与标注

(1) 如果移出断面配置在剖切位置的延长线上且断面图形对称，则可不标注，如图 8-28 (a) 所示；如果断面配置在剖切位置的延长线上且断面图形不对称，则应标注剖切位置线与投射方向线，可省略字母，如图 8-28 (b) 所示。

(2) 当断面图形对称，且移出断面配置在视图轮廓线的中断处时，可以不标注，如图 8-28 (c) 所示。

(3) 移出断面也可配置在图纸的其他适当位置，这时如果图形对称或按投影关系配置，则可省略投射方向线，但编号应写在剖切后的投射方向一侧，如图 8-28 (d) 所示。

除此之外断面应全标注，方法同全剖视图。

四、重合断面图的画法与标注

1. 重合断面图的画法要点

重合断面图的轮廓线规定用细实线绘制。当视图中的轮廓线与重合断面的图形重合时，视图中的轮廓线仍应连续画出，不可间断。

2. 重合断面图的配置与标注

对称的重合断面图可不标注，如图 8-29 (a) 所示。不对称的重合断面图应标注剖切位置线，并用粗实线表示投射方向，但可不标注字母，如图 8-29 (b) 所示。

第四节　剖视图与断面图的规定画法

一、剖视图中的不剖画法

对于构件支撑板、薄壁和实心的轴、柱、梁、杆等，当剖切平面平行于其轴线或中心线时，这些结构按不剖绘制，用粗实线将它与相邻部分分开，见图 8-30 (a) 中 A—A 剖视图中的闸墩和图 8-30 (b) 中 B—B 断面图中的支撑板。

二、剖视图与断面图中的分界线

在绘制剖视图和断面图时，为了清晰表达建筑物中各种材料和各种结构的分缝（如伸

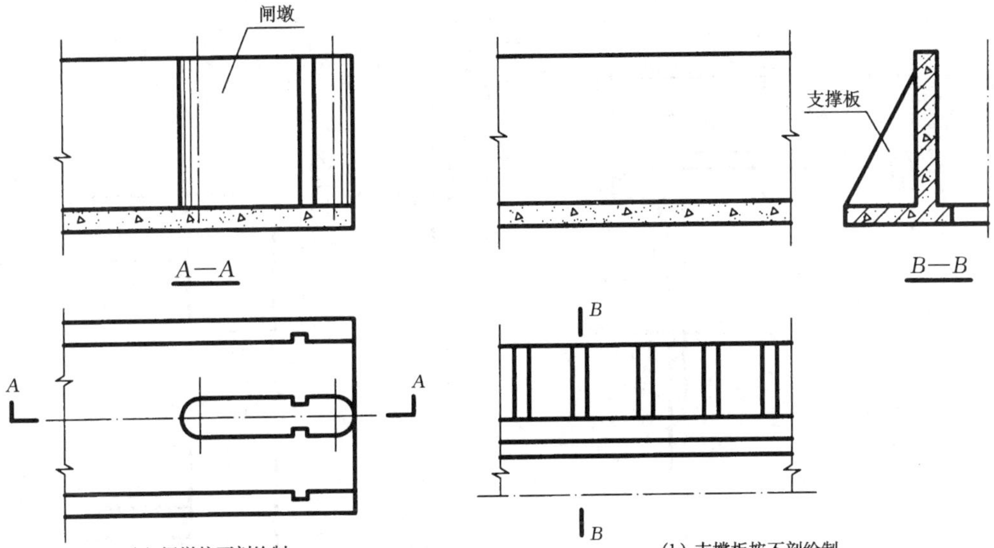

图 8-30　不剖画法

缩缝、沉陷缝），无论它们是否在同一平面内，在不同材料和结构分缝处要用粗实线画出分界线，如图 8-31 所示。

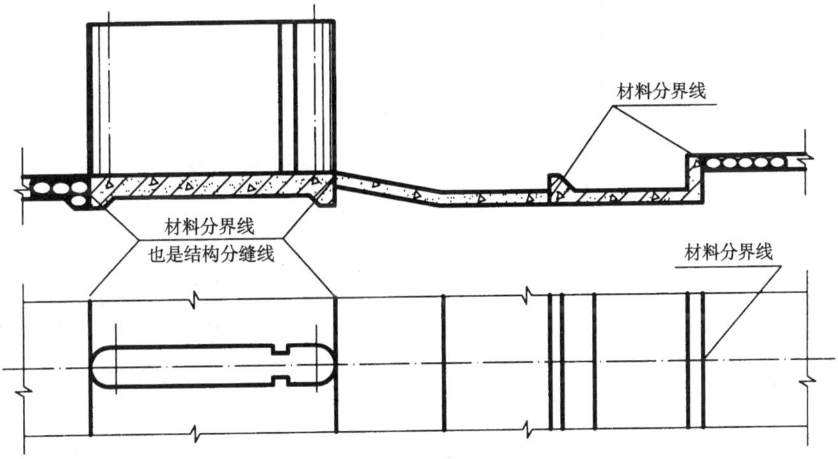

图 8-31　分界线

第五节　剖视图与断面图的识读

前面介绍了表达工程形体的一些常用方法，在实际设计中，常常采用剖视图、断面图与其他视图配合的方式，即综合运用上述方法将工程形体的内外形状完整、清晰地表达出来。

阅读剖视图与断面图的基本方法仍然是形体分析法与线面分析法，但应结合剖视图与断面图的特点阅读。下面以图 8-32 所示钢筋混凝土 U 形薄壁渡槽槽身结构图为例，说明剖视图与断面图的读图方法。

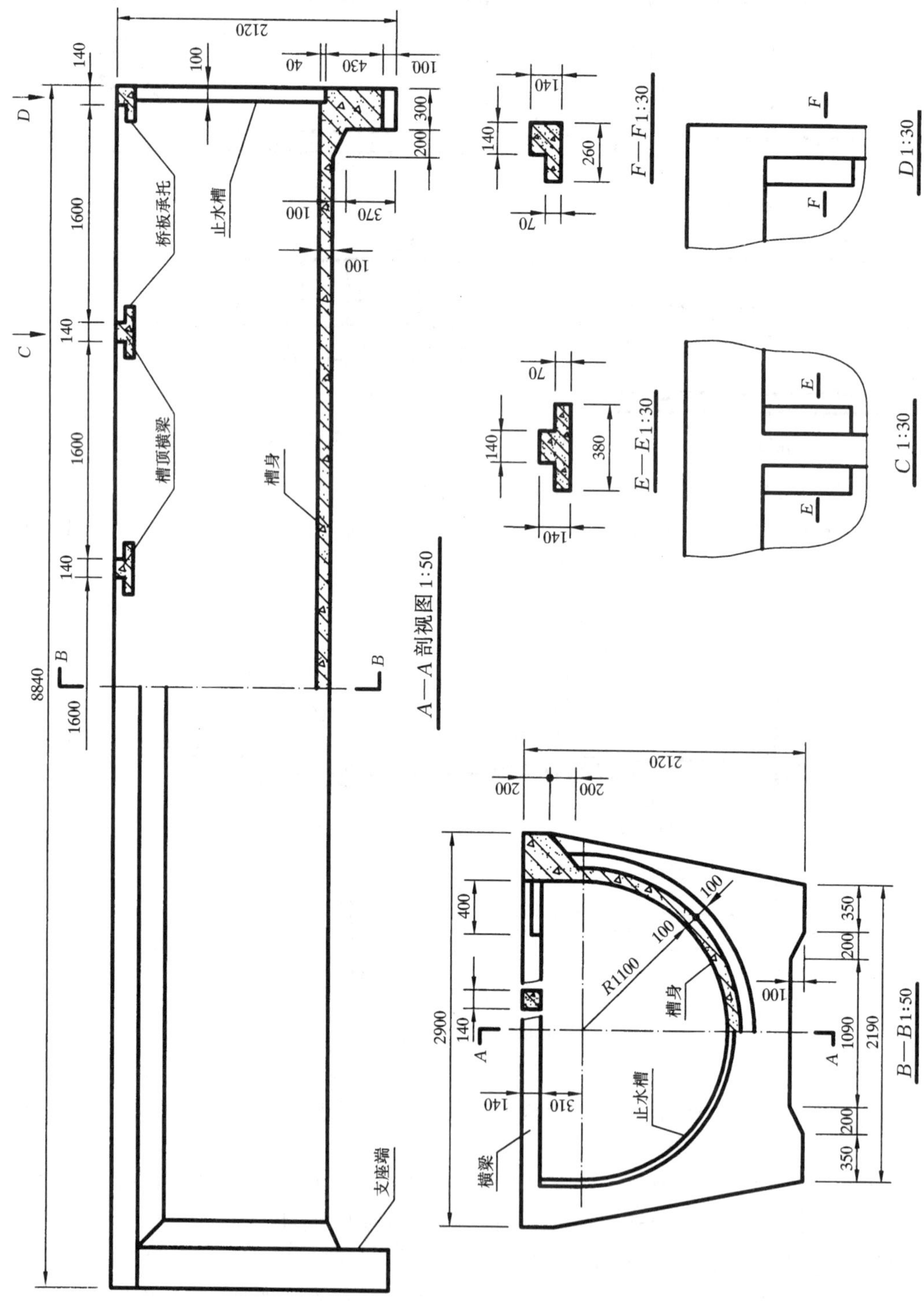

图 8-32 钢筋混凝土 U 形薄壁渡槽槽身结构图

一、分析视图

图 8－32 中，$A—A$ 是半剖视图，它的剖切位置标注在 $B—B$ 剖视图中，$A—A$ 剖视图的剖切平面通过槽身前后对称轴线，投射方向从前向后。$B—B$ 也是半剖视图，它的剖切位置标注在 $A—A$ 剖视图中，剖切平面通过槽身左右对称线，且垂直于渡槽轴线，投射方向由左向右。在 $A—A$、$B—B$ 剖视图中，一半表达槽身外部轮廓，一半表达槽身内部结构。C 视图和 D 视图是两个局部视图，由 $A—A$ 剖视图可知，其投影方向是由上向下，它们均是俯视图的一部分。$E—E$ 断面图和 $F—F$ 断面图是两个移出断面图，在 C 视图和 D 视图上标出了它们的剖切位置和投射方向。在 $B—B$ 剖视图上，还有一个表示横梁断面的移出断面图。

二、分部分想形状

看 $A—A$ 剖视图：渡槽分为三大部分，两端为支座端、中部为槽身薄壳、上部为横梁（六个）和桥板承托。从 $A—A$ 剖视图可看出渡槽的槽身长度、槽身薄壳的厚度、支座的厚度、支座与横梁的连接及横梁的分布。

看 $B—B$ 剖视图：从左半外形部分可以看出支座端的实形和止水槽的实形，结合 $A—A$ 剖视图可以看出支座的形状为底面为 $B—B$ 所示的直棱柱体，支座与槽身薄壳在外表面连接处为圆台面。从 $B—B$ 剖视图的右半内形部分可以看出，槽身薄壳的形状为 U 形筒（即过水断面为 U 形），渡槽上部有横梁支撑，横梁断面为正方形。

横梁与槽身薄壳的连接方式、桥板撑托的平面形状可从 C 和 D 局部视图中看出，$E—E$ 和 $F—F$ 断面表达了横梁及承托连接处的断面图实形。另外，从图 8－32 可知，该渡槽使用的建筑材料为钢筋混凝土。

三、综合起来想象出整体形状

将以上分析的各部分按图 8－32 中所示位置综合起来进行构思，就可以想象出渡槽的整体形状，如图 8－33 所示。

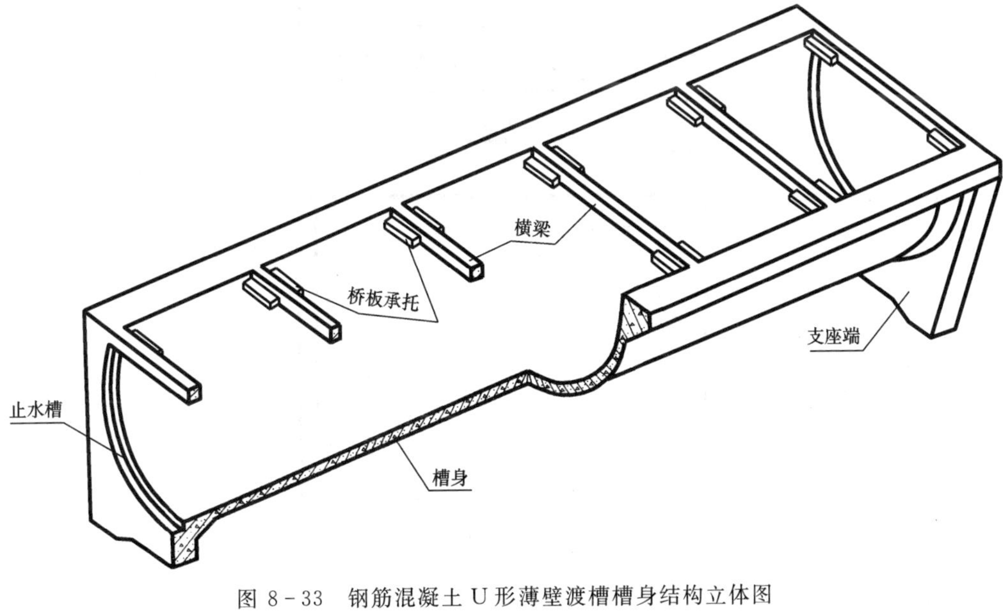

图 8－33　钢筋混凝土 U 形薄壁渡槽槽身结构立体图

第六节 常用的简化画法

一、对称图形的简化画法

当图形对称时，可以只画对称的一半，但须在对称线上加注对称符号，如图 8-34（a）所示涵洞平面图。对称符号是细实线，其规定画法如图 8-34（b）所示。

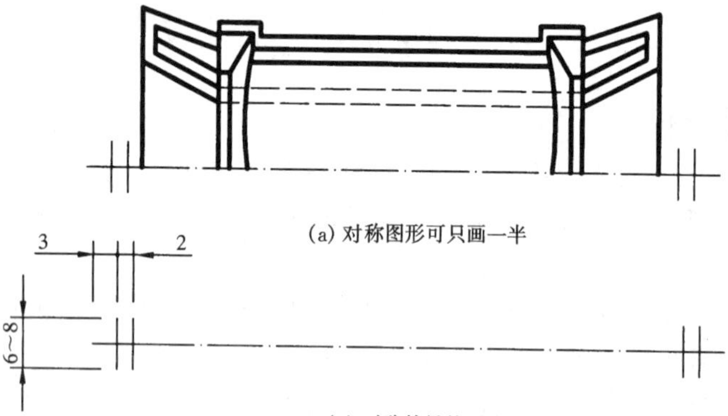

(a) 对称图形可只画一半

(b) 对称符号的画法

图 8-34 对称图形的简化画法

二、相同要素的简化画法

对于图样中的一些细小结构，当其成规律分布时，可以简化绘制，如图 8-35 所示排水孔的画法。消力池底板上的排水孔成规律分布，可只画出一个（或几个）圆孔，其余只画出中心线，表示位置。

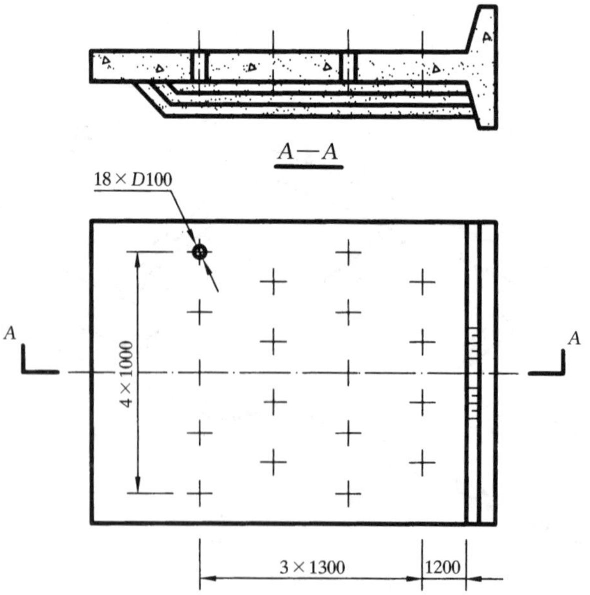

图 8-35 均布小结构的简化画法

三、断开画法

较长的图形，当沿长度方向的形状一致或按一定的规律变化时，可以断开绘制，如图8－36所示。

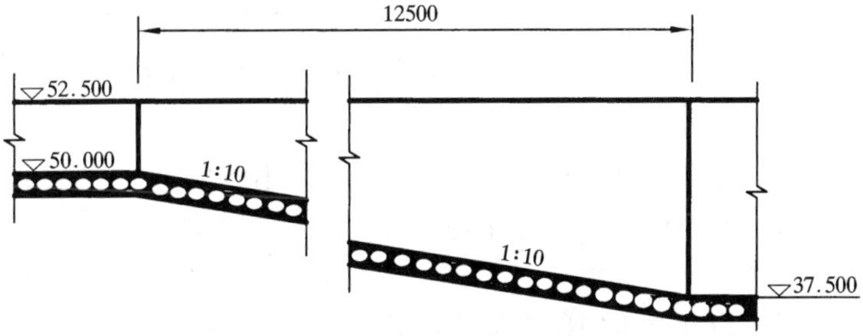

图 8－36　断开画法

断开处折断符号的画法及应用见表8－1。

表 8－1　　**折断符号的画法及用途**

折断符号	画法及用途
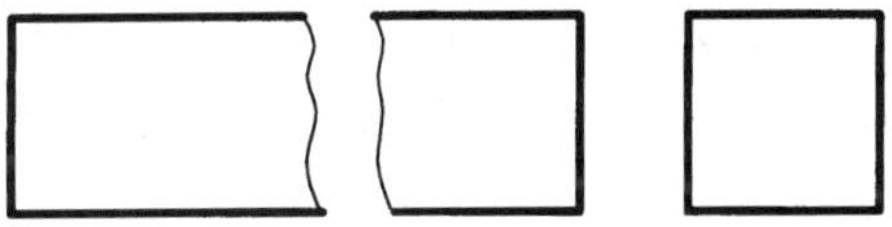	波浪线，用细实线徒手绘制，适用于任何材料和任何形状的物体
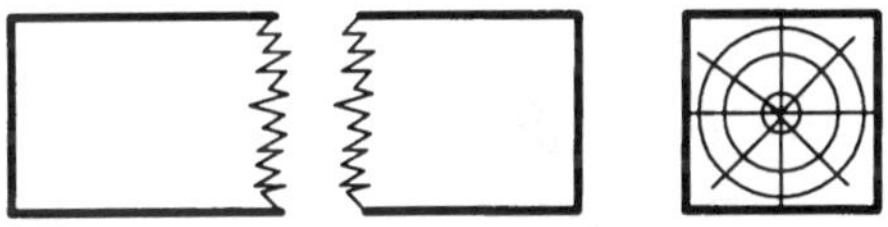	锯齿形线，用细实线徒手绘制，适用于木材
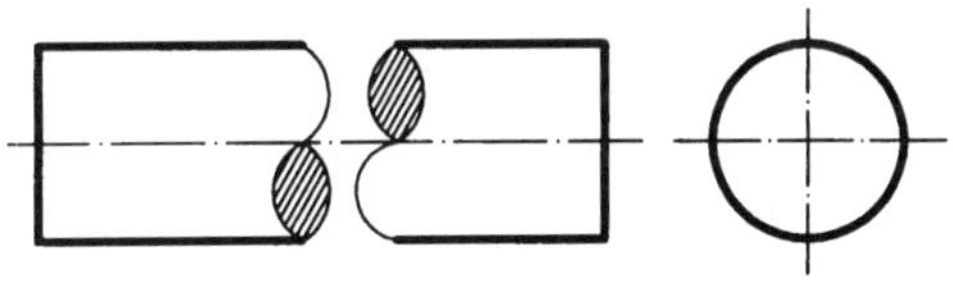	δ 形线，用细实线徒手绘制，适用于任何材料的实心圆柱体
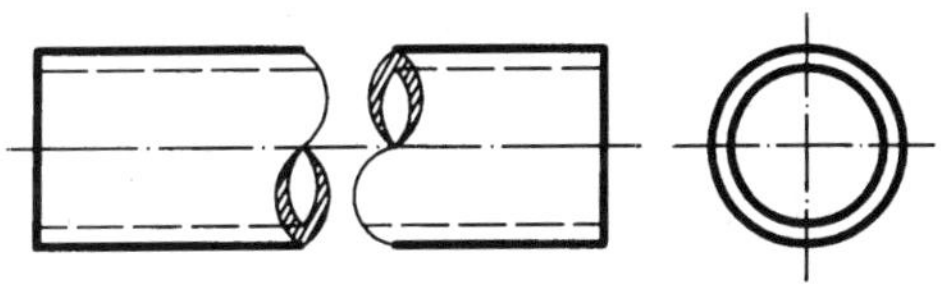	双 δ 线，用细实线徒手绘制，适用于任何材料的空心圆柱体
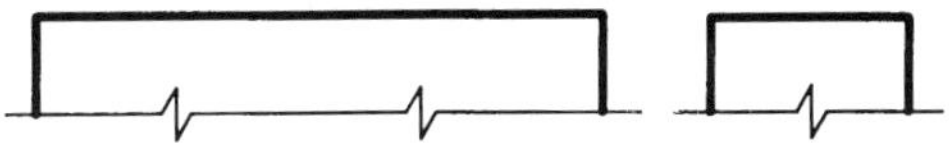	双折线为细实线，用直尺绘制，两端超出轮廓线3～5mm，适用于折断部分较长的物体，水工、路桥图中用得较多，可以作为通用的折断符号

复习思考题（单项选择题）

1. 六个基本视图的名称（　　）。

(a) 只标注后视图　　(b) 只标注右视图

(c) 都不标注　　(d) 不标注主视图

2. 向视图的名称（　　）。

(a) 可标注　　(b) 必须标注　　(c) 不能标注　　(d) 可不标注

3. 基本视图的方位与空间相反的视图是（　　）。

(a) 主视图　　(b) 后视图　　(c) 俯视图　　(d) 仰视图

4. 画局部视图时，应在基本视图上标注出（　　）。

(a) 投射方向　　(b) 名称

(c) 投射方向和相应字母　　(d) 不标注

5. 斜视图是向（　　）。

(a) 不平行于任何基本投影面的辅助平面投影　　(b) 基本投影面投影

(c) 水平投影面投影　　(d) 正投影面投影

6. 局部视图与斜视图的实质区别是（　　）。

(a) 投影部位不同　　(b) 投影面不同　　(c) 投影方法不同　　(d) 画法不同

7. 假想用正平剖切面将物体剖开，移去物体前面的部分，将剩余部分向投影面投射，并画出剖面符号的图形是（　　）。

(a) 左视图　　(b) 主视图　　(c) 剖视图　　(d) 断面图

8. 选择全剖视图的条件是（　　）。

(a) 外形简单内部复杂的物体　　(b) 非对称物体

(c) 外形复杂内部简单的物体　　(d) 对称物体

9. 若主视图作剖视，应该在哪个视图上标注剖切位置和投射方向（　　）。

(a) 主视图　　(b) 俯视图或左视图

(c) 后视图　　(d) 任意视图

10. 同一物体各图形中的剖面符号（　　）。

(a) 间距可不一致　　(b) 无要求

(c) 必须方向一致　　(d) 方向必须一致并要间隔相同

11. 半剖视图中视图部分与剖视部分的分界线是（　　）。

(a) 点画线　　(b) 波浪线　　(c) 粗实线　　(d) 虚线

12. 阶梯剖视图所用的剖切平面是（　　）。

(a) 一个剖切平面　　(b) 两个相交的剖切平面

(c) 两个剖切平面　　(d) 几个平行的剖切平面

13. 移出断面图在下列哪种情况下要全标注（　　）。

(a) 按投影关系配置的断面

(b) 放在任意位置的对称断面

（c）配置在剖切位置延长线上的断面

（d）不按投影关系配置也不配置在剖切位置延长线上的不对称断面

14. 重合断面图应画在（　　）。

（a）视图的轮廓线以外　　（b）剖切位置线的延长线上

（c）视图轮廓线以内　　（d）按投影关系配置

第九章 建筑物中常见的曲面

在工程建筑物中，为了使水流平顺，改善建筑物的受力状况或增强工程结构的功能，某些表面往往做成有规则的曲面。例如过水的溢流坝面，桥墩、闸墩的头部，拱桥和拱圈，护坡等。本章重点阐述水利和路桥工程中常见曲面的形成和表示方法。

第一节 概 述

一、曲面的形成

曲面由一条动线在一定约束条件下运动而形成。这根运动的直线或曲线称为母线，母线在曲面上的任意位置时称为素线。

母线在运动时所受的约束，称为运动的约束条件。约束条件中，约束母线运动状况的直线或曲线称为导线，约束母线运动状态的平面称为导平面，约束母线运动状态的点称为定点。不同的母线或不同的约束条件，即可形成不同的曲面。图 9－1（a）所示的柱面，是直母线 AA_1，沿曲导线 AB 运动并始终平行于不动的直导线 MN 而形成的。

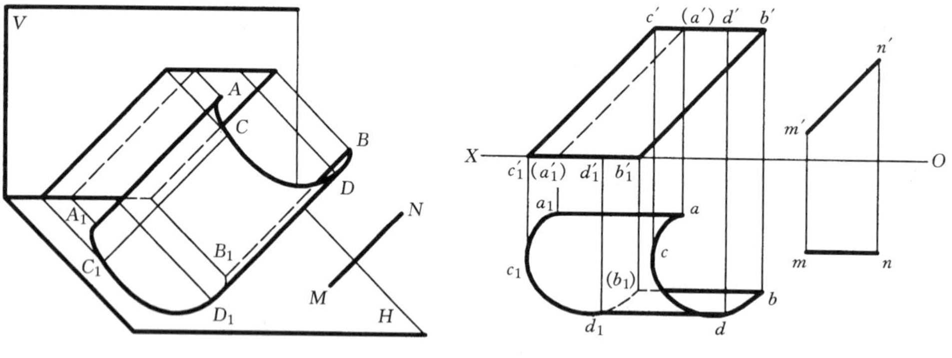

(a) 曲面的形成

(b) 曲面的表示方法

图 9－1 曲面的形成和表示法

二、曲面的分类

曲面按母线的形状可分为直线面和曲线面两类。凡是可以由直母线运动而形成的曲面，均称为直线面；只能由曲母线运动而形成的曲面，称为曲线面。

曲面按母线的运动方式可分为回转面和非回转面两类。由母线绕一轴线旋转而形成的曲面，称为回转面；由母线根据其他约束条件运动而形成的曲面，称为非回转面。

曲面按是否能摊平，又可分为可展曲面与不可展曲面。

曲面的种类较多，比较常见的如图 9-2 所示。

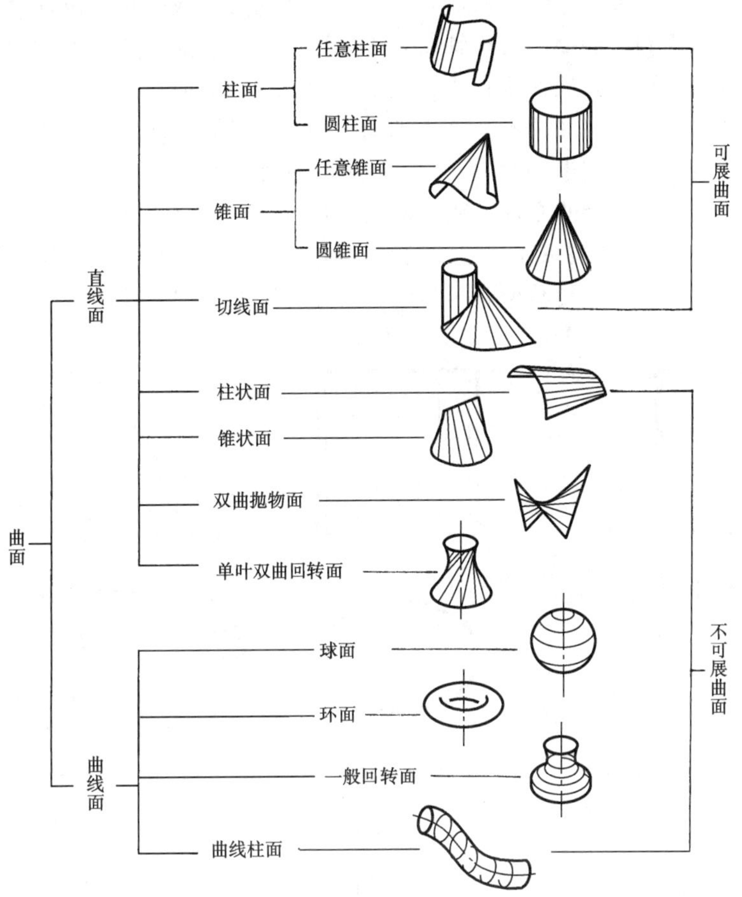

图 9-2　常见曲面的分类

三、曲面的表示法

一个曲面的投影应包括以下内容：

(1) 形成曲面的几何元素。图 9-1 (b) 中画出的 AA_1、AB、MN 的投影。

(2) 曲面边界的投影。图 9-1 (b) 中画出的 AA_1、BB_1、$ACDB$、$A_1C_1D_1B_1$ 的投影。

(3) 曲面轮廓素线的投影。图 9-1 (b) 中画出的 $c'c_1'$、dd_1。由图 9-1 (a) 可看出，CC_1 是柱面的正向轮廓素线，只需在正面投影中画出，DD_1 是柱面的俯向轮廓素线，只需在水平投影中画出。

在工程图样中曲面常用曲面边界和曲面轮廓素线的投影并加画一系列素线的投影来表示。

第二节　柱 面 与 锥 面

一、柱面

直母线沿曲导线移动，并始终平行于另一直导线所形成的曲面称为柱面。柱面上所有素线均相互平行。

柱面以正截面（垂直于轴线的截面）的形状和底面与轴线的相对位置命名。

柱面的正截面为圆，底面垂直于轴线，称为正圆柱面，如图 9-3（a）所示。

柱面的正截面为椭圆，底面垂直于轴线，称为正椭圆柱面，如图 9-3（b）所示。

柱面的正截面为椭圆，底面不垂直于轴线，称为斜椭圆柱面，如图 9-3（c）所示。

制图标准规定，在可见柱面上的无积聚投影中要用细实线绘制若干素线。图 9-3（a）表示了绘制直线面素线的原理。从理论上说，可等分其导线（导线为圆时即为等分圆周），过等分点按投影对应关系在相应的视图中画出素线。在实际绘图时，不必严格等分导线，可按越靠近轮廓素线越稠密、越靠近轴线越稀疏的规律，控制素线的疏密。

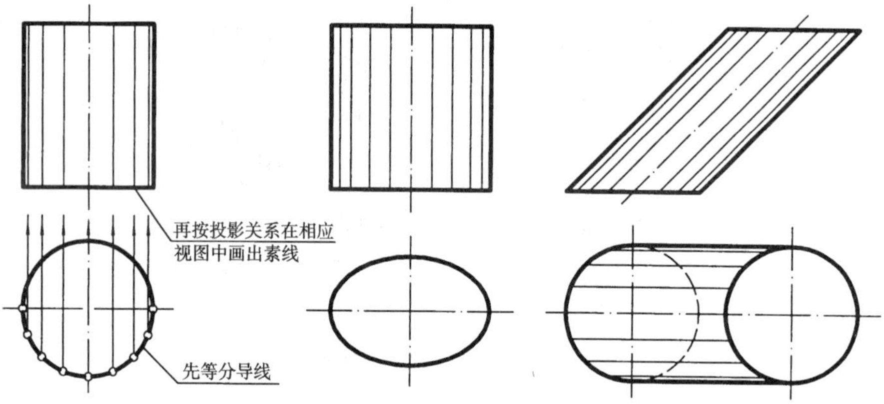

(a) 正圆柱与绘制素线的原理　(b) 正椭圆柱面　(c) 斜椭圆柱面

图 9-3　常用柱面的表示方法

画斜椭圆柱的投影和画正圆柱一样，需要画出上底面、下底面、柱面的轮廓素线及轴线的投影。由图 9-4 可看出，斜椭圆柱的投影有以下特点：

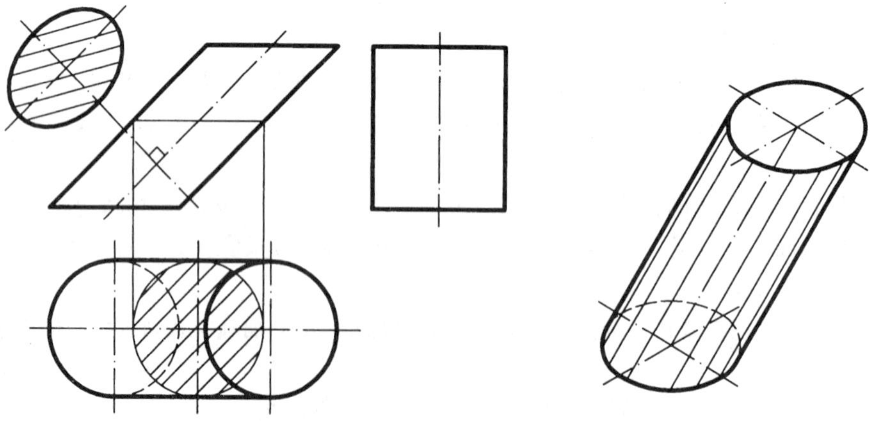

图 9-4　斜椭圆柱的投影分析

（1）三个投影都没有积聚性，在反映底面实形的投影中两底面的投影不重合；

（2）平行底面的截交线是与底面直径相等的圆；

（3）垂直轴线的截交线为椭圆；

（4）所有素线均与轴线平行。

图 9-5 是柱面在工程中的应用实例。

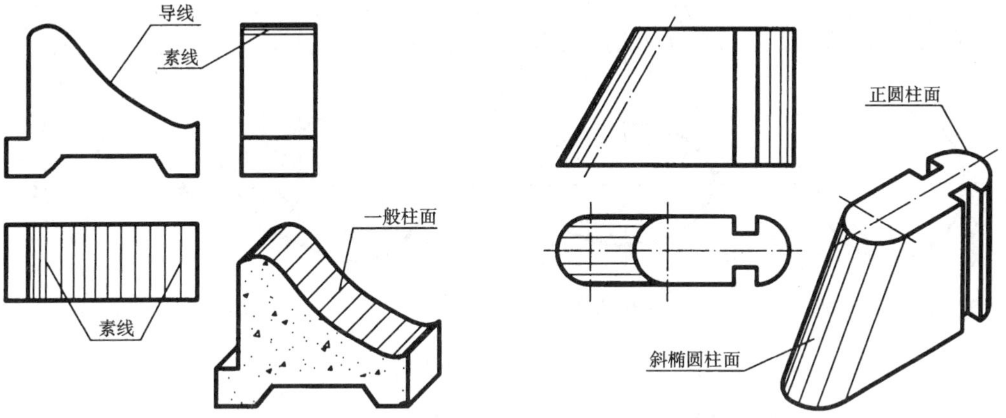

(a) 溢流坝段　　(b) 闸墩

图 9-5　柱面的应用实例

二、锥面

直母线沿着曲导线移动，并始终通过一定点所形成的曲面称为锥面，如图 9-6 所示。

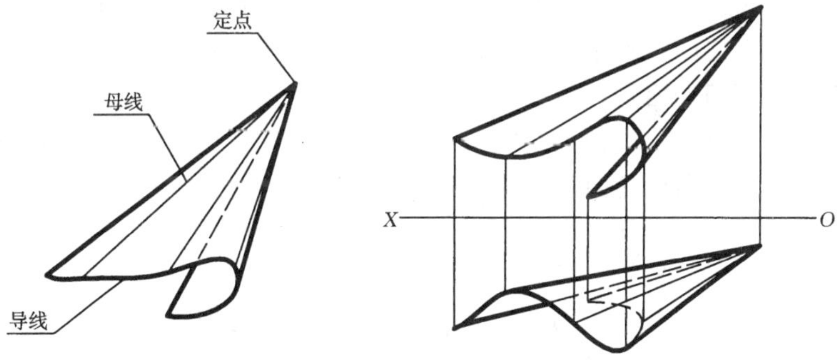

(a) 形成　　(b) 投影图

图 9-6　锥面的形成

锥面也是以正截面（垂直于轴线的截面）的形状和底面与轴线的相对位置命名的。

锥面的正截面为圆，底面垂直于轴线，称为正圆锥面，如图 9-7（a）所示。

锥面的正截面为椭圆，底面垂直于轴线，称为正椭圆锥面，如图 9-7（b）所示。

锥面的正截面为椭圆，底面不垂直于轴线，称为斜椭圆锥面，如图 9-7（c）所示。

锥面素线的画法原理与柱面相同。

画斜椭圆锥的投影和画正圆锥基本一样，需要画出底面、锥尖、锥面的轮廓素线和圆

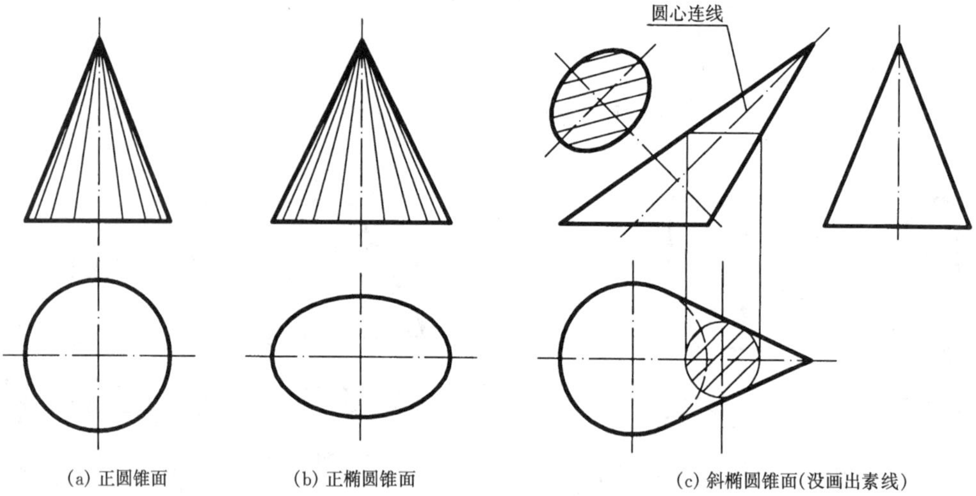

图 9－7　常用锥面的表示方法

中心线的投影，但一般不画轴线，而是画出圆心连线，如图 9－7（c）所示。由图 9－7 可看出，斜椭圆锥面的投影有以下特点：

（1）平行底面截出的截交线为直径不相等的圆。

（2）垂直轴线截出的截交线为一系列大小不等的椭圆。

（3）所有素线都通过锥尖。

图 9－8 所示的方圆渐变面是斜椭圆锥面在工程上的应用实例。在工程中，引水洞洞身通常设计成圆形断面，而在进、出口处为了安装闸门的需要，往往设计成矩形断面，在矩形断面和圆形断面之间，常用一个由矩形逐渐变化成圆形的过渡段来连接，这个过渡段的迎水表面称为方圆渐变面。

图 9－9（a）为方圆渐变面的立体图。方圆渐变面由四个三角形平面和四个部分斜椭圆面组成。矩形的四个角就是四个部分斜椭圆锥的锥顶，圆周的四段圆弧就是四个部分斜

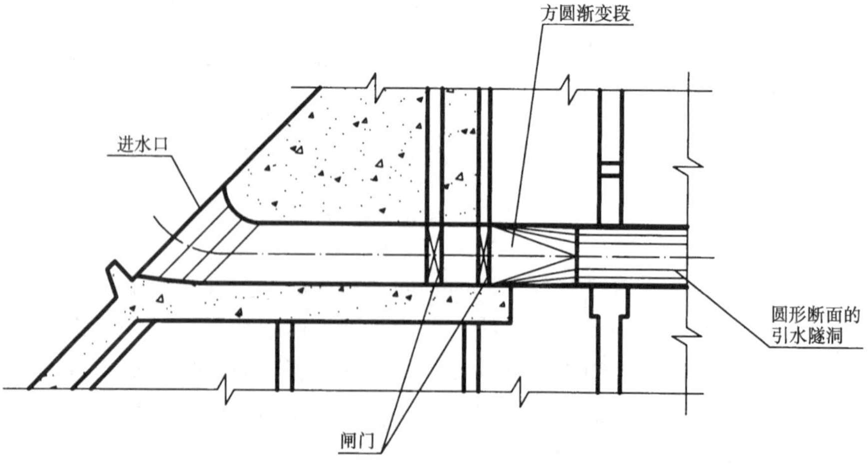

图 9－8　斜椭圆锥面的应用实例

椭圆锥面的底圆，四个三角形平面与四个部分斜椭圆锥面平滑相切。方圆渐变面一般用三视图和必要的断面图来表示。

图 9-9（b）所示是方圆渐变面的三视图，与圆锥曲面一样，方圆渐变面中的锥面上要画出素线。

图 9-9（c）所示是方圆渐变面的断面图，方圆渐变面的横断面是带四个圆角的矩形，其中圆角半径 r_1 和直线段长度 b_1、h_1 都随剖切位置的不同而变化。绘制该断面图的步骤是：

（1）在主视图和俯视图的剖切位置量得各部分尺寸；

（2）根据 b_1、h_1 定圆心画出四段圆弧；

（3）然后画出四条公切线；

（4）标注 b_1、h_1、r_1 尺寸。

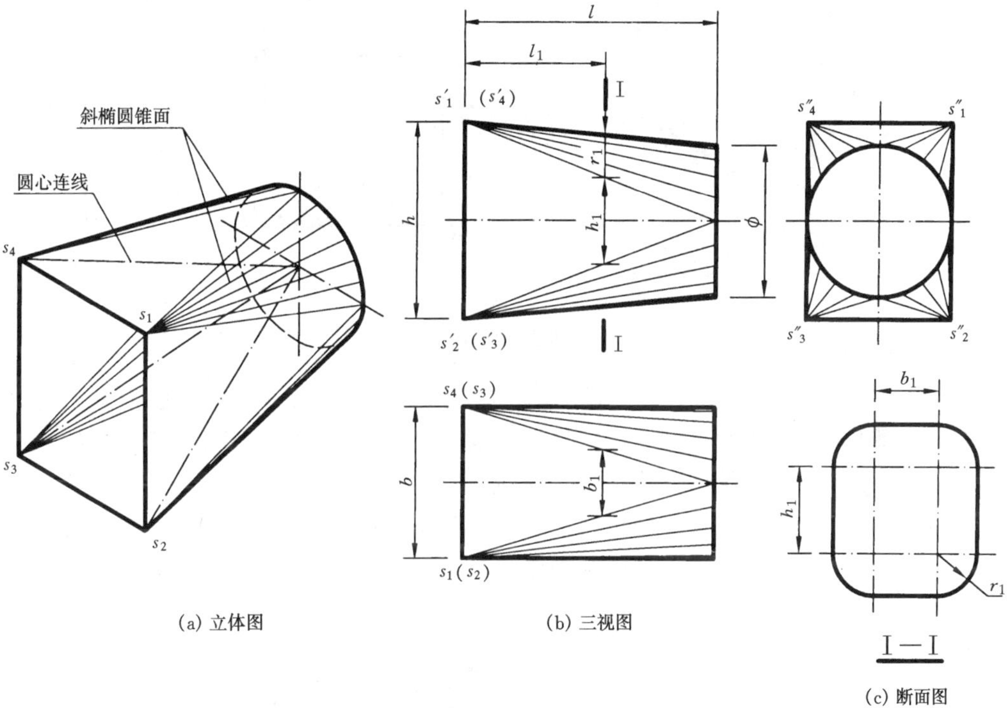

(a) 立体图　(b) 三视图　(c) 断面图

图 9-9　方圆渐变面的表示方法

第三节　扭　曲　面

在水利工程中，把扭平面、扭锥面、扭柱面统称为扭面或扭曲面。在几何学中，扭平面称为双曲抛物面，扭锥面称为锥状面，扭柱面称为柱状面。

一、扭平面（双曲抛物面）

工程中常把应用最多的扭平面直接称为扭面或扭曲面。

1. 扭（平）面的形成和表示方法

扭（平）面的形成如图 9-10（a）所示：扭面 $ABCD$ 可以看作是一条直母线 AB，沿着两条交叉直导线 AD（侧平线）、BC（铅垂线）移动，并始终平行于一个导平面 H（水平面）所形成的曲面；扭面 $ABCD$ 也可以看作是一条直母线 AD，沿着两条交叉直导线 AB（水平线）、DC（侧垂线）移动，并始终平行于一个导平面 W（侧平面）所形成的曲面。在扭面形成过程中，母线运动时每一个空间位置称为扭面的素线。同一扭面有两种方式形成，也就有两组素线。图 9-10（a）中素线Ⅰ—Ⅰ、Ⅱ—Ⅱ…都是水平线，素线Ⅰ′—Ⅰ′、Ⅱ′—Ⅱ′…都是侧平线，同一组素线之间是交叉直线关系。

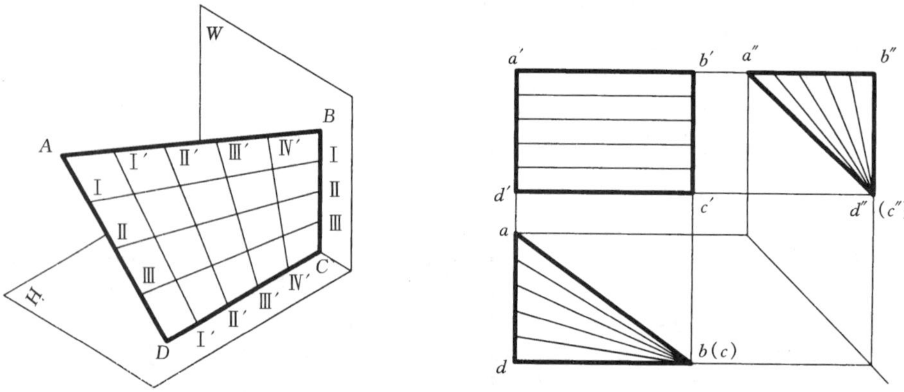

(a) 形成　　(b) 投影图

图 9-10　扭面的形成和表示方法

扭（平）面的表示方法如图 9-10（b）所示：画出四条边线和素线的投影。为了能清楚表示扭面上的两组素线，制图标准规定：扭面的主视图、俯视图上画水平素线，左视图上画侧平素线。素线的绘制方法是：等分两导线，连接对应点。

图 9-11 所示的扭面过渡段是扭（平）面在工程中的应用实例。在水工建筑物中，控制水流部分的断面一般为矩形，而灌溉渠道的断面一般为梯形，为使水流平顺及减少水头

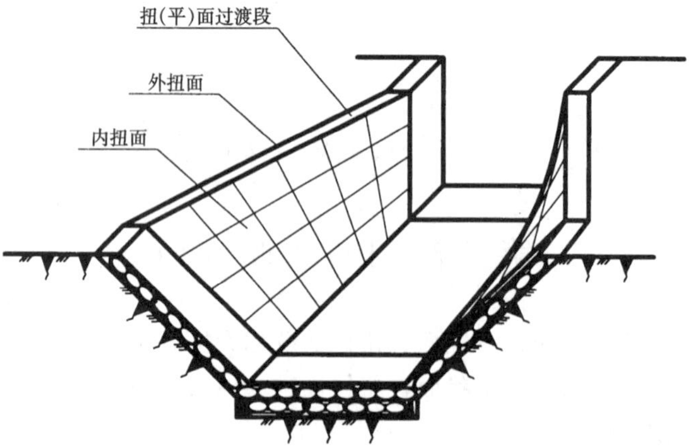

图 9-11　扭面应用实例

损失，由矩形断面变为梯形断面之间常用一个扭面过渡段来连接，该过渡段的内外表面都是扭面，其内扭面即为图 9－10 所示的 ABCD 扭面。

同理可分析该扭面过渡段中外扭面的形成和表示方法，如图 9－12 所示。

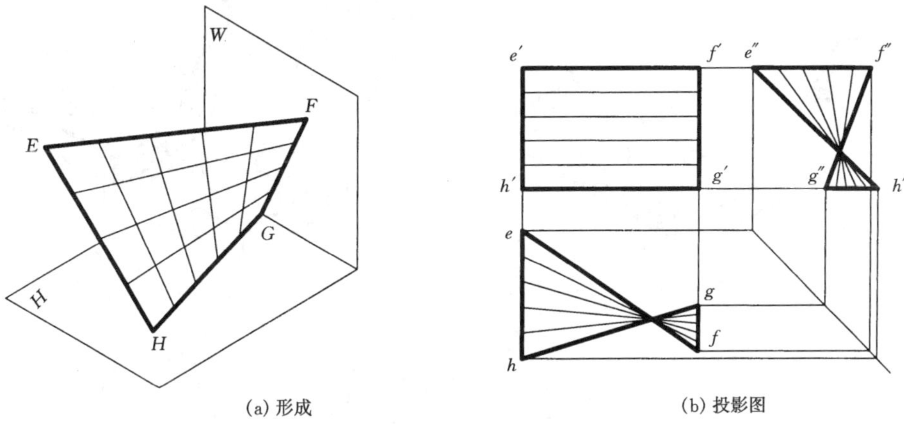

图 9－12　外扭面的形成和表示方法

2. 扭（平）面过渡段的画法

如图 9－13（a）所示，过渡段有扭面翼墙及底板构成。绘制扭面过渡段，应先按形体分析法画出底板梯形柱体，再画扭面翼墙。

扭面翼墙分析：扭面翼墙由梯形端面 BCGF、平行四边形端面 ADHE、内扭面 ABCD、外扭面 EFGH、顶面 ABFE、底面 CDHG 六个面组成，起控制作用的是翼墙两个端面的形状和位置。

扭面翼墙三视图的画法步骤（一般采用端面法）：

（1）先画出扭面翼墙的两端面；

（2）连翼墙各侧棱；

（3）绘制内、外扭面的可见素线（看不见的素线一律不画），如图 9－13（b）所示。

扭面翼墙断面分析：图 9－13（c）所示是扭面过渡段 A—A 断面图。该翼墙迎水面和背水面都是扭面，剖切平面 A—A 是侧平面，它与两个扭面的侧平素线平行，因此与两个扭面的交线都是直线，翼墙的断面形状是四边形，底板的断面形状为矩形。

扭面翼墙断面图的画法步骤：

（1）先标注剖切位置；

（2）沿剖切线量取尺寸画底板断面；

（3）沿剖切线量取尺寸画翼墙断面；

（4）擦去断面中两者的分界线；

（5）画剖面材料符号；

（6）注断面名称。

二、扭锥面（锥状面）

锥状面是由直母线沿着一根直导线和一根曲导线移动，并始终平行于一个导平面而形

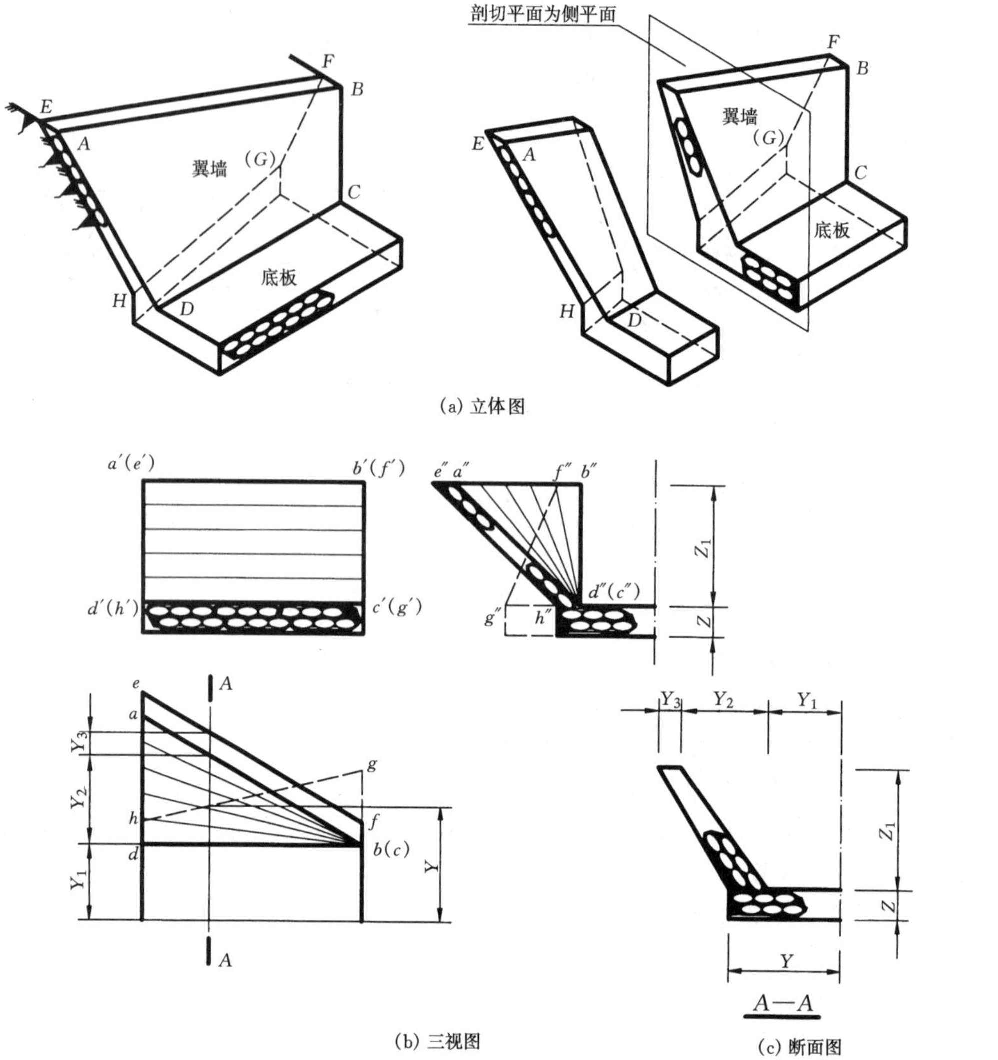

(a) 立体图

(b) 三视图　　(c) 断面图

图 9－13　扭面过渡段的画法

成的，如图 9－14（a）所示。母线 AC 沿着直导线 CD 和曲导线 AB 移动，并始终平行于铅垂的导平面 P，当导平面为侧平面时，锥状面上只有一组侧平素线。该锥状面的表示方法如图 9－14（b）所示。绘制锥状面上素线的原理和方法与圆柱面相同。

图 9－14（c）所示的桥台护坡，是锥状面在工程中的应用实例。

三、扭柱面（柱状面）

柱状面是由直母线沿着两根曲导线移动，并始终平行于一个导平面而形成的，如图 9－15（a）所示。柱状面的直母线 AC 沿着曲导线 AB 和 CD 移动，并始终平行于铅垂的导平面 P，当导平面为侧平面时，柱状面上只有一组侧平素线。该柱状面的表示方法如图 9－15（b）所示。绘制柱状面上素线的原理和方法与圆柱面相同。

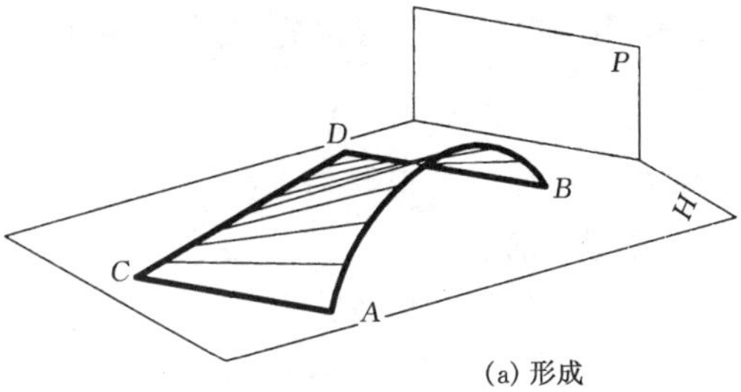

(a) 形成

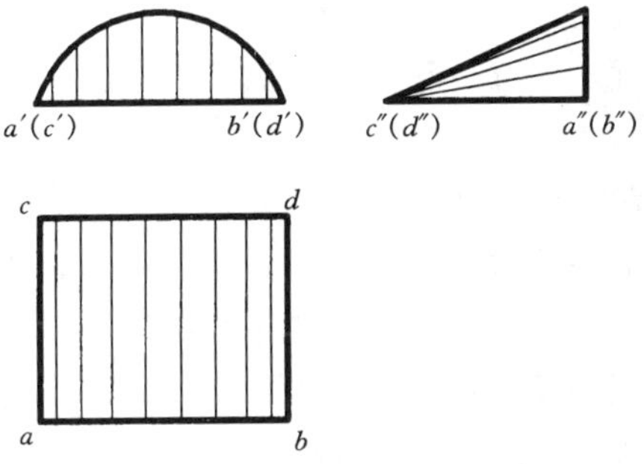

(b) 投影图

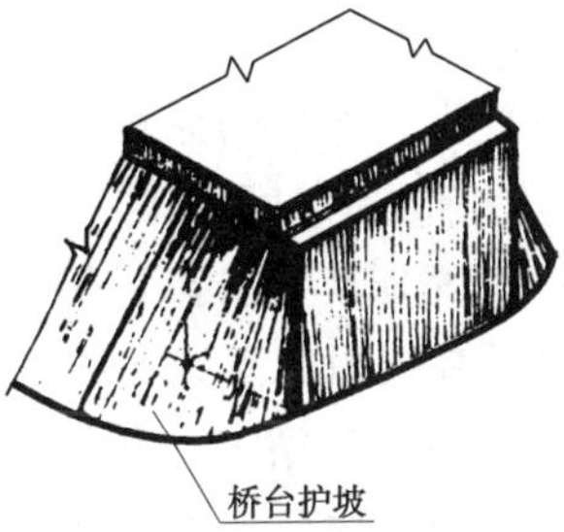

(c) 实例

图 9-14　锥状面的形成、表示方法和应用

图 9-15（c）所示的立交桥护坡，是柱状面在工程中的应用实例。

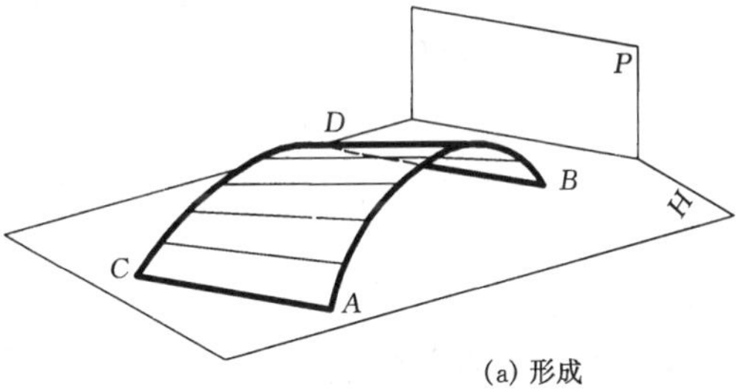

(a) 形成

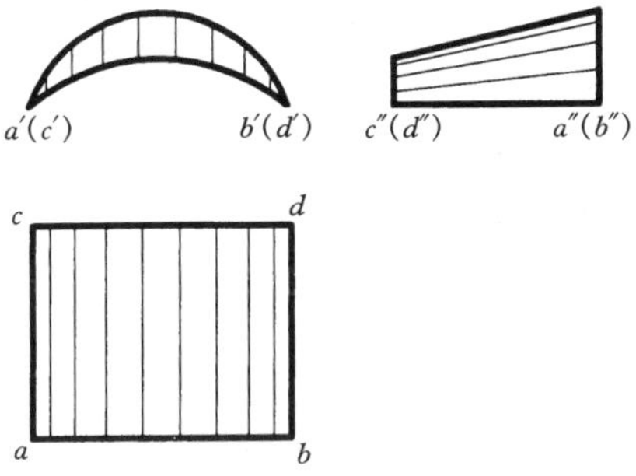

(b)投影图

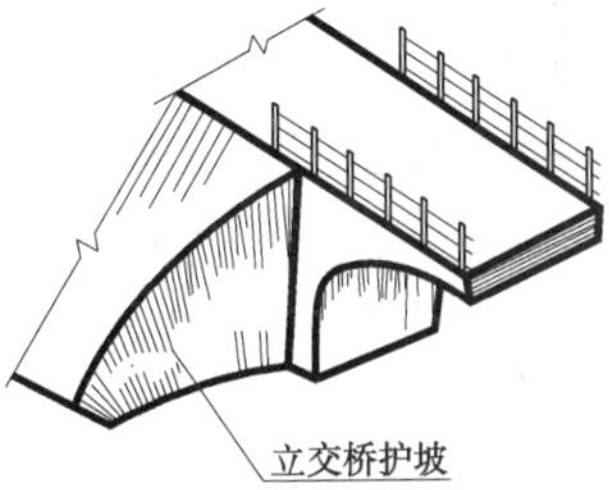

(c) 实例

图 9-15　柱状面的形成、表示方法和应用

复习思考题（单项选择题）

1. 柱面和锥面是以（　　）。

（a）正截面（垂直于轴线的截面）的形状命名

（b）底面与轴线的相对位置命名

（c）截面的形状和底面与轴线的相对位置命名

（d）正截面的形状和底面与轴线的相对位置命名

2. 正截面为圆，底面与轴线倾斜的锥面是（　　）。

（a）正圆锥面　（b）正椭圆锥面　（c）斜椭圆锥面　（d）斜圆锥面

3. 绘制直线面素线的原理是（　　）。

（a）所有视图中素线均按等间距绘制

（b）先等分其导线，过等分点按投影对应关系在相应的视图中画出素线

（c）所有视图中素线均按中间间距大、两边间距逐渐变小绘制

（d）先等分其导线，其他视图中素线随意绘制

4. 实际绘图中柱面上素线的画法是（　　）。

（a）大致控制从轴线到轮廓素线之间，由稀到密平行轴线画细实线

（b）大致控制从轴线到轮廓素线之间，由密到稀平行轴线画细实线

（c）大致控制，按视图中间密两边稀画素线

（d）大致控制，按视图中间稀两边密画素线

5. 锥面上的素线应该是（　　）。

（a）都不过锥顶　（b）都通过锥顶

（c）一半通过锥顶　（d）一部分通过锥顶

6. 方圆渐变段长度 1/2 处断面的圆弧半径是（　　）。

（a）圆形的半径　（b）方形的边长

（c）圆形半径的 1/2　（d）圆形半径的 1/4

7. 扭（平）面上的素线有（　　）。

（a）一组　（b）两组　（c）三组　（d）四组

8. 规定扭（平）面侧面投影上绘制的素线是（　　）。

（a）正平线　（b）水平线　（c）侧平线　（d）一般位置线

9. 扭（平）面翼墙的横断面形状是（　　）。

（a）矩形　（b）三边形　（c）菱形　（d）梯形

10. 导平面为投影面平行面时，锥状面和柱状面上的素线有（　　）。

（a）一组　（b）两组　（c）三组　（d）四组

第十章　标　高　投　影

许多建筑物如大坝、基坑、道路等都与地面有密切的关系。工程上为了能图解建筑物与地面的连接关系，常需画出建筑物所处的地面形状。而地面形状相对复杂，长度和高度尺寸相差甚远，用多面正投影图很难表达清楚。因此，人们在长期的生产实践中，总结出了一种更适合于反映建筑物与地面连接关系的表达方法——标高投影法。

第一节　标高投影的概念

在物体的水平投影上加注某些特征面、线以及控制点的高程数值和比例的单面正投影称为标高投影。如四棱台的标高投影就是在其水平投影上加注上、下底面的高程和比例（为了形象地表示坡面，还加绘了示坡线），如图 10－1 所示。

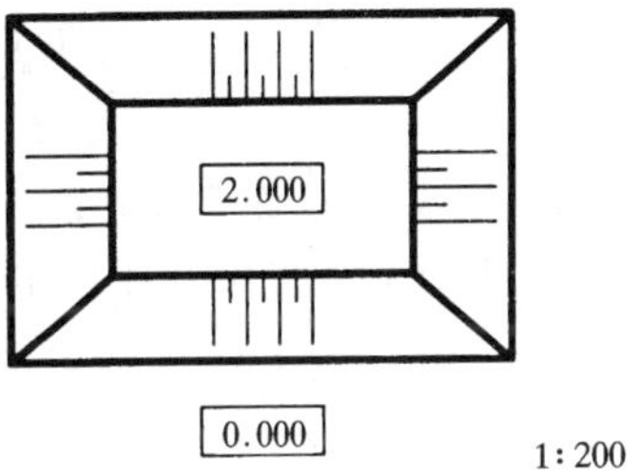

图 10－1　标高投影

图中的高程数值称为高程或标高，它是指以某一水平面为基准面，空间点到基准面的距离。规定：基准面高程为零，基准面以上的高程为正，基准面以下的高程为负。根据选取的基准面不同，高程分为绝对高程和相对高程。绝对高程的基准面是与测量相一致的黄海平均海平面，相对高程的基准面是除此以外的其他水平面。高程常用的单位是米，一般精确到小数点后三位。

第二节　点和直线的标高投影

一、点的标高投影

选水平面 H 为基准面，点在该面上的水平投影，并在该投影的右下角加注点到 H 面的高程数值，再注上比例尺或图示比例尺，即为点的标高投影。如 A 点到 H 面的距离为 5m，标高投影如图 10－2 所示。

二、直线的标高投影

直线上任意两点的标高投影即为该直线的标高投影。

1. 直线的坡度与平距

直线的坡度就是直线上任意两点的高差与其水平投影的比值，用 i 表示。如图 10－3 所示，直线上 A、B 两点的高差为 ΔH，水平投影的长度为 L，直线 AB 对 H 面的倾角为 α，则得：

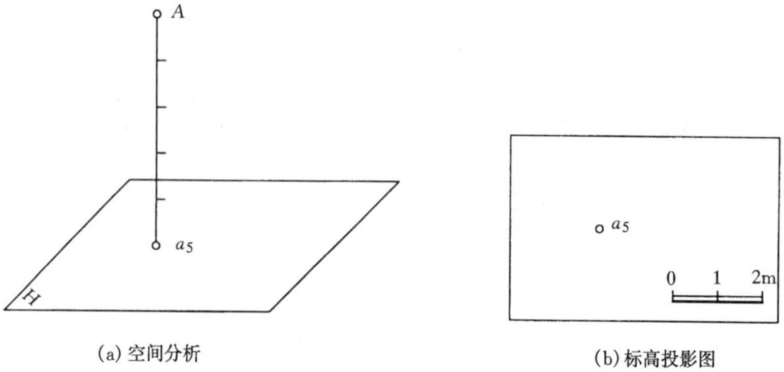

图 10-2 点的标高投影

$$坡度\ i=\frac{高差\ \Delta H}{水平投影距离\ L}=\text{tg}\alpha$$

直线的平距是指直线上两点的高差为1时的水平投影的距离，用 l 表示。平距与坡度互为倒数。

$$平距\ l=\frac{水平投影距离\ L}{高差\ \Delta H}=\text{ctg}\alpha$$

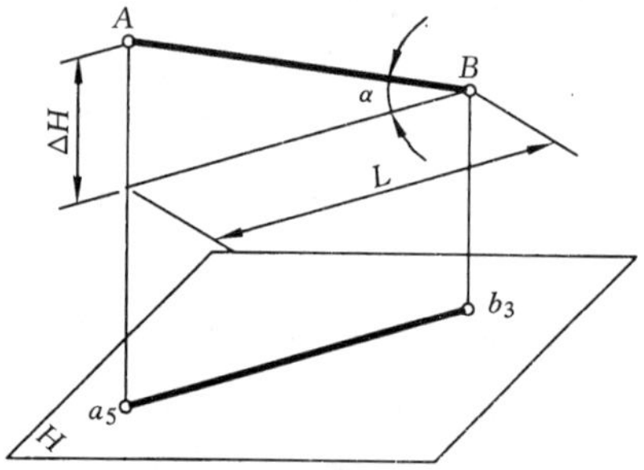

图 10-3 直线的坡度

2. 直线的标高投影表示法

直线的标高投影常用以下几种形式表示：

（1）用直线上任意两点的标高投影来表示，如图 10-4（a）所示。

（2）用直线上一点的标高投影和直线的坡度（箭头指向下坡方向）来表示，如图 10-4（b）所示。

（3）水平线的标高投影可用该直线的水平投影并加注高程来表示，如图 10-4（c）所示。

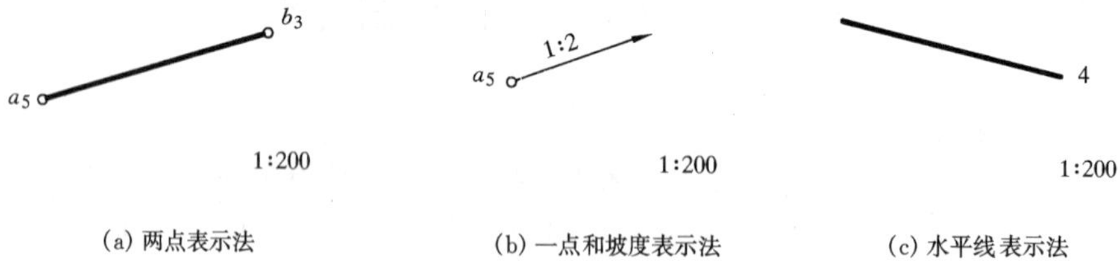

图 10-4 直线的标高投影表示法

【例 10-1】 如图 10-5（a）所示，已知直线 AB 的标高投影 $a_{3.5}b_{8.5}$ 和 k 点位置，求直线上高程为 4m、5m、6m、7m、8m 的整数高程点的标高投影和直线上 k 点的高程。

分析

已知直线的坡度，可以根据坡度求出直线上任意高程点的标高投影；反之，已知直线上某高程点的位置，也能计算出该点的高程。

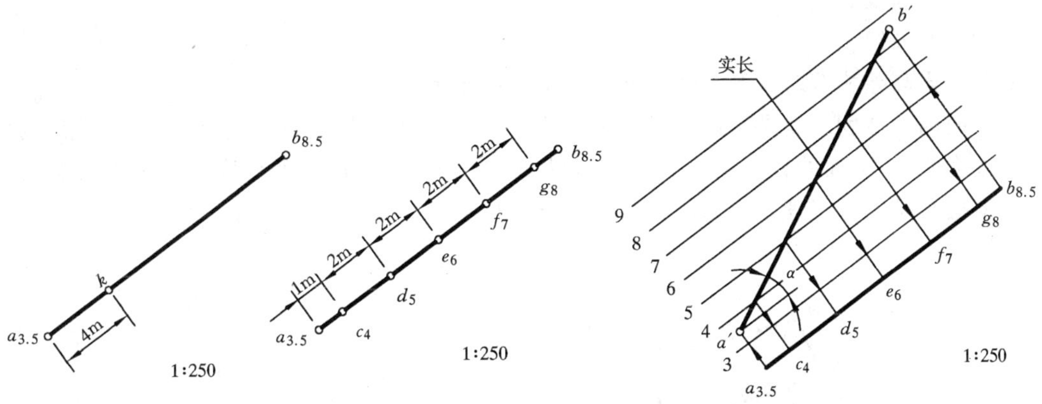

(a) 已知　　(b) 计算法求整数高程点　　(c) 图解法求整数高程点

图 10-5　直线上高程点的求法

因直线的标高投影已知，所以可求出该直线的坡度 i 与平距 l。直线段上各整数高程点的标高投影可用计算法或图解法求得。已知 $L_{ak}=4\text{m}$，根据 $\Delta H=L\times i$ 即可得 ΔH_{ak}，进而可求出 k 点的高程。

作图

①求整数高程点。

计算法。由已知条件可知：$\Delta H_{ab}=H_b-H_a=8.5-3.5=5\text{m}$，再用图中比例尺量得 $L_{ab}=10\text{m}$，即可计算得出直线坡度 $i=\Delta H_{ab}/L_{ab}=5/10=1/2$、直线平距 $l=1/i=2\text{m}$。

因 $L=\Delta H\times l$，高程为 4 的点距 A 点的水平投影距离 $L_1=(4-3.5)\times 2=0.5\times 2=1\text{m}$，高程为 4m、5m、6m、7m、8m 的点之间的水平距离均为 2m，根据比例依次量取，即得各点标高投影，如图 10-5（b）所示。

图解法。作辅助铅垂投影面 $V/\!/AB$，在 V 面上按适当比例作相应整数高程的水平线（水平线$/\!/ab$，最低一条高程为 3m，最高一条高程为 9m，包括直线两端点高程即可），再根据 A、B 两点的高程在 V 面上画出直线 AB 的 V 面投影 $a'b'$，从 $a'b'$ 与各整数标高的水平线的交点，向 ab 作垂线，垂足 8、7、6、5、4 即为直线上的整数高程点。作辅助正面投影时所采用的比例与标高投影的比例一致，则 $a'b'$ 反映实长，它与水平线的夹角反映直线 AB 对 H 面的倾角，如图 10-4（c）所示。

②求 k 点的高程。已知，$L_{ak}=4\text{m}$，$i=1/2$，则 A、C 两点高差 $\Delta H_{ak}=H_k-H_a=L_{ak}\times i=4\times 1/2=2\text{m}$。由此可得，$H_k=\Delta H_{ak}+H_a=2+3.5=5.5\text{m}$，即 k 点的高程为 5.5m。

第三节　平面的标高投影与交线

一、平面内的等高线与坡度线

平面内的等高线就是平面内的水平线，即该平面与一系列水平面的交线，将等高线向 H 面投影并注上相应的高程，即得等高线的标高投影，如图 10-6 所示。

平面内等高线的特点是：

（1）等高线是直线。

（2）等高线相互平行。

（3）当高差相等时，等高线间的水平距离也相等。

平面内的坡度线就是平面内对水平面的最大斜度线，坡度线的坡度就代表了平面的坡度。坡度线与 H 面的夹角反映了平面对 H 面的倾角 α。平面内的坡度线与等高线互相垂直，根据直角投影定理，它们的标高投影也互相垂直，如图 10-6（b）所示。

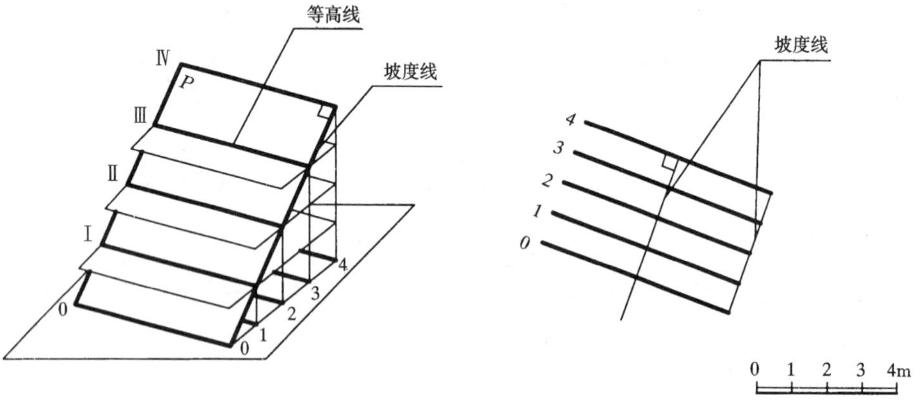

(a) 空间分析　　(b) 标高投影图

图 10-6　平面内的等高线和坡度线

二、平面的标高投影表示法与平面内等高线的求作

在图解实际工程问题时，经常用到平面内的等高线，所以应掌握常用的平面标高投影表示法及平面内等高线的求作方法。

1. 用平面内的两条等高线表示平面和平面内等高线的求作

用平面内的两条等高线表示平面的标高投影如图 10-7（a）所示。

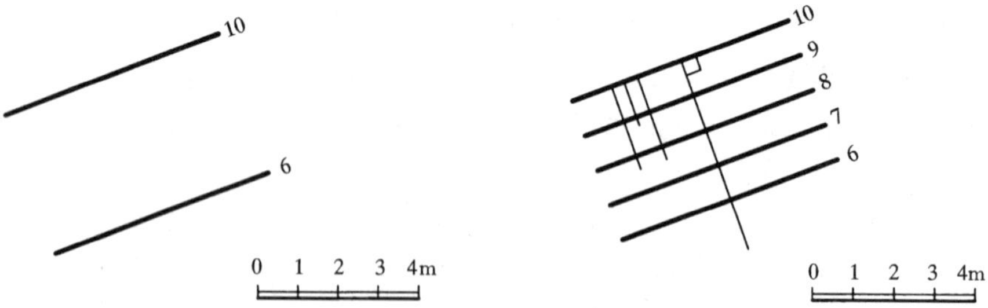

(a) 用两条等高线表示的平面　　(b) 求作平面上高程为 7、8、9 的等高线，并绘制示坡线

图 10-7　两条等高线表示的平面及等高线的求作

已知平面内 10m 和 6m 两条等高线，求作平面内高程为 9m、8m、7m 等高线，求作方法如图 10-7（b）所示：根据平面内等高线的特点，先作平面内的一条坡度线，四等

分 10m 与 6m 等高线间的坡度线，求得坡度线上高程为 9m、8m、7m 的点，过这些点作 10m 等高线的平行线即得。

平面的标高投影应绘制示坡线，示坡线方向与平面内坡度线一致，垂直于平面上的等高线。示坡线用等距的、长短相间的细实线绘制，并且从高程值大的等高线指向高程值小的等高线，如图 10－7（b）所示。

2. 用平面内的一条等高线和坡度线表示平面和平面内等高线的求作

用平面内一条等高线和坡度线表示平面的标高投影如图 10－8（a）所示。

已知平面内的一条高程为 24m 的等高线、平面的坡度为 1∶2，求作平面内高程为 20m、17m 的等高线，求作方法如图 10－8（b）所示。由平面的坡度 $i=1:2$，可知 $l=$ 2m，顺着坡度线箭头的方向，依次量取 $4l$ 和 $3l$，分别求得坡度线上高程为 20m、17m 的点，再过这些点作 24m 等高线的平行线即得。然后画出平面上的示坡线。

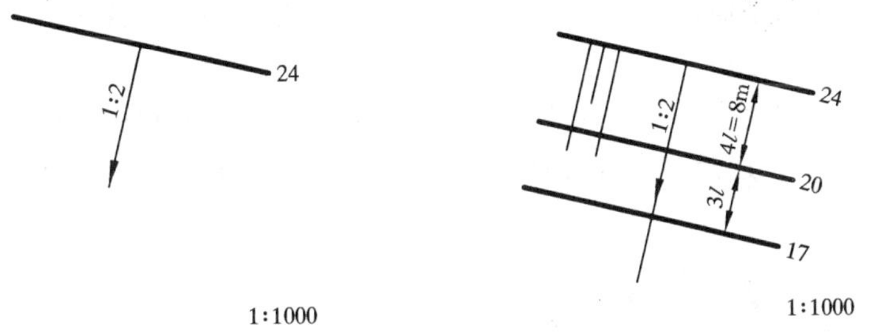

(a) 用一条等高线和一条坡度线表示的平面　　(b) 求作平面上高程为 17 和 20 的等高线，并绘制示坡线

图 10－8　一条等高线和坡度线表示的平面及等高线的求作

3. 用平面内的一条斜线和坡度及大致坡向表示平面和平面内等高线的求作

用平面内的一条斜线和坡度及大致坡向表示平面的标高投影如图 10－9（a）所示。

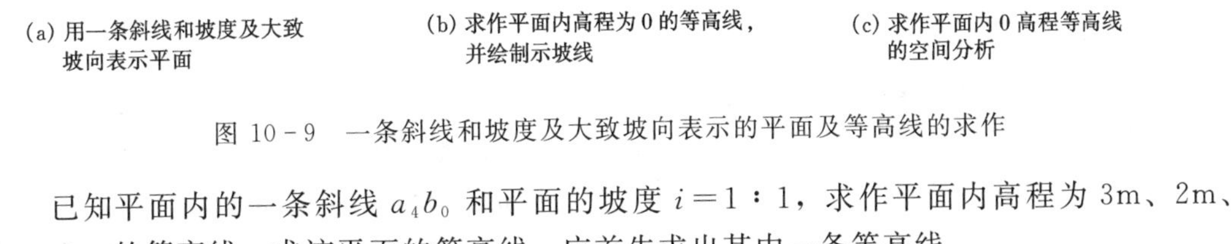

(a) 用一条斜线和坡度及大致坡向表示平面　　(b) 求作平面内高程为 0 的等高线，并绘制示坡线　　(c) 求作平面内 0 高程等高线的空间分析

图 10－9　一条斜线和坡度及大致坡向表示的平面及等高线的求作

已知平面内的一条斜线 a_4b_0 和平面的坡度 $i=1:1$，求作平面内高程为 3m、2m、1m、0m 的等高线。求该平面的等高线，应首先求出其中一条等高线。

如图 10－9（b）所示，先求 0m 高程等高线。以 a_4（b_0）为圆心，以 $R=\Delta H\times l=4\times1=4$ 为半径画圆，然后由 b_0（a_4）向该圆作切线，根据大致坡向确定其中一条为所求的等高线（应在顺箭头方向的一侧）。求出一条等高线后，坡度线的精确方向即可确定，同理可求出其他等高线。

求作 0m 高程等高线的方法可理解为：如图 10－9（c）所示，坡度为 1∶1 的平面与同坡度的圆锥面相切。作平面上高程为 0m 的等高线，就是用高程为 0m 的水平面与二者相交，交线为相切的圆和直线，该直线即为 0m 等高线。利用相切的特点，可先画圆，再求切线得等高线。

4. 水平面的标高投影

水平面可直接在其水平投影内注写高程数值与标高符号来表示，如“24.000”，表示此面是水平面，距基准面的高度为 24m。

三、平面与平面的交线

在标高投影中，通常以水平面为辅助面来求作平面与平面的交线。水平辅助面与相交两平面的交线即为两平面上同高程的等高线，它们的交点即是交线上的一个共有点。同理再求得一个共有点，连接两点可求得交线。如图 10－10 所示，要求作两平面 P、Q 的交线，可假想先作出两个水平辅助面 H_{25}、H_{20} 与 P、Q 两平面相交，得 P、Q 平面上两组等高线 25m 和 20m，连接同高程等高线的交点 A、B，即得 P、Q 两平面的交线 AB 的标高投影。

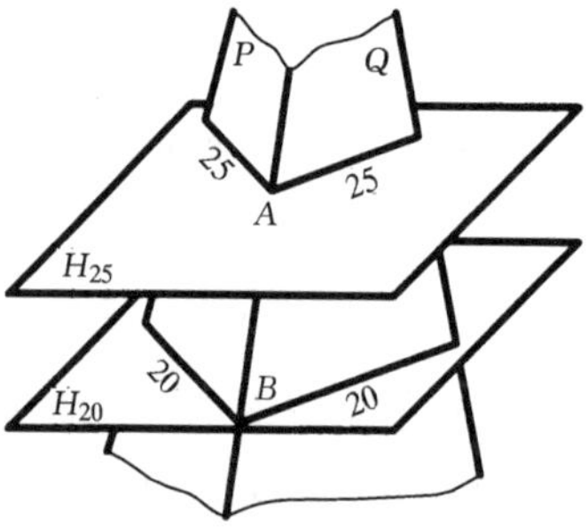

(a) 空间分析

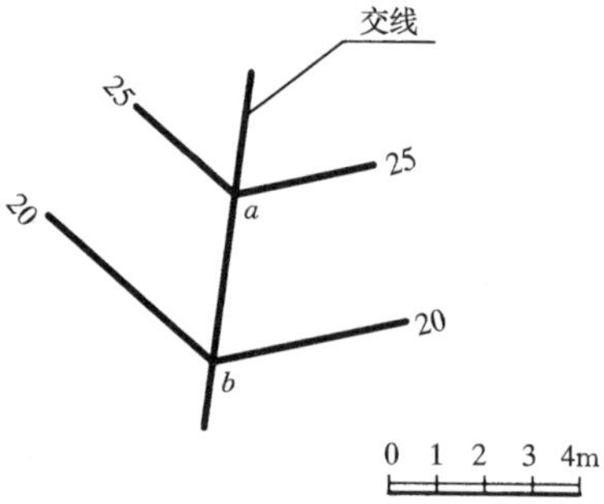

(b) 交线的标高投影图

图 10－10　两平面的交线

在实际工程中，修建在地面上的建筑物与地面会产生相应的交线。坡面与地面的交线称为坡脚线（填方边界线）或开挖线（挖方边界线）；建筑物两坡面的交线称为坡面交线。

【例 10－2】 已知地面高程为 10m，基坑底面高程为 6m，坑底的大小形状和各坡面坡度如图 10－11（a）所示，完成基坑开挖后的标高投影图。

分析

该建筑物表面比地面低，属开挖类建筑物，需要求作开挖线和坡面交线两类交线。开挖线是坡面与地面的交线，建筑物共五个坡面，产生五条开挖线，因地面是水平面，所以开挖线是各坡面上高程为 10m 的等高线；五个坡面依次相交产生五条坡面交线，空间形状如图 10－11（b）所示。

作图

①求开挖线。坑底边线是各坡面上高程为 6m 的等高线，开挖线是各坡面上高程为

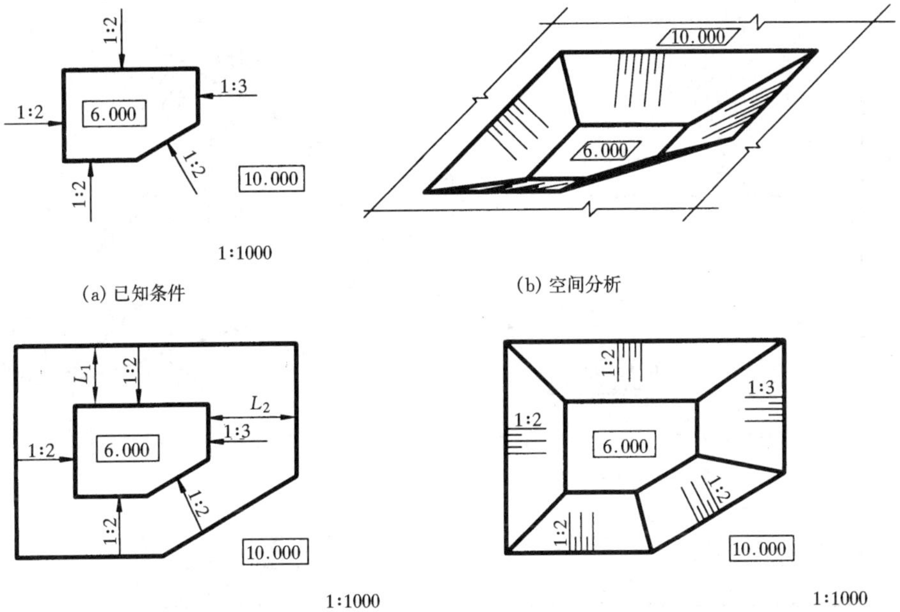

(a) 已知条件　(b) 空间分析

(c) 求作开挖线　(d) 连坡面交线，绘制示坡线，完成作图

图 10-11　求作基坑标高投影图

10m 的等高线，两等高线间的高差 $\Delta H = 4\text{m}$，水平距离 $L = \Delta H \times l = 4l$，当 $l = 2$ 时，$L_1 = 2\times 4 = 8\text{m}$；当 $l = 3$ 时，$L_2 = 3\times 4 = 12\text{m}$。根据所求的水平距离，按比例沿各坡面坡度线分别量取 $L_1 = 8\text{m}$、$L_2 = 12\text{m}$，得各坡面上的 10m 高程点，过各点作坑底边平行线，即得所求开挖线，如图 10-11（c）所示。

②求坡面交线。直接连接相邻两坡面同高程等高线的交点，即得相邻两坡面的交线。

③画出各坡面的示坡线，完成作图。如图 10-11（d）所示。

【例 10-3】　如图 10-12（a）所示，在高程为 0m 的地面上修建一平台，台顶高程为 4m，从台顶到地面有一坡度为 1∶3.5 的斜坡引道，平台坡面的坡度为 1∶1.5，斜坡引道两侧的坡度为 1∶1，完成标高投影图。

分析

该建筑物表面比地面高，属堆筑型建筑物，需要求作坡脚线和坡面交线两类交线。坡脚线是各坡面上高程为 0m 的等高线，五个坡面共产生五条坡脚线；坡面交线是斜坡道两侧坡面与平台坡面的交线，共两条交线，如图 10-12（b）所示。

作图

①求坡脚线。平台坡面的坡脚线和斜坡道的坡脚线的求法是：已知各坡面上高程为 4m 的等高线，坡脚线是各坡面上高程为 0m 的等高线，高差为 4m，由此可求出其水平距离 $L_1 = 1.5\times 4 = 6\text{m}$、$L_2 = 3.5\times 4 = 14\text{m}$，根据所求的水平距离，按比例沿各坡面坡度线分别量得各坡面上的 0m 高程点，作坡面上已知等高线的平行线即得。斜坡道两侧坡脚线的求法是：分别以 a_4、b_4 为圆心，以 $R = 1\times 4 = 4\text{m}$ 为半径画圆弧，再由 c_0、d_0 向两圆弧作切线，即得斜坡道两侧的坡脚线，如图 10-12（c）所示。

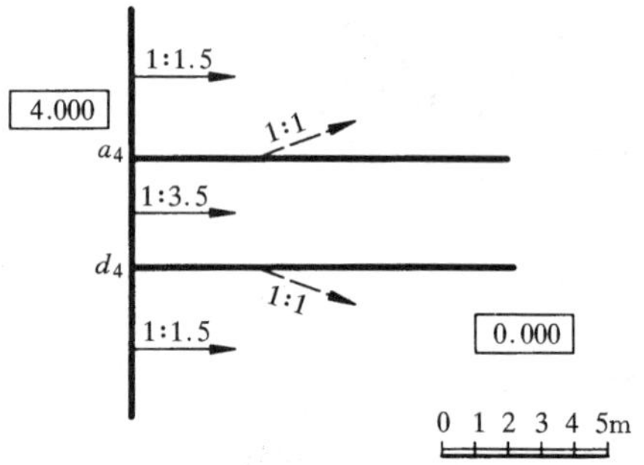

(a) 已知条件

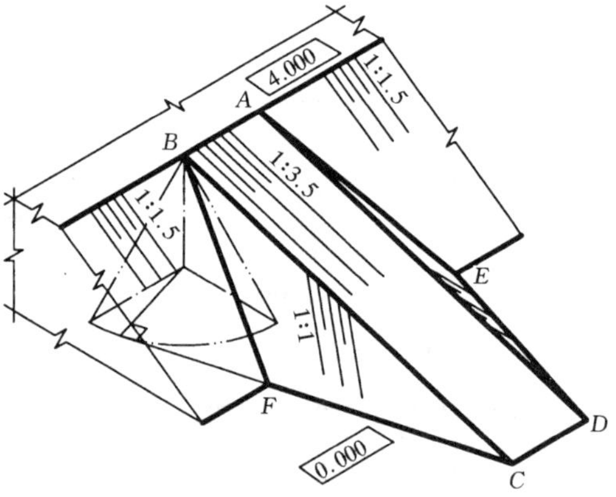

(b) 空间分析

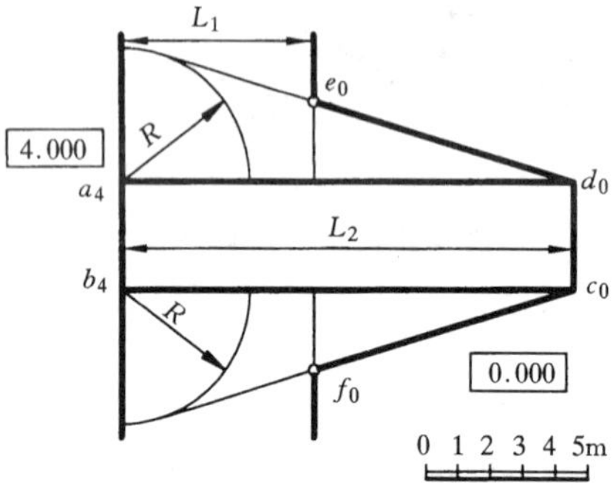

(c) 求作坡脚线

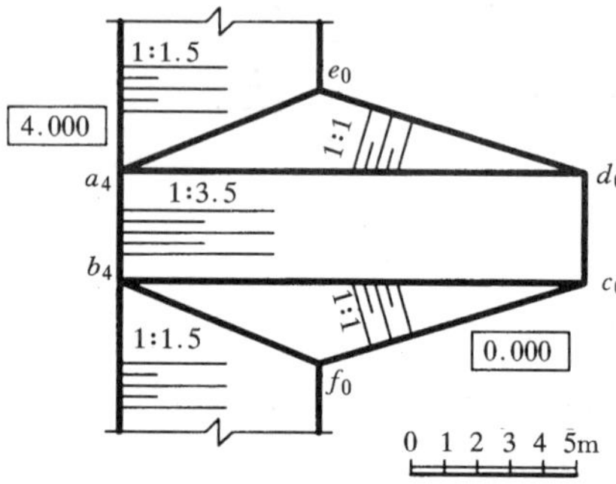

(d) 画出坡面交线与示坡线，完成作图

图 10－12　求作平台与斜坡引道的标高投影图

②求坡面交线。平台坡面和斜坡道两侧坡面坡脚线的交点 e_0、f_0 是平台坡面和斜坡道两侧坡面的共有点，a_4、b_4 也是平台坡面和斜坡道两侧坡面的共有点，连接 e_0a_4、f_0b_4 即为坡面交线。

③画出各坡面的示坡线，完成作图。如图 10－12（d）所示。

第四节　规则曲面的标高投影与交线

一、正圆锥面的标高投影

1. 正圆锥面的标高投影表示法和等高线求作

如图 10－13（a）所示，轴线垂直于水平面的正圆锥面上的等高线是一组水平圆，将这些水平圆向水平面投影并注上相应的高程数值，就得到锥面的标高投影，如图 10－13（b）所示。正圆锥面上的所有素线坡度相等，是锥面上的坡度线，正圆锥面的标高投影也可以用一条等高线和坡度线来表示，如图 10－13（c）所示。锥面上示坡线方向与坡度线方向一致，用细实线绘制。

正圆锥面等高线的标高投影有如下特性：

（1）等高线是同心圆。

（2）高差相等时等高线间的水平距离相等。

（3）当圆锥面正立时，等高线越靠近圆心，高程数值越大；当圆锥面倒立时，等高线越靠近圆心，高程数值越小。

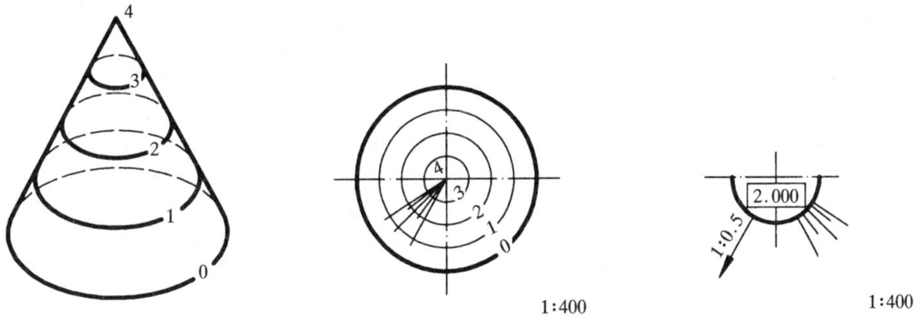

(a) 空间分析　　(b) 正圆锥面的标高投影　　(c) 半圆台面的标高投影

图 10-13　正圆锥面的标高投影

根据正圆锥面等高线标高投影的特点，可以求出锥面上任意高程的等高线。如图 10-14（a）所示，已知 1/4 圆锥顶面高程为 3m，锥面坡度为 1∶2，求锥面上高程为 1m 的等高线。求作方法是：由高程为 3m 的点顺着坡度线方向量取水平距离 $L=\Delta H\times l=2\times 2=4\text{m}$，得高程为 1m 的点，再以此点到圆心的距离为半径画同心圆即得，如图 10-14（b）所示。

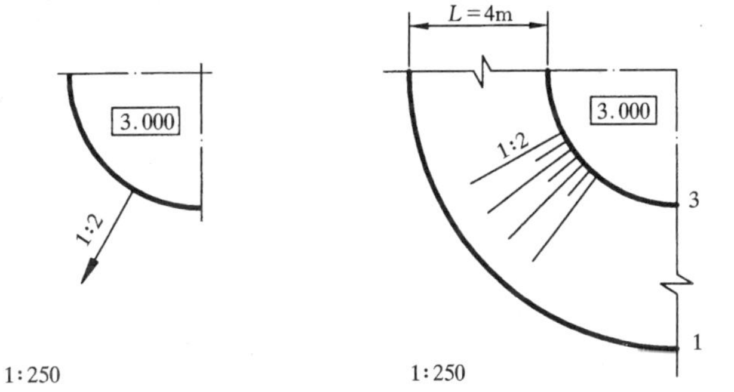

(a) 已知条件　　(b) 求作锥面上高程为 1m 的等高线

图 10-14　求作正圆锥面上的等高线

2. 正圆锥面的交线

在土石方工程中，常将建筑物的侧面做成坡面，而在转角处做成与侧面坡度相同的圆锥面，如图 10-15 所示。

【例 10-4】　在土坝与河岸的连接处，常用圆锥面护坡。如图 10-16（a）所示，三个坡面坡度已知，河底高程为 118m，河岸、土坝、圆锥台顶面高程为 130m，完成其标高投影图。

分析

该建筑物属堆筑型建筑物，需求作坡脚线和坡面交线两类交线。建筑物有三个坡面，产生三条坡脚线，因河底是平面，其中两斜面与河底面的交线是直线，圆锥面与河底面的交线是圆曲线；两斜面与圆锥面相交产生两条坡面交线，都是非圆曲线，该曲线可由斜坡面与圆锥面上一系列同高程等高线的交点确定，如图 10-16（b）所示。

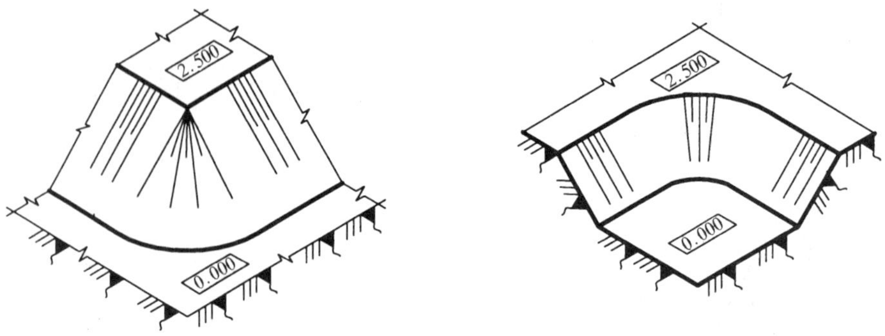

图 10-15 正圆锥面的应用实例

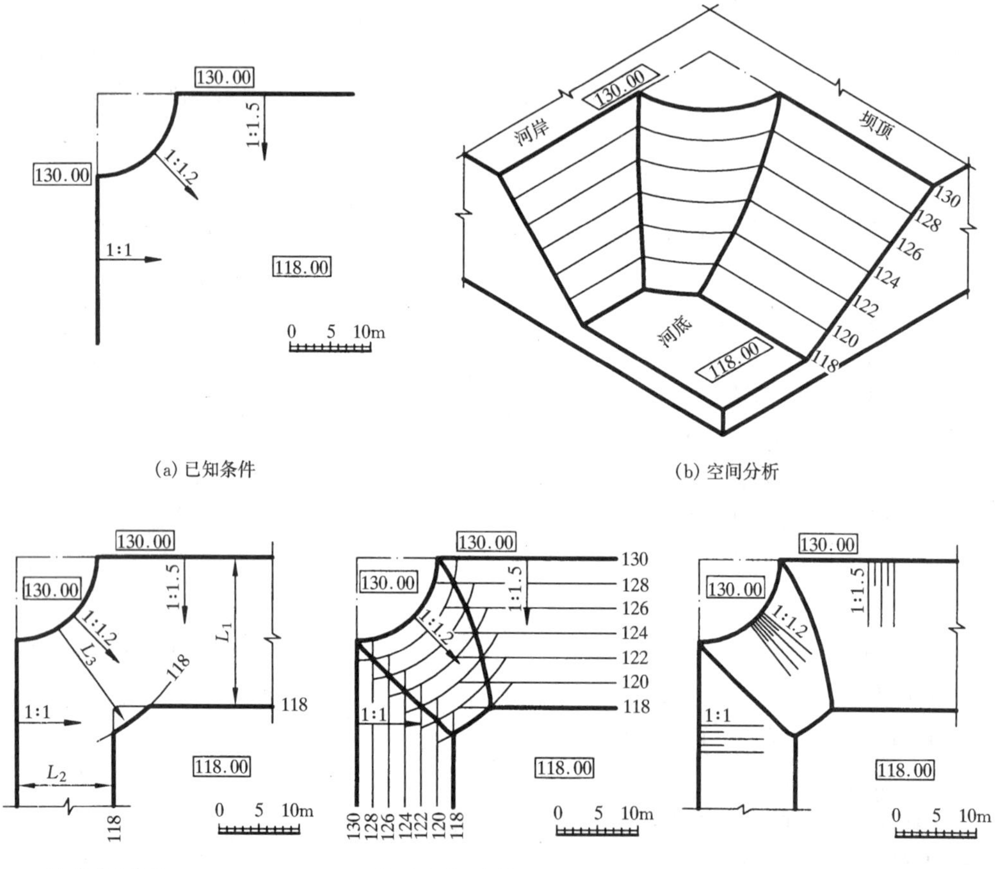

(a) 已知条件 (b) 空间分析

(c) 求作坡脚线 (d) 求作坡面交线 (e) 画出示坡线，完成作图

图 10-16 求作圆锥面护坡的标高投影

作图

①求坡脚线。因河底面是水平面，所以坡脚线是各坡面上高程为 118m 的等高线，已知的平台轮廓线是各坡面上高程为 130m 的等高线，各坡面上两等高线间的水平距离分别为：

$$L_1 = \Delta H / i = (130-118) / (1/1.5) = 18\text{m}$$

$$L_2 = \Delta H / i = (130-118) / (1/1) = 12\text{m}$$

$$L_3 = \Delta H / i = (130-118) / (1/1.2) = 14.4\text{m}$$

沿着各坡面上坡度线的方向量取相应的水平距离，即可作出各坡面的坡脚线，其中圆锥面的坡脚线是圆锥台顶圆的同心圆，如图 10－16（c）所示。

②求作坡面交线。在各坡面上作出高程为 128m、126m、…一系列等高线，得相邻面上同高程等高线的一系列交点，即为坡面交线上的点，依次光滑地连接各点，即得坡面交线，如图 10－16（d）所示。

③画出各坡面的示坡线，完成作图。如图 10－16（e）所示。

二、同坡曲面的标高投影

1. 同坡曲面的标高投影表示法及等高线求作

正圆锥的锥顶沿一条空间曲导线运动，在运动过程中圆锥顶角不变，轴线始终垂直于水平面，所有这些正圆锥的包络面称为同坡曲面，如图 10－17（a）所示。

同坡曲面有如下特点：

（1）曲面上各处坡度相等，坡度均等于运动正圆锥的坡度。

（2）同坡曲面的等高线与运动的正圆锥面的等高线必然相切，切点在两面同高程等高线的交点上。

同坡曲面的标高投影可以用空间曲导线的标高投影和曲面坡度表示，如图 10－17（b）所示。

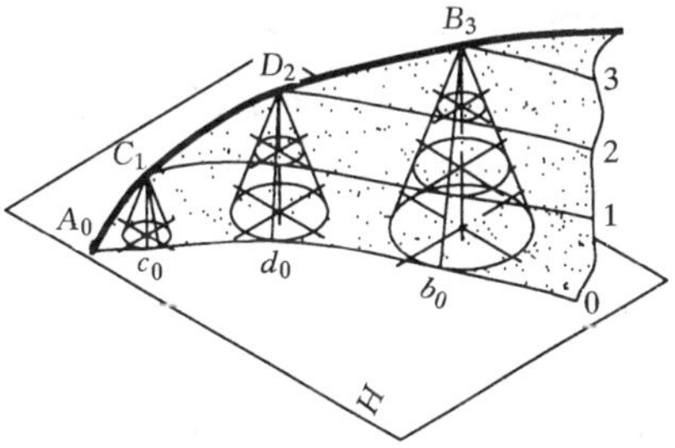

(a) 同坡曲面的形成

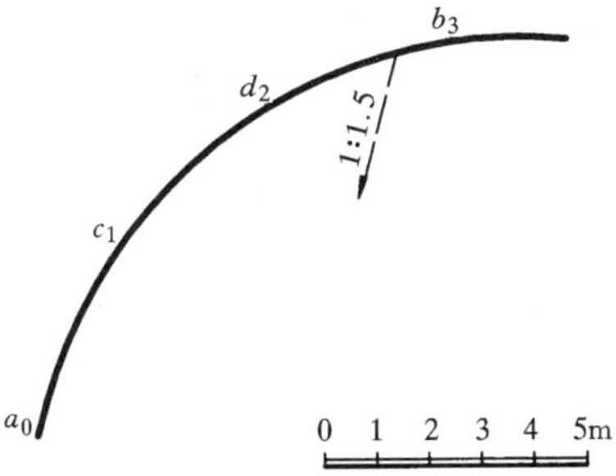

(b) 同坡曲面的表示法

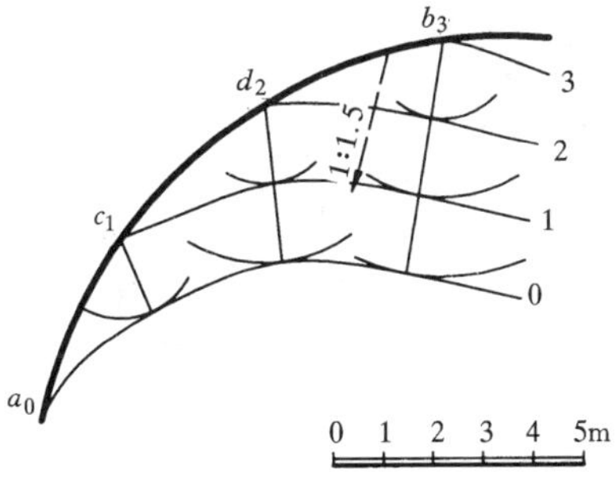

(c) 同坡曲面上等高线的求作

图 10－17 同坡曲面的标高投影表示法及等高线求作

根据同坡曲面的上述特点，同坡曲面上任意等高线的求作方法如图 10－17（c）所示，以空间曲导线上的整数高程点 c_1、d_2、b_3 为圆心，分别作坡度为 1∶1.5 的正圆锥面上高程为 2m、1m、0m 的等高线，即半径相距一个平距画同心圆，过 a_0、c_1、d_2、b_3 点依次作同高程等高线圆的公切曲线，即得同坡曲面上 0m、1m、2m、3m 高程的等高线。

2. 同坡曲面的交线

【例 10－5】 如图 10－18（a）所示，已知圆弧引道顶部高程为 4m，两侧边坡的坡度为 1∶2，地面高程为 0m，两斜面坡度为 1∶3，完成标高投影图。

分析

该建筑物属堆筑型建筑物，需要求作坡脚线和坡面交线两类交线。建筑物有五个坡面，共产生五条坡脚线，其中两斜面、圆弧引道顶面与地面的交线是直线，圆弧引道两侧的同坡曲面与地面的交线是曲线；两斜面与圆弧引道两侧同坡曲面相交产生两条坡面交线，是非圆曲线，如图 10－18（b）所示。

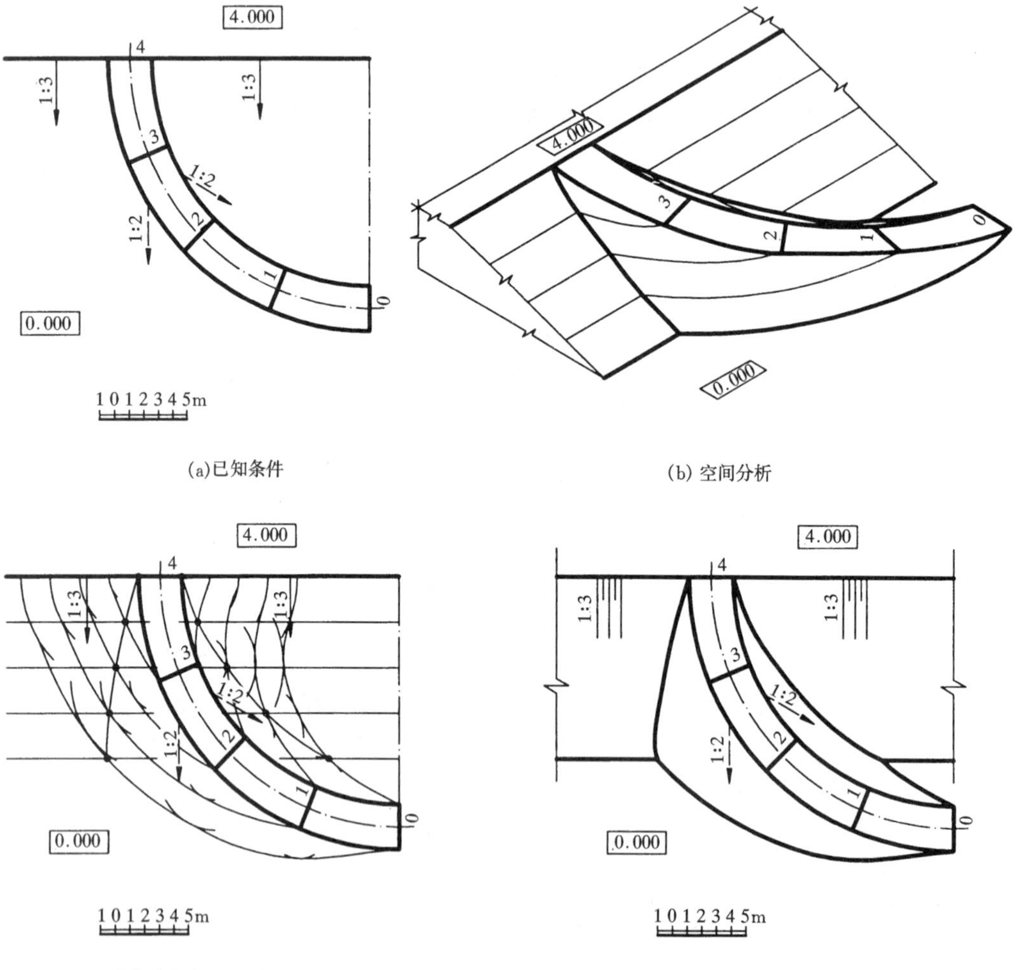

(a)已知条件　(b) 空间分析

(c) 求作坡脚线和坡面交线　(d) 画出各坡面示坡线并加深，完成作图

图 10－18　求作同坡曲面建筑物的标高投影

作图

如图 10－18（c）、（d）所示。

①求坡脚线。因地面是水平面，各面与地面的交线是各坡面上高程为 0m 的等高线，求坡脚线实际上就是求各坡面上 0m 高程的等高线。

②求坡面交线。作各坡面上高程为 3m、2m、1m 的等高线，连接相邻两坡面同高程等高线的一系列交点，即得坡面交线。

③画出各坡面的示坡线并加深，完成作图。

第五节　地形面的标高投影与交线

一、地形面的标高投影表示法

地形面是指不规则的自然地面，地形面的标高投影用一组地形等高线来表示。地形等高线是一系列高差相等的水平面与地形面相交的交线。画出这些等高线的水平投影，注明每条等高线的高程，并标注绘图比例，就得到地形面的标高投影，如图 10－19 所示。制图标准规定：每五条地形等高线中的第五条线称为计曲线（高程一般为 5m 或 10m 的倍数），等高线用细实线绘制，计曲线用中粗线绘制。地形图上的高程数字的字头应朝向高程增加的方向。

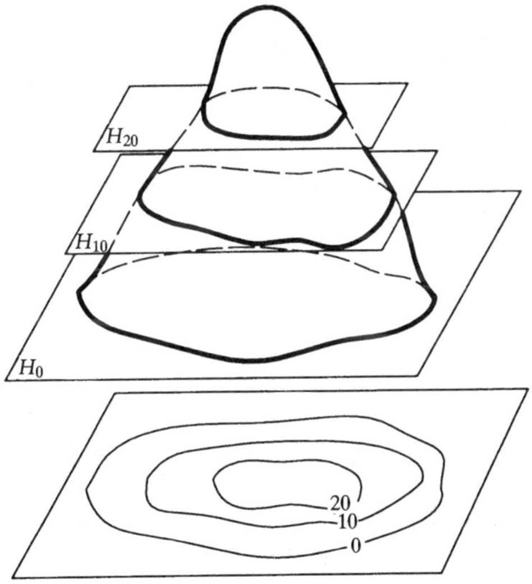

(a) 空间分析

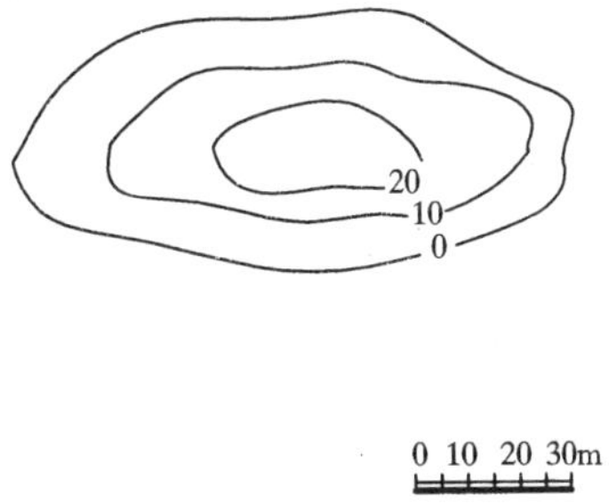

(b) 地形面的标高投影

图 10－19　地形面的标高投影表示法

地形等高线有以下特点：

（1）等高线是封闭的不规则曲线。

（2）一般情况下（除悬崖、峭壁等特殊地形外），相邻等高线不相交、不重合。

（3）在同一张地形标高投影图中，等高线越密，表示该处坡越陡；等高线越疏，表示该处坡越缓。如图 10－20 所示。

二、建筑物与地形面的交线

修建在地形面上的建筑物必然与地面产生交线，即坡脚线（或开挖线），建筑物本身相邻的坡面也会产生坡面交线。建筑物表面一般是平面或规则曲面，而地形面多为不规则曲面，所以建筑物表面与地形面的交线一般是不规则曲线；建筑物相邻表面的交线一般是直线和规则曲线。求不规则曲线交线的标高投影应通过求交线上一系列共有点获得。求作一系列共有点的方法通常采用等高线法，即作出相交两面上一系列的等高线，两面上同高程等高线的交点，就是交线上的点，依次光滑连接得交线。

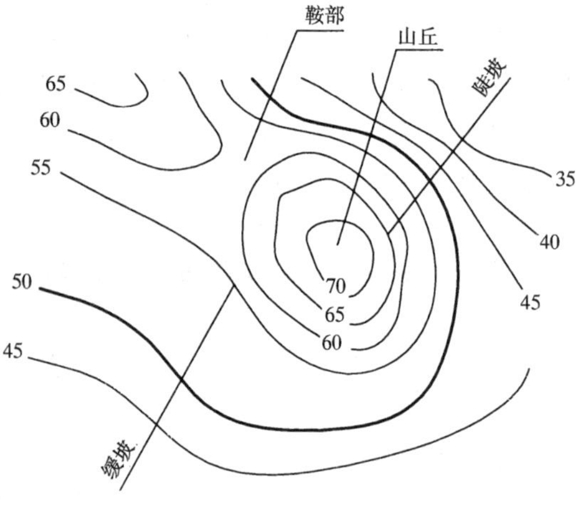

图 10－20 地形面的标高投影图

【例 10－6】 如图 10－21（a）所示，在山坡上修一个水平场地，场地高程为 30m，四周做成坡面，其中填方边坡坡度为 1∶1.5，挖方边坡坡度为 1∶1，完成该平台的标高投影图。

分析

因为所修水平场地高程为 30m，高于原地面的部分需要填方，低于原地面的部分需要挖方。高程为 30m 的地形等高线是填、挖方的分界线，它与水平场地边线的交点是填、挖方边界线的分界点。挖方部分包括一个圆锥面和两个与它相切的平面，填方部分是三个坡面，都是平面，这些面与不规则地面的交线均为不规则曲线。挖方部分的坡面与圆锥面相切无坡面交线，填方部分三个坡面两两相交，产生两条坡面交线，如图 10－21（b）所示。

作图

如图 10－21（c）、（d）所示。

①求坡面交线。因为填方部分三个坡面的坡度均为 1∶1，所以过 a、b 两点作 45°斜线即为坡面交线（如相交坡面的坡度不同，应求交线上两个共有点，连线得坡面交线）。

②求坡脚线。以坡面交线和高程为 30m 的地形等高线为界，求出各坡面上高程为 29m、28m、27m、…的等高线，并求出它们与地面上同高程等高线的交点，然后连点得坡脚线。

③求开挖线。先作出挖方圆锥面与地面的交线，过圆心任意画一条坡度线，以平距 $l=1$m 截取若干点，即得高程为 31m、32m、33m、…的各点，然后以 O 为圆心，过这些点作一系列同心圆，即为圆锥面上的等高线，再作出与圆锥面相切的平面上高程为 31m、32m 的等高线，求出它们与地面上同高程等高线的交点，连点即得开挖线。

④画出倒圆锥面及各坡面上的示坡线，并标注坡度，完成作图。

【例 10－7】 如图 10－22（a）所示为坝址处地形图、土坝坝轴线位置及土坝最大横断面图，完成土坝的标高投影图。

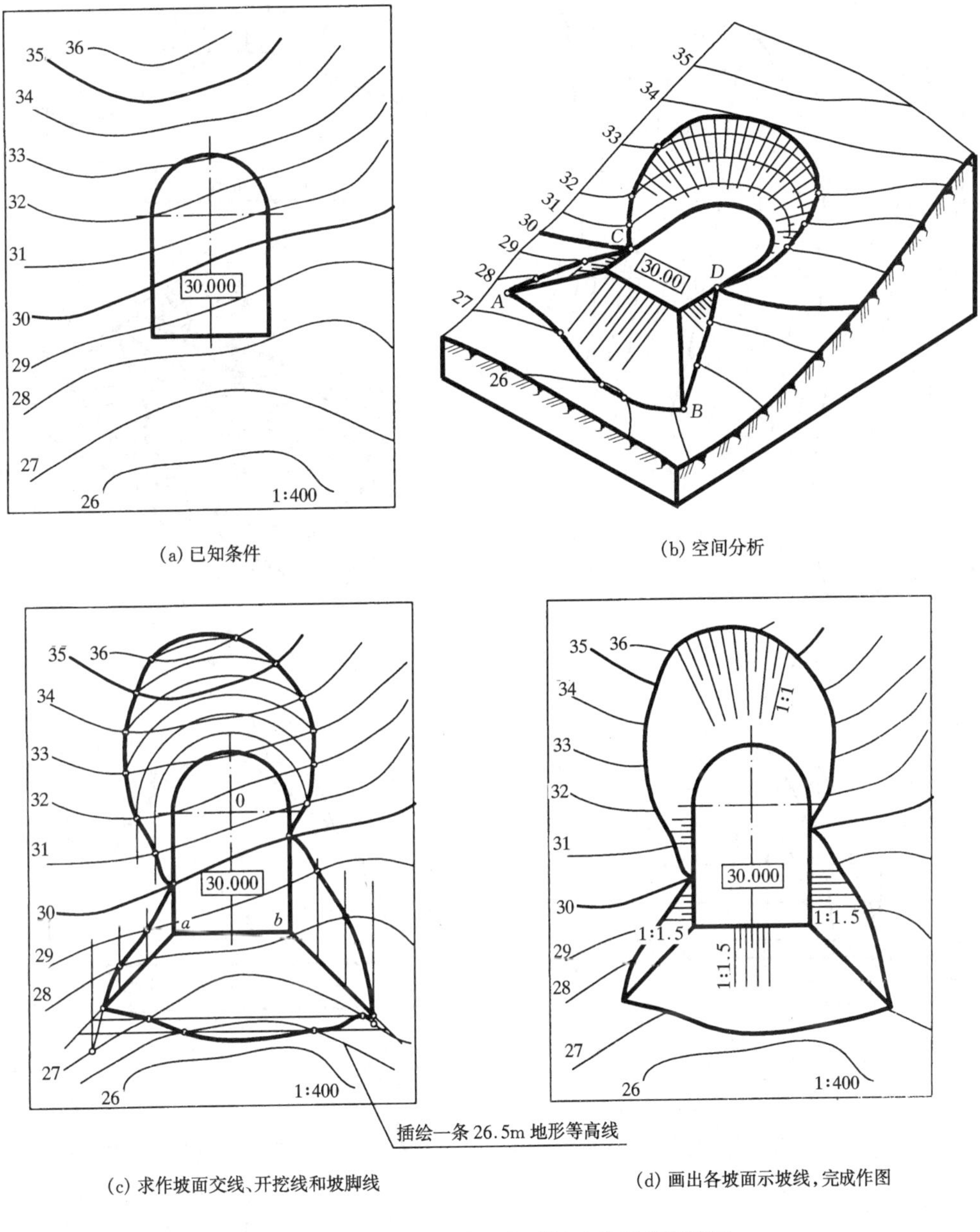

(a) 已知条件　　(b) 空间分析

(c) 求作坡面交线、开挖线和坡脚线　　(d) 画出各坡面示坡线，完成作图

图 10-21　求作山坡上水平场地的标高投影图

分析

土坝坝顶、马道以及上下游坡面与地面都要产生交线即坡脚线，这些交线均为不规则的曲线，如图 10-22（b）所示。土坝相邻坡面的坡面交线均在坝顶和马道轮廓线上。

因已知条件是土坝的横断面，要作出这些交线，应首先在地形图上作出土坝顶面和马道的标高投影，然后求出土坝上各坡面等高线与地面同高程等高线的交点，依次连接这些交点即可得各坡面的坡脚线。

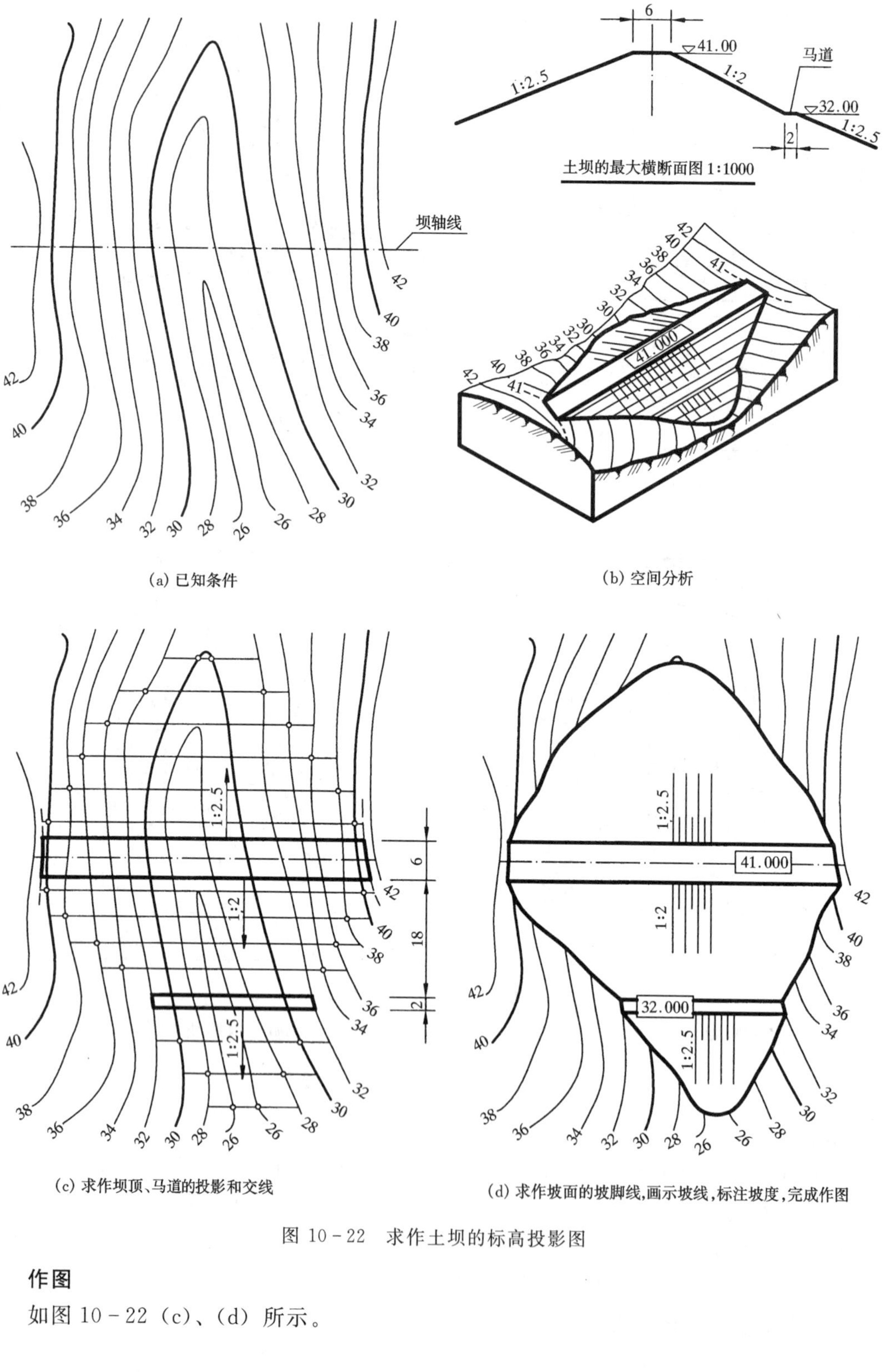

(a) 已知条件

(b) 空间分析

(c) 求作坝顶、马道的投影和交线

(d) 求作坡面的坡脚线，画示坡线，标注坡度，完成作图

图 10－22　求作土坝的标高投影图

作图

如图 10－22（c）、（d）所示。

①画出坝顶、马道及它们与地面交线的投影。根据坝轴线的位置与土坝最大断面图中的坝顶宽度，画出坝顶投影，下游马道的投影是从坝顶靠下游坡面的轮廓线沿坡度线

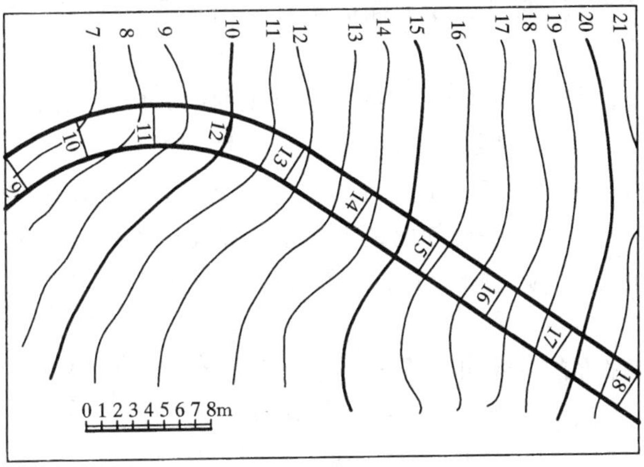

(a) 已知条件

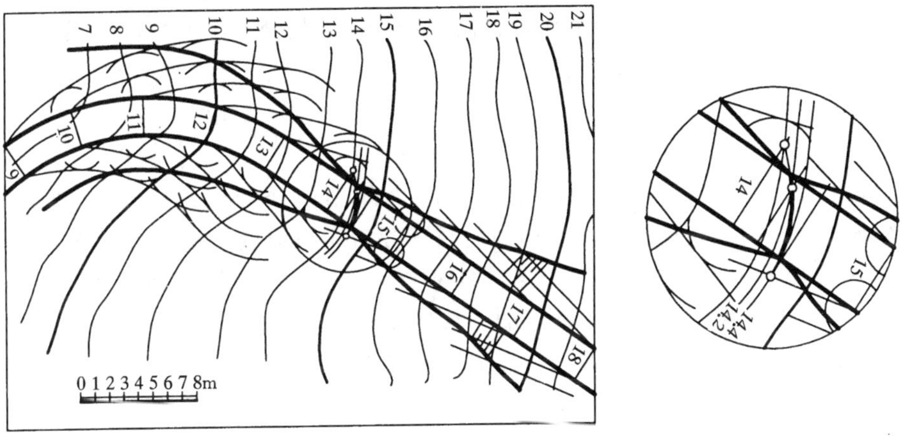

(b) 先求填挖方分界线，然后分别求坡脚线和开挖线

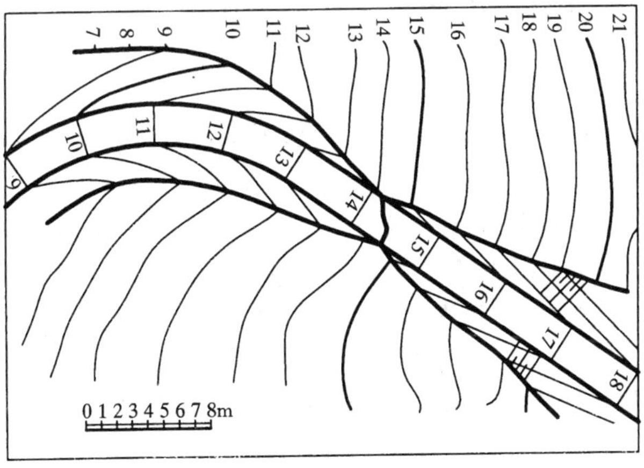

(c) 画出各坡面示坡线，完成作图

图 10-23 求作斜坡道路的标高投影图

向下量取 $L=\Delta H\times l=(41-32)\times 2=18$m，作坝轴线的平行线，即为马道的内边线，再量取马道的宽度，画出外边线。其左右两边与地面的交线分别是地面上高程为 41m、32m 的一段等高线，地面上高程为 41m 的等高线需插值得到［图 10－22（c）中用虚线表示］。

②求土坝坡面的坡脚线。上下游坡面与地面的交线是不规则曲线，应先求出各坡面上的一系列等高线，得到与地面上同高程等高线的交点，连点即得坡脚线。

③画出各坡面示坡线，标注坡面坡度及水平面高程，即完成土坝的标高投影图。

【例 10－8】 如图 10－23（a）所示，在已知的地形面上，修建一条斜坡道路，已知填方侧的边坡为 1∶1.5，挖方侧的边坡为 1∶1，完成该斜坡道路的标高投影图。

分析

从图 10－23（a）中地形面与路面的关系可以看出，路面高程为 14m 的等高线介于地形等高线 13m 与 14m 之间，说明该处路面比地形面高，需要填方；而路面高程为 15m 的等高线介于地形等高线 15 与 16 之间，说明该处路面比地形面低，需要挖方。因此填挖方分界线一定在路面等高线的 14 与 15 之间。道路两侧边坡在路面标高 7m 与 13m 之间为同坡曲面，在路面标高 13m 以上为平面，它们分别与地面相交产生四条坡脚线和两条开挖线。因坡面间光滑连接，所以无坡面交线。

作图

如图 10－23（b）、（c）所示。

①求填挖方分界线。在高程 14m 与 15m 之间用内插法分别作出高程为 14.2m、14.4m 的地形等高线和路面等高线，得两同高程等高线的交点，延长 14m 高程路面等高线，与 14m 地形等高线相交，依次连接它们的交点，得填挖方的分界线。

②求坡脚线与开挖线。作出平面上的一系列等高线与同坡曲面上的一系列等高线，将道路边坡与地形面上同高程等高线的交点依次连接即得。

③画出各坡面的示坡线，完成作图。

第六节　地形断面法求交线

一、地形断面图

用一铅垂面剖切地形面，画出剖切平面与地形面的交线及剖面符号，称为地形断面图。如图 10－24（a）所示，剖切平面 A—A 与地形面相交，剖切面与各等高线的交点为 1、2、3、…、14。地形断面图作图方法如图 10－24（b）所示，以水平距离为横坐标、高程为纵坐标作直角坐标系，根据地形图上的高差，按图示比例将高程标在纵坐标轴上，并画出一组水平线，如图中的 59、60、…，根据地形图中剖切平面与等高线各交点的水平距离，在横坐标轴上标出 1、2、3、…、14 各点，然后自点 1、2、3、…、14 作铅垂线，与相应的水平线相交得Ⅰ、Ⅱ、Ⅲ、…，依次光滑连接各点，即得该断面实形，再画出剖面符号。

应当注意，在连点过程中，相邻同高程的两点Ⅳ和Ⅴ在断面图中不能连为直线，而应按该段地形的变化趋势光滑相连。

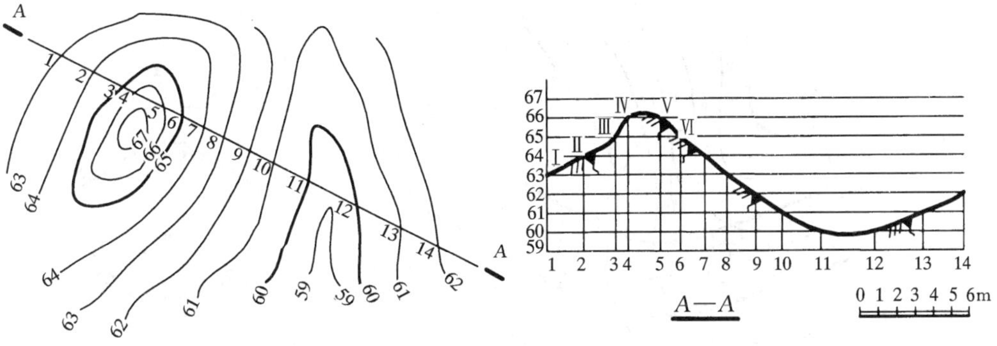

(a) 地形的标高投影　　(b) 地形断面图

图 10-24　求作地形断面图

一般地形的高差和水平距离数值相差较大，因此在地形断面图中，高度方向的比例可与水平方向的比例不同，但这时所作的地形断面图只反映该处地形起伏变化而不反映地面实形。

二、地形断面法求交线

前面介绍的等高线法求交线是求作建筑物标高投影图时常用的方法，但当坡面与地形面等高线接近平行、共有点不易求得时，应采用地形断面法求交线。

地形断面法是利用地形断面图获得交线上一系列共有点，然后依次光滑连接各点得到交线的方法。剖切建筑物和地形面的剖切面一般是与建筑物中心线垂直的铅垂面。

【例 10-9】　如图 10-25（a）所示，在地形面上修建一条道路，已知路面位置和道路填、挖方的标准断面，用地形断面法完成道路的标高投影图。

分析

因路面高程为 40m，所以地面高程高于 40m 的一端要挖方，低于 40m 的一端要填方，高程为 40m 的地形等高线是填、挖方的分界线。道路两边的直线段边坡为平面，中间部分的弯道段边坡为圆锥面，两者相切，无坡面交线。各坡面与地面的交线均为不规则的曲线。

作图

如图 10-25（b）所示。

①求填、挖方分界点。高程为 40m 的地形等高线与路面两边线的交点即为填、挖方的分界点，也是坡脚线和开挖线的分界点。

②求坡脚线和开挖线。在道路上每隔一段距离作一剖切面，如 *A*—*A*、*B*—*B*、*C*—*C*、*D*—*D*。以 *A*—*A* 断面为例说明作图方法：先用与地形图相同的比例作一组水平辅助线，与高程为 35m、36m、37m、…、45m 的地面等高线对应，并定出道路中心线位置；然后以此为基准线画出地形断面图，并按道路标准断面图画出路面边坡的断面图，两者的交点即为挖方线上的点，将交点到中心线的水平距离返回到标高投影图上，即得标高投影图上开挖线的点，求出一系列共有点，连点即得开挖线和坡脚线。

③画出各坡面上的示坡线，加深，完成作图。

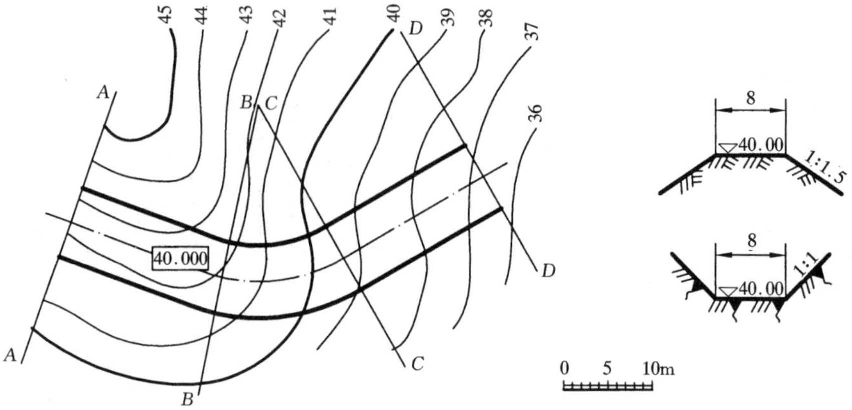

(a) 已知条件

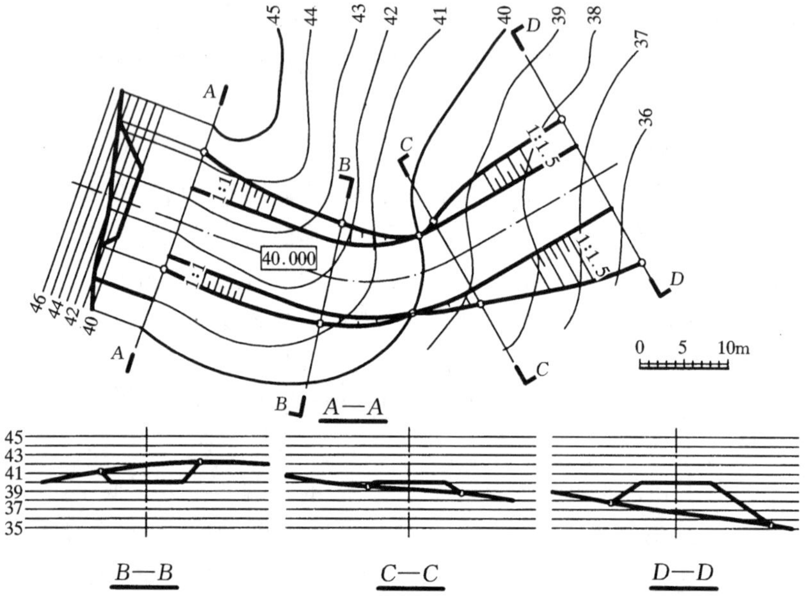

(b) 先确定填挖方的分界点，再画各断面图，得交点，并返回到标高投影图中，依次连点得交线

图 10-25　用地形断面法求作道路的标高投影图

复习思考题（单项选择题）

1. 标高投影是（　　）。

（a）多面投影　　（b）单面正投影　　（c）平行投影　　（d）中心投影

2. 标高投影图的要素不包括（　　）。

（a）水平投影　　（b）绘图比例　　（c）高程数值　　（d）高差数值

3. 水工和路桥图中的绝对高程所用的基准面是（　　）。

（a）黄海平均海平面（b）东海平均海面　　（c）建筑物开挖面（d）自然地面

4. 建筑物上相邻两面交线上的点是（　　）。

(a) 不同高程等高线的交点　　(b) 等高线与坡度线的交点

(c) 同高程等高线的交点　　(d) 坡度线上的点

5. 已知直线上两点的高差是 3，两点间的水平投影长度是 9，该直线的平距为（　）。

(a) 1/3　　(b) 3　　(c) 9　　(d) 1/9

6. 平面上的示坡线（　）。

(a) 与等高线平行　　(b) 是一般位置线

(c) 是正平线　　(d) 与等高线垂直

7. 平面的坡度是指平面上（　）。

(a) 任意直线的坡度　　(b) 边界线的坡度

(c) 坡度线的坡度　　(d) 最小坡度

8. 在标高投影中，两坡面坡度的箭头方向一致且互相平行，但坡度值不同，两坡面的交线（　）。

(a) 是一条一般位置线　　(b) 是一条等高线

(c) 与坡度线平行　　(d) 没有交线

9. 在标高投影中，在空间相互平行的一组平面是（　）。

(a) 两平面坡度线投影互相平行

(b) 两平面坡度值相同，坡度线投影平行

(c) 两平面坡度值相同，坡度线投影平行，箭头方向相同

(d) 两平面坡度值相同，坡度线投影平行，箭头方向相反

10. 正圆锥面上等高线与素线的相对位置关系是（　）。

(a) 平行　　(b) 相交　　(c) 交叉　　(d) 垂直相交

11. 分析图中交线条数共有（　）。

(a) 6 条　　(b) 7 条　　(c) 8 条　　(d) 9 条

12. 图中坡面交线的空间形状为（　）。

(a) 两条椭圆曲线　　(b) 一条椭圆曲线和一条抛物线

(c) 两条双曲线　　(d) 一条双曲线和一条椭圆曲线

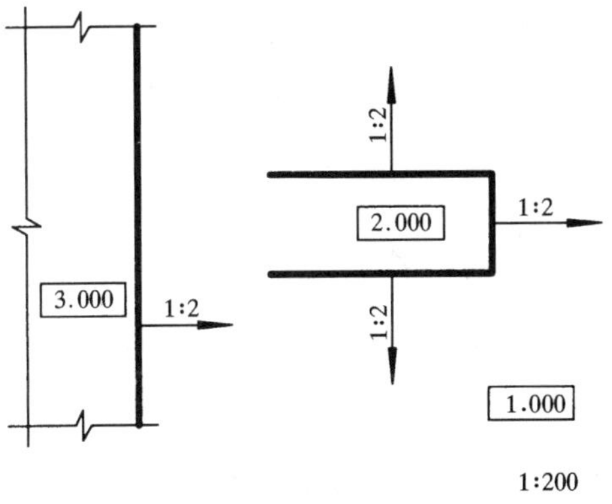

第 11 题图

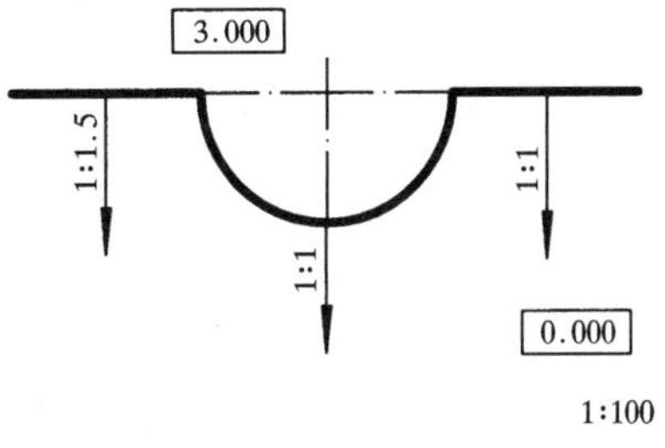

第 12 题图

第十一章 水 利 工 程 图

表达水工建筑物及其施工过程的图样称为水利工程图，简称水工图。本章结合实际水利工程研究水工图的绘制和识读。

第一节 水 利 工 程 图 的 种 类

一、规划图

规划图是在地形图上用图例和文字表示水利工程的布局、位置、类别等内容的图样。

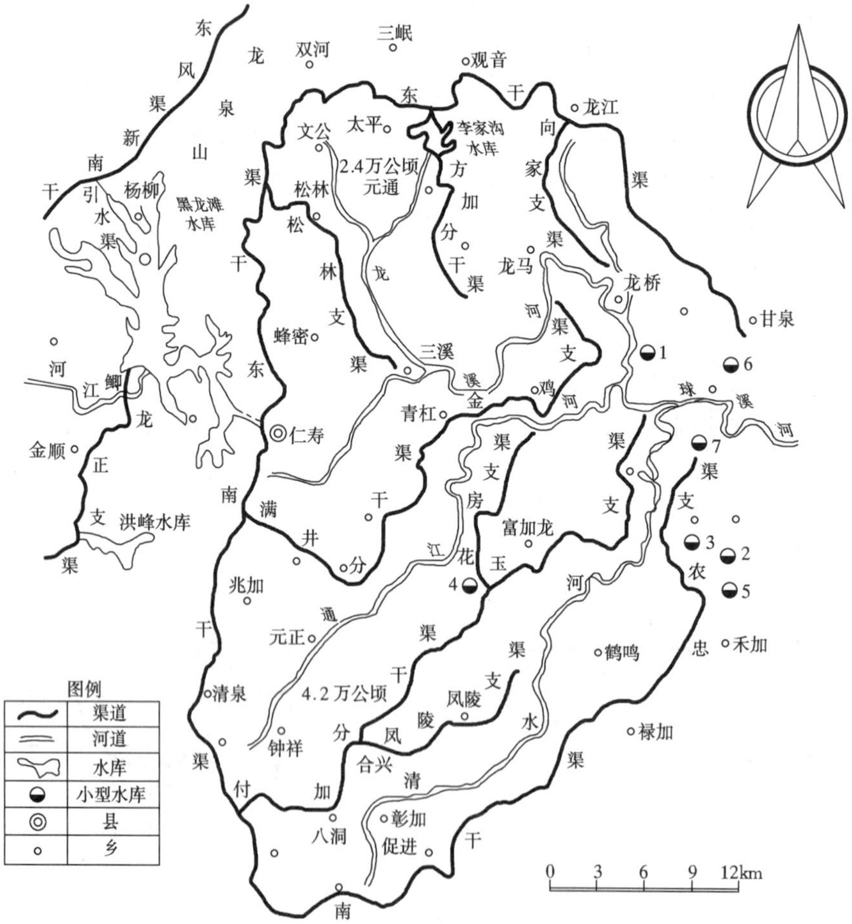

图 11-1 某水库灌溉渠系规划图

规划图的特点是：表示范围大，图形比例小，绘图的比例在 1∶5000～1∶10000 之间，建筑物用图例来表示。图 11-1 是某水库灌溉渠系规划图。

二、枢纽布置图

在水利工程中，由几个水工建筑物组合在一起协同工作的综合体称为水利枢纽。例如三峡水利枢纽就是由溢流坝段、挡水坝段、水电站、船闸等建筑物组成。

将整个水利枢纽的主要建筑物的平面图形画在地形图上的图样称为枢纽布置图。它主要表达整个水利枢纽的平面布置情况，作为建筑物的定位、施工放线、土石方施工及绘制施工总平面图的依据。

枢纽布置图的特点是：枢纽布置图必须画在地形图上，绘图比例较小，一般为 1∶500～1∶2000，在图上只画出建筑物的主要轮廓和主要尺寸，而对结构上的次要轮廓及细部构造省略不画或采用示意画法用图例表示。

三、建筑物结构图

表达某一建筑物形状、大小、细部构造、材料等内容的图样称为建筑物结构图。它包括结构布置图、细部构造图以及钢筋混凝土结构图等。

建筑物结构图的特点是：对建筑物的形状、大小、构造、材料等表达得比较详细，一般用视图、剖视图、断面图、详图等综合表达；绘图比例大，一般为 1∶50～1∶200。

四、施工图

表达水利工程施工组织、施工方法和施工程序的图样称为施工图。施工图包括：施工总平面图、施工导流图、施工组织设计图、基础开挖图、混凝土分块浇注图等。

第二节　水工图的表达方法

一、基本表达方法

1. 一组视图

（1）平面图。建筑物的俯视图在水工图中称为平面图。常见的平面图有表达单一建筑物的平面图和表达整个水利枢纽的枢纽平面布置图，如图 11-2 和图 11-3 所示。平面图主要表达建筑物的俯视形状、各部分的平面布置关系、水平方向的尺寸等。

（2）立面图。在水工图中，主视图、左视图、右视图、后视图一般称为立面图（或立视图）。视向顺水流方向所得到的立面图称为上游立面图，视向逆水流方向得到的立面图称为下游立面图，如图 11-2、图 11-3 所示。立面图主要表达建筑物的立面外形和高度尺寸等。

（3）剖视图、断面图。在水工图中，将平行于建筑物轴线剖切所得到的剖视图或断面图，称为纵剖视图或纵断面图。将垂直于建筑物轴线剖切所得到的剖视图或断面图，称为横剖视图或横断面图。图 11-2 中 A—A 为水闸的纵剖视图，图 11-3 中 A—A 为土坝的横断面图。剖视图和断面图主要表达建筑物的内部结构形状、尺寸、材料等内容。

（4）详图。当建筑物的局部结构由于图形太小而表达不清楚或不便于标注尺寸时，可将这部分结构用大于原图形的比例画出，这种图形称为详图，如图 11-4 所示。详图可画成视图、剖视图或断面图，它与被放大部分的表达方法无关。

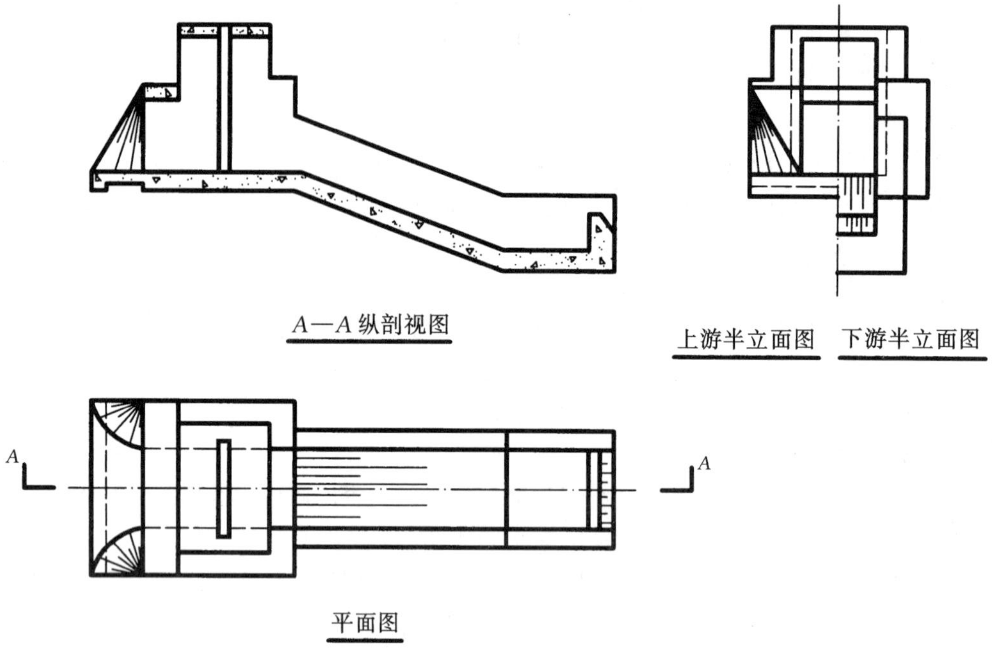

图 11-2 水闸的平面图、纵剖视图和合成视图

2. 视图的配置

（1）当一幅图纸上有两个以上图样时，应尽量按投影关系配置。

（2）大坝、水电站等挡水建筑物的平面图应使水流方向自上而下布置视图，如图 11-3 所示。

（3）水闸、涵洞、溢洪道等过水建筑物的平面图，应使水流方向自左而右布置视图，如图 11-2 所示。

3. 视图的标注

（1）图名和比例的标注。为了明确各视图之间的关系，每个视图都应标注图名，图名统一标注在图形的下方（或上方），并在图名下面画一条粗实线。当整张图纸中只有一种比例时，应统一注写在图标内，否则，应按如下形式将比例注写在图名附近。

$$\underline{\text{平面图 } 1:500} \text{ 或 } \frac{\text{平面图}}{1:500}$$

（2）详图的标注。详图一般应标注，标注的形式为：在被放大的部分用细实线画小圆圈，并标注字母；详图用相同的字母标注图名，并注写比例，如图 11-4 所示。

（3）图样中如需注明水流方向，可按图 11-5 的形式画出表示水流方向的箭头符号。

（4）地理方位的标注。平面图中指北针根据需要可按图 11-6 的形式绘制，其位置一般在图的左上角，必要时也可画在图的右上角。

二、特殊表达方法

由于水工图的特殊性和复杂性，当用基本表达方法无法表达清楚或表达不够简洁时，可采用特殊表达方法。

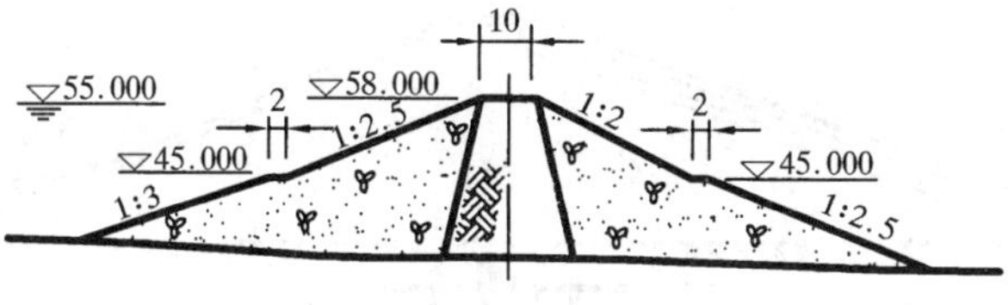

A—*A* 横断面图

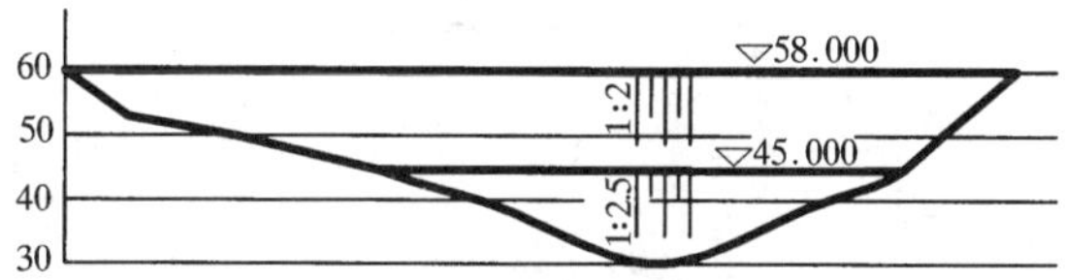

下游立面图

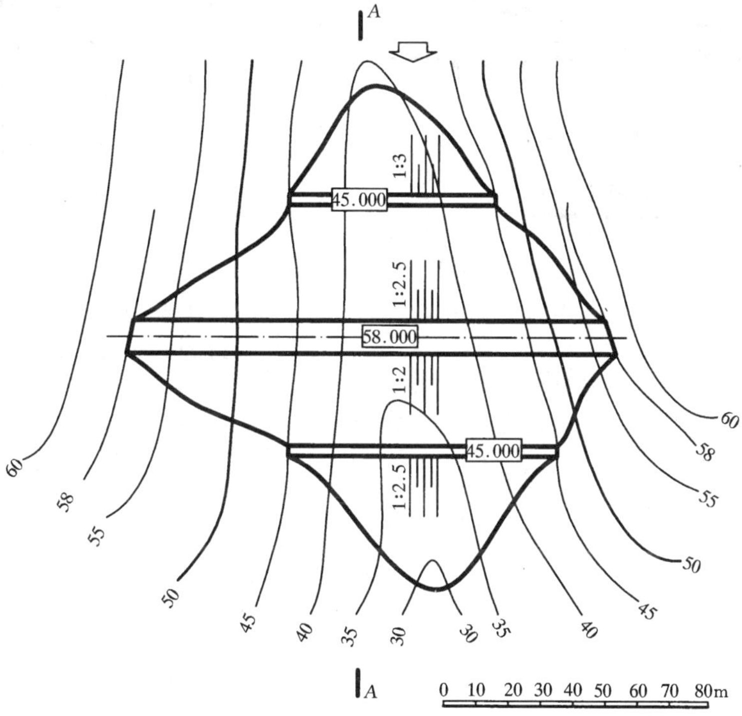

平面图

图 11-3　土坝的平面图、立面图和横断面图

1. 合成视图

两个视向相反且对称的视图或剖视图，可各画一半组合在一起，中间用点画线分开，这样形成的图形称为合成视图，如图 11-2 中的上、下游半立面图即为合成视图。

2. 省略画法

（1）当图形对称时，可以只画对称的一半，但需要在对称线上绘制对称符号（详见第八章）。

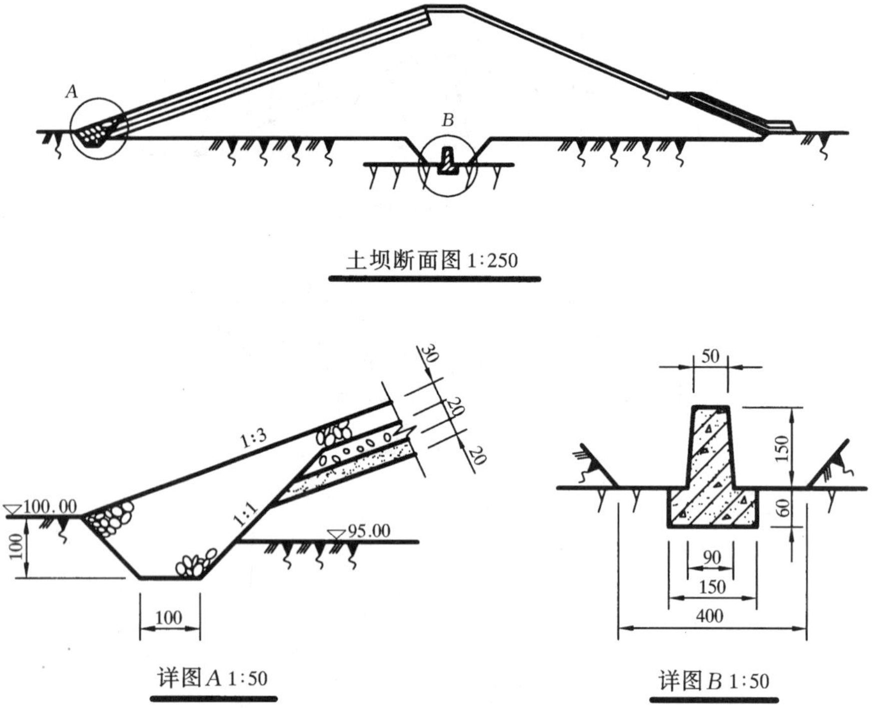

图 11-4 详图示例

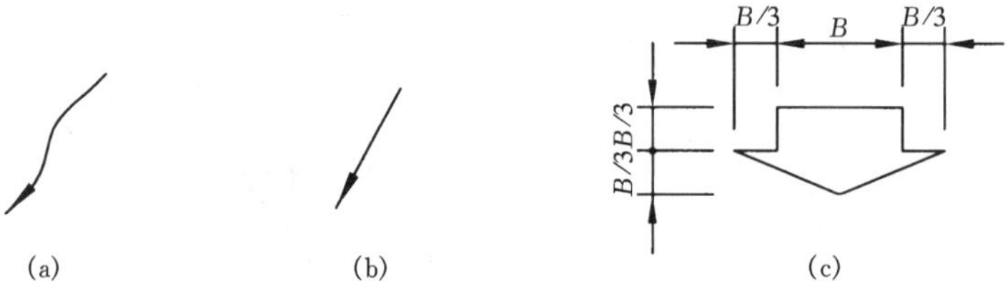

图 11-5 水流方向符号的画法

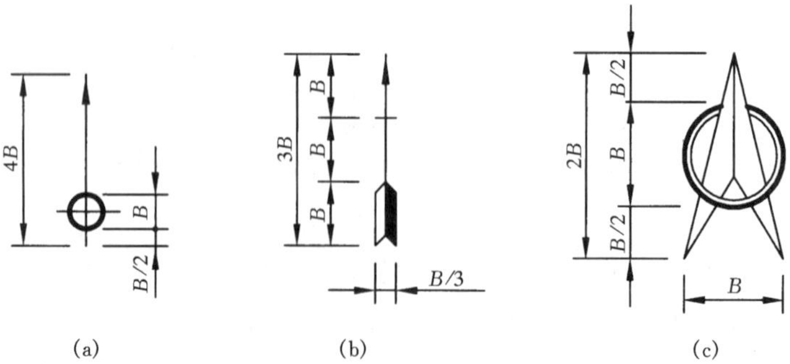

图 11-6 指北针符号的画法

（2）视图和剖视图中某些次要结构和设备可以省略不画。

3. 简化画法

（1）图样中的某些设备可以简化绘制，如发电机、桥式起重机等。

（2）对于图样中的一些相同细小结构，当其呈规律分布时，可以简化绘制，如排水孔的画法（详见第八章）。

4. 拆卸画法

当视图、剖视图中所要表达的结构被另外的结构遮挡时，可假想将这些结构拆掉，然后再进行投影，如图 11－7 中水闸的平面图，水闸后半部的桥面板及胸墙被假想拆掉。

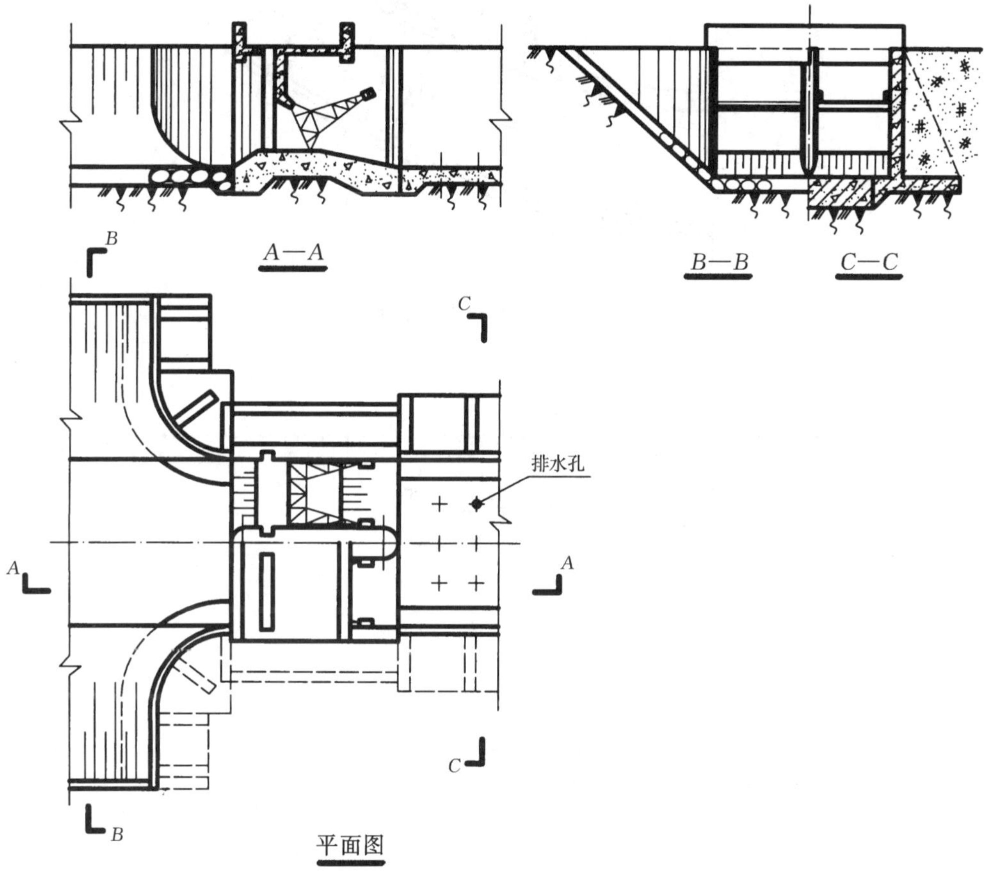

图 11－7　拆卸画法示例

5. 展开画法

当建筑物的轴线是曲线或折线时，可以将曲线或折线展开成直线后，绘制成视图、剖视图和断面图，这种画法称为展开画法，如图 11－8 所示。当用展开画法画图时，应在图名后注写“展开”二字。

6. 连接画法

当图形比较长但又必须画出全长时，可以采用连接画法，将图形分成两段绘制，再用连接符号和字母表示图形的连接关系，如图 11－9 所示。

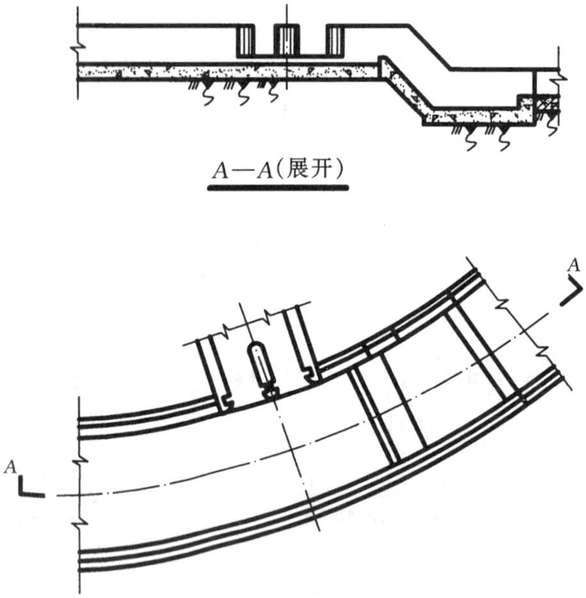

图 11-8 展开画法示例

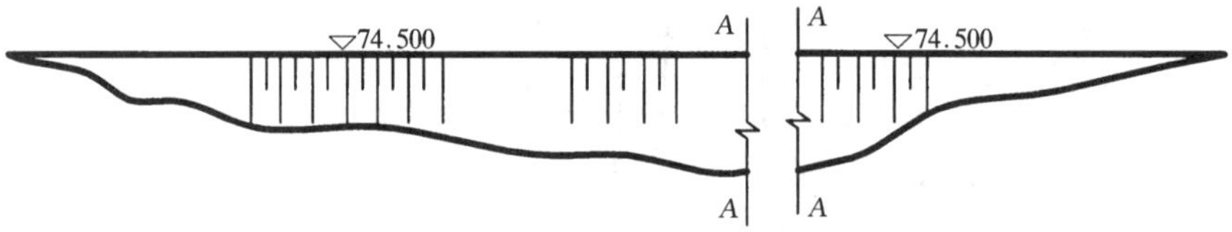

图 11-9 连接画法示例

7. 掀土画法

被土层覆盖的结构，在平面图中是不可见的。为了清楚地表达这部分结构，可假想将覆盖的土层掀开，然后再画图，这种画法称为掀土画法。

8. 分层画法

当建筑物有几层结构时，可按其结构层次分层绘图，将相邻层用波浪线作为分界线，并用文字标注各层的名称，如图11-10所示，这种画法称为分层画法。

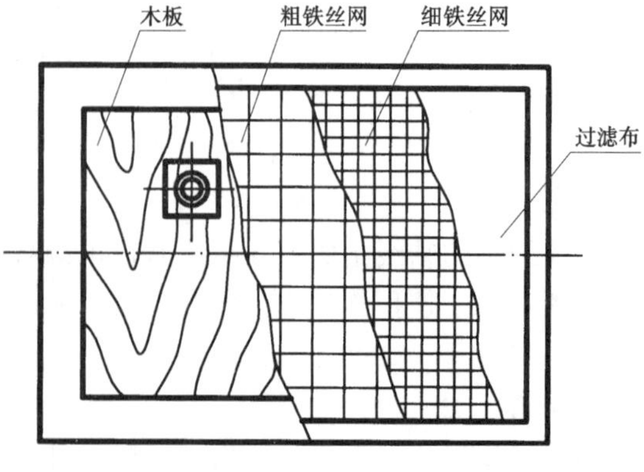

图 11-10 分层画法示例

9. 缝线的画法

建筑物中有各种缝线，如沉陷缝、伸缩缝、施工缝和材料分界线等。虽然缝线两边的表面在同一平面内，但在画图时仍按轮廓线处理，用一条粗实线表示。

10. 示意画法

当图形的比例较小，使某些细部构造无法在图中表达清楚，或某些附属设备（如闸门）另有专门的图纸表达，不需要在图上详细画出时，可以在图中的相应部位画出示意图例，这种画法称为示意画法。常用的示意图例见表 11－1 所示。

表 11－1　　　示　意　图　例

序号	结构种类	示　意　图	说　　明
1	水电站		用在总平面图中；小圆个数代表水轮机组台数
2	人字门船闸	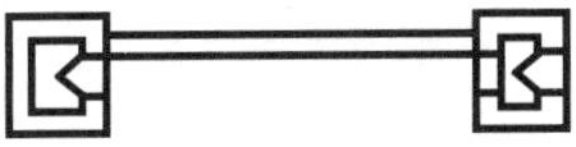	用在总平面图中；根据船闸平面外形画出，不同闸门型式有不同示意图
3	码头	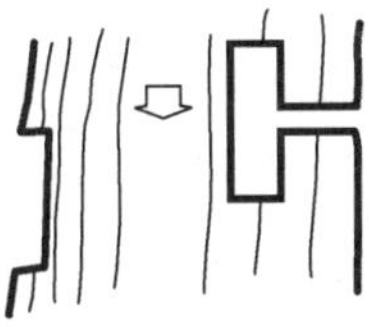	用在港口平面布置图中
4	平板闸门	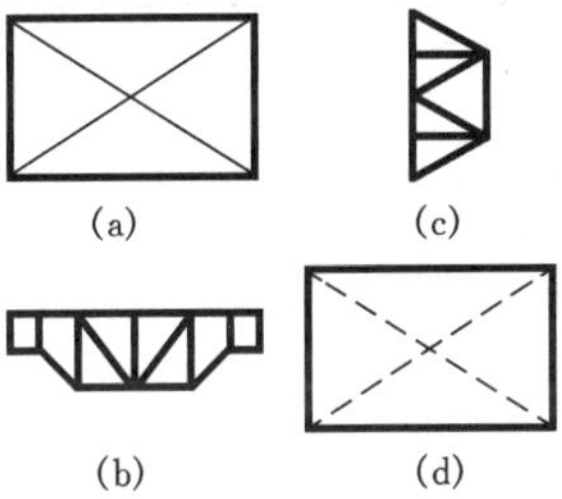	（a）下游立面图 （b）平面图 （c）侧面图 （d）上游立面图
5	弧形闸门	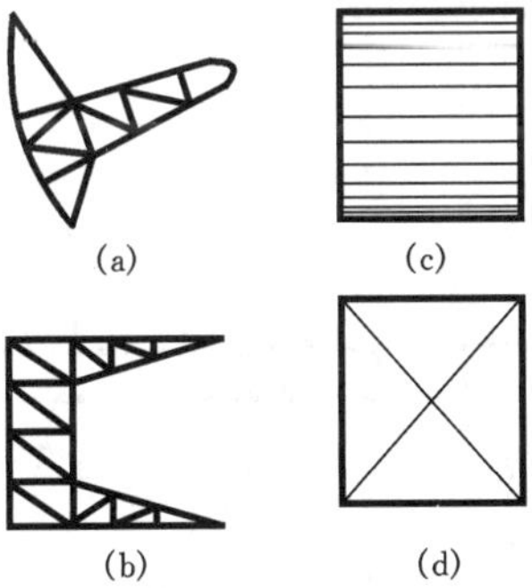	（a）侧面图 （b）平面图 （c）上游立面图 （d）下游立面图
6	桥式吊车	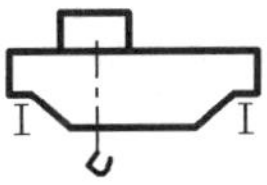	
7	水　闸	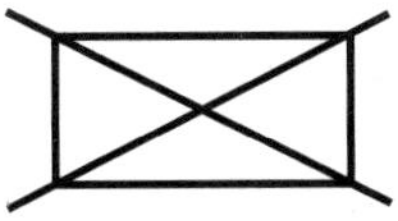	用在工程位置图中；拟建水闸画虚线

续表

序号	结构种类	示意图	说明
8	桥	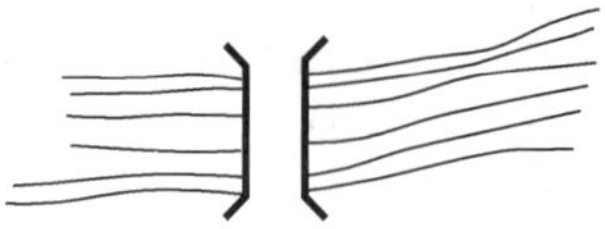	用在工程位置图中
9	扶梯	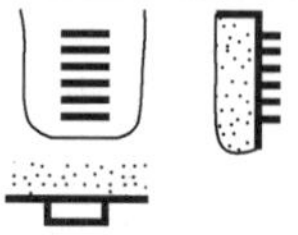	
10	栏杆	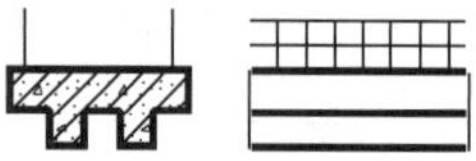	
11	方洞、圆洞	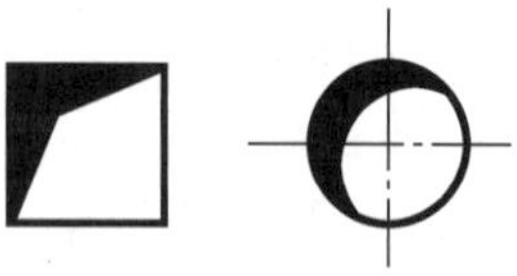	
12	开挖坡顶线		
13	陡坡		

第三节　水工图的尺寸标注

一、水平尺寸

1. 基准点

基准点是用建筑物上某一点的测量坐标来表示，在平面布置图中，作为各建筑物的位置基准。

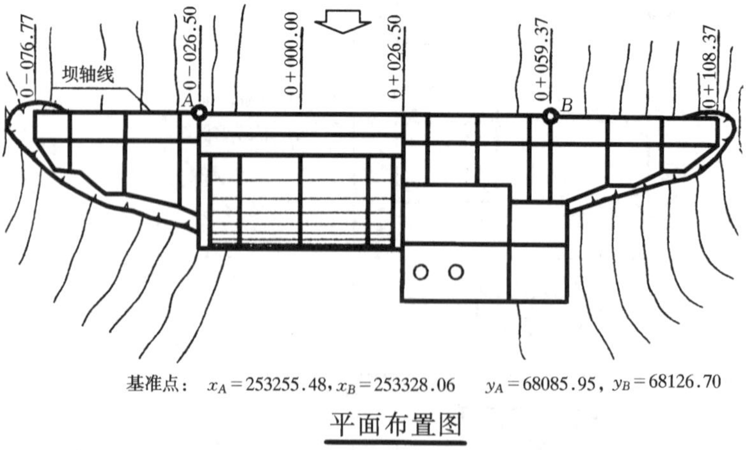

图 11－11　基准线与桩号的标注方法示例

2. 基准线

基准线是用建筑物上某两点的测量坐标来表示。图 11－11 所示平面布置图中，坝轴线上 A、B 两点的坐标即为测量坐标，$x_A=253252.48$、$y_A=68085.95$、$x_B=253328.06$、$y_B=68126.70$ 为该建筑物的基准线。

3. 长度尺寸的标注

对于大坝、隧洞、渠道等较长的水工建筑物，沿轴线的长度尺寸一般采用“桩号”的标注方法，标注形式为 $K+M$，K 为公里数，M 为米数。如图 11－11 中起点桩号为 0＋000，而桩号 0＋026.50 则表示距离起点零公里 26.5m。

二、高程的标注法

水工建筑物的高度尺寸与水位、地面高度密切相关，且尺寸较大，多采用测量仪器确定，因此常用高程标注高度尺寸，如图 11－12 所示。

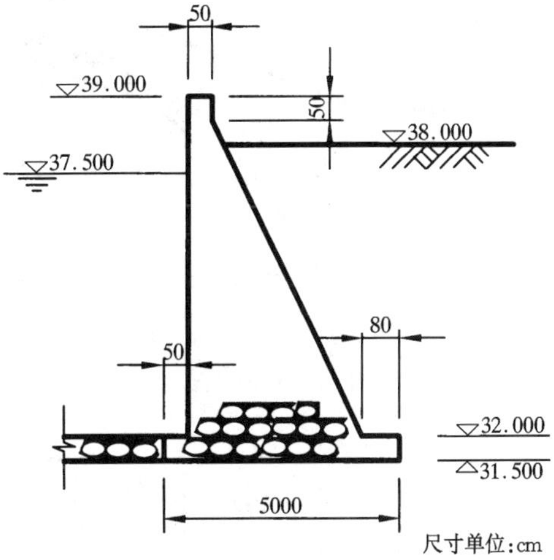

图 11－12　高程的标注方法示例

三、非圆曲线尺寸

如图 11－13 所示的溢流坝，坝面曲线的尺寸由以下三部分组成：

（1）溢流坝面曲线方程：$y=0.020576x^2$。

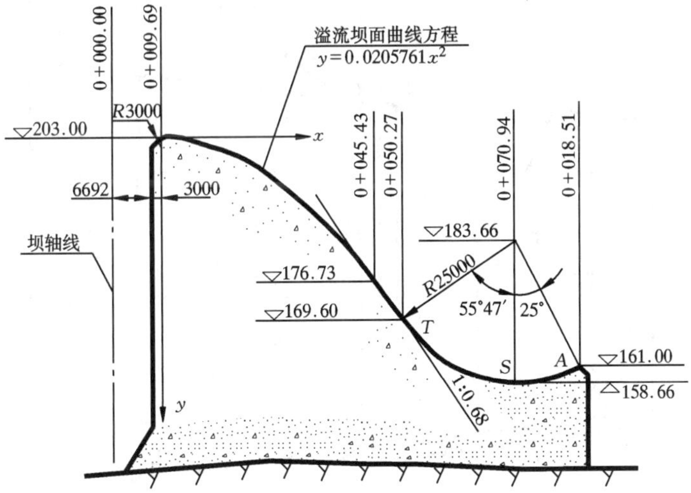

溢流坝面曲线方程 $y=0.0205761x^2$　　单位:m

x	0.000	1.000	2.000	3.000	5.000	10.000	15.000	20.000	25.000	30.000	35.000	40.000
y	0.000	0.021	0.082	0.185	0.514	2.058	4.629	8.230	12.860	18.518	25.206	32.922

图 11－13　非圆曲线尺寸注法示例

（2）坐标系 OX、OY。

（3）溢流坝面曲线上特征点的坐标值。

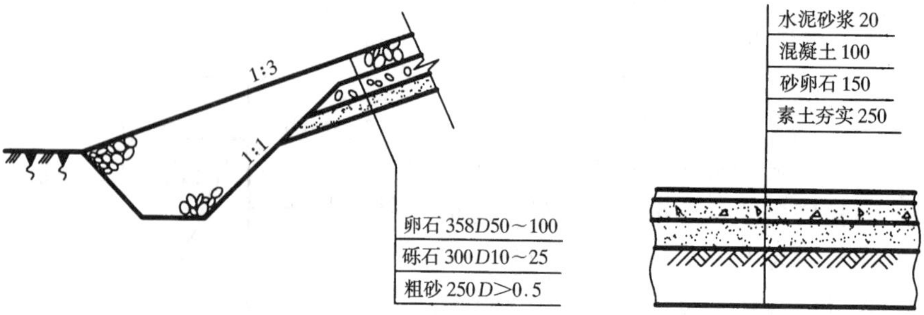

图 11-14　多层结构尺寸注法示例

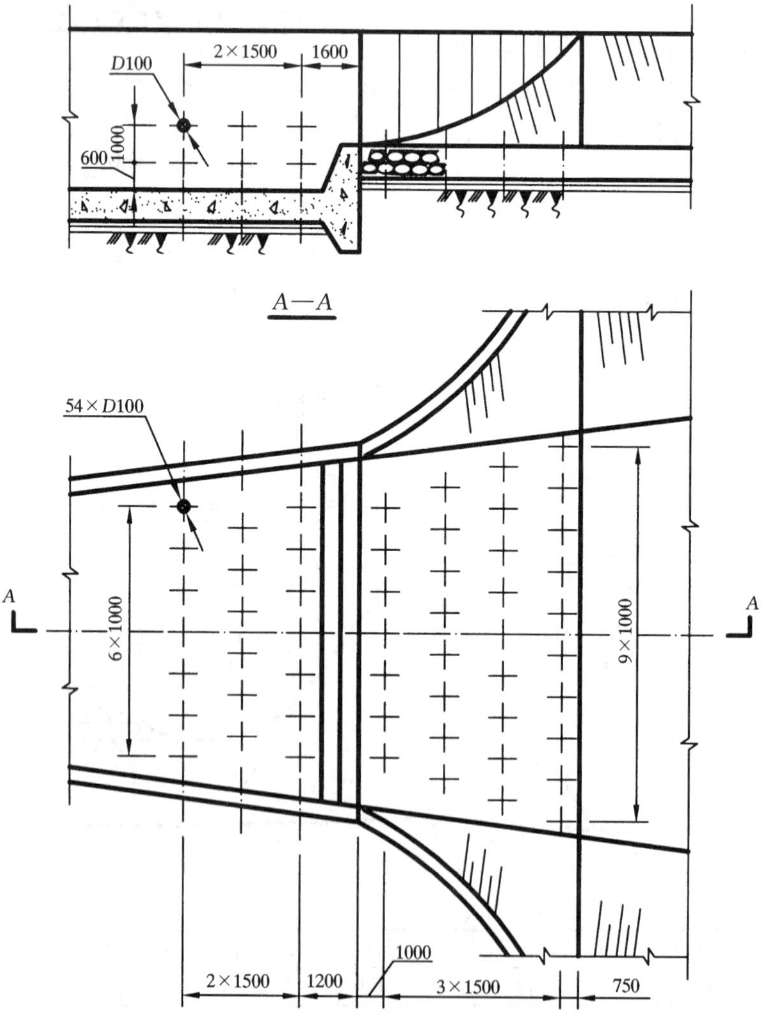

图 11-15　均布结构尺寸注法示例

四、多层结构尺寸

如图 11-14 所示，多层结构的尺寸，用引出线的形式进行标注。在标注时引出线必须垂直通过被引的各层，文字说明和尺寸数字应按结构的层次顺序注写。

五、均布结构尺寸

均匀分布的相同结构，其尺寸可按图 11-15 所示的方法进行标注。如 6×1000 表示 6 个相等的 1000mm 长度的尺寸。

第四节　水 工 图 的 识 读

一、读图的一般方法和步骤

1. 概括了解建筑物的名称和作用

从标题栏和图样上的说明中了解建筑物的名称、作用、绘图比例、尺寸单位等内容。

2. 分析表达方案，了解各视图的名称、作用及其相互关系

分析各视图的视向，剖视图、断面图的剖切位置、投影方向、详图的索引部位和名称、在各图中采用的特殊表达方法等，弄清每个视图的作用，以及各个视图之间的关系。

3. 了解图示内容，进行形体分析

这一步是读图的关键环节。首先了解每个图所表达的主要内容，根据这些内容进行形体分析，将建筑物分成几个部分，运用形体分析法深入细致地读懂建筑物各部分的形状、构造、尺寸、材料等内容。

4. 综合整理

根据建筑物各部分的形状及位置关系，综合整理，想象出建筑物的整体形状。

二、水工图识读举例

【例 11-1】 识读图 11-16 所示水库枢纽设计图。

(1) 概括了解。水库枢纽由土坝、溢洪道、隧洞三部分组成。

①土坝。土坝是挡水建筑物，该土坝由坝壳、粘土心墙、上下游坝面护坡、下游堆石排水棱体、坝顶等部分组成。粘土心墙的作用是防止水流渗透坝体，和坝壳形成一个整体，起挡水作用。上下游护坡起保护坝体的作用。坝坡上的戗台（又称为马道）是为护坡的施工和维修设置的。下游坝脚处的排水棱体的作用是为了安全排出坝体的渗透水，保证大坝的稳定。

②溢洪道。溢洪道是泄水建筑物，其作用是在水库蓄满水期间排泄多余的洪水，保证大坝的安全。溢洪道主要由引水渠、控制段、泄槽、消能段、尾水渠等部分组成。

③隧洞。隧洞是引水建筑物，主要作用是引水发电和灌溉，包括进口建筑物、洞身、出口建筑物等部分。

(2) 分析水库枢纽的表达方案。

①枢纽平面布置图。主要表达土坝、溢洪道、隧洞的平面形状、位置关系和各建筑物的坡脚线及开挖线等内容。

②土坝结构设计图。包括最大横断面图，坝顶构造详图，排水棱体详图，坝坡、坝脚详图等。主要表达土坝的断面实形、尺寸和坝体的细部构造、材料等内容。

（3）枢纽平面布置图的内容及识读。

①图名、比例、单位。在图样下方标注了枢纽平面布置图的名称。绘图比例是1∶8000，绘图单位是m。

②地形、方位、河流方向。从图11-16中的等高线可知地形形状。由指北针和水流方向符号，可知方位是上北、下南，水流方向为自北流向南。

③主要建筑物的位置关系。土坝在河道中间，左岸为引水隧洞，右岸为溢洪道。

④土坝的平面形状、交线、尺寸及坡度。从图11-16可以看出土坝的平面形状，坝顶是矩形，高程是138m；上游为三级坡，下游也为三级坡，并在高程为125m、112m处设有马道，图形的外边线是土坝与地面的交线，即坡脚线。

⑤溢洪道的平面形状、尺寸及开挖线。沿溢洪道的轴线可以看到溢洪道的平面形状及各段的宽度变化。在图11-16中注有溢洪道底面高程、斜面的坡度及沿轴线各段的长度（用桩号表示），溢洪道两侧为开挖线。

⑥隧洞的平面位置、各部分的主要轮廓、图例。沿轴线可以看出隧洞、支洞的平面位置，洞身的轮廓用虚线表示，进口建筑物、调压井、电站机组等用图例表示。

（4）土坝结构设计图的内容及识读。

①图名、比例和单位。在每个图的下方都标有该图的名称及绘图比例。

②土坝最大横断面图。最大横断面图是在主河槽位置垂直于坝轴线剖切而得到的，土坝是一个梯形棱柱体，其高度随河谷地形而变化，在河槽最凹处最高，在两侧岸坡处较低，最大横断面图充分表示出土坝的形状，具体分为以下四点：

a. 表达了断面实形及地基的连接情况。坝身断面为梯形，由图11-16可知坝下地面线和基岩线的位置及粘土心墙与基岩的连接形式等。

b. 表达了断面各部分的尺寸、特征水位。坝顶高程为138m，坝顶宽8m，上游护坡坡度分别为1∶2.75、1∶3和1∶3.5，下游护坡坡度分别为1∶2.7和1∶3，并在125m和112m高程处设有3m宽的马道，坝脚高程为90m，校核水位为137.00m，设计水位为134.00m。

c. 表达了坝体构造及各部分的材料。该土坝坝壳为砂卵石材料堆筑，为防止漏水，筑有直棱柱体的粘土材料心墙，在上下游面设有护坡，下游坝脚处设有排水棱体。

d. 注有详图索引符号。在最大横断面图中无法表达清楚的部位另外画有详图，该图中用细实线圆圈和字母标出了详图的部位及名称，如详图A～详图C所示。

③详图A（坝顶构造详图）。坝顶构造详图清楚地反映了坝顶路面，防浪墙，路肩石，上、下游边坡的形状、尺寸和材料，以及防浪墙和粘土心墙的连接关系等。

④详图B（坝脚详图）。该图清楚地反映了坝脚的形状、尺寸及所用的材料。

⑤详图C（排水棱体详图）。该图清楚地反映了排水棱体的形状、构造、各部分的详细尺寸和所用材料，及排水棱体与下游坝坡、坝壳的关系。

（5）综合、整理。根据上述分析，将各图的内容及土坝的形状综合整理，想象出整个水库枢纽的整体形状。

【例11-2】 识读图11-17所示重力坝枢纽设计图。

（1）概括了解。该坝依靠自身的重力保持稳定，故称为重力坝。它采用混凝土材料浇筑而成，该重力坝由非溢流坝段、溢流坝段、电站厂房坝段组成。非溢流坝段的作用是挡水，抬高上游水位，形成水库；溢流坝段由溢流坝曲面、闸墩、边墩、闸门、导墙、工作桥等部分组成，主要作用是关闭闸门挡水、开启闸门泄洪；电站厂房坝段结构较复杂，主要由坝体、引水管、拦污栅、喇叭状进水口、闸室、方圆渐变段、圆形引水钢管等部分组成。水电站包括电站厂房、发电机、蜗壳、水轮机尾水管等部分，主要作用是引水发电，另外，在坝体内布置有三条平行坝轴线的廊道，廊道内设有观测、排水设备，最低一层是灌浆廊道，用于向坝基灌注水泥浆，形成一道幕状防渗体。

（2）分析重力坝枢纽表达方案。

①枢纽总平面图。表达枢纽各建筑物的平面位置关系、平面形状及主要尺寸，以及建筑物与地面的连接关系等内容。

②下游立面图。表达建筑物的下游立面外形，主要部位的高程及沿轴线的长度尺寸，下游坝坡与地面的连接关系等内容。

③*A*—*A* 非溢流坝段横断面图。表达非溢流坝段断面实形、构造、各部分的高程、尺寸及材料等内容。

④*B*—*B* 溢流坝段横剖视图。表达溢流坝段的断面实形、工作桥、闸墩、闸门、廊道等的布置，断面尺寸及材料等内容。

⑤*C*—*C* 电站厂房坝段横剖视图。表达电站厂房坝段的断面实形，电站引水管道及进口的布置，电站厂房的断面形状，发电机、水轮机、尾水管的布置，各部分的尺寸及材料等内容。

（3）枢纽总平面图的图示内容及识读。

①图名、比例、单位。图名为枢纽总平面图，比例为 1∶1000，单位是 cm。

②地形、方位、河流流向。从图中地形等高线可知坝址地形：两边是山坡，中间是河谷。根据指北针和河流流向符号可知：坝轴线为西南至东北方向，河流自西北流向东南方向。

③各段的平面位置关系、平面形状及主要尺寸。大坝中间部分为溢流坝段，平面形状为矩形。该坝段工作桥采用了拆卸画法，左侧一半假想拆除，以表示闸墩形状，右侧一半画出了工作桥，但未画机架，由此可以看出溢流坝面上共布置有四个中墩、两个边墩，分为五个溢流孔，每个闸孔上安装有平板闸门。溢流坝段靠右岸一侧布置电站厂房坝段，其平面形状也是矩形，有三条引水管道（图 11－17 中用管道的中心线表示）和三台发电机组（采用示意画法），管道中心距是 1000cm。靠左、右岸边分别布置了非溢流坝段，其平面形状大体上是三角形，整个大坝沿坝轴线总长用“桩号”表示为 251.50m。

④建筑物与地面的交线。沿建筑物周边可以看到重力坝枢纽与地面的交线，该交线可用等高线法或地形剖面法求出，其外边线是基坑开挖时的开挖线。

⑤剖视图、断面图的标注。图中标出了断面图 *A*—*A*、*B*—*B*、*C*—*C* 的剖切位置和投射方向。

（4）下游立面图的图示内容及识读。

①图名、比例、单位。在图形的下方注有下游立面图的名称，比例是 1∶1000，沿高度方向标有绘图比例尺，绘图单位是 cm。

②下游立面形状。从左至右分析，该图反映了：1～4号挡水坝段的下游立面形状，在斜面上标有示坡线；5～6号电站坝段的下游立面形状，厂房部分采用简化画法画出了厂房外形、门、窗及尾水管的出口形状；7～11号溢流坝段的下游立面形状，包括工作桥、交通桥、闸墩、边墩、溢流坝面、边墙等部分，平板闸门采用示意画法；12～16号挡水坝段的下游立面形状。

③沿坝轴线各坝段的长度尺寸，闸孔宽度尺寸，坝顶、溢流坝顶部位的高程等。

④下游坡面的开挖线及坝轴线处地面线。

（5）溢流坝段剖视图的图示内容及识读。

①图名、比例。溢流坝段的形状用剖视图表达，剖切面通过中间闸孔的中心线，图名是 $B—B$，比例为1∶1000。

②溢流坝的形状、尺寸、构造及材料。图11-17反映了溢流坝的断面实形，包括上游面的形状、溢流坝面曲线、挑流圆弧等。溢流坝面曲线的尺寸用 XOY 坐标系及坐标表表示。下游斜坡面的坡度为1∶0.7，挑流圆弧标有圆心的位置尺寸、半径及圆心角，另外还标有溢流坝顶、挑流鼻坎等处的高程，最大坝宽为5600cm。坝体内靠上游面布置有三条廊道，图11-17中画出了廊道的断面形状及位置，坝体材料为混凝土。

③工作桥、交通桥、闸墩、闸门槽、导墙的布置、形状及主要尺寸。

④坝基与地面的交线、形状、帷幕灌浆的位置。

（6）非溢流坝段图示内容及识读。

①图名、比例：非溢流坝段的形状用断面图表达，剖切面通过12号坝段一侧，图名是 $A—A$，比例是1∶1000。

②非溢流坝的断面形状、尺寸、构造和材料。非溢流坝段是直棱柱体，上游下部的坝坡为1∶0.2，下游坝坡为1∶0.7，坝顶高程为525m，坝顶宽度为5.5m，最宽处为10.5m，坝体内与溢流坝段对应布置有三条廊道，坝体材料为混凝土。

③坝体与地面的交线形状及帷幕灌浆。

（7）电站厂房坝段的图示内容及识读。

①图名、比例。电站厂房坝段用剖视图 $C—C$ 表达，剖切面通过引水洞及电站机组中心，比例为1∶500，单位为m。

②挡水坝的断面形状、尺寸、构造和材料。坝段的断面形状、尺寸、构造及材料与上述非溢流坝一样，坝顶构造包括工作桥、交通桥的形状及尺寸，另外还有引水洞进口闸门的吊孔等。

③引水洞进口的构造及尺寸。从图11-17中可看出引水洞进口是喇叭口形状，并设有拦污栅，该图还反映了检修闸门、工作闸门的位置及方圆渐变段的形状等，并给出了各部分的尺寸。

④引水洞的布置、形状及尺寸。引水洞布置在坝体内，为“龙抬头”形式，其纵断面形状用两条轮廓线表示，直径是3m。

⑤电站厂房及水轮机、发电机的布置。电站厂房及水轮机、发电机的结构复杂，另有专门的图纸表示，图11-17中画出了厂房、蜗壳、尾水管的主要形状及尺寸，采用示意画法画出了发电机、水轮机等。

⑥坝体、厂房与地面的交线及灌浆帷幕等。

（8）综合整理。根据上述分析，将各部分的内容及形状综合整理，想象出重力坝枢组的整体结构和形状。

【例 11－3】 识读图 11－18 所示水闸结构设计图。

（1）概括了解。水闸可分为进水闸、分洪闸、泄水闸等。修建在引水渠首的水闸称为进水闸，又称为渠首闸。其作用是控制水位和调节引水流量。水闸有许多类型，结构大同小异，一般由上游连接段、闸室段和下游连接段三部分组成。

①上游连接段。上游连接段位于河流与闸室之间，作用是引导水流平顺地进入闸室，并防止水流冲刷河床。上游连接段主要由上游防冲槽、铺盖及上游翼墙等组成。

②闸室段。闸室是水闸的主要组成部分，通过关闭和开启闸门来调节上游水位和过闸水流的流量，闸室的结构比较复杂。闸室段主要由底板、闸墩、边墩、闸门、交通桥、排架、工作桥等组成。

③下游连接段。下游连接段主要有两个作用：a. 减小流速，消除过闸水流多余的能量，防止水流冲刷下游河道；b. 改变过流断面的形状，即由矩形变成梯形，保证水流平顺地进入下游渠道。下游连接段主要由消力池护坦、边墙、海漫、下游翼墙及两岸护坡等组成。

（2）分析进水闸结构图的表达方案。建筑物结构图主要表达某一建筑物的形状、大小、结构、材料等内容，其特点是：视图种类多、比例大、表达清楚。该进水闸的表达方案如下：

①平面图。由于左右岸对称，因此采用省略画法，以对称中心线为界，只画出左岸部分的图形，主要表达各段的平面布置、平面形状（如翼墙呈八字形和圆弧形、闸墩形状、主门槽、检修门槽位置等）、长度、宽度、剖视图的标注、断面图的标注等内容。

②*A*—*A* 纵剖视图。该图采用单一全剖视图、剖切面平行于水闸轴线，通过整个水闸。主要表达底板的纵断面实形（如铺盖、闸室底板、消力池底板、海漫等），底板的构造及材料，边墙的侧立面形状，闸门槽位置及各部分的长度、高度尺寸以及排架的形状等。

③上、下游立面图（立视图）。由于上游立面图和下游立面图是两个视向相反且对称的图形，因此各取一半画成合成视图，该图主要表达水闸进出口立面形状、排架和工作桥、交通桥以及各部分的尺寸等。

④断面图。采用 *B*—*B*、*C*—*C*、*D*—*D*、*E*—*E*、*F*—*F* 五个断面图，分别表达闸室、进口翼墙、挡土墙、消力池边墙、圆柱面翼墙等部位的断面实形、细部构造、尺寸和材料等。

⑤特殊表达方法。该进水闸结构设计图中，有多处采用了特殊表达方法，其中平面图中采用拆卸画法将闸室上的排架、工作桥、交通桥、闸门等拆去。排水孔采用简化画法，闸门采用示意画法，平面图中用粗实线表示各种缝线、工作桥的扶梯和桥栏杆均采用简化画法。

（3）图示内容与识读。因为该图主要表达进水闸各部分的形体结构，因此在读图时应以形体为主线，结合各个视图，分段、分块进行形体分析，弄清楚各部分的形状、构造、

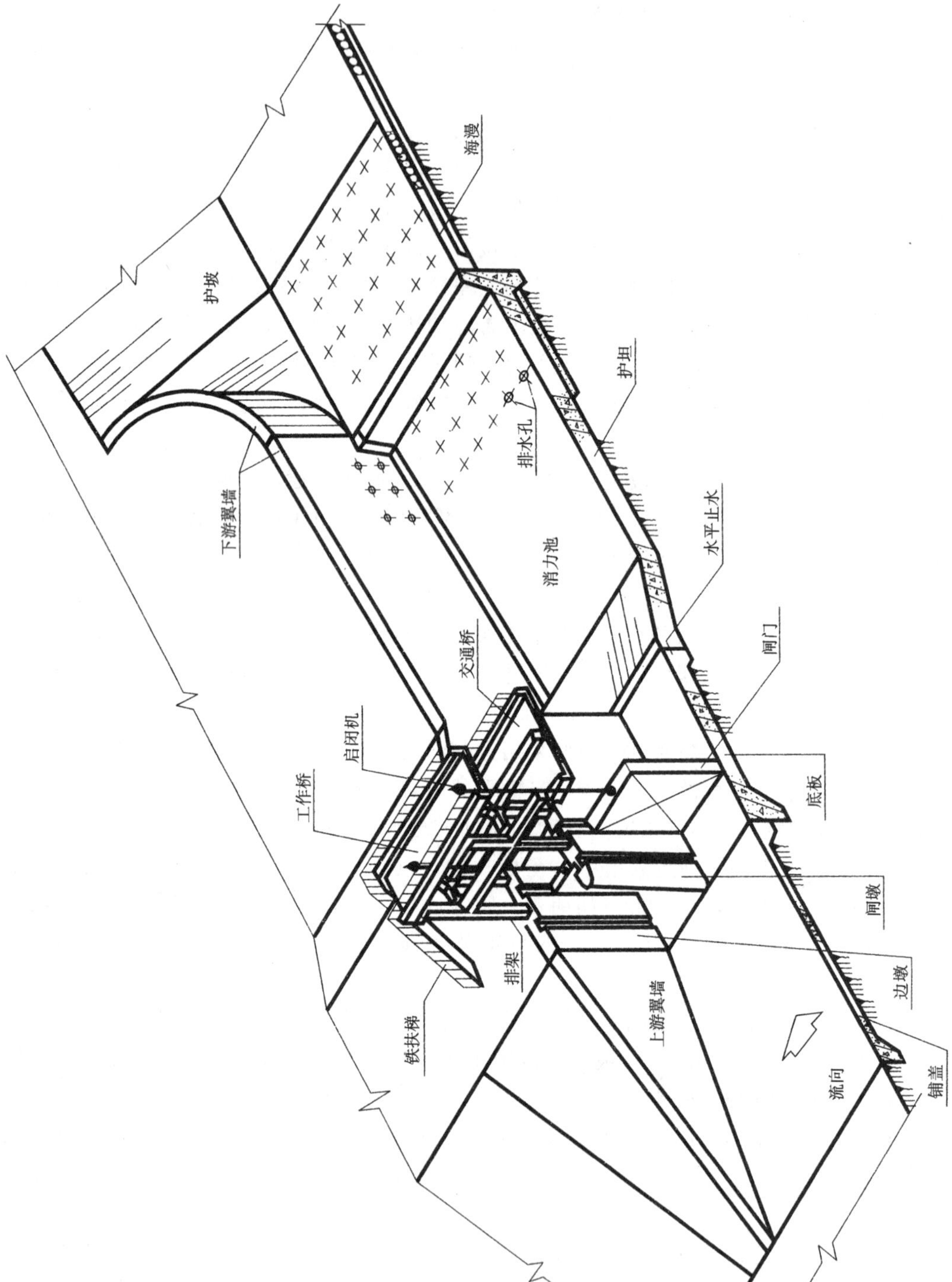

图 11-19 进水闸立体图

尺寸、材料等内容。

①上游连接段。看平面图和 $A—A$ 剖视图可知：底板的平面形状为梯形，底板是厚30cm、两端带齿墙、长1025cm的钢筋混凝土板。上游翼墙在平面上呈八字形，采用斜降式挡土墙，即墙顶随岸坡逐渐下降。

$C—C$ 断面图表达了翼墙最大断面实形及尺寸，其材料是混凝土，外侧有粘土防渗体。

②闸室段。看平面图和 $A—A$ 剖视图可知：闸室底板长700cm、厚0.7m，是前、后带齿墙的平底板，其平面形状是矩形，材料为钢筋混凝土。闸底板上有两个边墩和一个中墩，将闸室分为两孔。中墩厚60cm，两端分别做成半圆柱形，上有工作门槽及检修门槽。边墩是厚60cm的直棱柱体，靠内侧也有两个闸门槽，采用平板闸门。在闸门的正上方设有排架，排架上面是宽2m的工作桥，在排架的下游设有宽4.10m的交通桥，材料均为钢筋混凝土。

在上、下游立面图和 $A—A$ 剖视图上可以分别看出闸室段的立面形状和断面形状。

结合 $C—C$ 和 $D—D$ 断面图可知八字翼墙和路基挡土墙的形状、尺寸和材料。

③下游连接段。看平面图和 $A—A$ 剖视图可知：消力池用钢筋混凝土材料做成，平面形状为梯形，长15.60m，由底板和挡土墙形成了一个“水槽”，底板顶部高程46.90m，厚0.7m，进口端是1∶3的斜坡，尾部设有高1.1m的消力坎。$E—E$ 断面图表示了挡土墙的断面形状和尺寸，其断面是顶宽为50cm，底宽为185cm的直角梯形。为降低渗水压力，在消力池的底板和挡土墙上设有66个直径为50mm的排水孔，底部和外侧设有20cm厚的粗砂反滤层。渐变段进口处是矩形，出口处与梯形断面的尾水渠相连，海漫和护底长度分别为6.2m和8.8m，由浆砌石做成，海漫上设有排水孔，下有20cm厚的粗砂反滤层。翼墙由半径700cm的圆柱面做成，$F—F$ 断面图表示了翼墙的断面实形、尺寸和材料，护坡是由浆砌块石做成的1∶2的斜坡面。

（4）综合小结。根据上述形体分析，弄清水闸各部分的形状、位置关系及构造、尺寸、材料等内容，综合整理，想象出水闸的整体形状，如图11－19所示。

第五节　水工图的绘制

水工图的绘制一般分为三个阶段：

1. 准备工作

（1）熟悉资料，确定表达内容。

（2）选择视图，确定表达方案。

（3）选择比例，确定图幅。

2. 绘制底稿图

（1）合理布图，画出各视图的作图基准线。

（2）画各视图的轮廓线，一般先画大的轮廓，后画细部；先画主要部分，后画次要部分；先画特征视图，后画其他视图。画图时要注意各视图间的联系。

（3）标注尺寸和注写文字说明。

（4）画剖面材料。

3. 检查、加深

（1）检查、校对各视图有无错误。

（2）修饰图面。

（3）加深图线。

复习思考题（单项选择题）

1. 表达水利工程的布局、位置、类别等内容的图样是（　　）。

　（a）建筑物结构图　（b）规划图　（c）施工图　（d）下游立面图

2. 根据投射方向，枢纽布置图应该是（　　）。

　（a）立面图　（b）平面图　（c）主视图　（d）左视图

3. 表达水工建筑物形状、大小、构造、材料等内容的图样是（　　）。

　（a）轴测图　（b）施工导流图　（c）枢纽布置图　（d）建筑物结构图

4. 施工阶段绘制的图样是（　　）。

　（a）地形图　（b）枢纽布置图　（c）基础开挖图　（d）规划图

5. 反映建筑物高度的视图，在水工图中称为（　　）。

　（a）立面图　（b）平面图　（c）左视图　（d）俯视图

6. 在水工图中，将视向顺水流方向所得到的立面图称为（　　）。

　（a）上游立面图　（b）下游立面图　（c）合成视图　（d）纵剖视图

7. 平行水闸轴线剖切得到的剖视图是（　　）。

　（a）横剖视图　（b）局部剖视图　（c）纵剖视图　（d）纵断面图

8. 垂直土坝坝轴线剖切得到的断面图是（　　）。

　（a）横剖视图　（b）纵剖视图　（c）纵断面图　（d）横断面图

9. 下列哪些图样中需要画出详图（　　）。

　（a）枢纽布置图　（b）建筑物结构图

　（c）规划图　（d）地形图

10. 挡水建筑物平面布置图上的水流方向应该是（　　）。

　（a）从左到右　（b）自下而上　（c）自上而下　（d）任意方向

11. 水闸平面图上的水流方向应该是（　　）。

　（a）从左到右　（b）自下而上　（c）自上而下　（d）任意方向

12. 水闸的一半画上游半立面，一半画下游半立面得到的图样是（　　）。

　（a）阶梯视图　（b）半剖视图　（c）纵剖视图　（d）合成视图

13. 水闸的平面图以对称线为界只画一半采用的是（　　）。

　（a）省略画法　（b）简化画法　（c）示意画法　（d）半剖视图

14. 某水闸上消力池的排水孔，只画出几个圆孔，其余的均画出中心线，采用的是什么画法（　　）。

　（a）省略画法　（b）简化画法　（c）连接画法　（d）示意画法

15. 某溢流坝的立面图上画出了闸门，采用的画法是（　　）。

(a) 简化画法　(b) 示意画法　(c) 详图　(d) 拆卸画法

16. 隧洞的桩号 0+000 应该标注在什么位置（　　）。

(a) 隧洞的尾端　(b) 隧洞的中间　(c) 闸门槽处　(d) 隧洞的起始端

17. 某桩号为 1+130.00，则表示（　　）。

(a) 长度 1130m　(b) 宽度 130m

(c) 该桩号处距离起点 1130m　(d) 高程 1130.000m

18. 某对称水闸宽度方向尺寸基准的位置是（　　）。

(a) 水闸对称轴线　(b) 闸门槽处　(c) 水闸起始端　(d) 水闸尾端

19. 土坝的定位基准是（　　）。

(a) 上游坝脚　(b) 上游坝坡　(c) 坝轴线　(d) 下游马道

20. 在水工图中需要画出地形、方位、河流方向的图样是（　　）。

(a) 详图　(b) 纵剖视图

(c) 横断面图　(d) 枢纽平面布置图

第十二章 道路桥梁工程图

第一节 道路桥梁工程图的分类

道路是交通工程的一种主要构筑物。道路的基本组成包括：路基，路面，排水及防护工程，沿线设施以及桥梁、涵洞等附属建筑物。道路工程组成复杂，形状受地形影响较大，涉及学科广，所以道路桥梁工程图样繁多。根据图示内容重点的不同，道路桥梁工程图可分为表达道路整体形状的路线工程图和表达单个组成部分的结构与构造详图。

1. 道路路线工程图

道路路线受地形影响较大，总体来说，是一条空间曲线。道路路线工程图是表示路线空间形状（通常是指道路中心线的形状）的图样。一般由路线平面图、纵断面图和横断面图组成，相当于俯视图、主视图、左视图。

路线平面图是绘有道路中心线的地形图。路线平面图的作用是表达路线的地理方位、平面形状、沿线两侧一定范围内的地形地物情况和附属建筑物的平面位置等。

路线纵断面图是顺着道路中心线剖切得到的展开断面图。路线纵断面图的作用是表达路线的竖向形状、地面起伏、地质及沿线建筑物的概况等。

路线横断面图是垂直于道路中心线剖切而得到的断面图。路线横断面图的主要作用是表达道路与地形、道路各个组成部分之间的横向布置关系。路线横断面图包括道路横断面图、路基横断面图和路面结构图。其中，道路横断面图反映了机动车道与非机动车道的布置形式，路基横断面图是估算路基填挖方工程量的主要依据，路面结构图是表达路面结构情况的主要图样。

2. 路基、路面排水防护工程图

路基、路面排水防护工程图属细部构造详图。排水防护工程图的作用是反映路面排水系统和边坡设计情况，排水工程图一般包括全线排水系统布置设计图和单个排水设施构造图。图 12-1 所示为某道路排水边沟设计图，属于单个排水设施构造图。

3. 道路沿线设施及环境保护工程图

道路的沿线设施是指除了路线、路基、路面等主要工程以外的部分，如防护栏、隔离栅、里程碑、出入口等。道路沿线设施及环境保护工程图是道路设计文件的一项内容，一般包括横向布置图和构造大样图。图 12-2 所示为某高速公路绿化布置示意图，属于沿线环境保护横向布置图。

4. 道路交叉口及交通工程图

道路交叉口是道路系统中的重要组成部分。道路交叉口根据交叉点的高度不同可以分

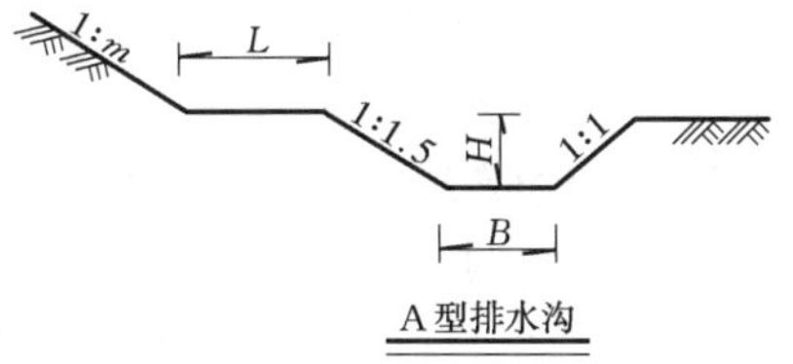

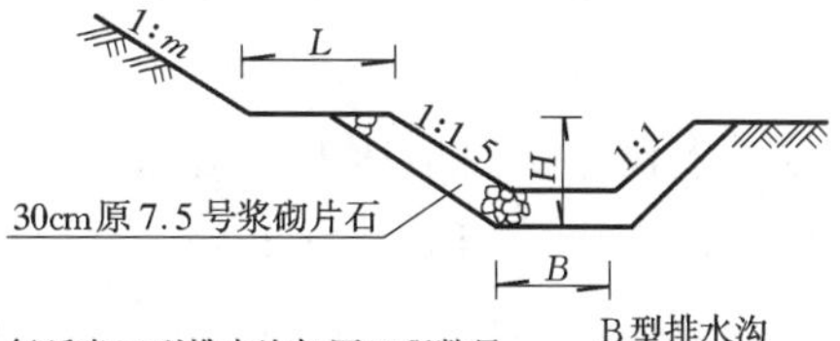

每延米B型排水沟加固工程数量

工程数量＼类型	B_1	B_2	B_3	B_4
	H=1.2m, B=2m	H=1.0m, B=1.5m	B=1.5m, H=1.3m	B=1.5m, H=1.5m
7.5号浆砌片石(m^3)	1.713	1.302	1.544	1.704
挖土方(m^3)	1.713	1.302	1.544	1.704

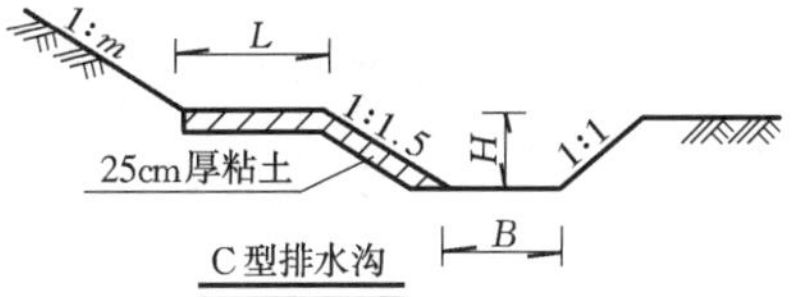

注　1. 图中尺寸以cm计。
2. L表示护坡道：填土高度大于6.0m的匝道为2.0m，填土高度小于6.0m的匝道为1.0m。
3. H为取土深度。

图 12-1　某道路排水边沟设计图

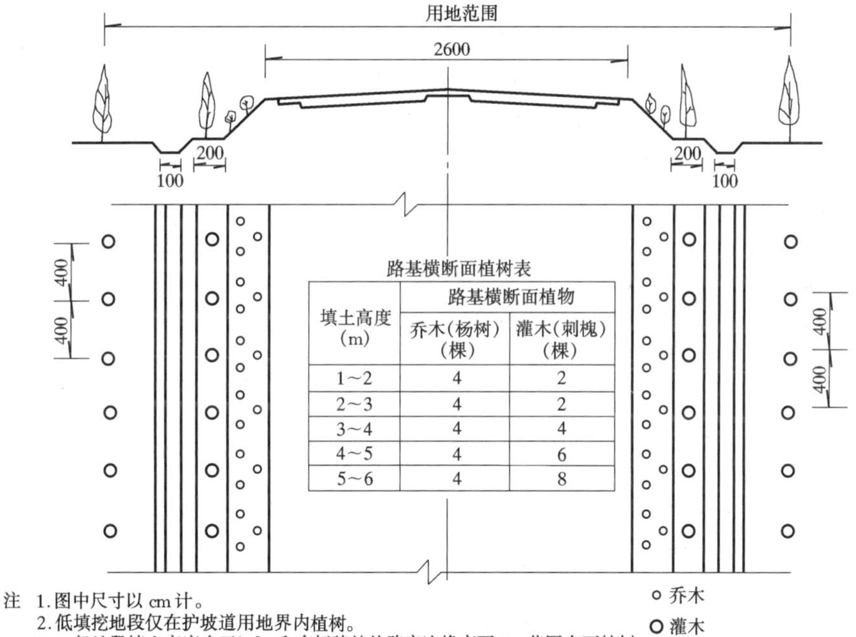

路基横断面植树表

填土高度(m)	路基横断面植物	
	乔木(杨树)(棵)	灌木(刺槐)(棵)
1～2	4	2
2～3	4	2
3～4	4	4
4～5	4	6
5～6	4	8

注　1. 图中尺寸以cm计。
2. 低填挖地段仅在护坡道用地界内植树。
3. 一般地段填土高度小于1.0m和有标牌处从路肩边缘弯下2m范围内不植树。

图 12-2　某高速公路绿化布置示意图

为平面交叉口和立体交叉口两大类型。道路交叉口工程图是反映交叉口的交通状况、构造和排水设计的工程图样。因交叉口情况复杂，所以道路交叉口工程图一般除平、纵、横三个图样以外，还包括竖向设计图、交通组织图和鸟瞰图等。

交通工程是一门研究交通组织及管理的新兴学科。交通工程图主要包括交通标线图和交通标志图。交通标线图是表达道路上为保证安全而制定的特定线型与图集的图样，交通标志图是表达道路两侧标志设备的图样。

5. 桥梁、涵洞、隧道工程图

桥梁、涵洞是道路工程中穿山越岭、跨越河谷的附属建筑物。桥梁、涵洞工程图是道路工程图中的单个建筑物结构设计详图，主要包括桥位（隧洞）平面布置图、工程地质图、总体布置图、构件结构图及详图。其作用是表示各建筑物与道路的连接位置、各建筑物所处的地形、地质情况及建筑物的形状等。

本章重点介绍路线工程图、道路交叉口图和桥涵工程图的识读、绘制方法和步骤。

第二节 道路路线工程图

道路路线工程图包括道路路线平面图、路线纵断面图和路线横断面图，主要表达道路路线的整体形状及沿线两侧的地形、地质和附属建筑物与道路的连接关系。

一、路线平面图

路线平面图是绘有道路中心线的地形图，是表示路线的方向和平面线型状况，以及沿线两侧的地形、地物等内容的图样。

1. 路线平面图的图示特点

（1）绘图比例小。山岭地区的路线平面图一般采用 1∶2000，丘陵和平原地区一般采用 1∶5000，路线的宽度一般不按实际尺寸画，只在道路中心线的位置画一条粗实线来表示路线平面线型。

（2）道路路线的长度尺寸大。路线平面图中需要把路线分段画在各张图纸上，使用时拼接起来。分段时取整数桩号处断开，断开的两端应用点画线画出垂直于路线的接图线。拼接的图纸都必须指向正北方向，每张图纸的右上角要画出角标，注明图纸的序号和总张数，如图 12-3 所示。如有比较线路，可一同画出。正线用加粗粗实线，比较线用加粗粗虚线。

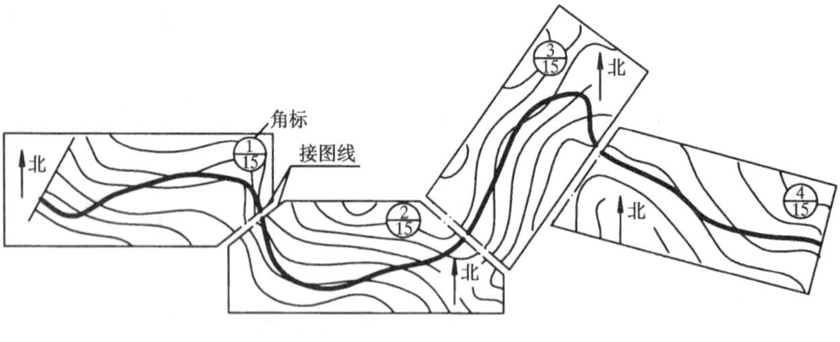

图 12-3 路线图幅拼接示意图

（3）地物用图例表示。由于绘图比例小，地物只能用图例表示，常用的图例见表 12-1。

2. 路线平面图中的制图标准

（1）线型。地形等高线的计曲线用中粗实线表示，首曲线用细实线表示；设计路线采用加粗粗实线表示，比较线采用加粗粗虚线表示；导线、边坡线、切线、原有的道路边线等，用细实线表示；原有管线应采用细实线表示，设计管线用粗实线表示，规划管线用虚线表示。

表 12－1　　**道路工程常用地物图例**

名称	符号	名称	符号	名称	符号
房屋		涵洞		水稻田	
大车路		桥梁		草地	
小路		菜地		梨树	
堤坝		旱田		高压电力线	
				低压电力线	
河流		沙滩		人工开挖	

（2）平曲线。路线平面线型包括直线和曲线，路线上的各要素间必须光滑连接。所有路线中的平面要素都要求在连接处设圆曲线，有时还在直圆曲线间设缓和曲线，各元素图示标记宜设在曲线内侧，如图 12－4 所示。

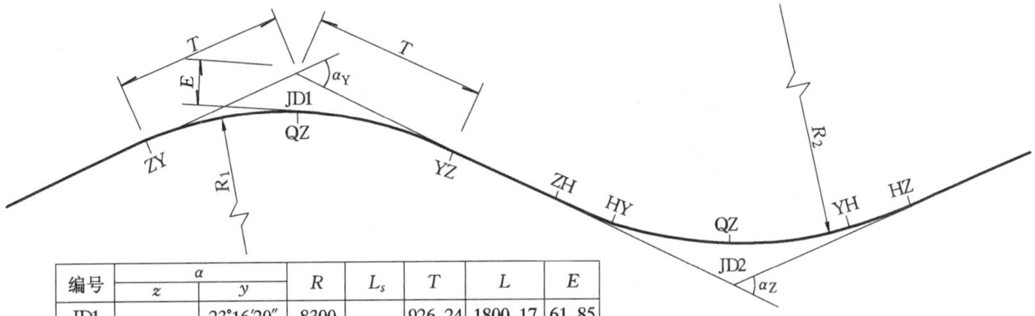

编号	α z	α y	R	L_s	T	L	E
JD1		23°16′20″	8300		926.24	1800.17	61.85
JD2	12°31′16″		5500	600.15	602.50	1200.35	32.91

图 12－4　平曲线的几何要素

图 12－4 中控制曲线位置要素的标记：JD 为直导线的交点标记，ZY 和 YZ 为圆曲线与前后直线的切点标记，QZ 为曲线的中点标记，ZH 和 HZ 为缓和曲线与前后直线的切点标记，HY 和 YH 为圆曲线与前后缓和曲线的切点标记。

图中控制曲线形态要素的标记：α_Z 为左偏角，α_Y 为右偏角，R 为圆曲线的设计半径，T 为切线长，L 为曲线长，L_S 为缓和曲线长，E 为外矢距。图 12－4 中应在适当位置列出曲线表，注写各交点的形态要素。

（3）里程桩号。里程桩号的标注应在道路中线上从路线的起点到终点、从小到大、从左到右顺序排列。公里桩标注在路线前进方向的左侧，用符号“◑”表示。百米桩宜标注在路线前进方向的右侧，用垂直于路线的短线表示；也可在路线的同一侧，均采用垂直路线的短线表示公里桩和百米桩。

(4) 水流方向。边沟水流方向应采用单边箭头表示。

3. 路线平面图的识读

路线平面图的内容主要包括地形和路线两部分，读图时应用形体分析法分部分读懂图示内容。以图 12-5 所示的一段从 K0+000 到 K1+700 的路线平面图为例分析如下：

(1) 地形部分。

1) 比例：图 12-5 比例采用 1∶5000。

2) 指北针（坐标网）：用来确定道路所在地区的地理方位，同时用于拼接图纸。图 12-5 中的坐标网，X 表示南北向轴线代号，Y 表示东西向轴线代号，图中的 X3000、Y1000 表示两垂直线的交点坐标距坐标网原点的位置为北 3000m，东 1000m。

3) 地形：地形等高线高差为 2m，根据地形等高线判断该处地形为丘陵区，沿线北面和东北面是两座山丘，山脚下有一村落名叫宁乡，西村有一条石头溪向南流入清江，河东岸有一宁乡至南村的大车道，西面、南面、东南面地势较平坦，待建公路在山脚下方依山势通过。

4) 地物：图 12-5 中图例表示了村庄房屋、大车道、桥梁、立体交叉、沙滩、堤坝的平面位置；西面还有一条从宁城到慧州的公路和低压电力线。

(2) 路线部分。

1) 路线的走向：由坐标网可以判断，该道路由桩号 0+000 处向东北方向经过宁乡延伸。

2) 里程桩号：从图 12-5 中可以看出，该路线的左端为路线起点处，该段道路共长 1700m。由公里桩和百米桩可以确定沿线各点的位置，如 JD1 的桩号为 K0+800，即可确定第一个交点在距起点 800m 的地方。

3) 三角点和水准点：图 12-5 中标出了三角网测量的三角点和控制高程的水准点。如标有 C_1 的三角符号，表示 1 号三角点，设在路线起点 K0+000 处。又如图 12-5 中的“⊗$\frac{\text{BM2}}{53.712}$”，其中⊗表示水准点；BM2 表示 2 号水准点，53.712 表示 2 号水准点的高程，单位为 m。

4) 曲线表：图 12-5 右下角曲线表中，列出路线转折处的交点编号 JDn 及该处平曲线的形态要素 α_Z、α_Y、R、L、T、E 等。如表中 JD1 表示第 1 号交点，$\alpha_Z = 12°30'16''$，表明在 JD1 处路线沿前进方向向左偏转 12°30′16″，转折处的圆弧曲线半径 $R=5500$m，交点 JD1 到圆弧曲线的切线长度 $T=602.56$m，圆弧曲线的长度 $L=1200.34$m，交点 JD1 到圆弧曲线中点的距离称为外距，$E=32.91$m。图 12-5 中符号 ZY、QZ 和 YZ 表示圆弧曲线的起点、中点和终点。

4. 路线平面图的绘制

(1) 先画地形图，等高线按先粗后细的步骤徒手画出，要求线条顺滑。标注等高线的高程数字时，字头应朝向高处，并标在等高线比较平的地方。字体排列方向与等高线大体一致，在标注数字时应将等高线断开，高程以米为单位。

(2) 画路线中心线。道路中心线用仪器按先曲后直的顺序画出，用加粗的粗实线表示。标注桩号应从左到右，左小右大。

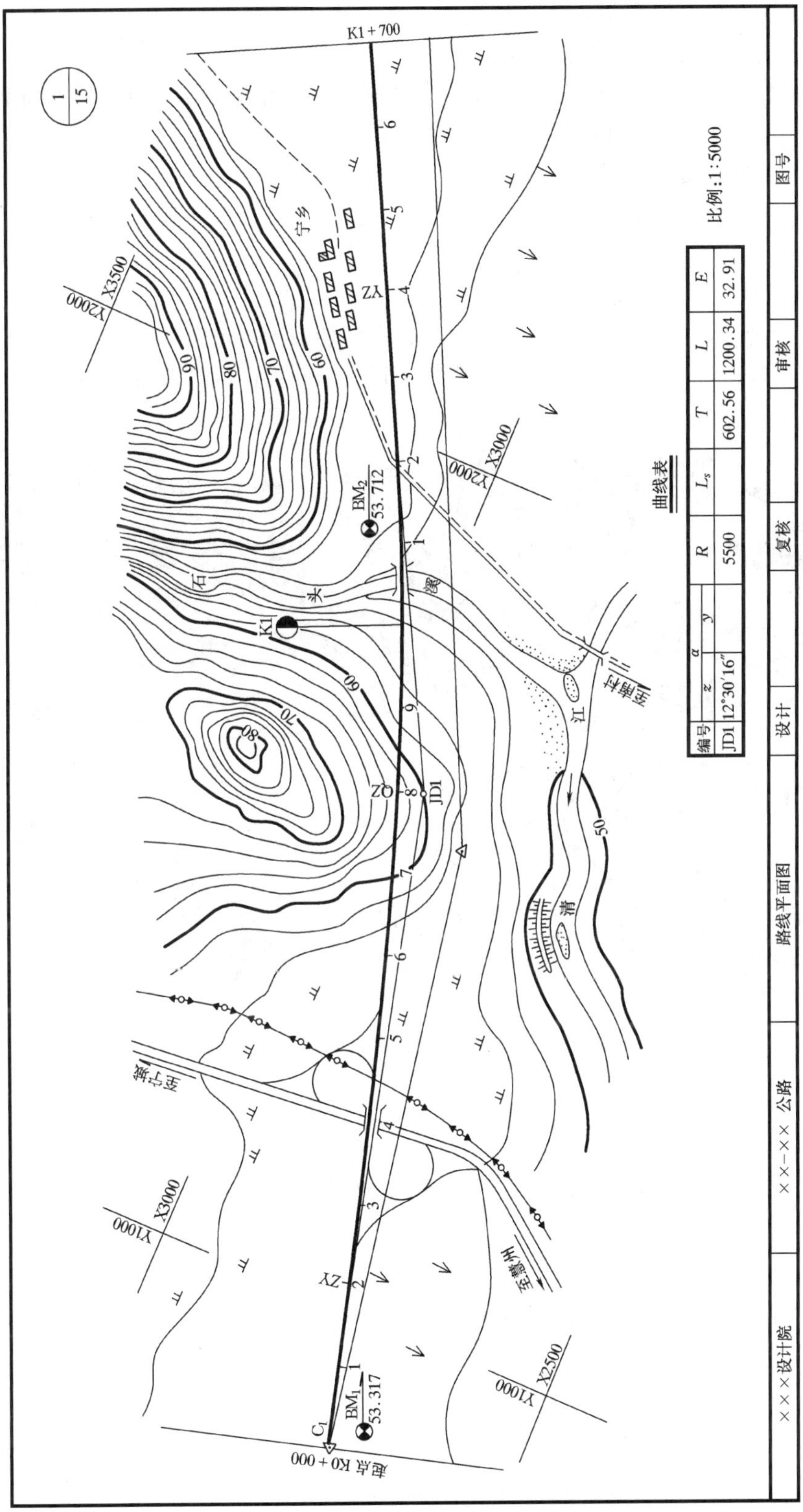

曲线表

编号	α z	α y	R	L_s	T	L	E
JD1	12°30′16″		5500		602.56	1200.34	32.91

图 12-5　路线平面图

（3）画出平面图中的图例。其中稻田和经济作物等图例的画注位置，应朝向正北方向，涵洞等建筑物除画出图例外，还要注上里程桩号。

（4）在图纸的边上垂直于路线用点画线绘出接图线，并画出指北针（或坐标网）；每张图纸的右上角绘出角标，注明图纸序号及总张数。

二、路线纵断面图

路线纵断面图用来表示路线中心线处的地面起伏状况，以及路线的纵向设计坡度和竖曲线。

1. 纵断面图的形成

如图 12-6 所示，路线纵断面图是假设用铅垂剖切面沿着道路的中心线进行剖切，并把断面展开（拉直）成一平面后投影所获得的图形。纵断面图的长度就是路线的长度。

图 12-6 路线纵断面图形成示意图

2. 路线纵断面图的制图标准

（1）线型。道路设计线用粗实线表示，原地面线用细实线表示，地下水位线用细双点画线及水位符号表示，地下水位测点可仅用水位符号表示，如图 12-7 所示。

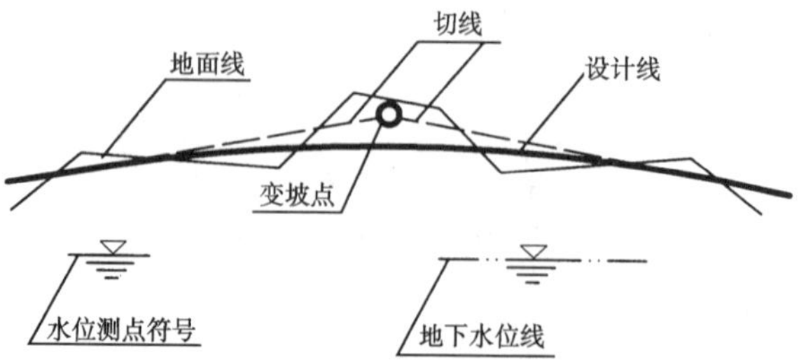

图 12-7 道路设计线、原地面线、地下水位的标注

(2) 比例。纵断面图的横向长度表示路线的长度，纵向高度表示地面线和设计线的高程。由于设计线的纵向坡度较小，纵向高差比路线的长度小得多，所以一般纵向的比例比横向的比例放大 10 倍画出。在山岭区，横向采用 1∶2000、纵向 1∶200；在地形起伏变化较小的丘陵区和平原区，横向采用 1∶5000、纵向 1∶500。由于路线较长，道路路线的纵断面图，一般有多张图纸，标准规定在第一张图的图标内或左边竖向标尺处注明纵、横向所用的比例。

(3) 竖曲线。当路线竖直方向坡度发生变化，且两相邻纵坡之差的绝对值超过规定值时，在变坡处需设置圆弧竖曲线来连接两相邻的纵坡。竖曲线的标注规定如图 12－8 所示，变坡点用直径为 2mm 的粗线圆表示，切线用细虚线表示，竖曲线用粗实线表示。标注竖曲线的竖直细实线应对准变坡点，并在线的两侧标注变坡点的桩号与高程。水平细实线的两端应对准竖曲线的始、终点，两端的短竖直细实线在水平细实线之上为凹曲线，反之为凸曲线。竖曲线要素（半径 R、切线长 T、外矩 E）均应注在细实线上方处。不设竖曲线的应注明不设。

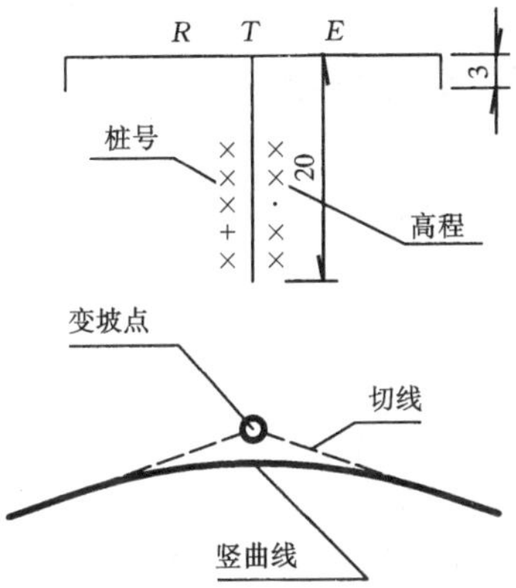

图 12－8　竖曲线的标注

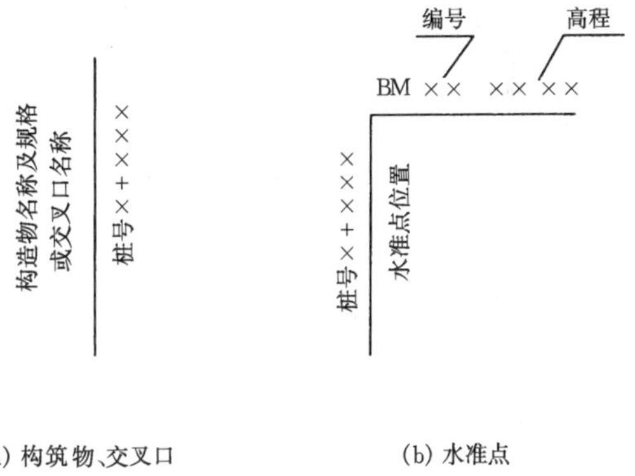

图 12－9　道路沿线的构筑物、交叉口和水准点的标注

(4) 沿线构筑物等的标注。道路沿线的构筑物、交叉口和水准点的标注规定如图 12－9 所示。

(5) 平曲线。在纵断面图上为了配合竖曲线，了解路线在平面上的弯曲情况，还要在测设数据表的平曲线栏中，以简要的方式表示出平曲线。图 12－10 所示，分别表示了不设缓和曲线和设缓和曲线的情况下平曲线的表达方式，并要求在曲线的一侧标注交点编号、桩号、偏角、半径和曲线长。不设平曲线的转折处以“V”表示。

(6) 管涵和管线。纵断面图中，给排水管涵应标注规格及管内底的高程。地下管线横断面应采用相应图例。无图例时应自拟，并在图纸上说明。

(7) 超高。为了减少汽车在弯道上行驶时的横向作用力，道路在平曲线处需设计为外侧高内侧低的形式，道路边缘与设计线的高程差，就是超高，如图 12－11 所示。

3. 路线纵断面图的识读

路线纵断面图包括图样和测设数据表（简称为测设表）两部分，图样画在图纸的上方，测设表放在图纸的下方，相关数据按一定顺序排列在表格中。以图 12－12 所示的一

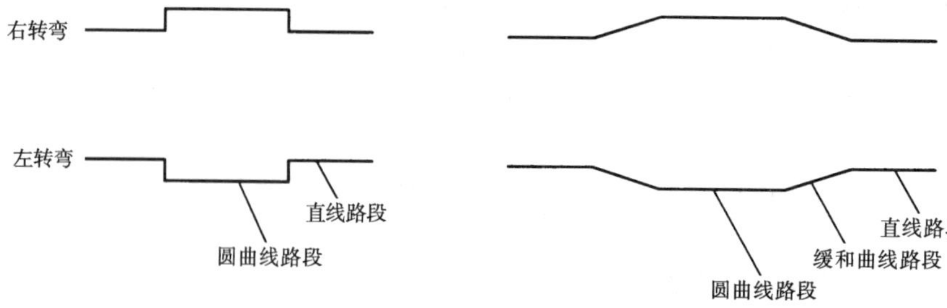

(a) 不设缓和曲线　　(b) 设缓和曲线

图 12-10　平曲线的标注

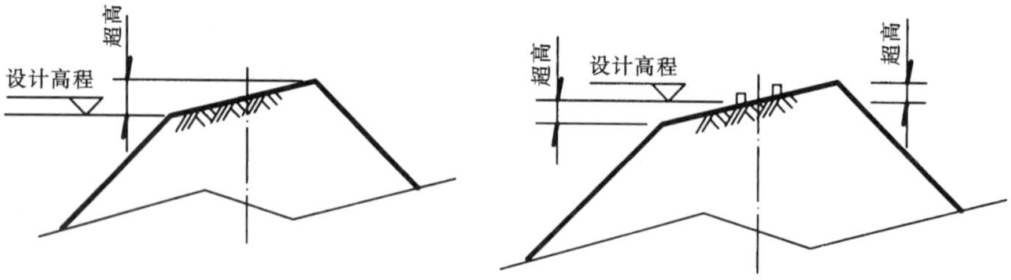

(a) 一般道路超高　　(b) 高速路超高

图 12-11　道路超高

段从 K0＋000 至 K1＋700 的路线纵断面图为例分析如下：

（1）图样。

1）比例：纵断面图的横向长度表示路线的长度，纵向高度表示地面线和设计线的高程。图 12-12 横向比例为 1∶5000、纵向为 1∶500，这样图上所画出的坡度较实际为大，高度变化看起来较为明显。

2）设计线：图上粗实线表示顺路线方向的设计线。

3）地面线：在粗实线旁边不规则的折线状细实线是地面线。它是顺着原地面路线中心各桩号处相应高程的连线，具体画法是：将水准测量各桩号点的高程，按纵向 1∶500 的比例画在相应里程桩上，然后顺次把各点用直线连成折线来表示。

4）竖曲线：在设计纵坡变更处，设有竖曲线。如图上“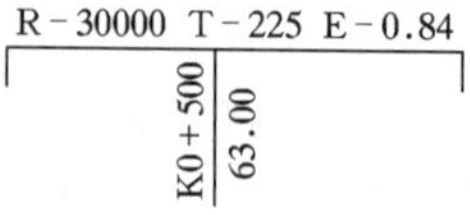

”表示在桩号 K0＋500 处的变坡点设有凸形竖曲线，半径为 30000m，切点到变坡点处的切线长为 225m，变坡点的设计高程是同桩号处道路中心线设计高程 62.16m＋外距 0.84m＝63.00m。

5）桥涵建筑物：这段路线上有五个附属建筑物，分别在图中标注出来，例如图上标注的“$\frac{1-75\times100\text{ 石盖板涵长 }10.3\text{m}}{\text{K0}+445}$”表示在里程 K0＋445 处有一座截面为 0.75m×1m 的石块盖板涵洞，洞长 10.3m。

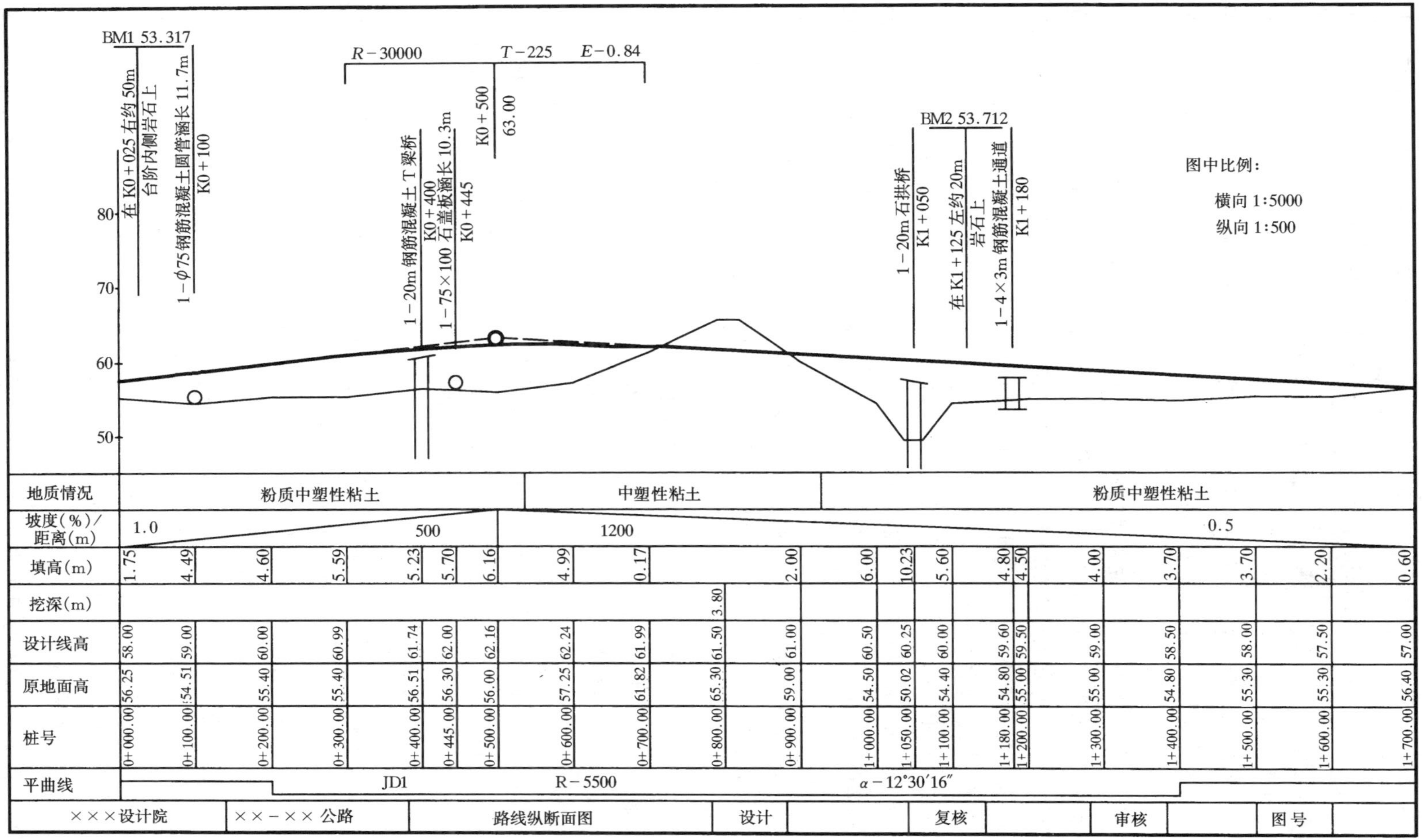

图 12－12　路线纵断面图

6）水准点：图中沿线标注了各水准点的编号、高程和路线的相对位置。如图上“BM2　53.712”和其下方标注的“$\dfrac{\text{左侧 20m 岩石上}}{\text{K1＋125}}$”表示在里程 K1＋125 的左侧 20m 处的岩石上设有 2 号水准点，水准点高程为 53.712m。

（2）测设数据表。

1）地质说明：测设数据表中注出了沿着路线方向的地质情况。如第一栏第一分格中内注有“粉质中塑性粘土”表示从 K0＋000 至 K0＋530 这一段道路下的土质为粉质中塑性粘土。

2）坡度/距离：坡度表示顺路线的各段距离对应的设计坡度。表的第二栏中每一分格表示一坡度，对角线表示坡度的方向，先低后高表示上坡，先高后低表示下坡。对角线上方数字表示坡度，下方数字表示距离，以米为单位。如第一分格中注有“1%/500”表示顺路线前进方向是上坡，坡度为 1%，坡长为 500m，从桩号中看出它是在 K0＋000 至 K0＋500 这一段路线上。

如在平路范围，则在格中画一水平线，上方注数字“0”，下方注距离。

3）填高：路线的设计线高于地面线时需要填土。这一项的各个数据是各桩号点的设计标高与地面标高之差。如 K0＋100 处填高 4.49m 即为此处设计高程 59.00m 与地面高程 54.51m 之差。

4）挖深：路线的设计线低于地面线时需要挖土。这一项的各个数据是各桩号点的地面标高与设计标高之差。如 K0＋800 处挖深 3.80m 即为此处地面高程 65.30m 与设计高程 61.50m 之差。

5）设计线高：设计线上各点（桩号）的高程。

6）地面线高：地面线上各点（桩号）的高程。

7）桩号：各点的桩号按测量所测的里程填入表内，单位为米。表中各项数据均需与相应的桩号对齐。

8）平曲线：平曲线一栏是路线平面图的示意图。直线段用水平线表示，曲线（弯道）用上凸或下凹线表示，如图中“JD1　R—5500　α—12°30′16″”表示第 1 号交角点沿路线前进方向向左转弯，转折角为 12°30′16″，平曲线半径为 5500m。

4. 路线纵断面图的绘制

（1）绘制表格，填写有关的测量资料。首先按横向比例从左到右依次填写各里程桩号及对应的地面高程、设计高程直线和曲线资料。

（2）画地面线。将表格中各桩号对应的地面高程点按纵向比例画在图纸上，然后用直尺连接各点，即得地面线。连线用细实线。

（3）画设计线。将表格中各桩号对应的道路设计高程点按纵向比例画在图纸上，然后按先曲后直的顺序依次连接各点，即得设计线。连线用粗实线。

（4）在图上标注水准点、桥涵等的位置及相应要素。

（5）在图的右上角标出角标，注明图纸序号及总张数。

三、路线横断面图

道路工程图中的路线横断面图包括：道路横断面图、路基横断面图和路面结构图。它们都是垂直于设计路线剖切所得到的图形。道路横断面图的作用是表达道路的机动车道与非机动车道横向布置关系；路基、路面的横断面图的作用是表达路基、路面的横向形状，也是计算土石方量和路基路面施工的依据。

1. 道路横断面图

根据机动车道和非机动车道不同的布置形式，道路横断面布置形式有以下四种：

(1)“一块板”断面。如图 12-13 (a) 所示，把所有车辆都组织在同一车行道上行驶，但规定机动车在中间，非机动车在两侧。

(2)“二块板”断面。如图 12-13 (b) 所示，用一条分隔带或分隔墩从道路中间分开，使往返交通分离，但同向交通仍在一起混合行驶。

(3)“三块板”断面。如图 12-13 (c) 所示，用两条分隔带或分隔墩把机动车和非机动车交通分离，把车行道分为三块，中间为双向行驶的机动车道，两侧为方向彼此相反，单向行驶的非机动车道。

(4)“四块板”断面。如图 12-13 (d) 所示，在三块板断面的基础上增设一条中央分离带，使机动车分向行驶。

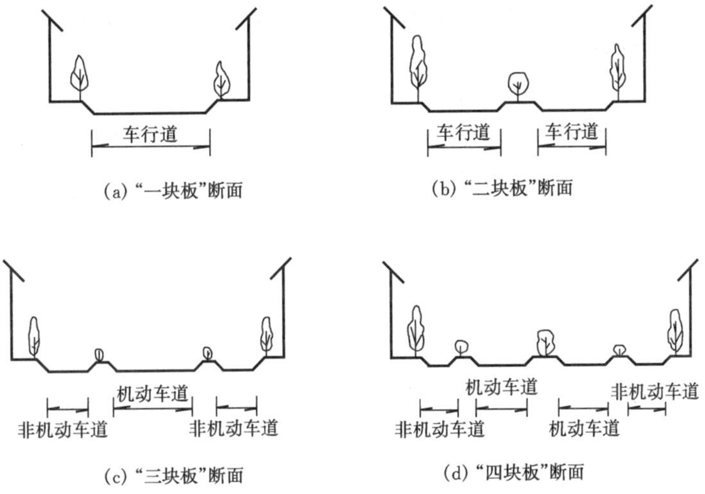

图 12-13　道路横断面布置形式

2. 路基横断面图

路基横断面有三种基本形式：路堤、路堑、半填半挖。

图 12-14 (a) 所示为填方路基，称为路堤，填土边坡一般为 1∶1.5。

图 12-14 (b) 所示为挖方路基，称为路堑，挖土边坡一般为 1∶1。若土质坚硬，则边坡可以更陡些。

图 12-14 (c) 所示为半填半挖路基。

路基横断面图应画在透明方格纸上，便于计算断面的填挖面积和进一步计算土石方量。路基横断面图的图示要点如下：

(1) 纵横向采用同一比例，一般用 1∶200，也可用 1∶100 或 1∶50。

（2）图形下面应注明桩号，断面面积 A 和地面中心到路基中心的高差。

（3）横断面的地面线为细实线，设计线为粗实线。

（4）在每张路基横断面图的右上角应画角标，填写图纸序号（第×页）及总张数（共×页），在最后一张图的右下角绘制图标。

（5）一般沿道路路线每隔 20m 画一路基横断面图。同一张图纸上的路基横断面图，应按桩号的顺序从图纸的左下方开始，由下向上、由左向右排列，如图 12-15 所示。

3. 路面结构图

当路面结构类型较多时，应按各路段不同的结构类型分别绘制路面结构图，并标注材料图例（名称）和厚度，如图 12-16（a）所示。当路面结构单一时，可在横断面图上，用竖直线引出标注材料层次与厚度，

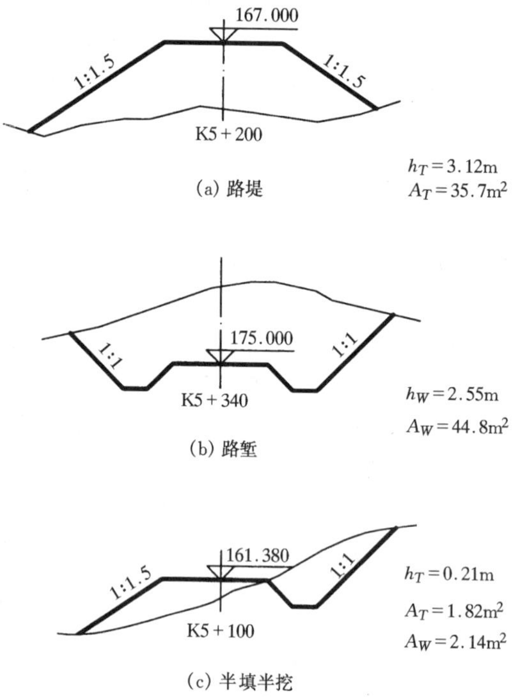

图 12-14 路基横断面的形式

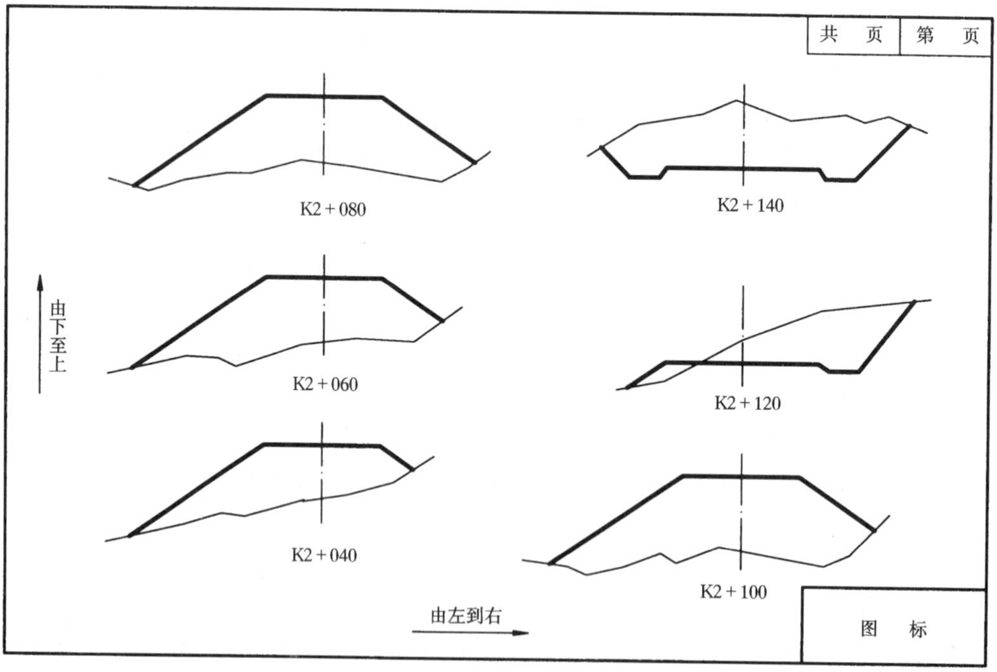

图 12-15 路基横断面图的排列

如图 12－16（b）所示。

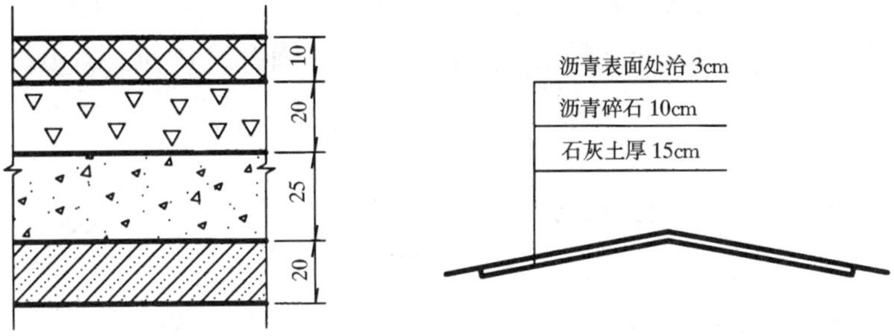

(a) 复杂路面结构表示方法　　(b) 单一路面结构表示方法

图 12－16　路面结构图

第三节　道 路 交 叉 口

道路与道路相交时形成道路交叉口。根据相交道路所处空间位置的不同，道路交叉口分为平面交叉口和立体交叉口。道路交叉口工程图是反映交叉口的交通状况、构造和排水设计的图样。因交叉口情况复杂，所以道路交叉口工程图一般除平、纵、横三个图样以外，还包括竖向设计图、交通组织图和鸟瞰图等。

一、平面交叉口

1. 平面交叉口的形式

平面交叉口按相交道路的联结形式可分为：十字形交叉口、X 形交叉口、T 形交叉口、Y 形交叉口、错位形交叉口、复合形交叉口等，如图 12－17 所示。

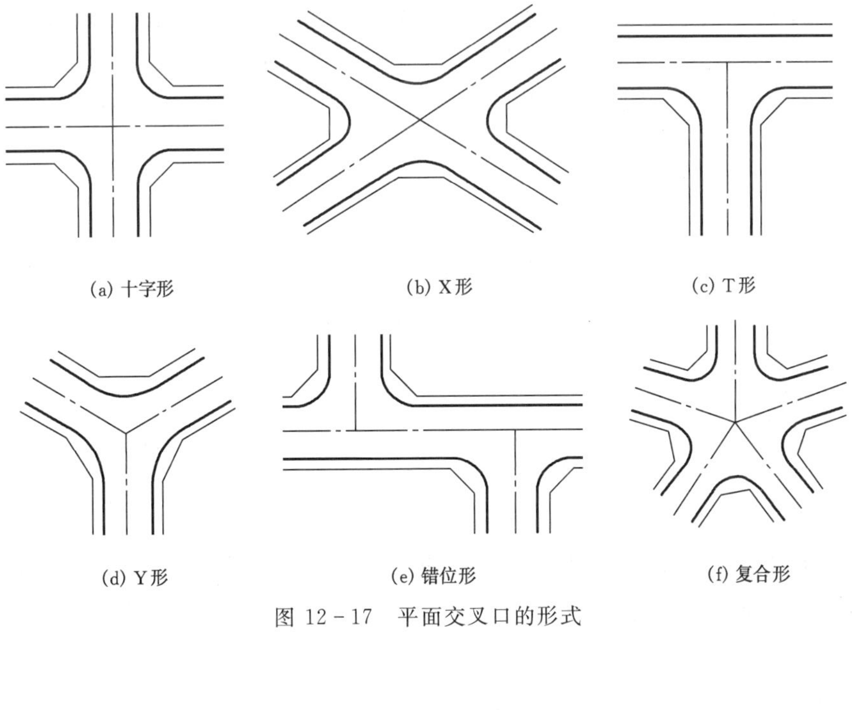

(a) 十字形　(b) X形　(c) T形　(d) Y形　(e) 错位形　(f) 复合形

图 12－17　平面交叉口的形式

2. 交通组织形式

交通组织就是对各类行车和行人在时间和空间上的合理安排，从而尽可能地消除冲突点，使得道路的通行能力和安全运行达到最佳状态。平面交叉口的交通组织形式有渠化、环形等，如图 12-18 所示。

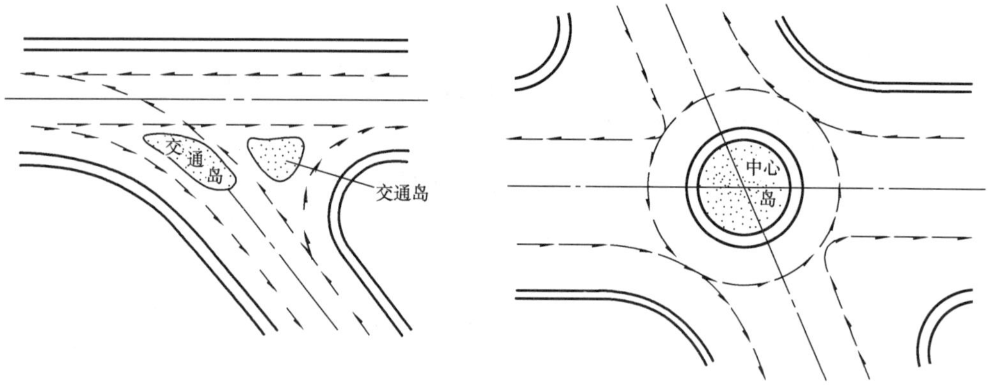

(a) 渠化组织系统　(b) 环形组织系统

图 12-18　交通组织形式示例

3. 平面交叉口的图示方法

平面交叉口的图示方法主要包括：平面图、纵断面图、交通组织图和竖向设计图。

图 12-19 所示为某交叉口平面图，内容包括道路与地形地物部分。从图中可知，交叉口形式属于 X 形。道路用图线表示，地形地物用等高线和图例表示。

图 12-20 所示为某交叉口南北向道路纵断面图，交叉口纵断面图是沿相交各道路中心线剖切而得到的断面图，其作用、内容与道路路线纵断面图基本相同。

图 12-21 所示为某交叉口交通组织图，即是在道路交叉口平面图上用不同线型的箭头线，标注出机动车、非机动车、行人等在交叉口处必须遵守的行进路线。

图 12-22 所示为竖向设计图的常用图示方法。竖向设计图是在平面图上表示交叉口路面处的高程变化情况。

二、立体交叉口

1. 立体交叉口的形式

立体交叉口的形式根据主线与相交道路的上下关系分为主线上跨式和主线下穿式两种。根据相交道路是否有匝道连接，立体交叉口又可分为分离式和互通式两种，如图 12-23 所示。

2. 立体交叉口的图示方法

立体交叉口的图示方法主要包括：

(1) 平面设计与交通组织图。表示立体交叉口的平面设计形式、道路各组成部分的位置、地形地物、相关的附属构筑物及道路的交通组织形式。

(2) 纵断面图。包括主线、被交道路、匝道纵断面图。表达方法同道路纵断面图，图示内容包括图样部分和测设数据表。

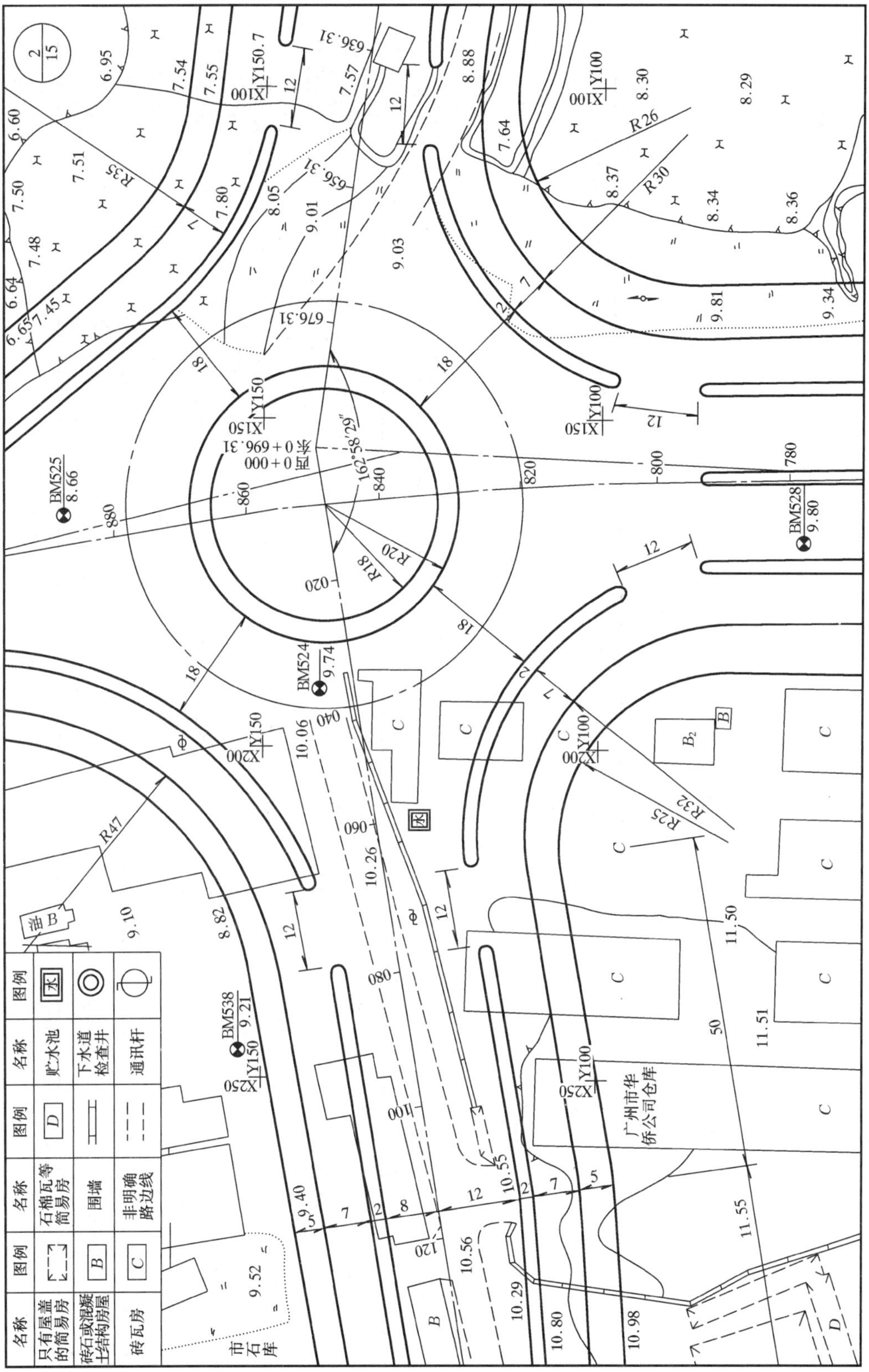

图 12-19　平面交叉口的设计图

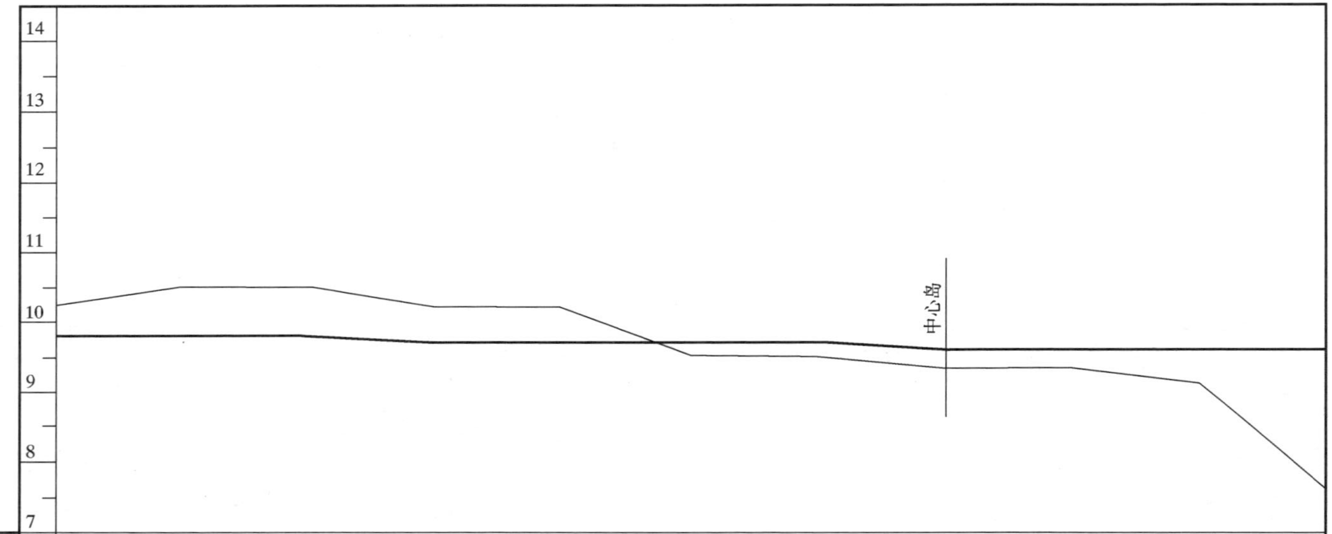

序号	项目		+140	+120	+100	+080	+060	+040	+020	西K0+696.31 东K0+000.00	+656.31	+676.31	K0+636.31
10	路面型式	设计铺砌	沥青混凝土										
9	路面型式	原有铺砌											
8	排水设施 左侧边沟	设计标高	9.31	9.32	9.32	9.31	9.31	9.31	9.30	9.30	9.23	9.08	8.10
6	排水设施 右侧边沟	设计标高	9.35	9.34	9.34	9.33	9.33	9.33	9.32	9.32	9.25	9.10	8.12
3	路面中线	设计标高											9.51
2	路面中线	设计坡度											
1	道路里程		+140	+120	+100	+080	+060	+040	+020	西K0+696.31 东K0+000.00	+656.31	+676.31	K0+636.31

序号	项目		+140~+120	+120~+100	+100~+080	+080~+060	+060~+040	+040~+020	+020~西K0+696.31	东K0+000.00~+656.31	+656.31~+676.31	+676.31~K0+636.31
7	排水设施 左侧边沟	设计坡度	3.3‰ 20	3.3‰ 20	3.3‰ 20	3.3‰ 20	3.3‰ 20	3.3‰ 20	3.3‰ 20	3.3‰ 20	3.3‰ 20	3.3‰ 20
5	排水设施 右侧边沟	设计坡度	20 3.3‰	3.3‰ 20	20 3.3‰	3.3‰ 20	20 3.3‰	3.3‰ 20	20 3.3‰	3.3‰ 20	20 3.3‰	3.3‰ 20
4	路面中线	原地面	10.38	10.52	10.50	10.23	10.23	9.53	9.50	9.35	9.35	9.18
3	路面中线	设计标高	9.53	9.53	9.53	9.52	9.52	9.52	9.52	9.51	9.51	9.51

图 12-20 平面交叉口纵断面图（南北向）

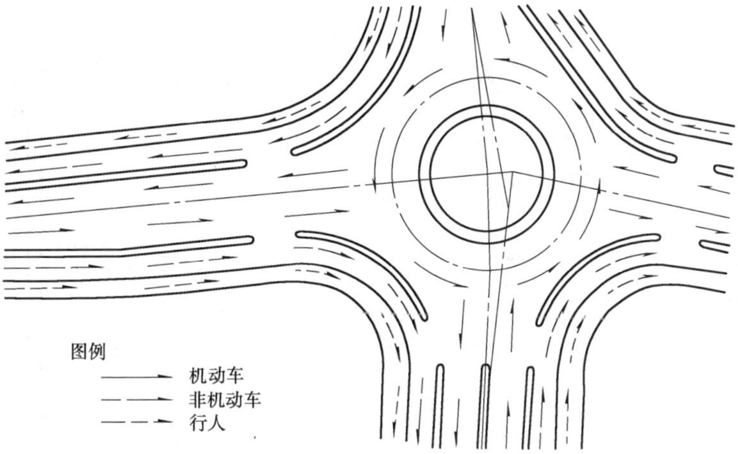

图 12－21　某交叉口的交通组织图

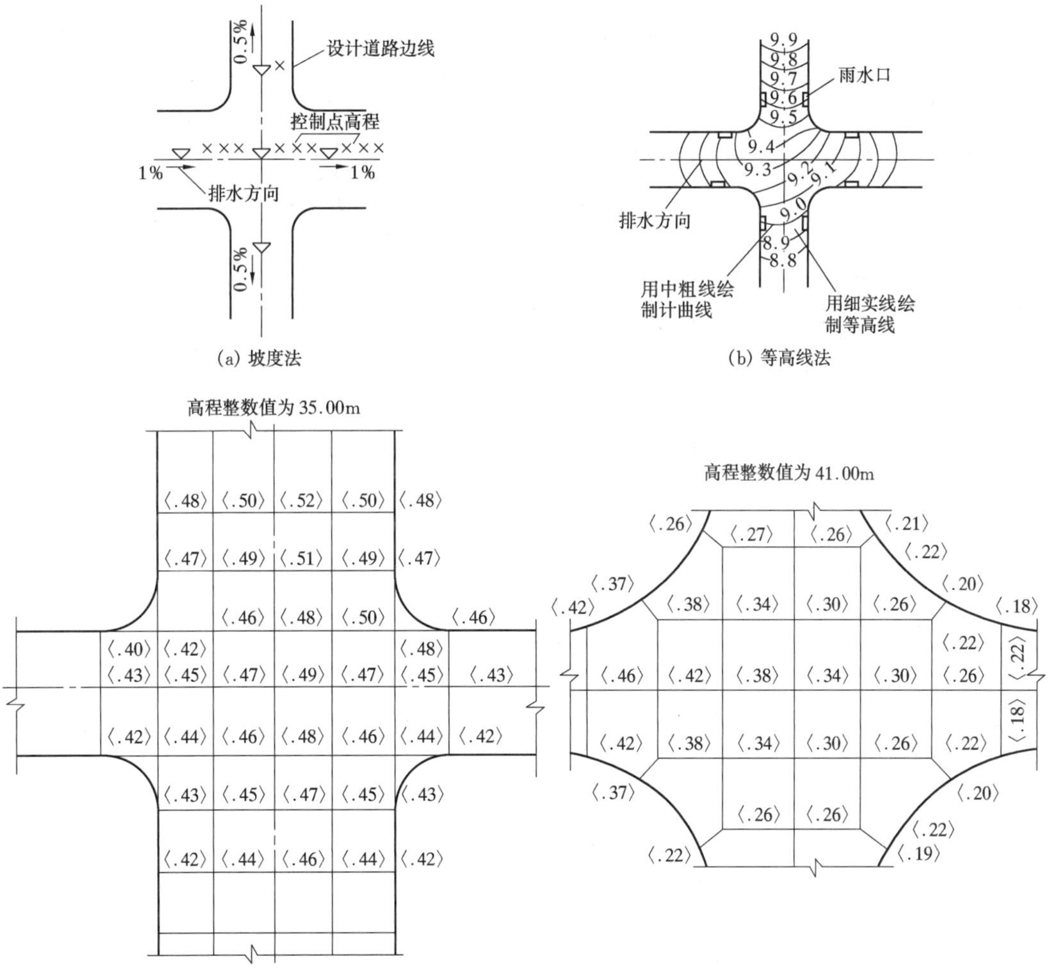

图 12－22　竖向设计图的图示方法

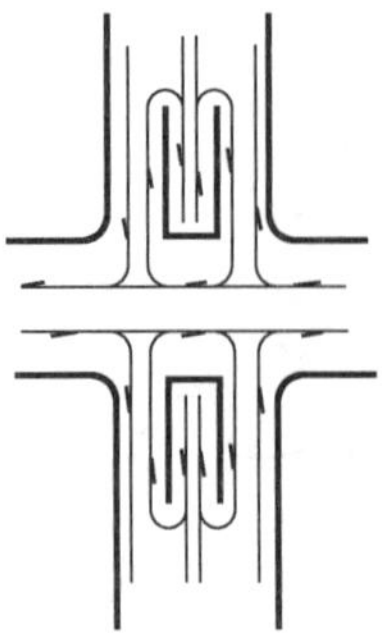

(a) 下穿式立体交叉

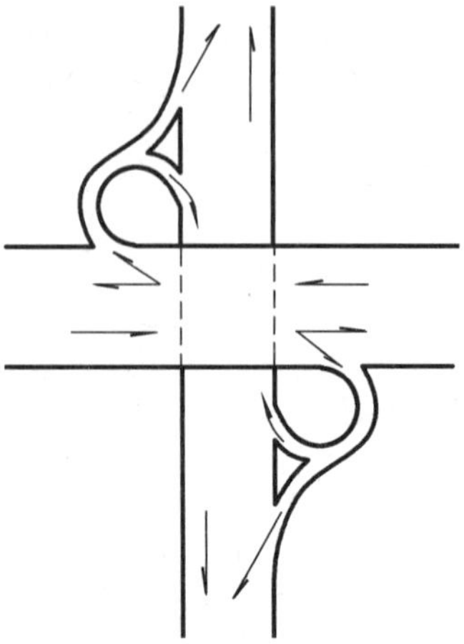

(b) 上跨式立体交叉

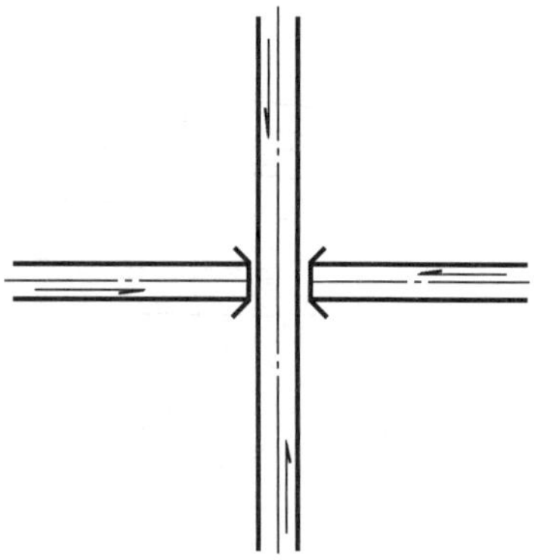

(c) 分离式立体交叉

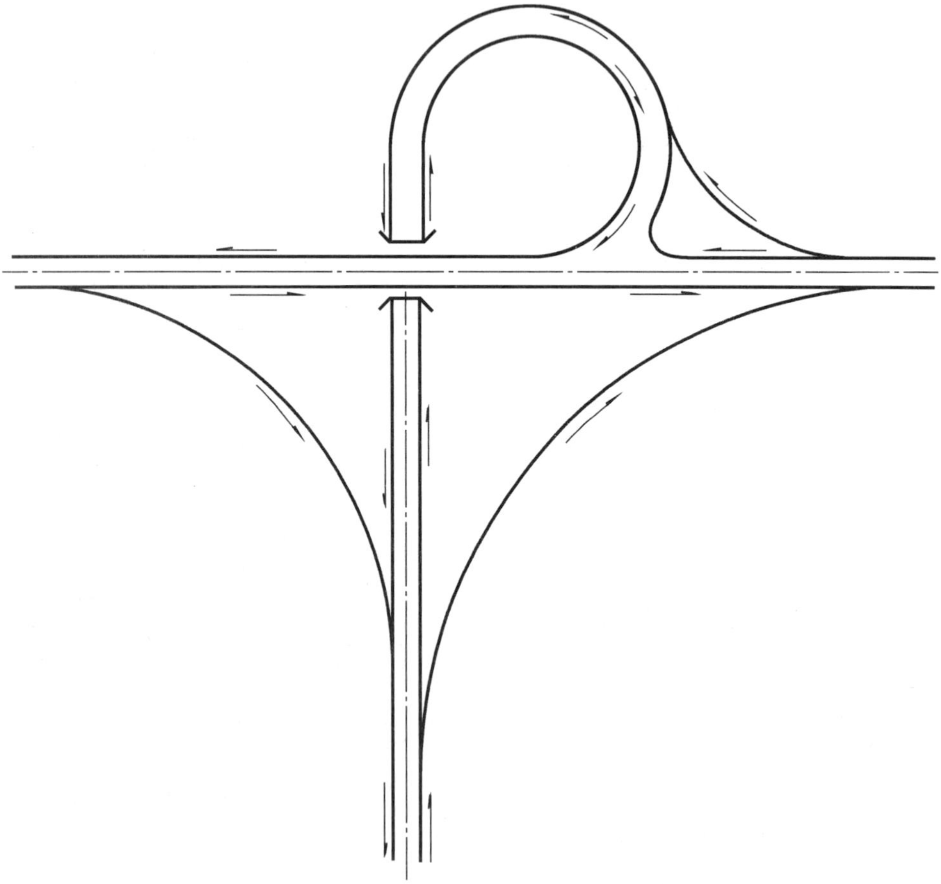

(d) 互通式立体交叉

图 12-23　立体交叉口的形式

（3）横断面图。主要表达桥孔宽度、桥面横坡等内容。

（4）鸟瞰图。是立体交叉的透视图，图中可直观表达交叉口概貌，供审查设计和方案比较用。

（5）竖向设计图。在平面图上绘出设计等高线，以表示整个立体交叉的高度变化情况，来决定排水方向及雨水口的设置。

（6）附属设计图。包括跨线桥桥型布置图、路面结构图、管线及附属设施设计图等。

第四节　桥梁、涵洞、隧道工程图

桥梁、涵洞是道路工程中跨路过河的建筑物，隧道是道路工程中穿山越岭的建筑物。

一、桥梁、涵洞、隧道工程图的表达方法

1. 基本表达方法

桥梁、涵洞、隧道工程图的基本表达方法包括：平面图、立面图、剖视图、断面图和详图。

（1）平面图。平面图是指建筑物的俯视图。平面图包括桥位（或隧道）平面布置图和单个建筑物的平面图。桥位（或隧道）平面布置图主要表明桥涵（或隧道）与路线连接的平面位置、河床及两岸附近的地形和地物；单个建筑物的平面图主要表达建筑形体的平面形状。

（2）立面图。立面图是反映建筑物高度的视图。桥涵、隧道属长形建筑物，一般将其长度方向水平放置，由前向后投影即得立面图，主要表达桥涵、隧道各组成部分的上下位置和立面形状。

（3）剖视图与断面图。剖切面平行于桥涵、隧洞轴线时得到的剖视图称为纵剖视图；剖切面垂直于桥涵、隧洞轴线得到的剖视图称为横剖视图。剖视图主要用来反映桥涵、隧道的内部结构、高程、水位和地形地质等。断面图主要反映某一组成部分的断面形状、尺寸、构造、材料等。当比例过小时，断面上可不画出剖面材料符号，而直接涂黑表示。

（4）详图。桥梁的细部构件，在总体布置图中无法详细表达清楚，必须采用较大比例画出，称为详图，详图常用比例为1∶10～1∶50。

2. 特殊表达方法

（1）合成视图。对称图形可将两个视向相反的视图或剖视图各画一半，并以对称线为界合成一个视图，这样形成的视图称为合成视图。

（2）拆卸画法。当视图、剖视图中的主要结构被次要结构或填土遮挡时，可假想将其拆卸后再投影。

（3）分层画法。当结构有层次时，可采用分段揭层画法，来表达各部分的结构。

另外，还有第八章中讲到的简化画法和剖视图的不剖画法。

二、桥梁、涵洞、隧道工程图的识读

桥梁、涵洞、隧道是道路工程中的建筑物。按不同的标准，它们都可划分为许多类型。但无论哪种类型，表达方法基本一样，识读方法与步骤也基本一致。其主要工程图样包括桥位（或隧洞）平面图、桥位（隧洞）地质图、总体布置图、构件构造图及结构图。

1. 读图方法与步骤

读图的步骤总结如下：

（1）概括了解。看图纸的设计说明、标题栏、附注并参考专业知识，了解建筑物的名称、种类、组成、主要技术指标、比例、尺寸单位等内容。

（2）读桥位（或隧洞）平面图和桥位（或隧洞）地质图，了解所建桥梁（或隧洞）的位置、与道路的连接关系以及建筑物所在河床处的水文、地质状况。

（3）看建筑物总体布置图，弄清各投影图之间的关系。如看桥梁图时，先看立面图了解桥型、孔数、跨径大小、墩台数目、总长、总高及河床断面、地质情况，再对照平面图、侧面图、横断面图等，了解桥的宽度、人行道的尺寸、主梁的断面形状，对梁的整体有一个认识。

（4）分别识读各构件的构造图、大样图（详图）及钢筋图，弄清构件的详细构造。

（5）阅读工程数量表、钢筋明细表及说明等，了解桥梁各部分所用的材料。

（6）联系总体布置图，想象出整体形状。

2. 读图举例

【例 12-1】 识读图 12-24～图 12-27 所示的钢筋混凝土梁式桥设计图。

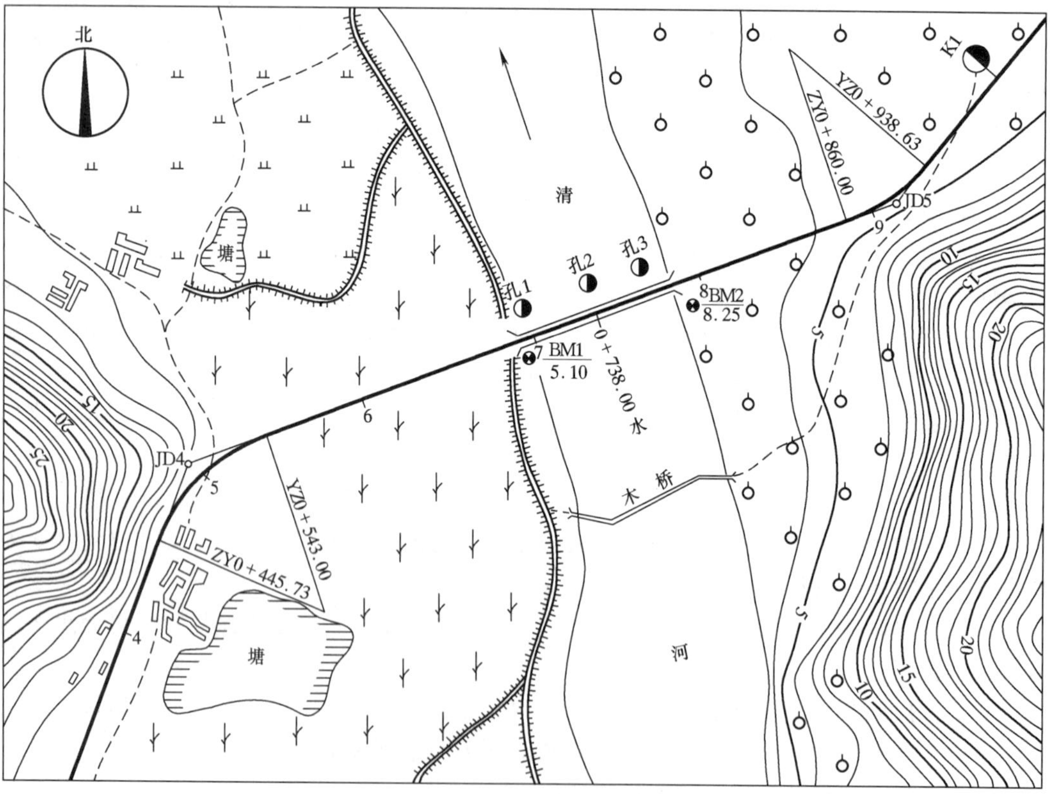

图 12-24 某桥桥位平面图

（1）概括了解。该桥是梁式桥，主要材料为钢筋混凝土。通常桥梁应包括三个组成部分：

1）上部桥跨结构。包括主梁、主拱圈、主塔、桥面系等，是用来跨越河流、山谷、铁路或公路等的建筑物。

2）下部支承结构。包括桥墩、桥台（包括基础），它的作用是支承上部结构，并把上部结构的车辆和人群荷载安全、可靠地传到地基上去。其中在桥梁两端的称为桥台，桥台后侧连接路堤，桥台前侧支承梁上部结构；桥墩两边都支承上部结构。一座桥梁，桥台只有两个，桥墩可以有多个。

3）附属结构。包括栏杆、灯柱以及保护桥头路堤填土的锥形护坡等。

（2）读桥位平面图和地质图。由图 12-24 可知该桥所处的地形为两山头间的宽敞河谷区，桥梁与道路顺直连接，两岸滩地上有果园和稻田。另外，图中还表明了三个钻孔、水准点、里程的位置。由图 12-25 可知桥位所在处的地质与河床的深度变化情况，为桥梁设计施工和计算土石方工程量提供了依据。另外，图 12-25 中还标出了地下水位的高程、三个钻孔的位置及深度。

（3）读桥梁总体布置图。图 12-26 所示为一座总长度为 90m 的五孔 T 形简支桥梁，由立面图、平面图、剖视图综合表达。立面图和平面图比例均为 1∶200，横剖视图为 1∶100。

1）立面图。由半立面图和半纵剖视图组成，反映桥梁的特征和桥型，共有五孔，两边孔跨径各为 10m，中间三孔跨径各为 20m，桥梁总长为 90m。因比例小，立面图上的人行道和栏杆省略不画。立面图的左侧设有标尺（以 m 为单位），便于对照各部分标高尺寸进行读图和校核。

桥的下部结构：两边为重力式桥台，河床中间有四个柱式桥墩，由承台、立柱和基桩组成。左边两个桥墩画外形，右边两个桥墩画剖视，桥墩承台的上、下盖梁系钢筋混凝土结构，因比例较小，断面涂黑表示；立柱和桩按不剖画法，不画剖面材料符号。

桥的上部结构：为简支梁桥，两个边孔的跨径均为 10m，中间孔的跨径为 20m。立面图左半部分梁底至桥面之间，画了三条线，表示梁高和桥中心处的桥面的厚度，右半部分画剖视，把 T 形梁及横隔板断面涂黑画出，而桥面断面画出剖面材料符号。

立面图下面部分还反映了河床地质断面及水文情况，根据标高尺寸可以知道，桩和桥台基础的埋置深度、桥底、桥台和桥中心的标高尺寸。由于混凝土桩埋置深度较大，采用折断画法。图的上方还标注了桥梁两端和桥墩的里程桩号，以便读图和施工放样。

2）平面图。平面图的左半部分画出了桥梁上部的桥面板与人行道投影轮廓，还有栏杆、立柱的位置与尺寸。右半部分采用分层画法来表示下部支承结构的平面形状。对照立面图，0+728.00 桩号的右面部分是把上部结构揭去之后画出半个桥墩的上盖梁及支座的布置。可算出有十二块支座，布置尺寸，横向为 160cm。在 0+748.00 桩号处，桥墩经过剖切，显示出桥墩中部由三根圆柱组成。在 0+768.00 桩号处，显示出桩位平面布置图，它是由九根方桩柱组成。图中还注出了桩柱的定位尺寸。最右边是桥台的平面图，可以看出是 U 形桥台，采用了省略画法，回填土和锥形护坡不画，图中注出桥台基础的平面尺寸。

3）横剖视图。它是由 1/2Ⅰ—Ⅰ和 1/2Ⅱ—Ⅱ剖视图组成，从图中可看出上部结构是由六片 T 形梁组成，左半部分的 T 形梁尺寸小，支撑在桥台和桥墩上，这是跨径为 10m 的 T 形梁；右半部分的 T 形梁尺寸大，支撑在两桥墩上，这是跨径为 20m 的 T 形梁，图

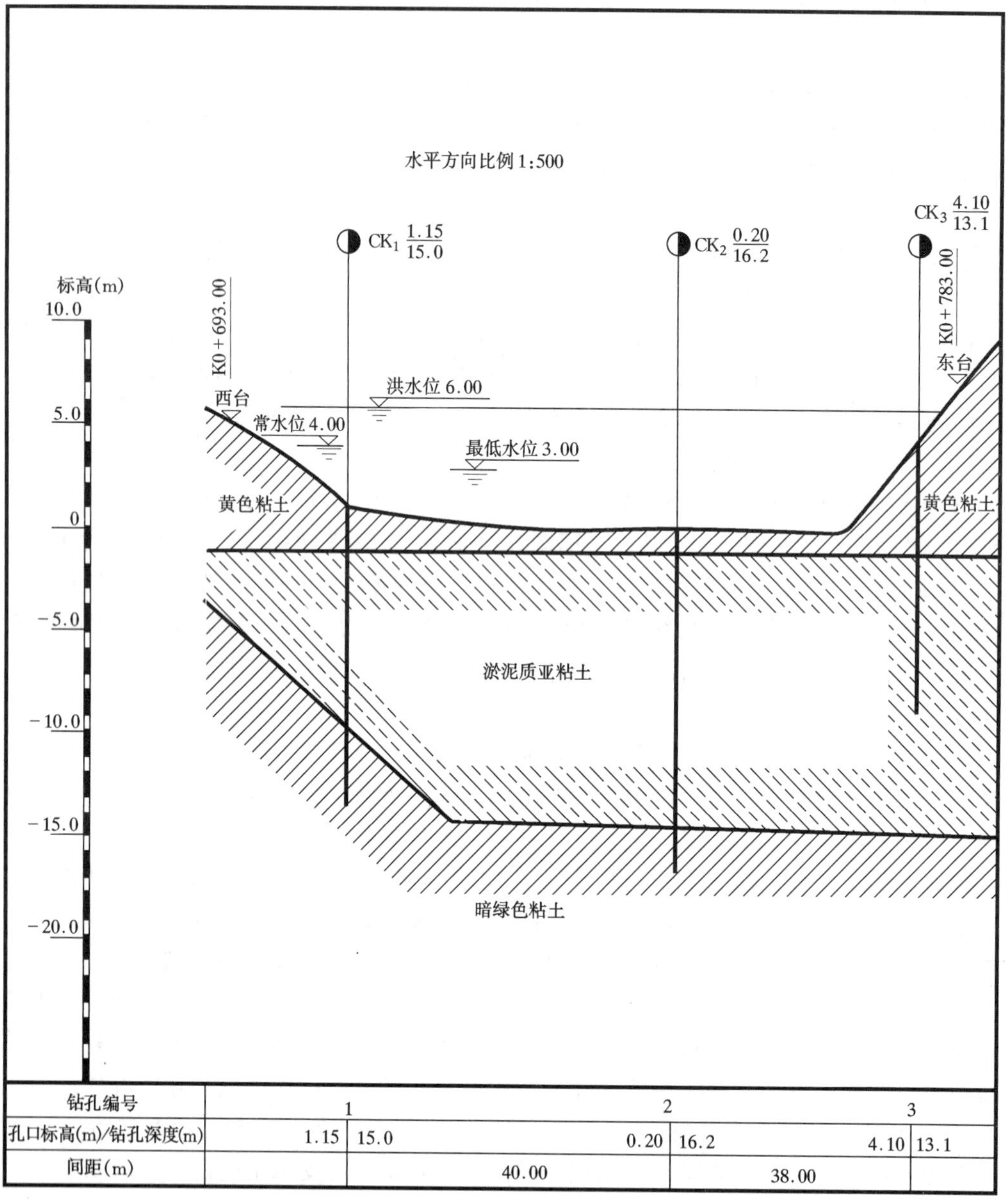

钻孔编号	1	2	3	
孔口标高(m)/钻孔深度(m)	1.15	15.0　0.20	16.2　4.10	13.1
间距(m)		40.00	38.00	

图 12-25　某桥桥位地质图

中还注出了人行道和栏杆尺寸。

（4）读构件构造和结构图。在总体布置图中，由于比例较小，不可能将桥梁的各种构件都详细地表示清楚，所以需要用较大的比例画出细部构件结构图，如主梁结构图、桥台结构图、桥墩图、桩基图和防护栏图等，其常用比例为 1∶10～1∶50，某些局部详图还可采用 1∶2～1∶5。

图 12-27 所示是 U 形桥台的构造图。它由纵剖视图、平面图和侧视图来综合表达。

1）纵剖视图。纵剖视图清楚地表示了桥台内部的构造与材料。

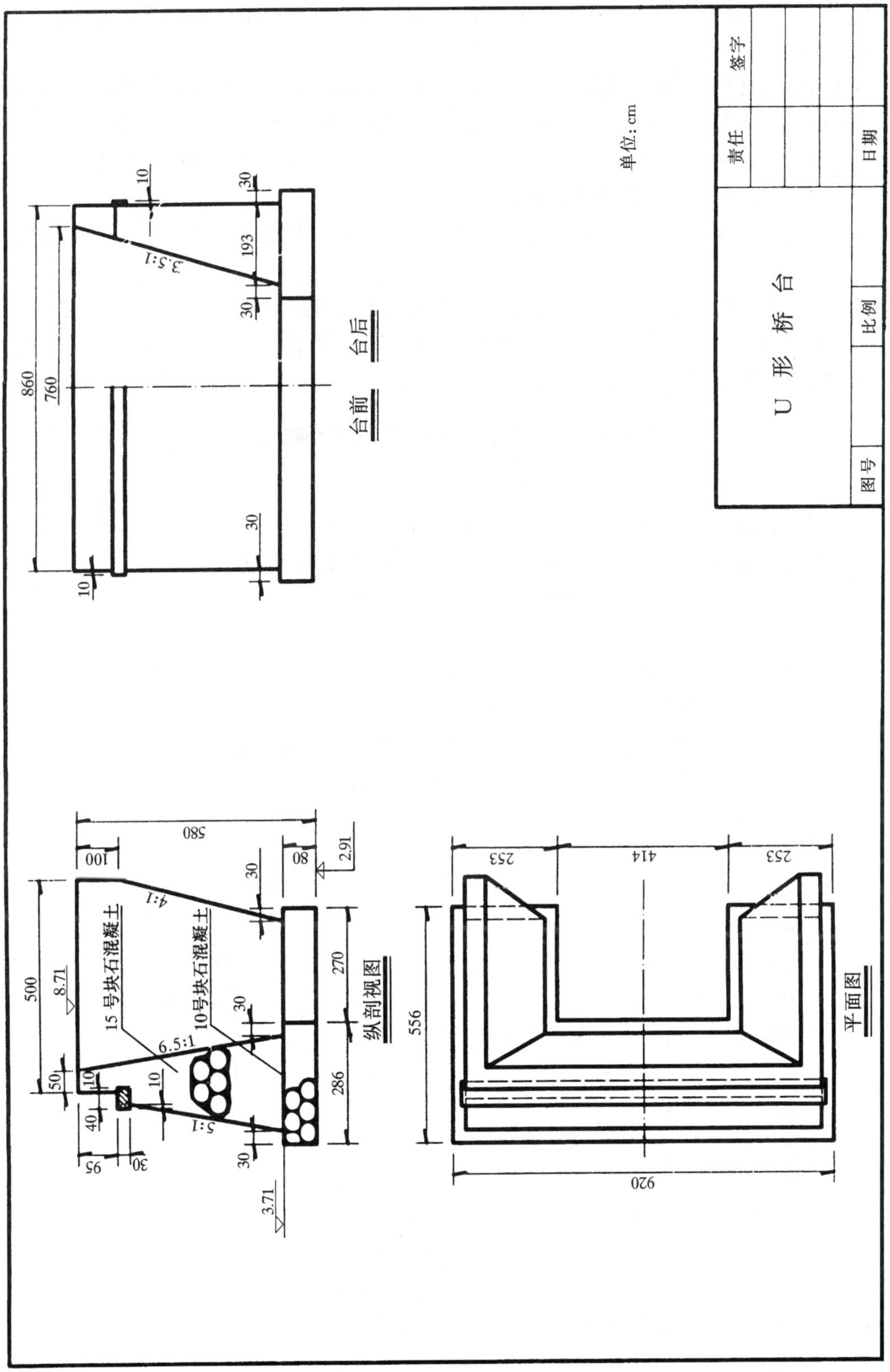
单位：cm
台前
台后
纵剖视图
平面图
15号块石混凝土
10号块石混凝土
U 形 桥 台
责任
签字
日期
比例
图号
860
760
193
3.5:1
4:1
6.5:1
5:1
580
500
556
920
414
253
270
286
8.71
2.91
3.71

图 12-27　U形桥台

2）平面图。图中采用拆卸画法，去掉填土，清楚地反映了桥台的平面形状，显示了桥台的U形结构。

3）侧视图。图中采用了半台前和半台后合成视图。台前是指人站在河流的一边，顺着路线观看桥台前面所得的视图；台后是指人站在堤岸的一边，观看桥台背后所得的视图。侧视图一般布置在立面图的右面，也可根据需要灵活布置，但必须标注图名。

三、桥梁、涵洞、隧洞工程图的画图步骤

（1）根据比例在图纸上布置各图形，注意预留标注尺寸的地方，画出各投影图的基线或构件的中心线。

（2）画出各构件的主要轮廓线，按照图中尺寸依次由基准线量取。

（3）画出各构件的细部轮廓线，注意投影间的相互关系。

（4）检查、加深完成作图。

复习思考题（单项选择题）

1. 路线平面图的图示内容不包括（　　）。
   （a）竖曲线　（b）平曲线　（c）地形地物　（d）附属建筑物图例
2. 路线纵断面图中，当横向比例为1：5000时，纵向比例通常选用（　　）。
   （a）1：50　（b）1：200　（c）1：500　（d）1：5000
3. 路线纵断面图属于（　　）。
   （a）单一全剖　（b）阶梯剖　（c）旋转剖　（d）展开复合剖
4. 路线纵断面图中的符号“┌┬┐”表示（　　）。
   （a）竖曲线，道路向上凸　（b）平曲线，道路向左转
   （c）竖曲线，道路向下凹　（d）平曲线，道路向右转
5. 测设表中符号“V”表示（　　）。
   （a）山谷　（b）河流
   （c）转弯处不设平曲线　（d）变坡处不设竖曲线
6. 测设表中符号“━┐＿┌━”表示（　　）。
   （a）竖曲线，道路向上凸　（b）平曲线，道路向左转
   （c）竖曲线，道路向下凹　（d）平曲线，道路向右转
7. 路基横断面图，通常按桩号排列，排列顺序是（　　）。
   （a）从下到上，从左到右　（b）从下到上，从右到左
   （c）从上到下，从右到左　（d）从上到下，从左到右
8. 路基横断面图中的标注内容不包括（　　）。
   （a）桩号　（b）填高/挖深
   （c）填方面积/挖方面积　（d）土石方量
9. 桥梁总体布置图中的平面图，为了能看到桥面、支座、墩台，常采用（　　）。
   （a）拆卸画法　（b）合成视图　（c）简化画法　（d）分层画法
10. 桥台结构图中，侧视图常采用（　　）。
   （a）省略画法　（b）合成视图

（c）简化画法　　　　　　　　（d）分层画法

11. 道路防护栏设计图属于道路工程图中的（　　）。

（a）沿线设施及排水设施工程图　（b）环境保护工程图

（c）交叉口工程图　　　　　　（d）路基路面工程图

12. 交叉口的工程图不包括（　　）。

（a）平面图　　　　　　　　（b）交通组织图

（c）竖向设计图　　　　　　（d）交通岛标志图

第十三章　钢筋混凝土结构图

在水利工程中，很多结构都是由钢筋混凝土构成。用钢筋混凝土制成的梁、板、柱、基础等称为钢筋混凝土构件。用来表达钢筋混凝土构件结构的图样称为钢筋混凝土结构图。当钢筋混凝土结构图主要表达钢筋时，简称钢筋图。

第一节　钢筋混凝土结构的基本知识

一、混凝土和钢筋混凝土

混凝土是由水泥、沙子、石子和水按一定的比例拌和而成，凝固后坚硬如石，受压能力好，但抗拉能力差，容易因受拉而开裂。为了解决这个矛盾，充分发挥混凝土的受压能力，常在混凝土受拉区域内或相应部位加入一定数量的钢筋，使两种材料粘结成一个整体，共同承受外力。这种配有钢筋的混凝土，称为钢筋混凝土。

二、钢筋的符号

在钢筋混凝土结构设计规范中，对国产建筑常用钢筋，按其产品种类不同分别给予不同的符号，供标注及识别之用，如表 13－1 所示。

表 13－1　　钢筋的种类和符号

种类		符号	备注
热轧钢筋	HPB235（Q235）	Φ	1. HRB 为热轧带肋钢筋，H、R、B 分别为热轧（Hot Rolled）、带肋（Ribbed）、钢筋（Bars）三个词的英文首字母。 2. HPB 为热轧光圆钢筋。 3. RRB 为余热处理钢筋。 4. 235、335、400 为强度值
	HRB335（20MnSi）	Φ	
	HRB400（20MnSiV、20MnSiNb、20MnSiTi）	Φ	
	RRB400（K20MnSi）	$Φ_R$	

根据钢筋在构件中所起的作用不同，钢筋分为五种，如图 13－1 所示。

（1）受力钢筋。主要用来承受拉力，有时也承受压力和剪力。

（2）架立钢筋。主要用来固定受力钢筋和箍筋的位置，一般用于钢筋混凝土梁中。

（3）分布钢筋。这种钢筋多用在板中，与受力钢筋垂直布置，将所受外力均匀地传给受力钢筋，并固定受力钢筋的位置，使受力钢筋与分布钢筋组成一个共同受力的钢筋网。

（4）箍筋。这种钢筋多用在梁、柱中，主要用来固定受力钢筋的位置、承受部分拉力和剪力，使钢筋形成坚固的骨架。

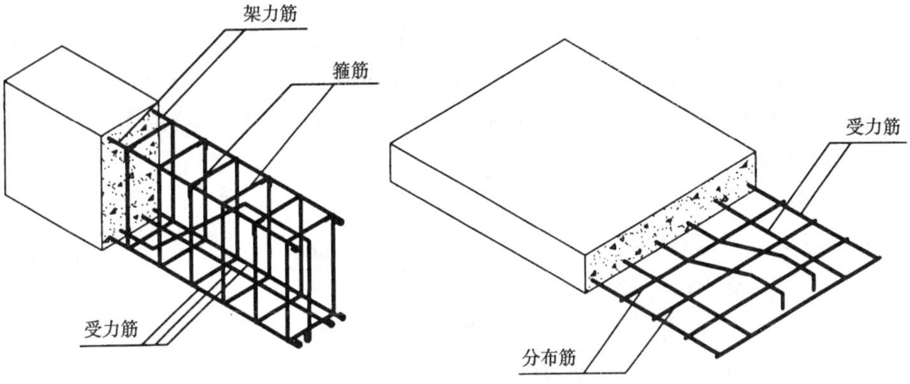

(a) 梁　　(b) 板

图 13-1　钢筋的作用与分类

(5) 其他钢筋。如吊钩、锚筋以及施工中常用的支撑等。

三、钢筋的弯钩

为了增强钢筋与混凝土之间的锚固能力，将光面钢筋的端部做成弯钩。弯钩的形式和尺寸有多种，可查有关规定和规范。如果采用螺纹钢筋，一般不需要弯钩。

四、钢筋的保护层

为防止钢筋锈蚀，保证钢筋与混凝土紧密粘结在一起，钢筋边缘到混凝土表面应留有一定厚度的混凝土，称为钢筋的保护层。保护层的最小厚度视不同的结构而异，可查阅有关设计规范，一般在 10～50mm 之间。

第二节　钢筋图的表达方法

一、基本规定

1. 线型规定

绘制钢筋图时，假设混凝土为透明体，在轮廓线内将钢筋布置情况画出。为了突出钢筋的表达，制图标准规定：图内不画混凝土剖面材料符号，钢筋用粗实线，钢筋的截面用小黑点，构件的轮廓用细实线，钢筋常见的表示法如表 13-2 所示。

表 13-2　　**钢筋的表示方法**

序号	名　称	图　例	序号	名　称	图　例
1	钢筋的横断面	•	6	带直钩的钢筋端部	
2	无弯钩的钢筋端部	——	7	带丝扣的钢筋端部	
3	预应力钢筋断面	+	8	无弯钩的钢筋搭接	或
4	预应力钢筋或钢绞线	—··—	9	带半圆形弯钩的钢筋搭接	或
5	带半圆形弯钩的钢筋端部		10	带直钩的钢筋搭接	或

2. 钢筋编号

为了区分各种类型和不同直径的钢筋，钢筋必须编号，每类钢筋（即型式、规格、长度相同的钢筋）无论根数多少只编一个号。编号顺序应有规律，一般为自下而上、自左至右、先主筋后分布筋。编号字体规定用阿拉伯数字写在小圆圈内，小圆圈的直径为 6mm，编号小圆圈和引出线均为细实线。

3. 尺寸标注

钢筋的标注应包括钢筋的编号、数量、直径、间距代号、间距及所在位置，通常应沿钢筋的长度标注，或标注在有关钢筋的引出线上。图 13－2 中，n 为钢筋根数，ϕ为钢筋直径及种类的符号（各种钢筋符号见表 13－1），d 为钢筋直径，@为钢筋间距的代号，s 为钢筋间距。单根钢筋不标钢筋间距，其尺寸标注形式如图 13－3 所示，图中 l 为单根钢筋的总长。在钢筋图中应标注构件的主要尺寸。

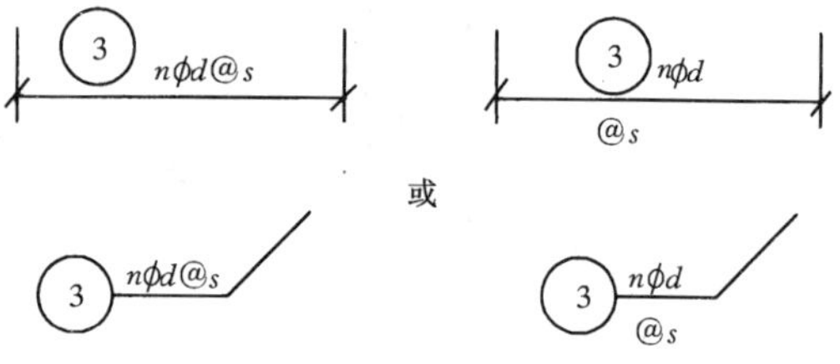

图 13－2 钢筋尺寸标注形式

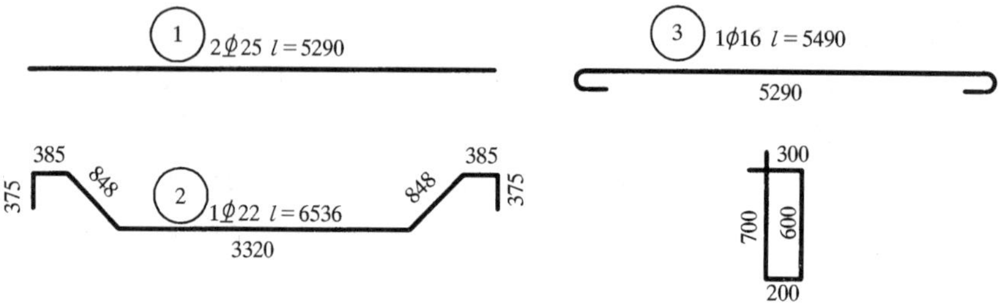

图 13－3 钢筋成型图

二、钢筋图的内容

钢筋图包括钢筋布置图、钢筋成型图、钢筋表等内容。

1. 钢筋布置图

钢筋布置图主要是表明构件内部钢筋的分布情况，一般选用视图、断面图综合表达。图 13－4 所示的钢筋混凝土梁是用立面图和断面图来表示钢筋布置的。

2. 钢筋成型图

钢筋成型图用来表达构件中每种钢筋加工成型后的形状和尺寸，如图 13－3 所示。在图上直接标注钢筋各部分的实际尺寸，并注明钢筋的编号、根数、直径以及单根钢筋的断料长度，是钢筋断料和加工的依据。

3. 钢筋表

钢筋表是将构件中每一种钢筋的编号、型式、规格、根数、单根数、总长度、重量和备注等内容列成表格的形式，是备料、加工以及做材料预算的依据。也可将构件中每一种钢筋的单位重和总重单列为钢筋材料表。

为了简化作图，常将成型图缩小，画在钢筋表“型式”一栏中，即把钢筋成型图和钢筋表合二为一，见图 13－4 中钢筋表。

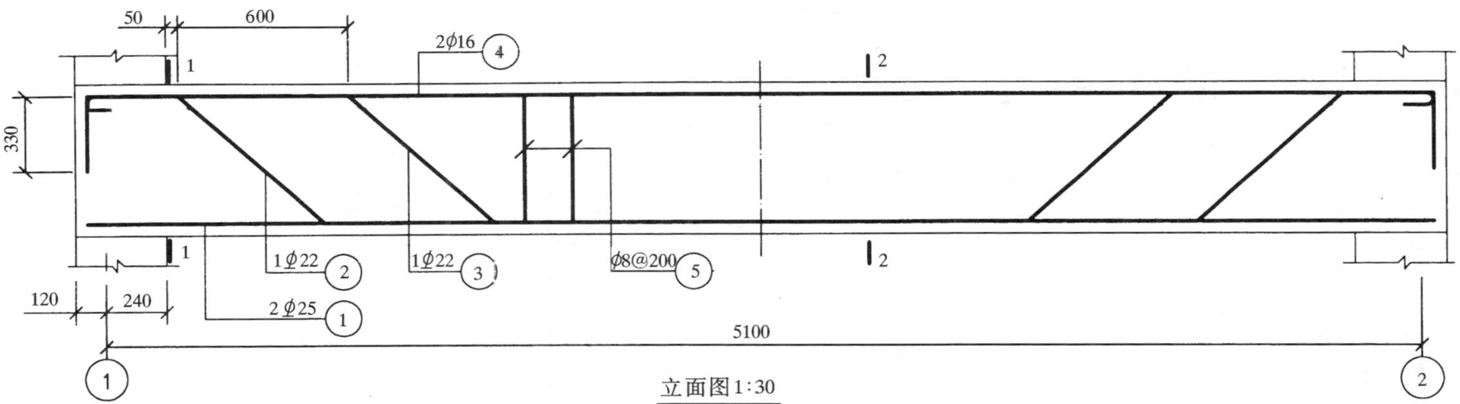

立面图1:30

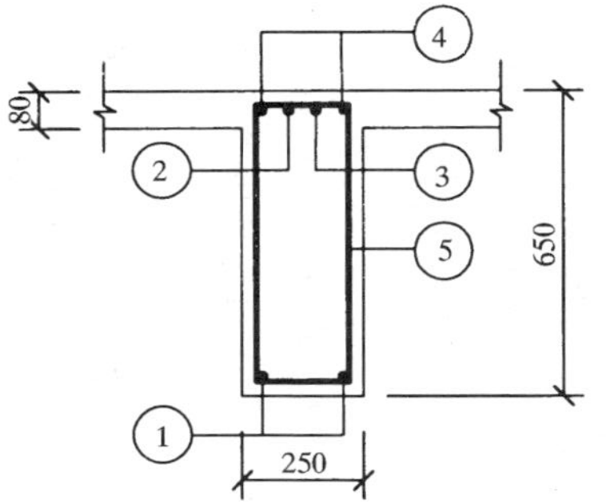

1—1 1:25

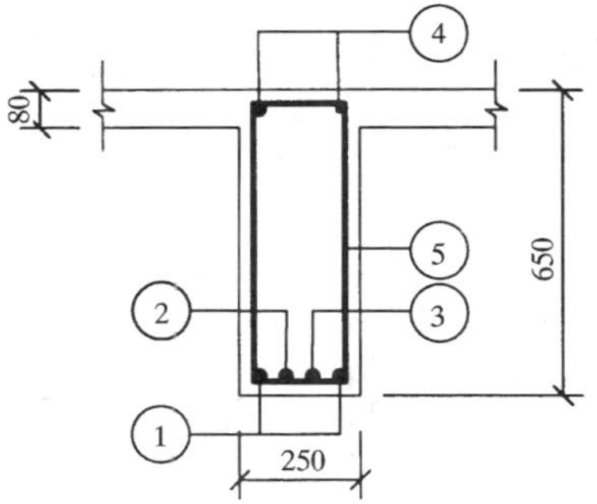

2—2 1:25

钢筋表

编号	直径(mm)	型式	单根长(mm)	根数	总长(m)	重量(kg)
①	ϕ25	5290	5290	2	10.58	40.73
②	ϕ20	330 385 848 3320 848 385 330	6446	1	6.446	31.75
③	ϕ20	330 785 848 2520 848 785 330	6446	1	6.446	31.75
④	ϕ16	5290	5490	2	10.98	17.32
⑤	ϕ8	300 700 600 200	1800	25	45.00	19.25

现浇钢筋混凝土梁钢筋图		比例	
		图号	
制图			
审核			

图 13－4　矩形梁的钢筋图

三、简化画法

（1）对于规格、型式、长度、间距都相同的钢筋，可以只画出第一根和最末一根，用标注的方法表明其根数、规格和间距，如图 13－5（a）所示。

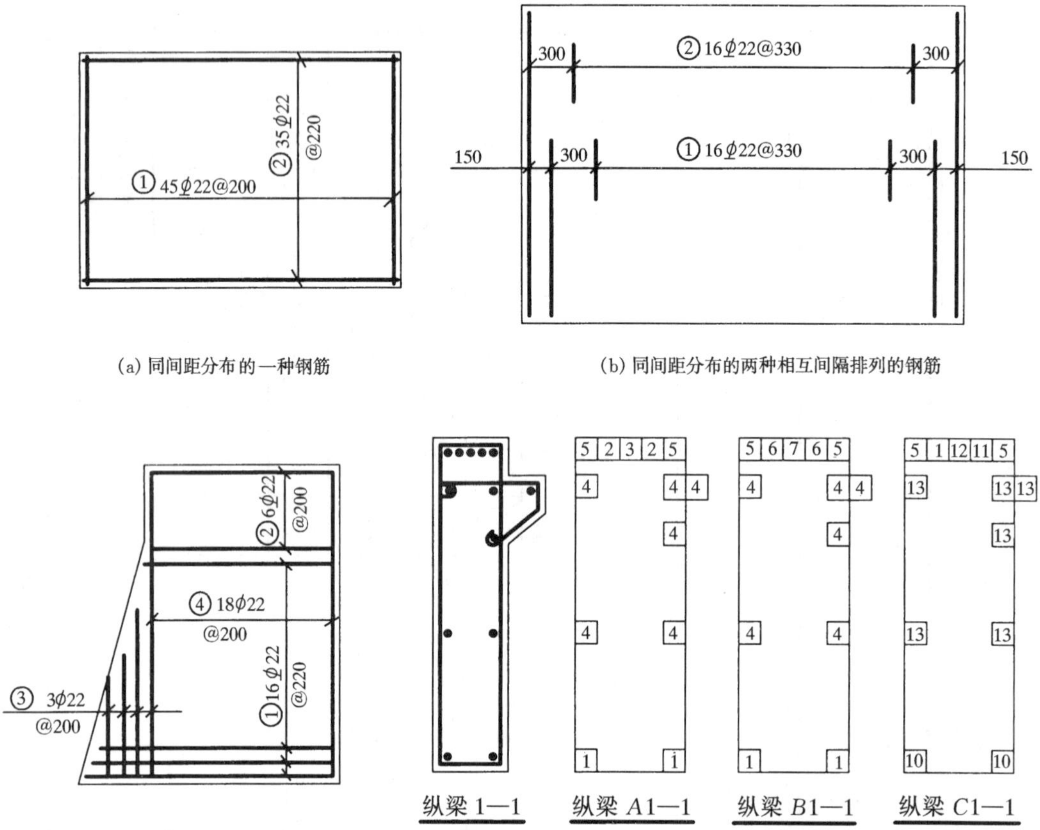

(a) 同间距分布的一种钢筋

(b) 同间距分布的两种相互间隔排列的钢筋

(c) 同间距分布的长度差值相同的钢筋

(d) 断面布置相同的一组钢筋

图 13－5　钢筋图的简化画法

（2）两组钢筋，其规格、长度不同，但间距相同，且为相互间隔排列时，可分别只画出每组的第一根和最末一根的全长，再画出相邻的一根短粗线表示间距，并用标注的方法表明其根数、规格和间距，如图 13－5（b）所示。

（3）钢筋的型式和规格相同，但长度不同，且为一等差数 a，如图 13－5（c）中的①号、③号钢筋，可只编一个号，并在钢筋表“型式”栏内加注“$\Delta=a$”。Δ 为相邻钢筋的长度增量，表示变化规律。

（4）当若干构件的断面形状、大小和钢筋布置方法均相同，仅钢筋编号不同时，可采用 13－5（d）的画法，并在钢筋表中注明各不同编号的钢筋型式、规格和长度。

第三节　钢筋图的识读

识读钢筋图的目的是为了弄清结构内部钢筋的布置情况，以便进行钢筋的断料、加工和绑扎成型。看图时需注意图上的标题栏及有关说明，先弄清楚结构的外形，然后按钢筋的编号次序，逐根看懂钢筋的位置、形状、种类、直径、数量和长度。读图时要把视图、断面图、钢筋编号和钢筋表配合起来看。

【例 11-1】 识读图 13-4 所示矩形梁的钢筋图。

分析

①分析视图，概括了解。梁的外形及钢筋布置由立面图和 1—1、2—2 两个断面图来表达，从图 13-4 可知表达的是一矩形梁，其构件外形的主要尺寸为：长 5340mm、宽 250mm、高 650mm。

②结合视图，详细分析钢筋。从 2—2 断面图看出，梁的底部有四根受力钢筋，两侧为①号 HRB 钢筋，直径为 25mm。中间为③号、②号钢筋各一根，其直径均为 20mm。梁顶部两角各有一根④号架立钢筋，直径为 16mm，其型式从钢筋表中可以查出。从 1—1 断面图中，可以看出梁的底部只有两根钢筋，而顶部有四根钢筋。对照正立面图可知，2—2 断面图中底部②号、③号钢筋分别在梁的一定部位向上弯起，由于 1—1 断面图的剖切位置在梁端，底部是两根而顶部是四根。正立面图上画的⑤号钢筋表示箍筋，箍筋直径为 8mm，共 25 根，箍筋间距为 200mm。从符号可知④号、⑤号钢筋均为 HPB 钢筋。

③检查核对。对读图所得的各种钢筋的形状、直径、根数、单根长与钢筋成型图、钢筋表逐个逐项地进行核对。

【例 11-2】 识读图 13-6 所示钢筋混凝土闸底板钢筋图。

分析

①分析视图，概括了解。闸底板的钢筋布置由闸底板平面图和 A—A、B—B 两个断面图表达。闸底板上下游以工作闸门为分界，闸门分三孔。从平面图中可以看出，底板配筋分面层和底层、上游段和下游段。

②结合视图，详细分析钢筋。分析结果可归纳为表 13-3。

表 13-3　　闸底板钢筋图读图分析

构件部位			受力筋	构造筋
闸底板	面层	上游段	①36 Φ 22@250	⑦114 Φ 12@250
			③20 Φ 16@250	
		下游段	②136 Φ 25@250	
			③68 Φ 16@250	
	底层	上游段	④40 Φ 25@250	⑧114 Φ 12@250
			⑤22 Φ 16@250	
		齿墙	⑨114 Φ 16@250	
		下游段	⑤68 Φ 16@250	
			⑥68 Φ 22@250	
		齿墙	⑩114 Φ 16@250	

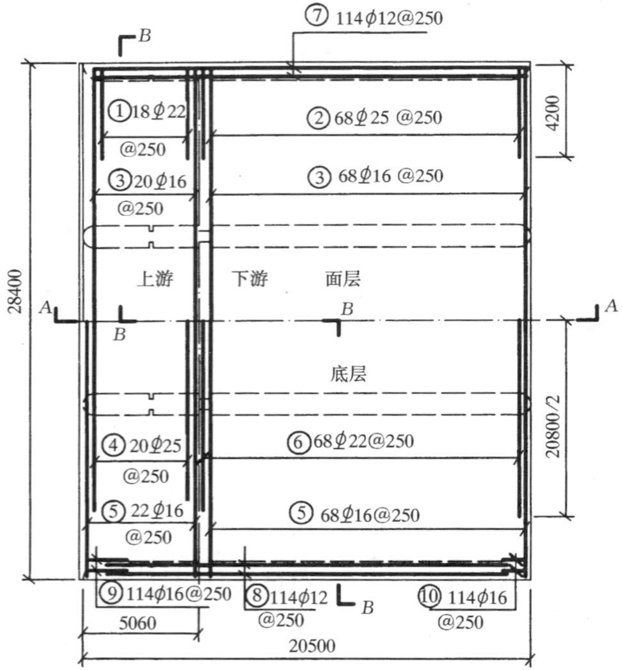

平面图

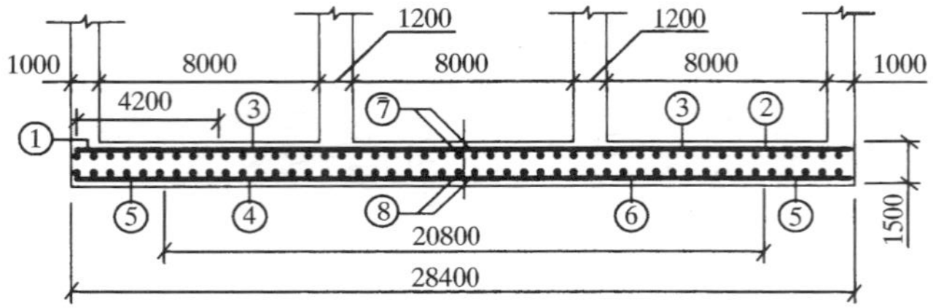

B—B

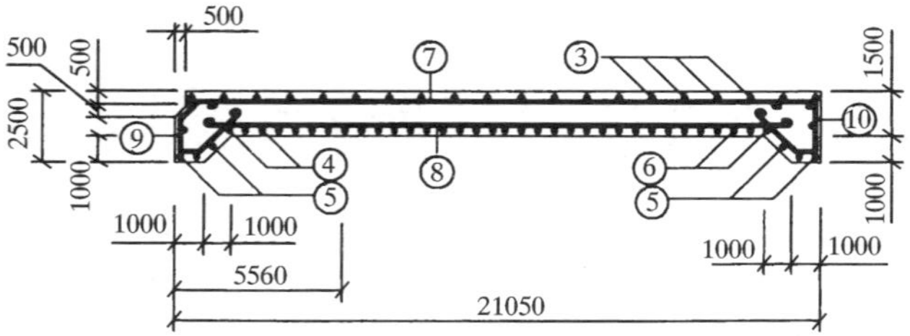

A—A

钢筋表

编号	直径(mm)	型式	单根长(mm)	根数	总长(m)	备注
①	φ22	4200	4200	36	151.2	保护层厚为 50 mm、弯钩长为 6.25d
②	φ25	4200	4200	136	571.2	
③	φ16	28300	28300	88	2490.4	
④	φ25	20800	20800	40	832	
⑤	φ16	28300	28300	90	2547	
⑥	φ22	20800	20800	68	1414.4	
⑦	φ12	20400	20600	114	2348.4	
⑧	φ12	20450	20150	114	2297.1	
⑨	φ16	500 2400 1700 300	5100	114	581.4	
⑩	φ16	500 1000 1400 1700 300	5100	114	581.4	

闸底板钢筋图			比例	
			图号	
制图				
审核				

图 13-6 闸底板钢筋图

③检查核对。对读图所得的各种钢筋的形状、直径、根数、单根长与钢筋成型图、钢筋表、材料表逐个逐项地进行核对。

第四节　平面整体表示方法

一、平面整体表示方法的概念

1996 年 11 月，由中华人民共和国建设部批准、山东建筑设计院和中国建筑标准设计研究院编制的《混凝土结构施工图平面整体表示方法制图规则和构造详图》作为国家建筑标准设计图集，在全国推广应用，其平面整体表示方法简称平法。这种平法的表达方式，是把结构构件的尺寸和配筋等，整体直接表达在该构件（钢筋混凝土柱、梁和剪力墙）的结构平面布置图上，再配合标准构件详图，构成完整的结构施工图。

平法按其在平面布置图上表示各构件尺寸和配筋的方式，可分为平面注写方式、列表注写方式和截面注写方式三种。柱的平法施工图可采用列表注写方式或截面注写方式表达，而梁则采用平面注写方式或截面注写方式表达。构件平法表达方式的具体规定，可参阅有关国家标准图集。本节以梁为例简要介绍平法中平面注写方式的表达方法。

二、平面注写的规则

钢筋图的传统表达方式是采用平面图、立面图与不同部位的断面图将梁的位置、跨度、断面尺寸、钢筋配置等内容表达完整。图 13－7（a）所示是采用传统表达方式画出的一根梁，图 13－7（b）所示是采用平面注写表达方式画出的一根梁。梁的平面注写包括集中标注和原位标注两部分，集中标注表达梁的通用数值，原位标注表达梁的特殊数值。当集中标注中的某项数值不适用于梁的某部位时，则将该项数值在该位置注写，称原位标注。

1. 集中标注

集中标注可以从梁的任一跨引出，有四项必注值，具体为：

（1）梁编号。包括梁类型代号、序号、跨数及是否带有悬挑。图中的 KL1（2A）表示该梁为框架梁，序号为 1，二跨一端悬挑。若编号为 KL1（2）、KL1（2B），则分别表示二跨无悬挑、二跨两端悬挑，悬挑不计入跨数。

（2）梁截面尺寸。当为等截面梁时，用 $b\times h$（即梁宽×梁高）表示，如图 13－7 中 300×650。当有悬挑梁且其根部与端部的高度不同时，用斜线分隔根部与端部的高度值，即为 $b\times h_1/h_2$。

（3）梁箍筋。包括钢筋种类、直径、加密区与非加密区间距及肢数。箍筋加密区与非加密区的不同间距及肢数需用“/”分隔，箍筋肢数写在括号内。图 13－7 中ϕ8－100/200（2）表示箍筋是直径ϕ8 的 HPB 钢筋，加密区间距为 100，非加密区间距为 200，均为两肢箍筋。

（4）梁上部贯通筋或架立筋直径与根数。图 13－7 中 2Φ25 表示梁的上部配有两根直径为Φ25 的 HRB 钢筋，是贯通筋。如有架立筋需注写在括号内，并用“＋”相连，如 2Φ25＋2Φ12。当梁的下部纵筋也有贯通筋时，此项可加注下部纵向贯通筋的配筋值，用分号“；”将上下纵筋分隔，如 3Φ22；3Φ20。

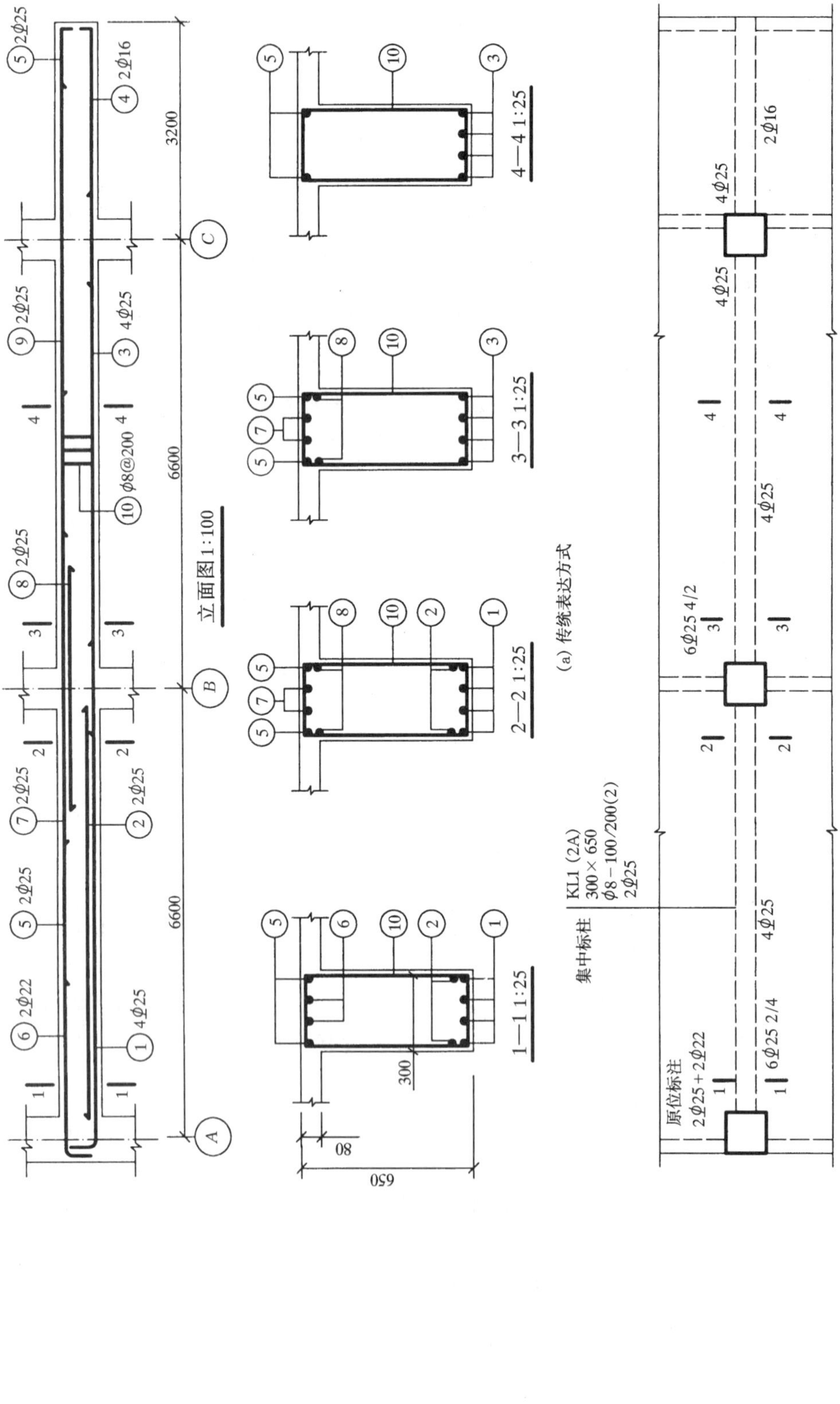

图 13-7 传统表达方式与平面注写方式的比较

2. 原位标注

对于原位标注，在标注纵向钢筋根数时，包括该部位已集中标注的贯通筋。若钢筋多于一排时，用斜线“/”将各排纵筋自上而下分开。如 6 Φ 25 2/4 表示上排纵筋为 2 Φ 25，下排为 4 Φ 25。当同排纵筋有两种直径时，用“＋”将两种直径的纵筋相连，角部纵筋写在前面，如 2 Φ 25＋2 Φ 22 表示 2 Φ 25 放在角部，2 Φ 22 放在中部。

当梁中间支座两边的上部纵筋的配置不相同时，应在支座两边分别原位标注；支座两侧上部纵筋相同时，可仅在支座的一侧标注配筋值，另一边省略不标注。

复习思考题（单项选择题）

1. 钢筋图中的断面图上应该（　　）。
   (a) 画材料符号　　(b) 把结构轮廓画成粗实线
   (c) 把钢筋投影画成虚线　　(d) 把结构轮廓画成细实线
2. 钢筋图采用的投影方法是（　　）。
   (a) 中心投影法　(b) 正投影法　(c) 轴测投影法　(d) 斜投影法
3. ⑥4 Φ 8@200 中的⑥表示（　　）。
   (a) 间隔为 6　(b) 钢筋直径为 6　(c) 编号为 6　(d) 6 根钢筋
4. 钢筋类别中 HRB 的含义是（　　）。
   (a) 热轧带肋钢筋　(b) 热轧光圆钢筋　(c) 热处理钢筋　(d) 冷拉钢筋
5. HRB400 钢筋的符号是（　　）。
   (a) ϕ　(b) Φ　(c) Φ　(d) Φ_R
6. 下列关于钢筋编号说法正确的是（　　）。
   (a) 相同直径的钢筋只编一个号
   (b) 相同长度的钢筋只编一个号
   (c) 直径、长度相同的钢筋只编一个号
   (d) 型式、规格、长度相同的钢筋只编一个号
7. 下图为某钢筋混凝土梁平法标注中的集中标注，下列说法不正确的是（　　）。
   (a) 该梁为一端悬挑的 4 跨框架梁
   (b) 该梁梁宽为 200mm，梁高为 500mm
   (c) 该梁箍筋直径为 8mm，加密区间距为 100mm，非加密区间距为 200mm，均为 2 肢
   (d) 该梁上部贯通筋为 4 根，其中角部两根直径为 22mm，中间两根直径为 25mm

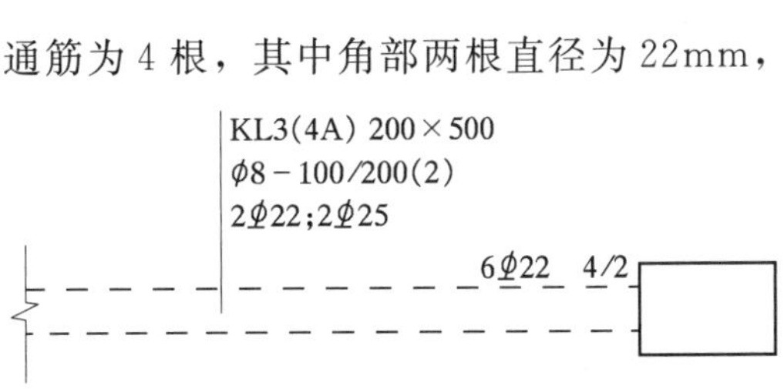

第 7、第 8 题图

8. 关于上图中的原位标注 6 ϕ 22 4/2 说法正确的是（　　）。

（a）在端支座的上部，除贯通筋外，又额外增加 6 根直径 22mm 的钢筋。

（b）梁在端支座处共有 6 根直径 22mm 的纵筋，其中上部 4 根，下部 2 根。

（c）在端支座处梁的上部共有 6 根、两排直径 22mm 的纵筋，其中上排 4 根，下排 2 根。

（d）梁在端支座处共有 6 根直径 22mm 的纵筋，其中角部 4 根，中间 2 根。

第十四章　房屋建筑图

第一节　房屋建筑图概述

一、房屋建筑图的种类

房屋的建造需要经过设计和施工两个过程，设计工作分为初步设计和施工图设计两个阶段。初步设计主要是完成建筑方案图的设计，施工图设计是根据不同专业分别完成建筑施工图、结构施工图和设备施工图的设计。

1. 建筑施工图

建筑施工图是表达建筑设计内容的图样，主要表达房屋建筑的总体布局、内部布置、外部造型、细部构造、内外装饰、大小尺寸、施工要求等。其作用是指导施工放线、建筑物施工、编制预算和施工组织设计等。建筑施工图包括：总平面图、建筑平面图、立面图、剖视图和建筑详图。本章主要介绍建筑施工图的识读和绘制。

2. 结构施工图

结构施工图是表达结构设计内容的图样，主要表达房屋建筑中各承重构件（指基础、墙、柱、梁、板、屋架等）的布置、形状、大小尺寸、材料、构造及相互关系。其作用是指导施工放线，基槽开挖，钢筋混凝土结构的施工、安装，编制预算和施工组织设计等。结构施工图包括：结构设计说明、结构平面布置图和构件详图。

3. 设备施工图

设备施工图是表达房屋建筑中给排水、通风采暖、电器设备等设计内容的图样。其作用是指导设备施工、编制预算等。设备施工图包括：设备平面布置图、系统图、详图、施工说明等。

二、房屋建筑制图标准简介

1. 房屋建筑制图标准

现行的房屋建筑制图标准有：

（1）GBJ1—86《房屋建筑制图统一标准》

（2）GBJ103—87《总图制图标准》

（3）GBJ104—87《建筑制图标准》

（4）GBJ105—87《建筑结构制图标准》

（5）GBJ106—87《给水排水制图标准》

（6）GBJ114—88《采暖通风与空气调节制图标准》

2. 制图标准中的有关规定

房屋建筑制图标准的基础部分与技术制图标准基本一致，专业部分有其自身的特点。

现将专业部分常用的几点规定介绍如下：

(1) 定位轴线。定位轴线是房屋中基础、墙、柱、梁和屋架等承重构件的中心线，在绘制施工图时应专门画出。

制图标准规定，定位轴线采用细点划线表示。轴线的端部画一细实线圆，直径一般为8mm，详图上为10mm，轴线编号写在圆圈内。在平面图上，水平方向的编号采用阿拉伯数字，从左向右依次编写，一般注在图形的下方；垂直方向的编号，用大写拉丁字母自下而上顺次编写，一般注在图形的左侧，如图 14－1（a）所示。对于一些与主要承重构件相联系的次要构件，其定位轴线一般作为附加轴线，编号用分数表示，分母表示前一轴线的编号，分子表示附加轴线的编号，用阿拉伯数字按顺序编写，如图 14－1（b）所示。

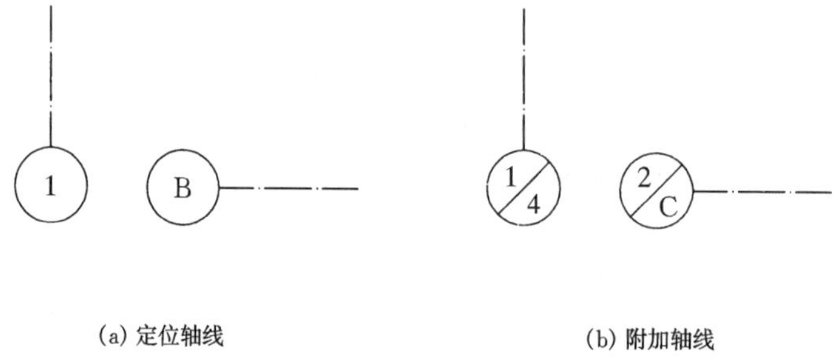

图 14－1 定位轴线的画法

(2) 标高。在总平面图、建筑平面图、立面图、剖视图中，常用标高符号表示某一部位的高程，标高符号按图 14－2 所示的形式以细实线绘制。高程数值以米为单位，一般注至小数点后三位，在总平面图中可注写至小数点后二位。

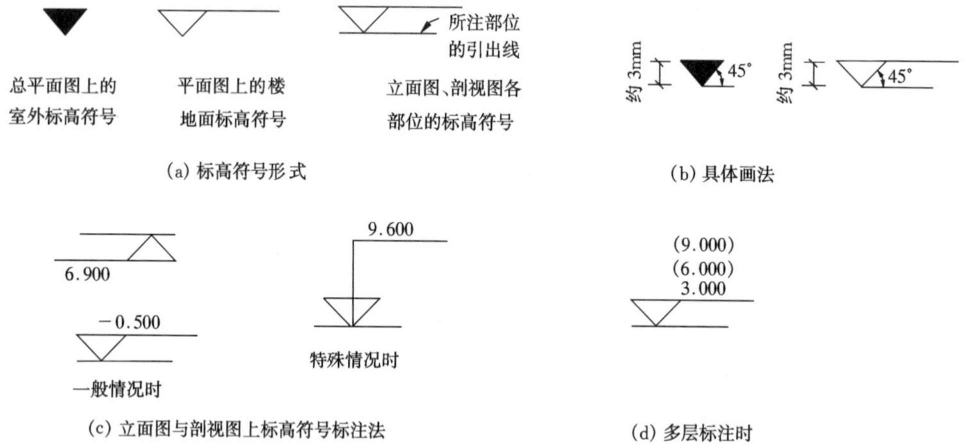

图 14－2 标高符号

(3) 索引符号与详图符号。图样中的某一局部或构件如需要另画详图，应标出索引符号。索引符号表示详图的位置、详图的编号及详图所在的图纸编号。如图 14－3（a）所示，用一条引出线指出需要画详图的部位，并在引出线的另一端画一直径 10mm 的细线圆，通过圆心画一水平线，上半圆中用阿拉伯数字写出详图的编号，下半圆中用阿拉伯数字写出详图所在的图纸号。如果详图与被索引的图样在同一张图纸内，则在下半圆中间画一水平细实线。

详图的位置和编号应以详图符号表示，详图符号用一直径为 14mm 的粗实圆绘制。详图与被索引的图样同在一张图纸内时，应在符号内用阿拉伯数字注明详图编号；如不在同一张图纸内时，可用细实线在符号内通过圆心画一水平直径，在上半圆中注明详图编号，在下半圆中注明被索引图纸号。如图所示 14－3 所示。

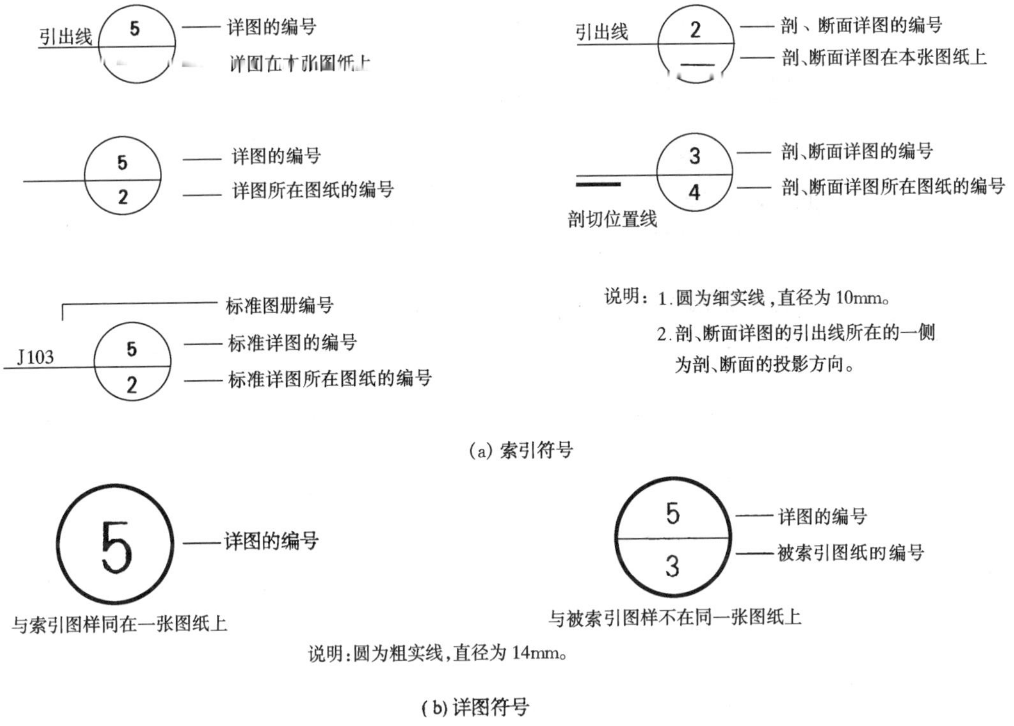

图 14－3　索引符号与详图符号

（4）图例。由于房屋结构复杂，构、配件和建筑材料种类繁多，因此制图标准规定了一系列的图例来代表建筑物、配件、卫生设备、建筑材料等。常用建筑材料图例见表 14－1，常用构件及配件图例见表 14－2，总平面图中常用图例和指北针画法见表 14－3。

表 14－1　　常用建筑材料图例

名　称	图　　例	说　　明
砂、灰土		靠近轮廓线画较密的点
粉　刷		本图例画较稀的点
普通砖		1. 包括砌体、砌块。 2. 断面较窄、不易画出图例线时，可涂红

续表

名称	图例	说明
饰面砖		包括铺地砖、马赛克、陶瓷锦砖、人造大理石等
毛石	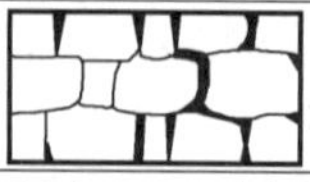	
木材		左图为横断面，从左至右分别为垫木、木砖、木龙骨
		左图为纵断面
金属	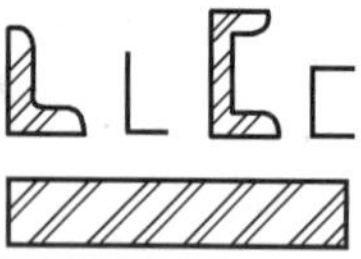	1. 包括各种金属。 2. 若图形较小，可涂黑
防水材料		构造层次多或比例较大时，采用上面图例

表 14-2　常用构件及配件图例

名称	图例	说明
单扇门（包括平开式单面弹簧）	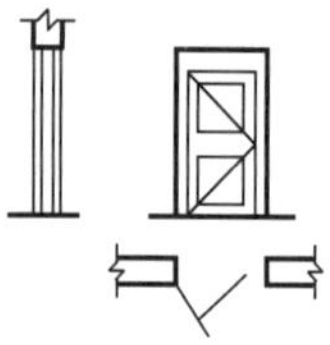	1. 门的名称代号用 M 表示。 2. 剖面图上左为外、右为内，平面图上下为外、上为内。 3. 立面图上开启方向线交角的一侧为安装合页的一侧，实线为外开，虚线为内开。 4. 平面图上的开启弧线及立面图上的开启方向线在一般设计图上不需表示
双扇门	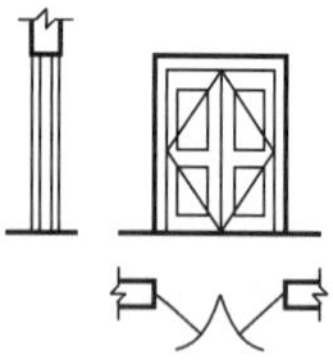	
单层外开平开窗	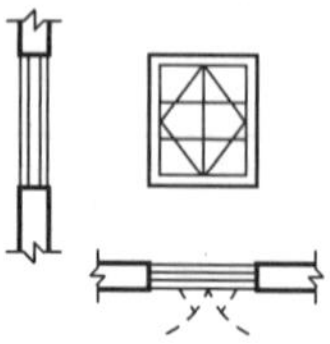	1. 窗的名称代号用 C 表示。 2. 立面图中的斜线表示窗的开关方向，实线为外开，虚线为内开；开启方向线交角的一侧为安装合页的一侧，一般设计图中可不表示。 3. 平、剖面图上的虚线仅说明开关方式，在设计图中不需表示
单层外开上悬窗	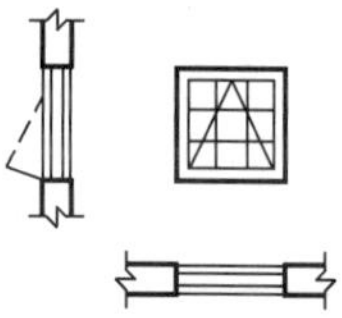	

名称	图例	说明
楼梯图	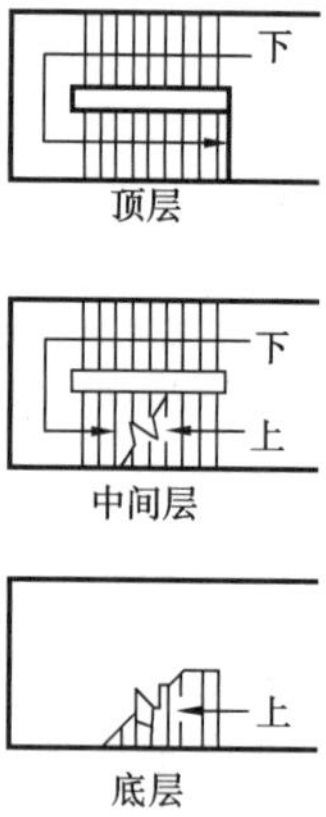	1. 左图是楼梯平面图图例。 2. 楼梯的形式和步数应按实际情况绘制
通风道	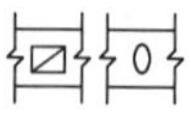	平面图图例
污水池	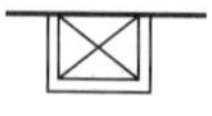	平面图图例
洗脸盆	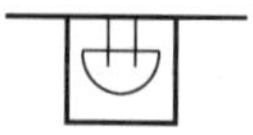	平面图图例
浴盆		平面图图例

续表

名称	图　　例	说　　明	名称	图　　例	说　　明
空门洞	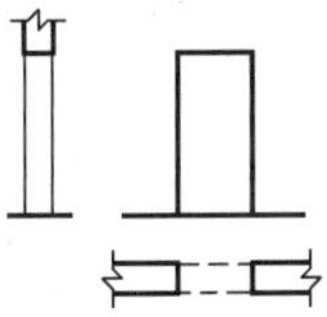		坐式大便器	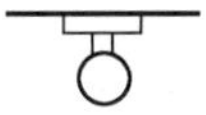	平面图图例
			花格窗		平面图图例

表 14－3　　　　　　　　总平面图中常用图例和指北针画法

名　　称	图　　例	名　　称	图　　例
新建的建筑物	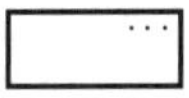 右上角用点数或数字表示层数	原有的道路	
原有的建筑	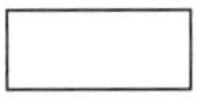	台　　阶	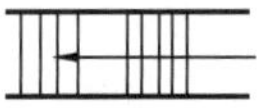 箭头表示向上
拆除的建筑物	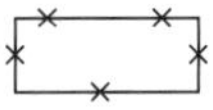	填挖边坡	
围墙及大门	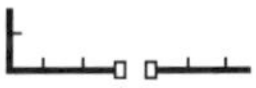	阔叶灌木	
新建的道路	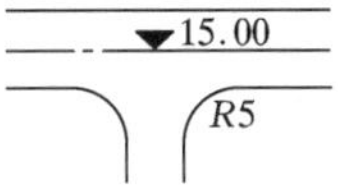	指北针	 直径 24mm 尾部宽 3mm

三、房屋的组成及各部分的作用

房屋建筑根据使用功能和使用对象的不同分为很多种类，一般可归纳为民用建筑和工业建筑两大类，其基本组成内容相似。以图 14－4 所示某住宅楼为例，说明房屋的组成及其作用。

1．基础

基础指房屋地面以下的部分，其作用是承受房屋的所有荷载，并将由承重墙、柱传下来的荷载传给地基。常见的基础形式有：独立基础、条形基础和伐板基础等。

2．墙和柱

墙和柱是建筑物垂直方向的承重构件，它把所承受的荷载传给基础。墙可分为：纵墙和横墙、承重墙和非承重墙、外墙和内墙。外墙起防寒、保温作用，内墙起分隔作用。

3．梁和楼板

梁和楼板是建筑物的水平承重构件，用以承受各种活动荷载和自重，并把它传到墙和柱上去，楼板还有分隔楼层的作用。

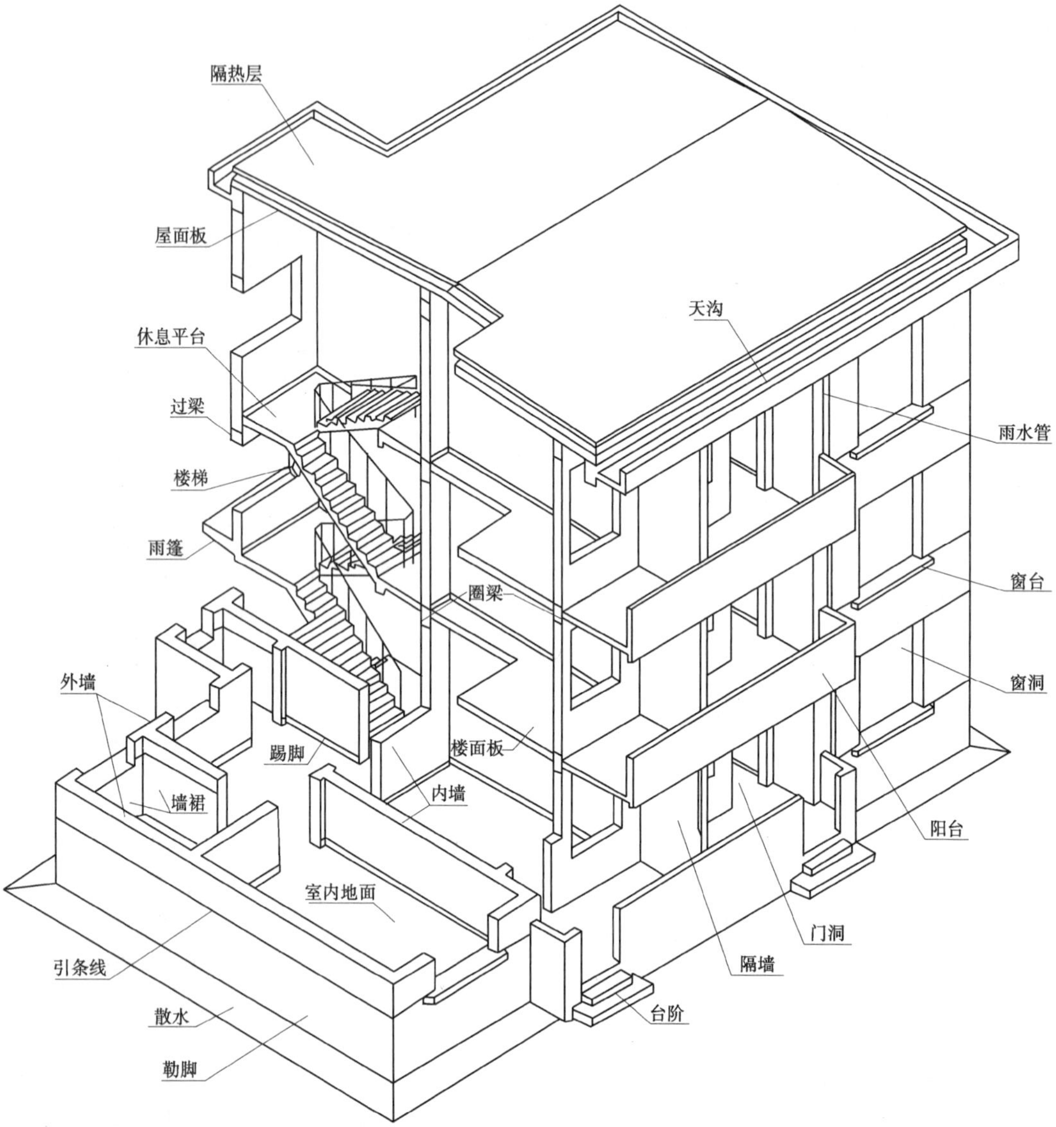

图 14-4 某职工住宅楼立体图

4. 台阶和楼梯

台阶和楼梯起着沟通内外与上下交通的作用。楼梯由楼梯跑（梯段）、休息平台和栏杆（栏板）组成，结构有多种形式。

5. 门、窗和阳台

门起着交通、疏散、分隔的作用；窗和阳台的作用是通风、采光。门、窗的结构形式已基本标准化。另外，在门、窗的顶部，为了承托上部墙体，设有过梁。

6. 屋顶

屋顶是房屋的最上部结构，包括屋面板、防水层、隔热层、天沟、雨水管等。屋顶的作用是水平承重、围护、隔热、保温、防风、防雨、防雪等。

第二节　建筑施工图的图示方法与特点

一、总平面图

将拟建工程一定范围内的新建、拟建、原有建筑物连同其周围的地形、地物状况，用水平投影画出的图样，称为总平面图，如图 14－5 所示。

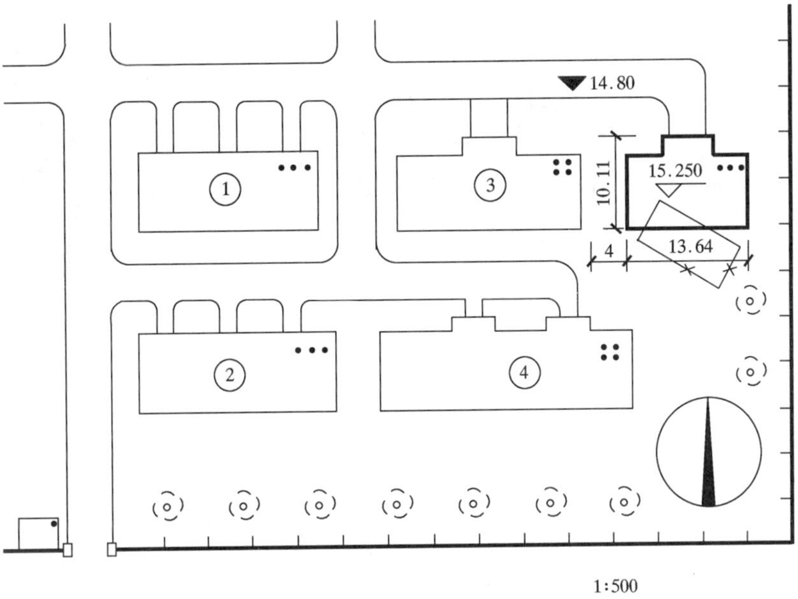

图 14－5　总平面图示例——某职工住宅楼

总平面图的特点是：表示的范围大，绘图比例小，常用 1∶500 和 1∶1000 的比例。建筑物、地物等用图例表示，示意性强。但对新建筑物的定位尺寸、高程等要求准确。

二、建筑平面图

假想用水平剖切面沿门窗洞的位置将房屋剖切开，移去上面的部分，将剖切面以下的部分向水平面投影作出的水平剖视图，称为建筑平面图，简称平面图。如图 14－6（a）所示。在多层房屋中，当各层平面布置不同时，每层都要画出平面图，如底层平面图、二层平面图等。若中间几层平面布置完全相同时，可用一个平面图表示，称为标准层平面图。

在平面图中，凡是被剖切平面剖到的墙、柱等断面轮廓线，都应画成粗实线；门的开启线用中实线表示；其他可见轮廓线、尺寸线、图例等用细实线表示。另外，门、窗、楼梯、卫生设备等在平面图中用图例表示。

三、建筑立面图

在与房屋立面平行的投影面上所作的正投影图，称为建筑立面图，简称立面图。如图 14－6（b）所示。根据房屋的外貌特征，立面图可命名为：正立面图、背立面图、左侧立面图、右侧立面图等；也可根据房屋的朝向命名为：南立面图、北立面图、西立面图、东

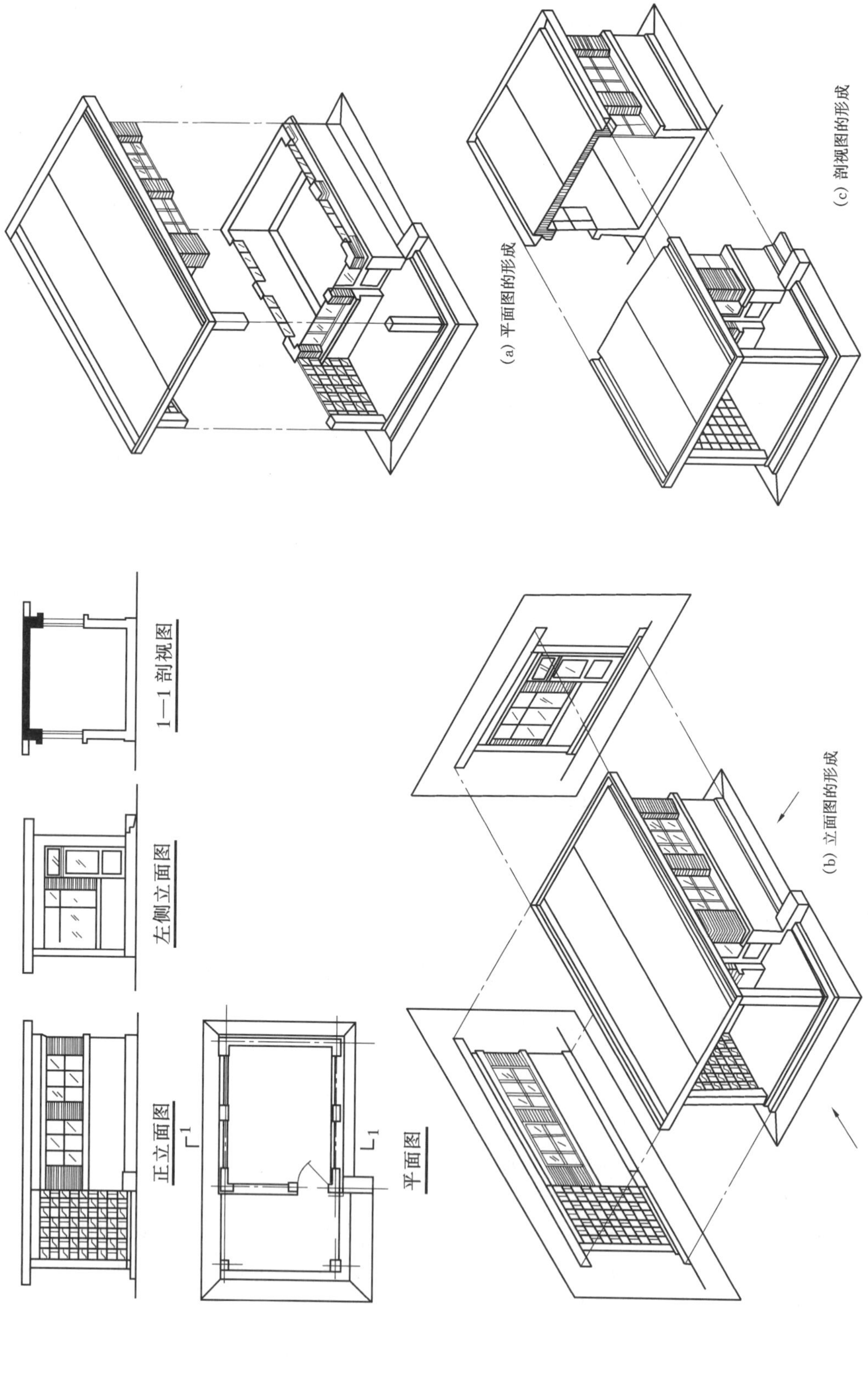

图 14-6 平面图、立面图、剖视图的形成

立面图等；还可根据轴线编号命名为：①～⑤立面图、Ⓐ～Ⓔ立面图等。

四、建筑剖视图

假想用一个或多个铅垂剖切面将房屋剖开，所得到的剖视图称为建筑剖视图，简称剖视图。如图 14－6（c）所示。剖视图的数量应根据房屋的复杂程度而定，剖切面一般为横向，必要时也可选纵向，剖切位置应选择在能反映房屋内部结构的部位，如门、窗洞及楼梯间处。剖视图的剖切位置、投射方向、名称等内容应在底层平面图中进行标注。剖视图的名称应与所标注的剖切符号的编号一致，如 1—1 剖视图、2—2 剖视图等。

在剖视图中，剖断的墙、楼板的轮廓线用粗实线表示，当比例较小时，剖断的钢筋混凝土梁、板、楼梯等断面可涂黑表示，剖视图上应标出高度方向的细部尺寸。

五、建筑详图

对建筑平面图、立面图、剖视图中表达不清楚的细部构造或构、配件，采用较大的比例局部详细画出的图样称为建筑详图，简称详图。如图 14－7 所示。详图是对建筑平面图、立面图、剖视图的补充，它不能离开建筑平面图、立面图、剖视图而独立存在。详图的特点是：绘图比例较大，对局部的形状、构造、材料、做法表达详尽，尺寸标注齐全。

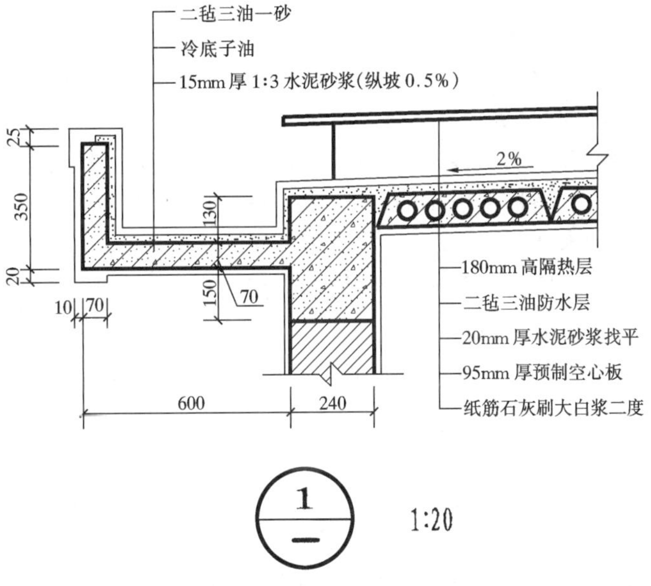

图 14－7　建筑详图示例——某职工住宅楼

第三节　建筑施工图的图示内容及识读

识读建筑施工图，首先应了解每个图所表达的主要图示内容，然后结合整套图纸，弄清房屋的位置、空间形状、内部布置、外部装饰、尺寸大小和构造形式等内容。本节以某职工住宅楼建筑施工图为例，说明每个图的图示内容和读图的方法、步骤。

一、建筑总平面图的图示内容及识读

建筑总平面图能反映新建、拟建、原有建筑物的平面形状、位置、朝向和与周围环境的关系，是新建筑施工定位、土方施工及施工总平面设计的依据。

以图 14－5 所示建筑总平面图为例读图如下：

（1）新建房屋的名称、形状、层数、位置、标高等。新建房屋的外轮廓用粗实线表示，名称是某职工住宅楼，其右上角的小黑点表示是三层楼房，与③号楼的间距为 4m，是新建房屋的定位尺寸（一般用定位坐标表示）。它的室外标高是 14.80m，室内底层地面标高是 15.25m。

（2）原有房屋的名称、形状、位置、层数等。原有房屋的名称在图 14－5 中用编号表示，并用细实线表示房屋的外轮廓和位置，层数分别是 3 层和 4 层。

（3）拟建和拆除的房屋。在总平面图中拟建的房屋用虚线表示，拆除的房屋画“×”。

（4）地形、地物、道路、指北针等。图 14－5 中用等高线或地面高程点表示地形，用细实线表示道路，而围墙、树木、指北针等均用图例表示。

（5）图名、比例。图 14－5 名称为某职工住宅楼总平面图，绘图比例为 1∶500。

二、建筑平面图的图示内容及识读

建筑平面图主要表示房屋的平面形状，房间的布置和大小，墙和柱的位置、大小和材料，门窗的位置和类型等内容。

以图 14－8 所示建筑平面图为例读图如下：

（1）图名、比例、指北针。图 14－8 是底层平面图，绘图比例为 1∶100，居室、阳台面朝南，楼梯进口面朝北。

（2）定位轴线的编号，墙、柱、房间的位置，房间的形状、大小、名称等。以房屋南侧面为例，共有①～⑤五条横向定位的轴线，即五道横墙，分隔为四个居室。从轴间尺寸可以看出，居室的开间分别是 3.4m 和 3.3m。另有Ⓐ～Ⓔ五条纵向定位轴线，即五道纵墙，把居室、厅、厨房、厕所分隔开。从轴间尺寸可以看出，其进深分别是：4.7m（8m＋3.9m）、3.9m、3.3m 和 1.97m。

（3）楼梯间的布置。楼梯间布置在北面中间，开间是 2.6m，进深是 5.27m（1.97m＋3.3m）。楼梯用图例表示，箭头表示上、下楼的运动方向，从底层到二层需要上 18 级踏步，从底层到室外需要下 3 级踏步。

（4）门、窗、室内厨卫设备等。图 14－8 中，门、窗用图例表示，并标注有门、窗的代号和编号，其中 M1～M5 表示五种形式的门，C1～C3 表示三种形式的窗户。水池、坐便器、浴盆等用图例表示，虚线为厨房吊柜。另有室外阳台、台阶、散水等。

（5）尺寸和标高。在底层平面图中，应标出详细的长度、宽度和标高。包括：

1）外部尺寸。为了便于读图和施工，一般在外部标注三道尺寸。

第一道尺寸：房屋外轮廓总尺寸，从一端外墙边到另一端外墙边。图 14－8 中，总长是 13.64m（13.4m＋0.12m＋0.12m），总宽是 10.21m（9.97m＋0.12m＋0.12m）。

第二道尺寸：定位轴线间的距离，表示房屋的开间和进深。开间分别是 3.4m、3.3m、1.9m、1.6m 等，进深分别是 4.7m（0.8m＋3.9m）、3.9m、3.3m 、1.97m。

第三道尺寸：细部尺寸，如外墙上门、窗的大小和位置，墙、柱的大小和位置等。

2）内部尺寸。房间的净空大小，室内门、窗洞的大小和位置，墙厚和室内固定设施的大小和位置等。

3）标高。地面、楼板的高程，图 14－8 中，居室地面高程为±0.000m，厨、厕地面高程为－0.020m，室外阳台地面高程为－0.050m，楼梯间地面高程为－0.400m。

（6）剖视图的标注，详图索引符号。图 14－8 中，标出了 1—1 剖视图的剖切位置和投射方向。

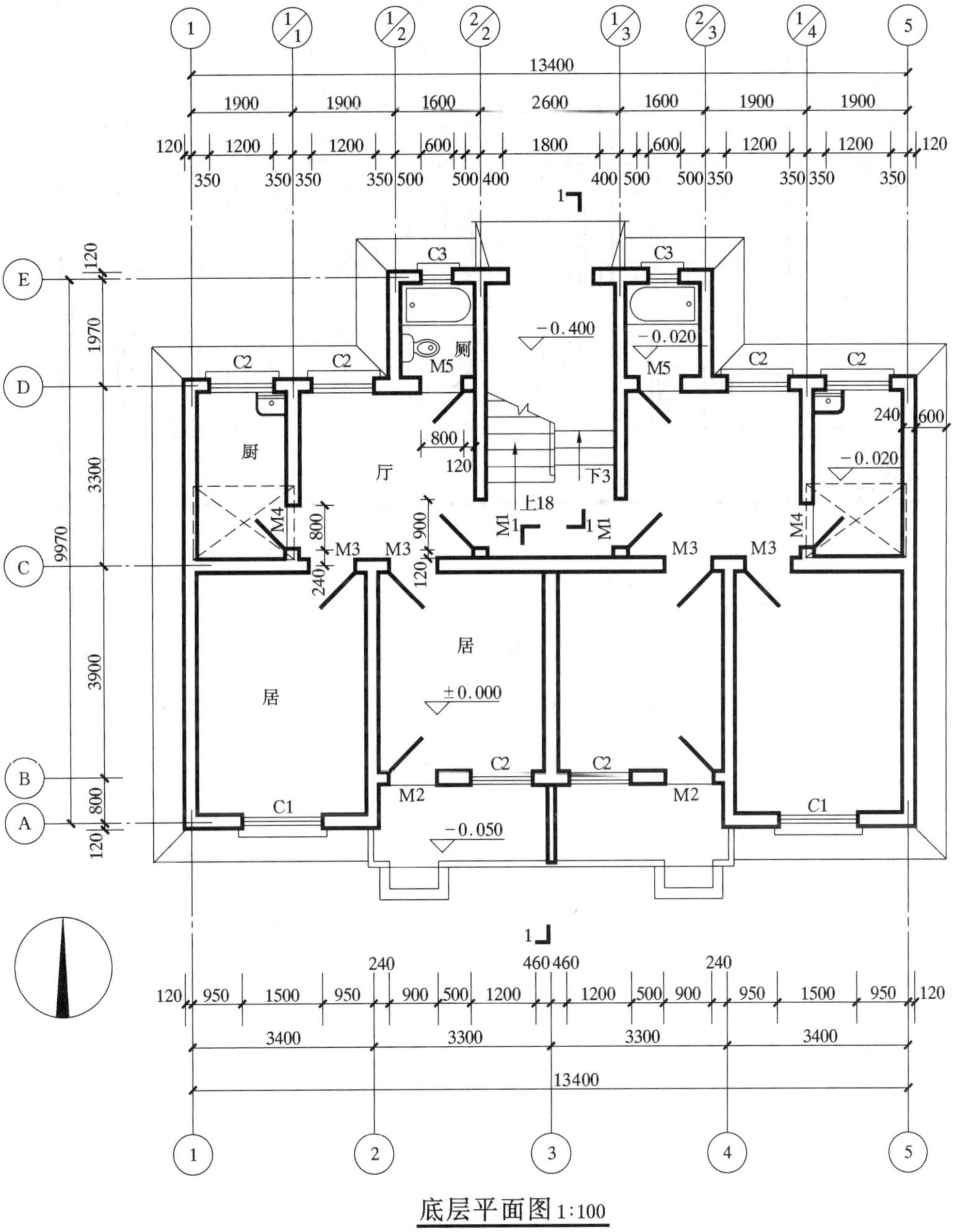

图 14－8　建筑平面图示例——某职工住宅楼底层平面图

三、建筑立面图的图示内容及识读

建筑立面图主要表达房屋的立面外形和装修作法。

以图 14－9 所示建筑立面图为例读图如下：

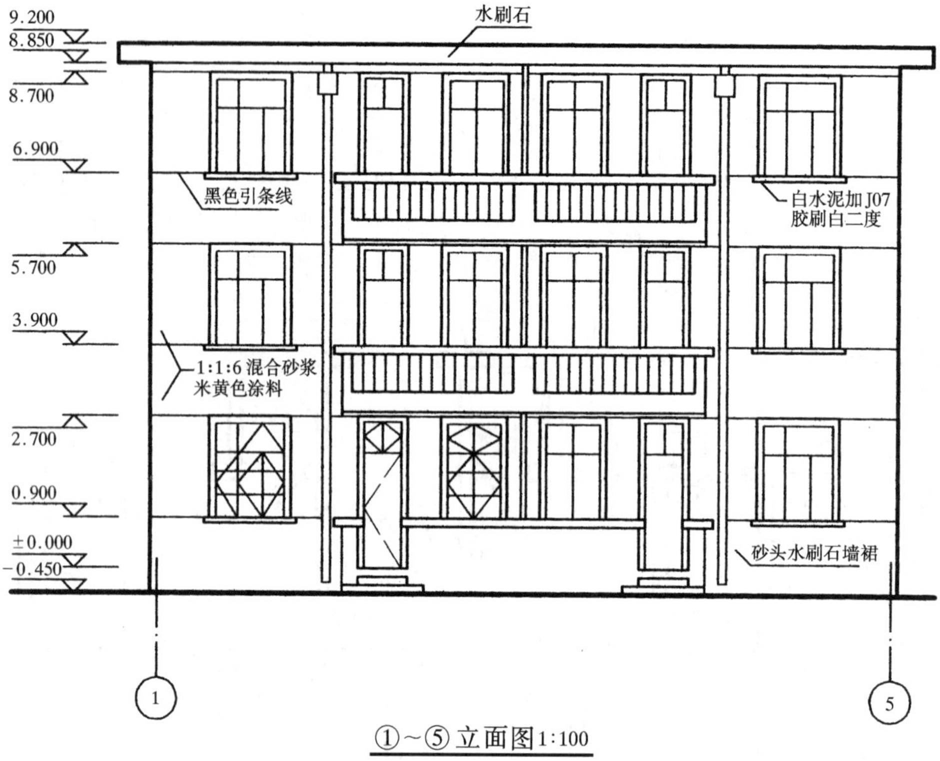

图 14－9 建筑立面图示例——某职工住宅楼①～⑤立面图

(1) 图名、比例。图 14－9 是根据轴线编号来命名的，为①～⑤立面图，绘图比例是 1∶100。

(2) 立面两端的定位轴线及编号。图 14－9 中标出了①和⑤两条定位轴线，由此与平面图对照可知该立面图反映的是南立面的形状。

(3) 立面外形轮廓、门窗的形状、位置等。图 14－9 中分别用特粗线、粗实线、中实线表示了室外地坪、外墙、屋顶的轮廓、门窗洞、窗台、阳台、檐口、室外台阶的轮廓。门、窗用图例表示。

(4) 外墙面各部分的材料及做法。图 14－9 用文字说明的方法标注出了外墙面的做法。其中：檐口、墙裙做成水刷石墙面，其余墙面刷米黄色涂料。窗台用白水泥和 107 胶刷白。

(5) 标高尺寸。在立面图中标出了室外地坪、楼地面、阳台、檐口、门、窗等部位的标高。

四、建筑剖视图的图示内容及识读

建筑剖视图主要表示房屋内部结构、分层情况、各层高度、楼地面和屋面构造等内容。

以图 14－10 所示建筑剖视图为例读图如下：

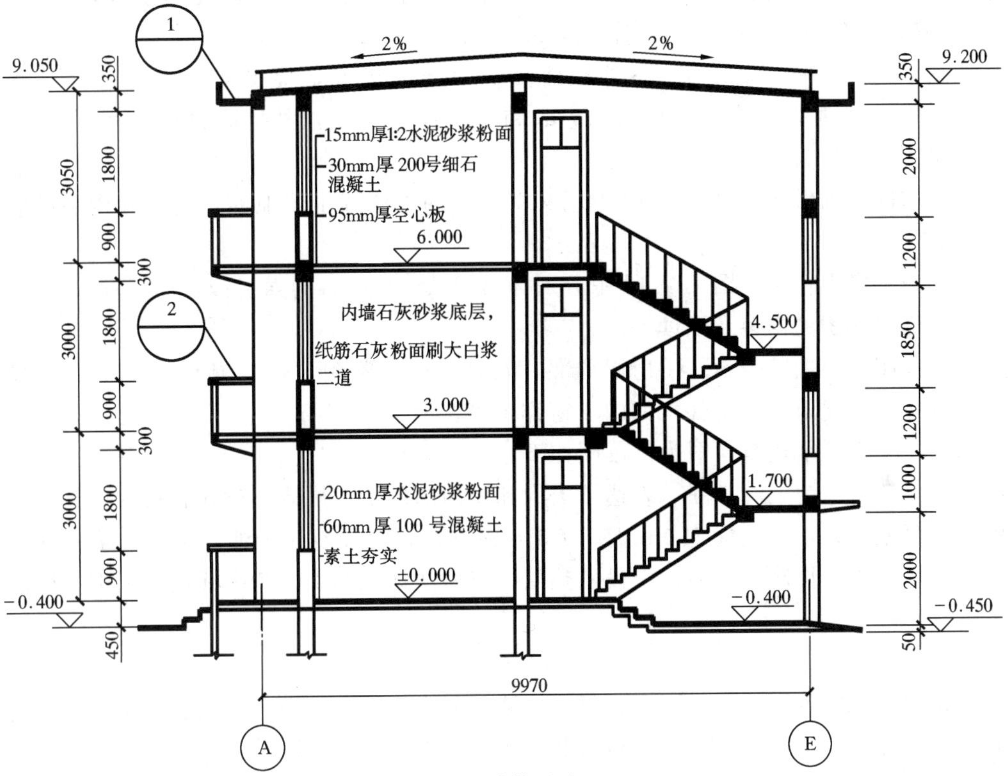

I—I剖视图 1:100

图 14－10　建筑剖视图示例——某职工住宅楼Ⅰ—Ⅰ剖视图

（1）图名、比例。该剖视图的名称为Ⅰ—Ⅰ剖视图，对照图 14－8 可以看出，它是沿楼梯间、走廊、居室和阳台用阶梯剖切面剖开房屋而形成的。绘图比例是 1∶100。

（2）定位轴线的编号，墙、梁、楼板、楼层的布置。剖视图中标出了两端的定位轴线Ⓐ和Ⓔ，并看到了剖断的Ⓑ、Ⓒ、Ⓔ墙的轮廓和地面，二层和三层楼板，屋顶的轮廓，图 14－10 中门窗顶上的过梁、屋面板等钢筋混凝土构件涂黑表示。该楼房共三层，层高是 3m。

（3）楼梯形状。由于剖切面通过楼梯间，所以看到了整个楼梯沿垂直方向的形状。每层设有两个梯段，称为双跑式楼梯，中间设有休息平台。从入口沿斜坡道进入楼内，经 3 级踏步到达底层地面，高程为±0.000，底层楼梯第一梯段有 11 级踏步至休息平台，高程为 1.7m，第二梯段有 7 级踏步至二层楼面，高程为 3m；二层楼梯的两梯段均为 9 级踏步，二层休息平台高程为 4.5m，三层楼面高程为 6m，由于每层的第二梯段和休息平台被剖断，所以涂黑表示，楼梯栏杆采用示意画法。

（4）门、窗、阳台。门、窗用图例表示，阳台只画出了主要轮廓，另有详图表示。

（5）尺寸和标高。在剖视图中，标出了高度方向的详细尺寸和高程。

图 14－10 中外部高度尺寸共有两道，分别标注在外墙的外侧。第一道是层高尺寸，从本层室内地面到上一层室内地面或屋顶，本例层高分别是 3m、3m 和 3.05m。第二道尺寸是细部尺寸，如门、窗洞的高度和位置、阳台的高度、天沟的高度等，本例中Ⓑ墙窗高为 1.8m，窗台高 0.9m，Ⓔ墙门洞高 2m，窗高为 1.2m 等。

从图 14－10 中可以看出，室外地面高程为－0.45 m，楼梯间与室内地面高程为－0.4 m 和 0m，休息平台的高程为 1.7 m 和 4.5m，二、三层楼地面的高程为 3m 和 6m，天沟和屋顶的高程为 9.05m 和 9.2m。

（6）室内装饰做法。图 14－10 中用文字说明的方法标出了地面、楼面和内墙的装饰做法。

（7）详图索引符号。图 14－10 中分别标出了天沟和阳台的索引符号。

五、建筑详图的内容及识读

建筑详图主要用来表示：①房屋局部，如卫生间、楼梯间等；②局部构造，如外墙构造、天沟等；③建筑构、配件，如门、窗详图等。

以图 14－7 所示建筑详图为例读图如下：

图 14－7 所示为天沟详图，表达了天沟和屋面的形状、构造、材料和尺寸。天沟为现浇钢筋混凝土结构，沟底铺 15mm 厚 1∶3 水泥砂浆，上浇冷底子油，再作二毡三油一砂防渗层。屋面为柔性防水屋面，上设隔热层，其做法详见图 14－7 中标注，天沟挑出总长 0.6m，总高约 0.4m。

六、综合整理

根据上述识读各图的图示内容，将它们联系起来，综合整理，从而想象出房屋的整体形状、细部构造、装饰做法、所用材料及大小等，如图 14－4 所示。

复习思考题（单项选择题）

1. 下列图中不是建筑施工图的是（　　）。
   （a）总平面图　（b）建筑立面图　（c）配筋图　（d）阳台详图
2. 下列立面图的命名错误的是（　　）。
   （a）左侧立面图　（b）Ⅰ—Ⅰ立面图　（c）南立面图　（d）①～⑤立面图
3. 下列图中不需要标注定位轴线的是（　　）。
   （a）建筑平面图　（b）建筑立面图　（c）总平面图　（d）建筑详图
4. 建筑物的平面形状用图例表示的图是（　　）。
   （a）总平面图　（b）底层平面图　（c）详图　（d）标准层平面图
5. 在建筑立面图中，为了使立面层次分明，绘图时用（　　）。
   （a）一种实线　（b）两种实线　（c）三种实线　（d）四种实线
6. 剖视图的剖切位置、投射方向、编号等内容应标注在（　　）。
   （a）立面图上　（b）底层平面图上
   （c）顶层平面图上　（d）总平面图上
7. 绘制详图不能采用的图示方法是（　　）。
   （a）视图　（b）剖视图　（c）断面图　（d）示意图

8. 总平面图中的室内地面高程指的是（　　）。
(a) 底层窗台的高程　　(b) 二层楼板的高程
(c) 屋顶的高程　　(d) 底层室内地面的高程

9. 建筑平面图中定位轴线的位置指的是（　　）。
(a) 墙、柱中心位置　　(b) 外墙的外轮廓线
(c) 墙的轮廓线　　(d) 柱的轮廓线

10. 在建筑平面图中，门、窗应（　　）。
(a) 画出实形
(b) 标注代号和编号
(c) 用图例表示并标注门、窗的代号和编号
(d) 不表示

11. 为了便于施工，在建筑平面图的外部通常标注（　　）。
(a) 一道尺寸　　(b) 二道尺寸　　(c) 三道尺寸　　(d) 四道尺寸

12. 建筑立面图中，外墙面的装饰做法，应该（　　）。
(a) 画出详图　　(b) 用图例表示
(c) 注写文字说明　　(d) 画出建筑材料符号

第十五章 机 械 图

第一节 概 述

在水利工程和路桥工程的设计、施工与管理工作中，经常会遇到机械设备的选型、安装及维修等问题，水利和路桥工程技术人员应具备一定的绘制和阅读机械图的能力。

一、机械图的特点

机械图也是按正投影原理绘制的，机械图绘图与读图的基本方法同前所述，但机械图与水工图、道路桥梁图所表达的对象不同，表达方式也有所不同。机械图与水工图和路桥图的主要区别和特点有下述四个方面。

1. 比例

水工与路桥建筑物结构庞大，常采用缩小比例绘制图样。机械设备尺寸变化范围较大，常采用1∶1或与此相近的绘图比例绘制。

2. 尺寸

水工图中要求尺寸界线与轮廓线空开一些，在机械图上，尺寸界线直接从轮廓引出，不空开。水工图中允许标注封闭尺寸和必要的重复尺寸，机械图中不允许出现封闭尺寸链和重复尺寸。

3. 技术要求

与水工建筑物及房屋构件相比，机械零件最显著的特点就是精度高，即要求零件的形状、尺寸及表面质量都要根据需要达到一定的精度。因此，在机械图上需要注明技术要求来保证零件的精度。

4. 规定画法

机械图中的标准件和常用件（如螺纹紧固件、齿轮等），绘图时并不画其真实形状，而是按制图标准的规定画法来绘制。

二、机械图的分类

机械图按作用不同可分为零件图和装配图两类。表示零件结构、大小和技术要求内容的图样称为零件图，是制造、检验零件的依据。机器或部件是由一定数量和种类的零件按一定要求装配而成的。表示机器或部件及其组成部分的连接、装配关系的图样称为装配图，是进行装配、检验、安装及维修的技术文件。在设计过程中，一般要先画出装配图，再根据装配图画出零件图。在生产过程中，则是先根据零件图加工出零件，再根据装配图把零件装配成部件和机器。

第二节 螺纹及螺纹紧固件的画法

螺纹是机器零件上常用的结构，如螺钉、螺栓、管接头、丝杠等。螺纹主要用于连接零件、传递动力和改变运动形式。在圆柱（或圆锥）外表面上加工出的螺纹称为外螺纹，在圆孔内表面上加工出的螺纹称为内螺纹，如图 15－1 所示。

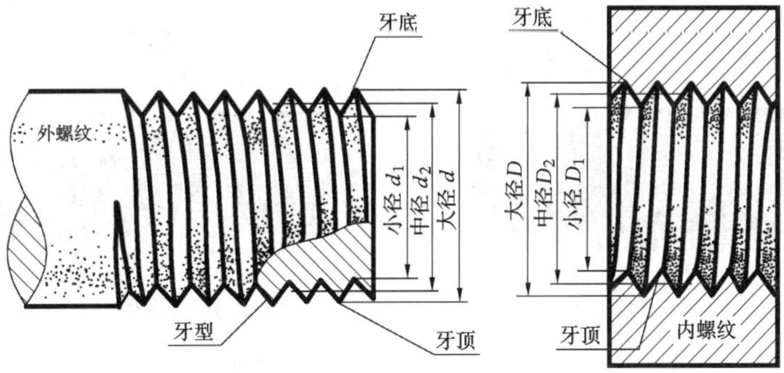

(a) 外螺纹　　(b) 内螺纹

图 15－1　外螺纹、内螺纹及螺纹的直径

一、螺纹的要素和规定画法

1. 螺纹的要素

（1）牙型。在通过螺纹轴线的断面上，螺纹的轮廓形状称为螺纹牙型。常见的螺纹牙型有三角形、梯形、锯齿形等，如图 15－2 所示。三角形螺纹用于连接，梯形螺纹和锯齿形螺纹用于传递动力。

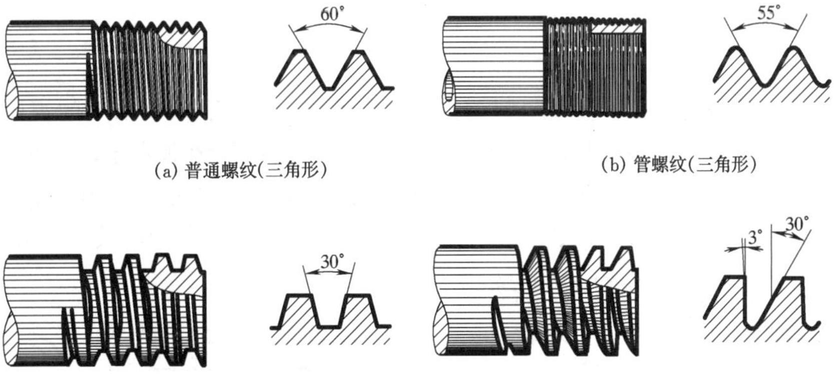

(a) 普通螺纹(三角形)　　(b) 管螺纹(三角形)

(c) 梯形螺纹　　(d) 锯齿形螺纹

图 15－2　螺纹的牙型

（2）螺纹的大径、中径和小径。如图 15－1 所示，与外螺纹牙顶或内螺纹牙底相重合的假想圆柱面的直径称为大径，外螺纹的大径用 d 表示，内螺纹的大径用 D 表示。与外螺纹牙底或内螺纹牙顶相重合的假想圆柱面的直径称为小径，外螺纹的小径用 d_1 表示，

内螺纹的小径用 D_1 表示。螺纹的大径与小径之间的一个假想圆柱面的直径称为中径，在此圆柱面上，螺纹牙型上的沟槽和凸起的宽度相等，外螺纹的中径用 d_2 表示，内螺纹的中径用 D_2 表示。一般用螺纹的大径表示螺纹的规格，大径又称为公称直径。

(3) 线数 n。线数是指在同一圆柱面上形成的螺纹条数。沿圆柱面上一条螺旋线所形成的螺纹，称为单线螺纹。沿同一圆柱面上的两条或两条以上螺旋线形成的螺纹，称为双线或多线螺纹，如图 15-3 所示。

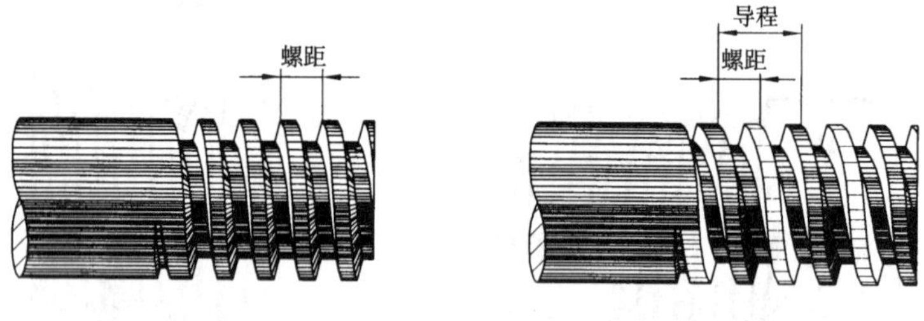

(a) 单线螺纹　　(b) 多线螺纹

图 15-3　螺纹的线数、螺距及导程

(4) 螺距 P 和导程 P_h。相邻两牙在中径线上对应两点之间的轴向距离，称为螺距。同一螺纹线上，相邻两牙在中径线上对应两点的轴向距离，称为导程。如图 15-3 所示。对于单线螺纹，螺距等于导程；对于多线螺纹，螺距等于导程除以线数，即 $P=P_h/n$。

(5) 旋向。旋向是指螺纹旋进的方向。按顺时针方向旋入的螺纹，称为右旋螺纹；按逆时针方向旋入的螺纹，称为左旋螺纹。

内、外螺纹连接时，上述各要素必须完全相同。

牙型、公称直径、螺距三个要素符合制图标准的螺纹，称为标准螺纹；牙型不符合制图标准的螺纹，称为非标准螺纹；牙型符合制图标准，而公称直径或螺距不符合制图标准的螺纹，称为特殊螺纹。

2. 螺纹的规定画法

(1) 外螺纹的规定画法。如图 15-4 (a) 所示，在平行于螺纹轴线的视图中，外螺纹的大径用粗实线表示，小径用细实线表示，螺杆的倒角或倒圆部分牙底线也应画出，并用粗实线画出螺纹终止线；在垂直于螺纹轴线的视图中，大径用粗实线画出整圆，小径用细实线画出约 3/4 圆，此时螺纹上的倒角圆省略不画。在绘图时，大径与小径之间按

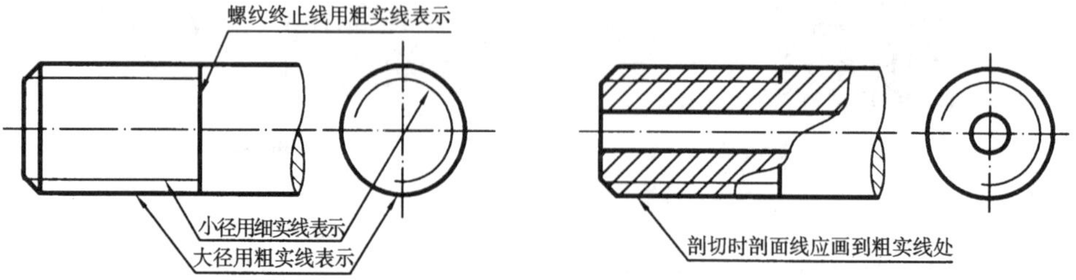

(a) 不剖时的画法　　(b) 剖切时的画法

图 15-4　外螺纹的规定画法

$d_1=0.85d$ 的关系画出。外螺纹剖切时的画法如图 15－4（b）所示。

（2）内螺纹的规定画法。如图 15－5（a）所示，在平行于螺纹轴线的视图中，内螺纹通常画成剖视图，在剖视图中内螺纹的小径用粗实线表示，大径用细实线表示，并用粗实线画出螺纹终止线和倒角；在垂直于螺纹轴线的视图中，小径用粗实线画出整圆，大径用细实线画出 3/4 圆，倒角圆省略不画。在绘图时，大径与小径之间按 $D_1=0.85D$ 的关系画出。对于不穿通的螺纹孔，钻孔深度与螺纹深度应分别画出，且钻孔深度应比螺孔深度约大 $0.5d$，钻孔底部应画出 120°的锥顶角。不可见的内螺纹需要表示时，图线均用虚线绘制，如图 15－5（b）所示。

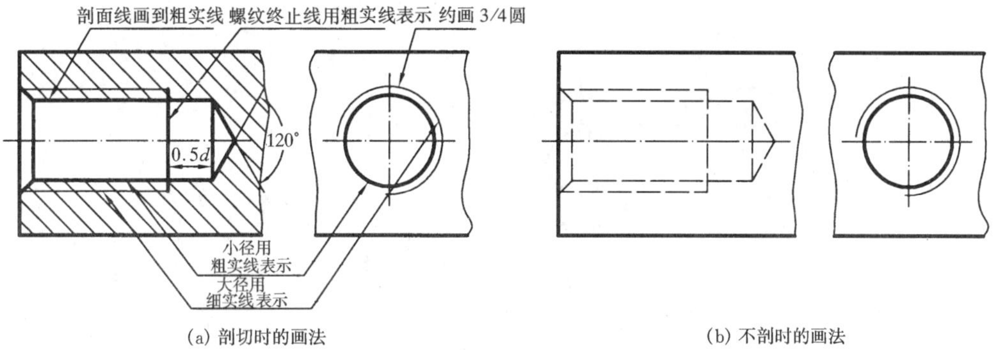

图 15－5　内螺纹的规定画法

（3）内、外螺纹连接的画法。如图 15－6 所示，内、外螺纹连接常用剖视图表示，它们的旋合部分按外螺纹画法表示，其余部分仍按各自的画法表示。画螺纹连接图时，表示大、小径的粗、细实线应分别对齐，与倒角的大小无关。

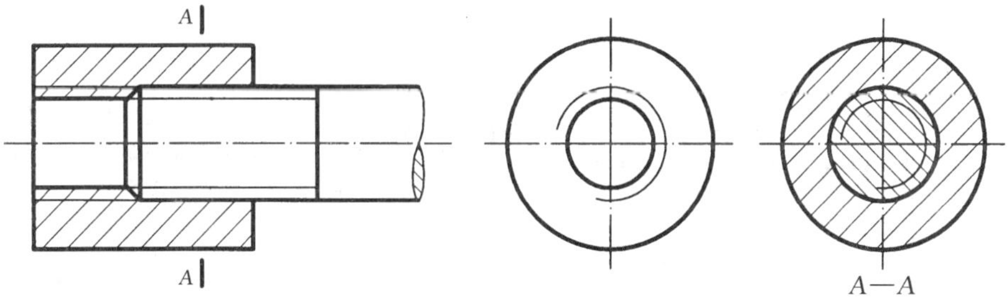

图 15－6　内、外螺纹连接的画法

二、螺纹紧固件的标记和规定画法

1. 螺纹紧固件的种类和标记

常用的螺纹紧固件有螺栓、螺钉、螺柱、螺母和垫圈等，这些零件均已标准化，各部分的结构和尺寸都可以从有关标准中查出。螺纹紧固件通常是由专业工厂成批生产，一般不必单独制造，使用时可直接按规格购买。因此，熟悉常用螺纹紧固件的结构型式与标记是很重要的。

螺纹紧固件标记的一般格式为：

名称　标准代号－螺纹规格×公称长度

表 15－1 是常用螺纹紧固件的标记示例。

表 15－1　　　　常用螺纹紧固件标记示例

名　称	型式、尺寸及标记	说　明
六角头螺栓	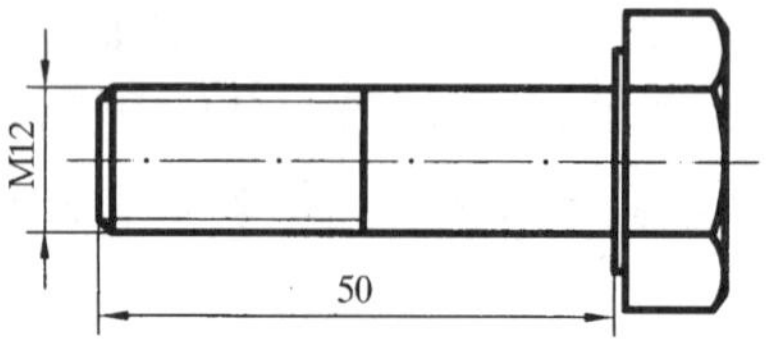 螺栓 GB/T5782—M12×50	螺纹规格 d＝M12，公称长度 l＝50mm，性能等级为 8.8 级，表面氧化、A 级的六角头螺栓
六角头螺母	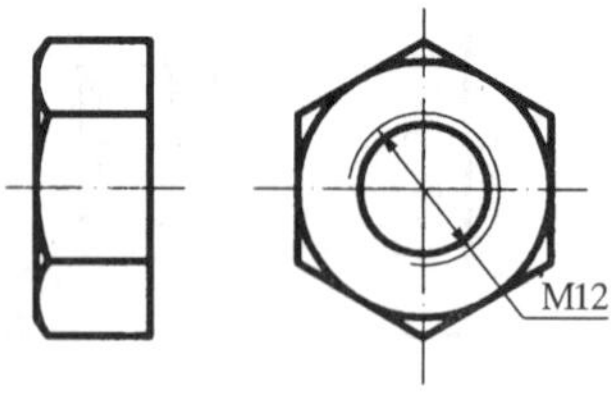 螺母 GB/T6170—M12	螺纹规格 D＝M12，性能等级为 10 级，不经表面处理、A 级的Ⅰ型六角螺母
平垫圈	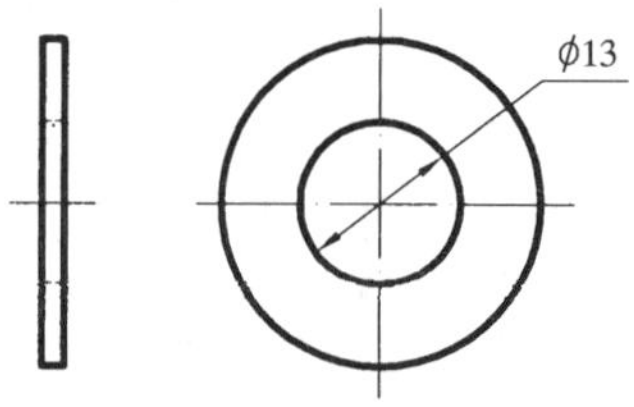 垫圈 GB 97.1—85—12－140HV	标准系列，公称直径 d＝12mm，性能等级为 140HV，不经表面处理的平垫圈
双头螺柱	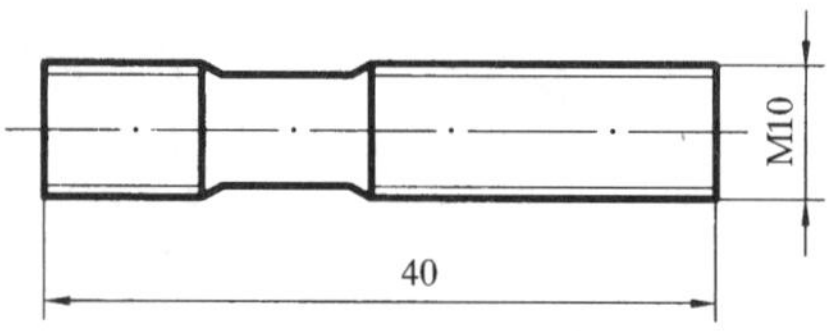 螺柱 GB 897—88—M10×40	两端均为粗牙普通螺纹、螺纹规格 M10，公称长度 l＝40mm，性能等级为 4.8 级、不经表面处理、B 型、旋入端长度为 1.25d 的双头螺柱。若是 A 型，则应注写字母 A
开槽圆柱头螺钉	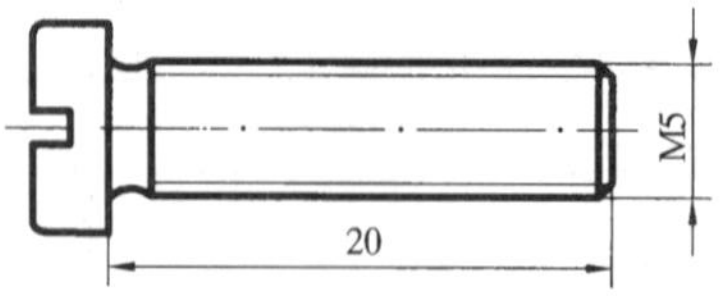 螺钉 GB/T65—M5×20	螺纹规格 d＝M5，公称长度 L＝20mm，性能等级为 4.8 级，不经表面处理的开槽圆柱头螺钉
开槽沉头螺钉	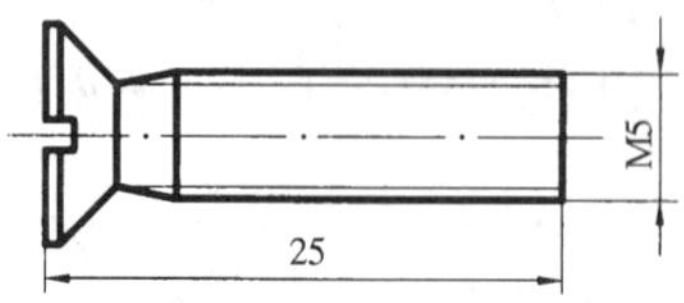 螺钉 GB/T68—M5×25	螺纹规格 d＝M5，公称长度 L＝25mm，性能等级为 4.8 级，不经表面处理的开槽沉头螺钉

2. 螺纹紧固件的规定画法

在画图时，螺纹紧固件各部分的尺寸可从标准中直接查出。这种按查表获得尺寸画图的方法称为查表画法。另一种是以标记的公称直径为依据，其他各部分尺寸均按比例近似画出，这种画法称为比例画法。常用螺纹紧固件的比例画法见表 15－2。

表 15－2　　常用螺纹紧固件的比例画法

名称	比例画法
六角螺栓、螺母、垫圈	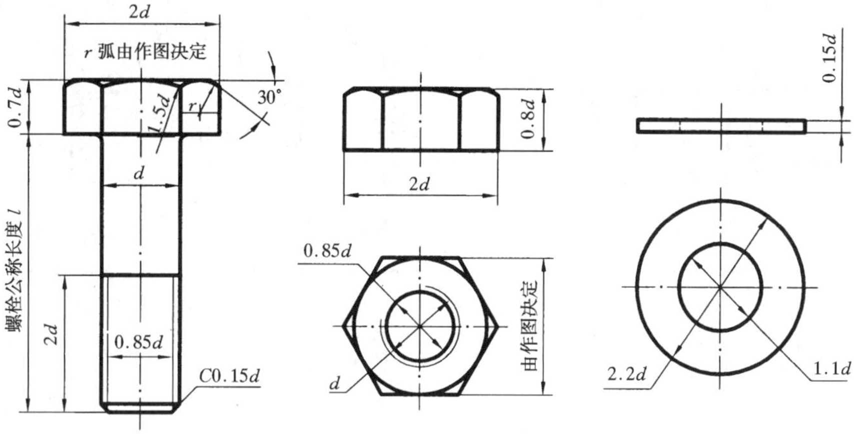 (a) 螺栓　(b) 螺母　(c) 垫圈
螺钉	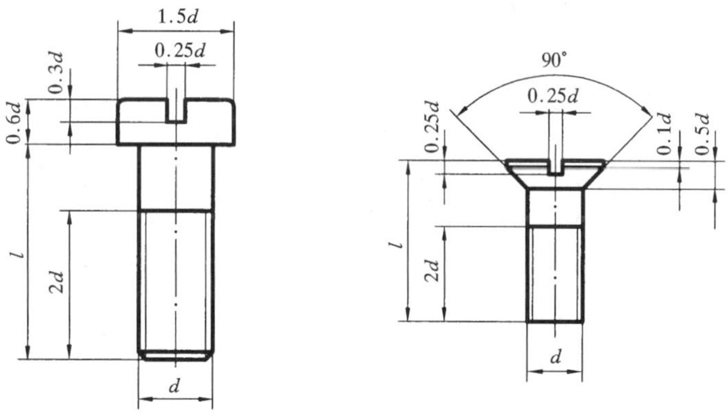
双头螺柱	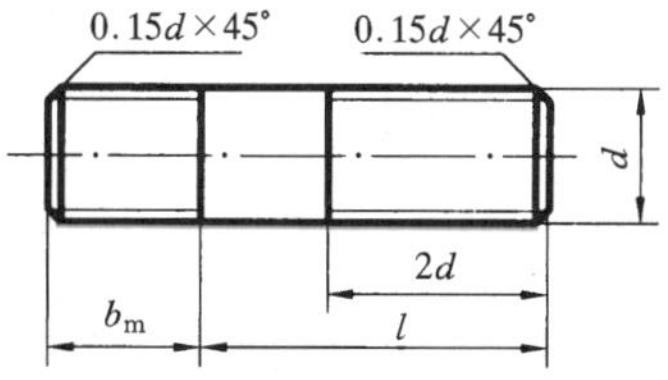 $b_m=1\sim2d$

三、螺纹紧固件连接图的画法

常见的螺纹紧固件连接有：螺栓连接、螺钉连接、双头螺柱连接三种。

1. 基本规定

画螺纹紧固件连接图时，应遵守以下规定：

(1) 在剖视图中，相邻零件的剖面线方向应相反，或间隔不同；同一零件在各剖视图

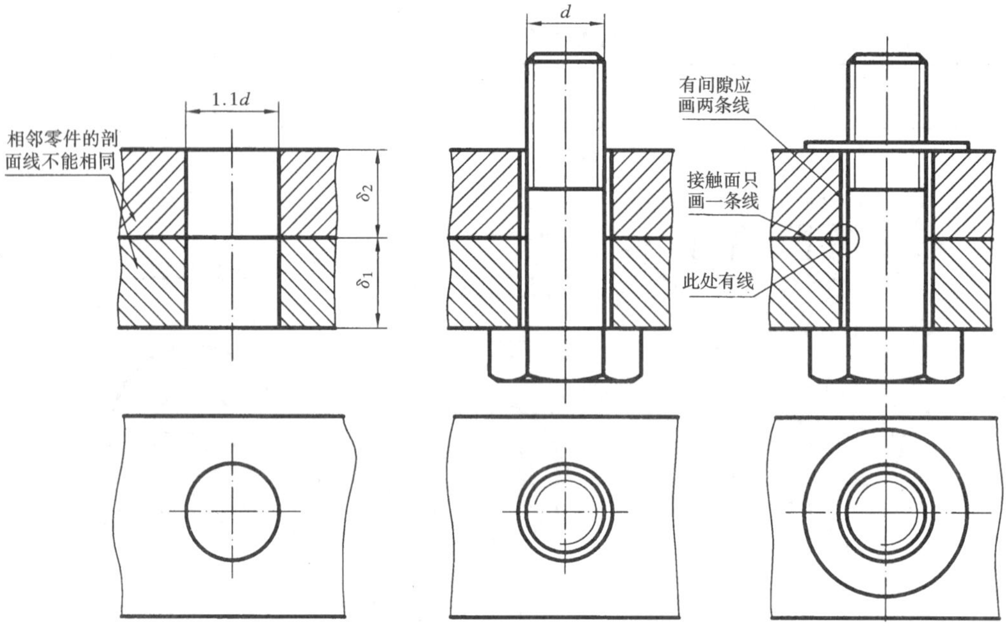

(a) 在被连接的零件上钻出通孔　　(b) 将螺栓穿入通孔　　(c) 套上垫圈

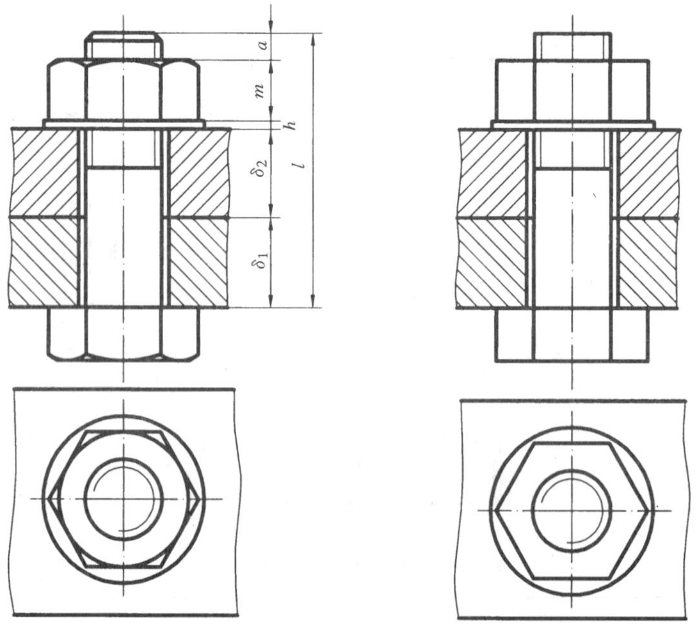

(d) 拧上螺母，完成螺栓连接图　　(e) 螺栓连接图的简化画法

图 15-7　螺栓连接图的画法步骤

中剖面线方向相同、间隔应大致相等。

(2) 当剖切平面通过螺纹紧固件的轴线时，这些标准件均按不剖绘制。

(3) 两个零件的接触面只画一条线，不接触面为表示其间隙，画两条线。

2. 螺栓连接

螺栓连接是用螺栓、螺母、垫圈把两个以上的零件连接起来。这种连接方式适用于厚度不大，能钻成通孔的零件间的连接。

绘制螺栓连接图应先确定螺栓的公称长度，即先计算：$l=\delta_1+\delta_2+h+m+a$ (δ_1、δ_2 为零件的厚度；m 为螺母的厚度；h 为垫圈的厚度，a 取 0.3～0.4d)，然后查表取相近的标准值。螺栓连接图的具体画法步骤如图 15－7 (a) ～ (d) 所示。在装配图

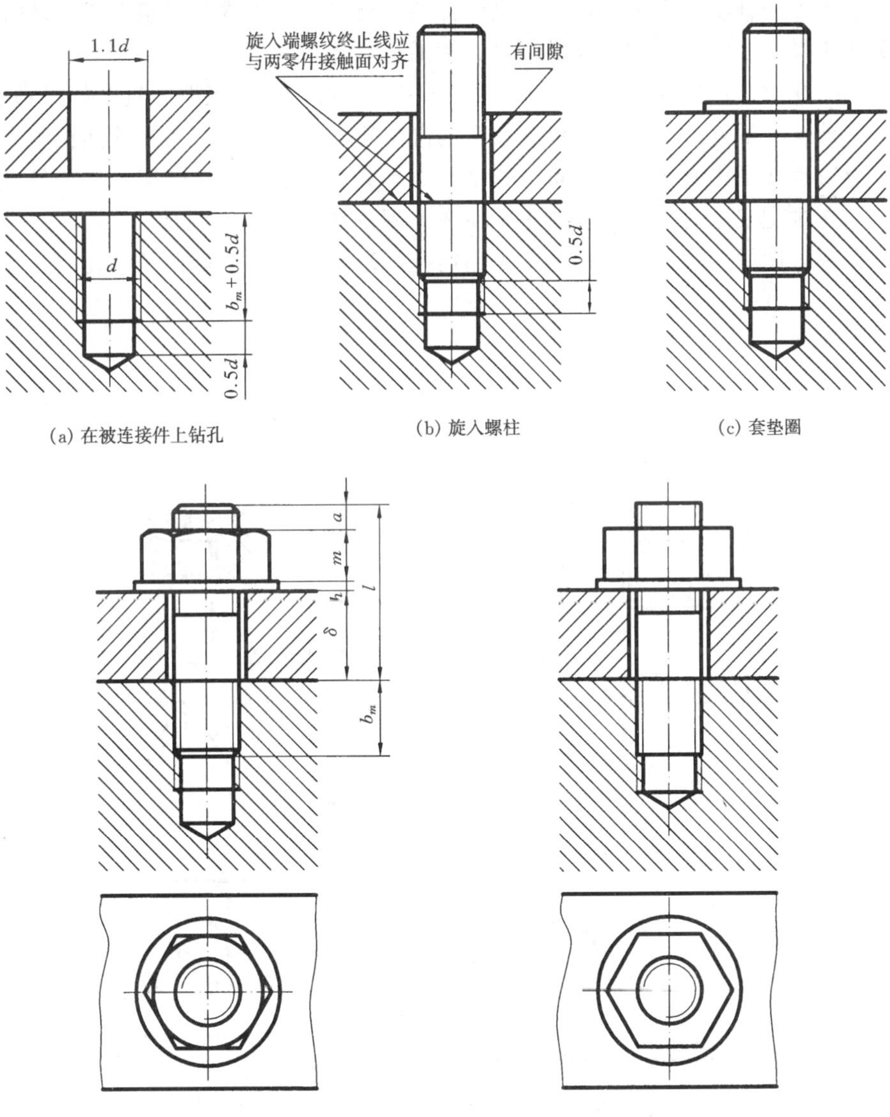

(a) 在被连接件上钻孔 (b) 旋入螺柱 (c) 套垫圈

(d) 拧上螺母,完成螺柱连接图 (e) 螺柱连接图的简化画法

图 15－8 双头螺柱连接图的画法步骤

中，螺栓连接图可采用简化画法，即所有倒角省略不画，如图 15-7（e）所示。

3. 双头螺柱连接

双头螺柱连接是用螺柱、螺母、垫圈把两个零件连接起来。双头螺柱连接主要用于被连接件一厚一薄，并且需要经常拆卸的场合。

绘制双头螺柱连接图应先确定双头螺柱的公称长度，即先计算：$l=\delta+h+m+a$，然后查表取相近的标准值。b_m 的长度取决于被旋入零件的材料。双头螺柱连接图的具体画法步骤如图 15-8（a）～（d）所示。在装配图中，双头螺柱连接图可采用简化画法，即所有的倒角及钻孔的深度省略不画，如图 15-8（e）所示。

4. 螺钉连接

螺钉连接是一种不需螺母仅用一个紧固件螺钉连接两个零件的连接方式。螺钉连接主要用于被连接件一厚一薄，并且不需经常拆卸的场合。

如图 15-9 所示，先计算螺钉的公称长度 $l=\delta+b_m$，再查表取相近的标准值。b_m 的长度取决于被旋入零件的材料。螺钉连接图的画法步骤与螺栓和双头螺柱连接图类同，但应注意：螺钉连接图中螺纹终止线不应与结合面平齐，而应画在结合面之上；具有槽沟的螺钉头部，在画主视图时，槽沟应放正，而在俯视图中按与中心线成 45°画出；槽沟可涂黑表示。在装配图中，螺钉连接图也可采用简化画法，即所有的倒角及钻孔的深度可省略不画。

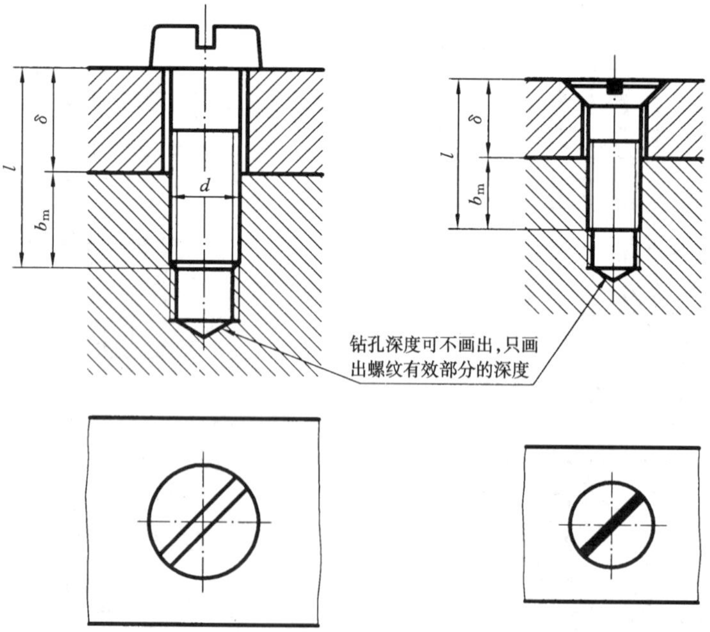

(a) 圆柱头螺钉连接　　(b) 开槽沉头螺钉连接

图 15-9　螺钉连接图的画法

第三节 零 件 图

一、零件图的内容

零件图是表示零件结构、大小和技术要求内容的图样，是制造和检验零件的重要依据，是重要的技术文件。图 15-10 为蜗轮轮芯零件图。一张完整的零件图应包括以下几项内容：

（1）一组视图。用以表达零件的形状。

（2）完整的尺寸。用以确定零件各部分的大小。

（3）技术要求。用以说明零件在制造和检验时应达到的质量指标，如尺寸公差、形位公差、表面粗糙度及热处理等。

（4）标题栏。用以说明零件的名称、材料、数量、画图比例、制图人与审核人等。

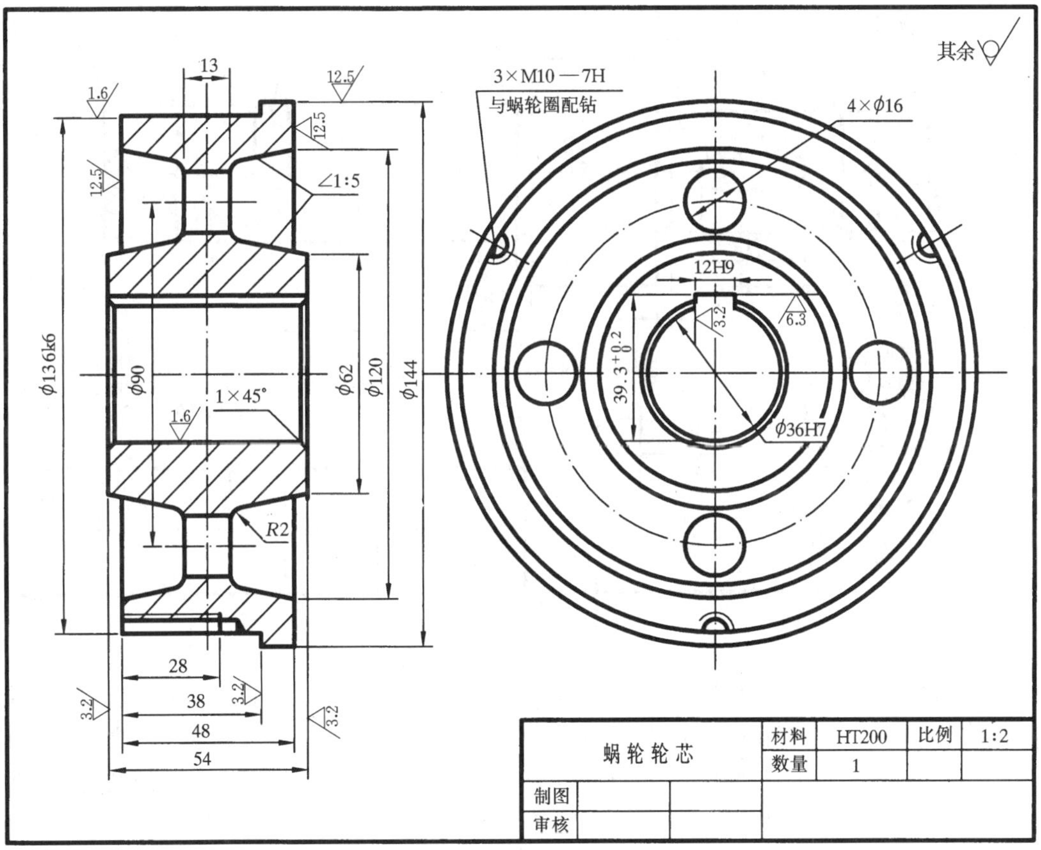

蜗轮轮芯		材料	HT200	比例	1:2
		数量	1		
制图					
审核					

图 15-10 蜗轮轮芯零件图

1. 零件的视图

零件的结构和形状是多种多样的，因此表达的方法也不相同。为了能用较少的视图将零件的内外结构、形状表达清楚，在选择视图时应按以下原则来考虑：尽量符合加工位置

（零件在加工过程中所放的位置）、工作位置（零件加工好以后装配在机器上的位置），并应选择零件形状特征最明显的投影方向。其他视图的选择原则是：在满足完整表达零件形状的前提下，视图的数量应尽量少。

下面分析几种常用零件的表达方法：

（1）轴套类零件。轴套类零件多数由若干同心或偏心的回转体组成，主要是在车床、磨床上加工，加工时轴线处于水平位置。选择轴套类零件的视图时，一般按加工位置放置，即先用非圆方向的视图作主视图，然后再根据需要选择一些其他的视图来补充表达。图 15－11 为轴类零件图，其主视图按形状特征最明显和加工位置将轴线水平放置画出，并采用局部剖表达螺孔；为了反映出键槽和退刀槽的结构，选用了移出断面和局部放大图来补充表达。

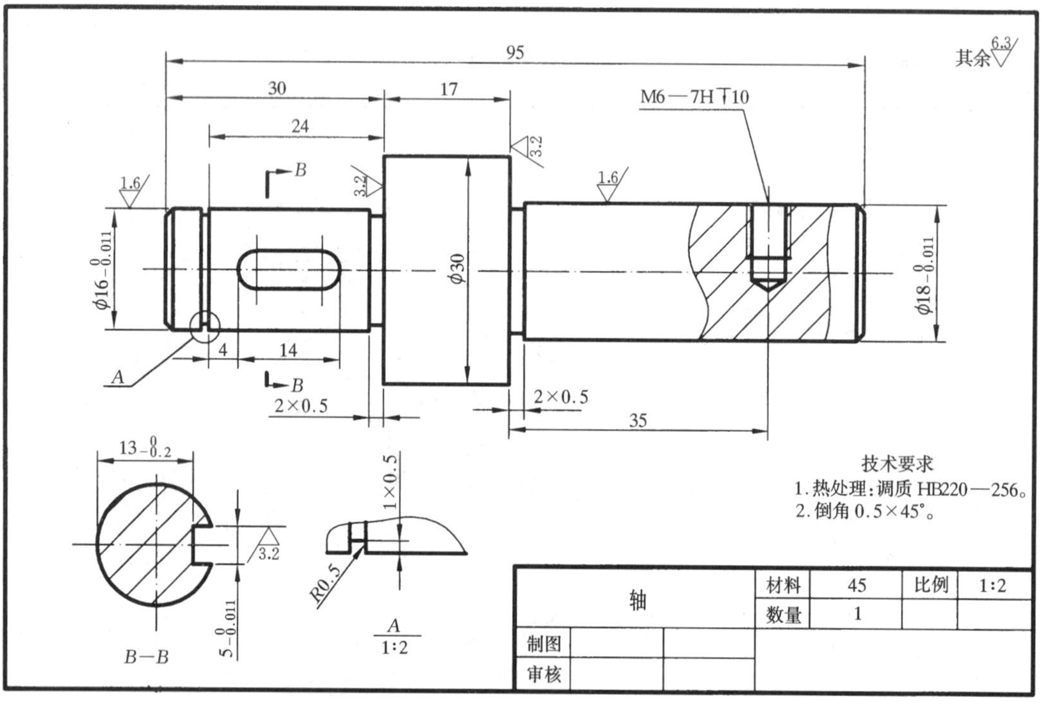

图 15－11 轴类零件图

（2）轮盘类零件。轮盘类零件包括手轮、齿轮、法兰盘等，它们大部分是由短粗的共轴回转体组成，多由车床加工完成。轮盘类零件通常也是按加工位置放置，把轴线放成水平位置来画，一般把非圆视图作为主视图，并常用剖视表达，然后根据零件的结构选择其他的视图来补充表达。图 15－10 所示的蜗轮轮芯就是轮盘类零件，其轴线水平放置，主视图采用了单一全剖视图。为了完整表达整体结构，选择左视图来补充表达。

（3）支架和壳体类零件。支架和壳体类零件包括支架、支座、外壳、箱体等。这类零件的主要部分多为支承其他零件的圆柱形通孔和包容其他零件的空腔，为了增加零件的刚度和强度，还有肋板等结构，其结构复杂，加工程序较多。这类零件多按工作位置放置，按形状特征最明显的投影方向选择主视图，然后补充最少量视图将其内、外结构表达完整。图 15－12 所示为轴承座为支架类零件，主视图按工作位置放置，表达出支承部分的形状，并采用了局部剖表达安装孔的结构；左视图为单一全剖视图，主要表达内部结构形状；俯视图是外形视图，主要表达底板的形状和安装孔的位置。

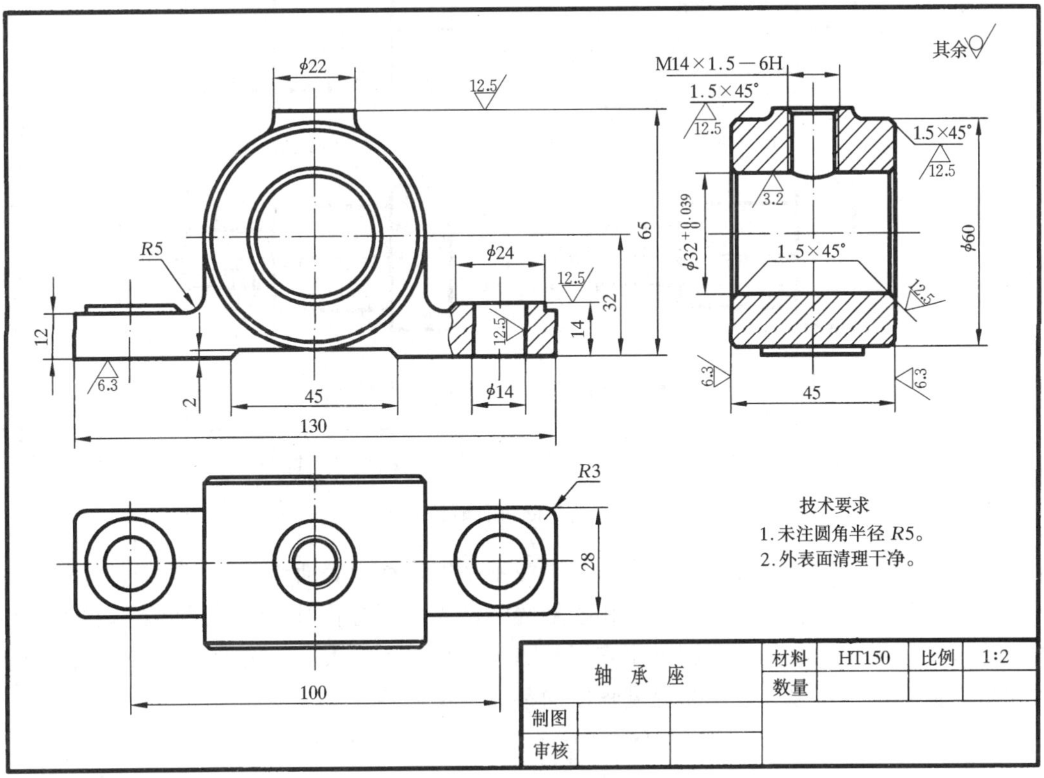

图 15－12　轴承座零件图

2. 零件的尺寸

零件图上的尺寸是零件加工、检验的重要依据，因此在标注尺寸时，必须做到正确、完整、清晰、合理。要使尺寸标注得合理，很重要的一个因素就是要合理选择尺寸基准。在机械图中，选择尺寸基准一般以主要回转体的轴线、主要结构的对称面、主要支承面或装配面、主要加工面等作为基准。零件在长、宽、高三个方向上都应有各自的尺寸基准，同一方向上只能有一个主要基准。如图 15－12 所示，轴承座的长度方向左右对称面为基准，宽度方向前后对称面为基准，高度方向底面为基准。

标注尺寸时还应考虑设计要求，凡是设计中的重要尺寸，均要从基准上直接标出（图 15－12 中的 32 等）。如图 15－13 所示，机械图上的尺寸可标注成坐标式、链式或综合式，不允许标注成封闭的尺寸链。尺寸标注要便于加工和测量。

3. 零件的技术要求

在零件加工制造过程中，有许多因素会影响其加工质量与使用性能，因此，在零件图上必须填写技术要求。技术要求的内容包括公差配合、表面粗糙度、形位公差及热处理等，下面简要介绍常用的两项技术要求。

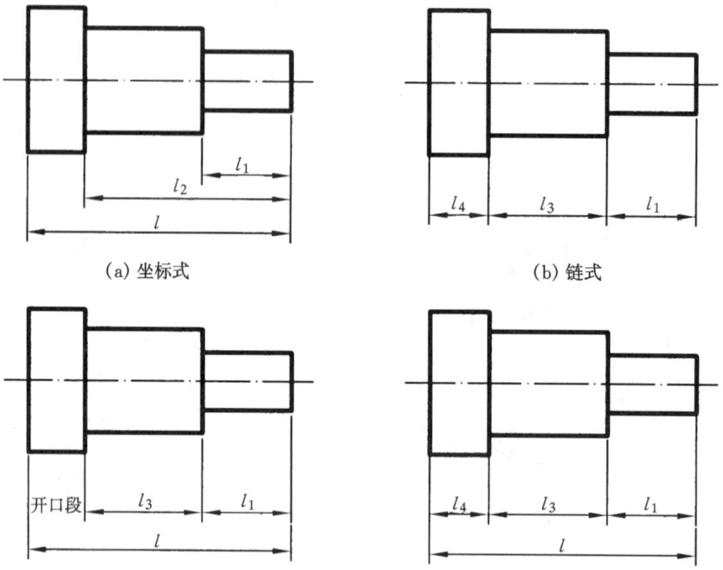

(a) 坐标式　(b) 链式　(c) 综合式　(d) 封闭式的尺寸链(不允许)

图 15－13　尺寸的配置形式

(1) 表面粗糙度。零件加工后表面的微观不平度，称为表面粗糙度。表面粗糙度反映零件表面的加工质量。一般来说，互相接触的零件表面、有相对运动或配合要求的表面应要求光滑些。零件表面的光滑程度用表面粗糙度代号表示，表面粗糙度代号包括表示加工方法的表面粗糙度符号和表示粗糙度程度的参数两项内容。

表面粗糙度符号有三个：“√”为基本符号，单独使用无意义；基本符号上加一短划“▽̸”，表示表面是用去除材料的方法获得，如车、钻、铣、磨等；基本符号上加一小圆圈“○̸”，表示表面是用不去除材料的方法获得，如铸造、冷轧等。

表面粗糙度参数有多个，最常用的参数是 R_a。R_a 是表面粗糙度高度参数轮廓算术平均偏差，R_a 越大，表面越粗糙，反之表面越光滑。R_a 值的单位为微米（μm）。

图 15－11 轴的零件图中，其左端轴的表面粗糙度代号为“1.6▽̸”，表示该表面是用去除材料的加工方法获得，R_a 值为 1.6μm。

(2) 公差配合。在制造零件时，尺寸不可能做得绝对精确，为了保证互换性，必须对零件的尺寸规定一个允许的变动量，这个变动量称为尺寸公差。零件图上的每个尺寸都有尺寸公差，但在零件图上只需注出重要尺寸的公差，其他尺寸由机床本身的精度保证。

尺寸公差在零件图上的标注形式有三种：

第一种是标注上下偏差。图 15－11 中左端轴的直径为“$\phi 16_{-0.011}^{\ 0}$”，其中ϕ 16 为基本尺寸（设计时给定），－0.011 为下偏差，0 为上偏差，即该轴加工时最大极限尺寸为ϕ 16mm，最小极限尺寸为ϕ 15.989mm，实际尺寸在ϕ 16 ～ϕ 15.989 之间为合格，公差＝｜上偏差－下偏差｜，该轴的公差为 0.011mm。

第二种是标注公差带代号。图 15-10 中左端所注的直径为“ϕ136k6”，其中 k6 为公差带代号，k 为基本偏差代号（基本偏差是靠近零线的偏差），6 为公差等级代号，根据基本尺寸和公差代号，查表即可得到上、下偏差值。

第三种是公差带代号和上、下偏差同时标注，即在基本尺寸后先写公差带代号，再在其后括号内注写上、下偏差值。

基本尺寸相同，互相结合的孔和轴公差带之间的关系，称为配合。应该指出的是：配合是两种零件之间的配合，不是两个零件之间的配合。根据使用要求不同，孔和轴之间的配合性质分为三种：①间隙配合。孔和轴配合时，若孔的实际尺寸总是大于轴的实际尺寸，则孔与轴之间必然具有间隙，这种配合称为间隙配合。②过盈配合。孔和轴配合时，若孔的实际尺寸总是小于轴的实际尺寸，则孔与轴之间必然会有过盈，这种配合称为过盈配合。③过渡配合。孔和轴配合时，可能具有间隙，也可能具有过盈，这种配合称为过渡配合。

在实际生产中，通常将两种互相配合的零件中的一种作为基准件，使其基本偏差不变，而通过改变另一种零件的基本偏差达到各种不同性质的配合，常用的是基孔制和基轴制。

配合代号在装配图上的标注形式一般是：在基本尺寸后标注配合代号。配合代号由组成配合的孔、轴公差带代号表示，写成分数的形式。如“ϕ32H8/u7”（见图 15-15），其中ϕ32 为互相配合的孔与轴的基本尺寸，分子上的 H8 为孔的公差带代号，分母上的 u7 为轴的公差带代号。

当分子上出现大写字母 H 时为基孔制，当分母上出现小写字母 h 时为基轴制。配合性质可通过查表，由上、下偏差判定，也可直接根据代号判定，当采用基孔制配合时，轴的基本偏差代号 a～h 用于间隙配合，j～n 主要用于过渡配合，p～zc 主要用于过盈配合。当采用基轴制配合时，孔的基本偏差代号 A～H 用于间隙配合，J～N 主要用于过渡配合，P～ZC 主要用于过盈配合。由于孔的加工要比轴的加工难度大，故在选用时应优先采用基孔制。为了以较低的加工成本获得较好的配合效果，轴的精度一般比孔的精度高一级。

二、零件图的阅读

读零件图的方法步骤如下：

（1）看标题栏，了解零件概貌。读零件图，应首先看标题栏，了解零件的名称、材料、比例等。根据零件名称，可以推想零件的类型及用途，根据比例可了解零件的实际大小，根据零件的材料，大致可知其毛坯形式。

（2）看视图，想象零件形状。首先分析表达方法，通过分析了解各视图之间的内在联系及与空间物体之间的关系，然后应用形体分析法、线面分析法，读懂零件各组成部分的形状，进而想象出零件的整体结构。

（3）看尺寸，明确各部分的大小。分析尺寸基准，分清各类尺寸，在读懂视图的基础上，弄清零件各部分的大小及相对位置。

（4）看技术要求，掌握技术指标。根据图上所标注的各项技术要求，掌握零件的各项技术指标。

（5）归纳总结，得出零件全貌。通过以上分析，将零件的结构形状、尺寸和技术要求等综合起来，对零件有一个全面的认识，达到读懂零件图的要求。

【例 15-1】 阅读图 15-12 所示轴承座零件图。

分析

（1）看标题栏，概括了解。从标题栏中可以看出该零件的名称为轴承座，属于支架类零件。其作用主要是支承轴。材料为HT150，先铸造，然后切削加工。绘图比例为1∶2。

（2）分析视图，想象形状。轴承座采用主视图、俯视图和左视图三个视图来表达，其中主视图采用局部剖，左视图采用单一全剖。对照零件的三视图可以看出：该零件左右、前后对称，大体上可以分为两部分。一部分的基本形体为圆柱，其中有一个$\phi 32^{+0.039}_{0}$的光孔，上部有一凸台，并加工有与光孔相通的螺纹孔；另一部分的形体为带圆角的长方形底板，上面有两个安装孔，ϕ24的凸台为加工安装孔所设，其目的是为了减少加工面。

（3）分析尺寸，明确各部分大小。轴承座长度方向尺寸以左右对称平面为基准，宽度方向以前后对称平面为基准，高度方向以底面为基准，分别标出了该零件的定形尺寸、定位尺寸和总体尺寸，逐一详细分析，可明确各部分大小。

（4）分析技术要求，掌握质量指标。该零件有一处规定了尺寸公差（孔“$\phi 32^{+0.039}_{0}$”），即该尺寸加工后尺寸在ϕ32.039～ϕ32之间为合格，否则不合格。表面粗糙度要求最高的是$\phi 32^{+0.039}_{0}$的表面“$\overset{3.2}{\bigtriangledown\!\!/}$”，要求最低的是“其余$\overset{}{\circ\!\!/}$”用不去材料方法加工的表面。

（5）归纳总结。综合上述分析，建立零件完整形象。

读图过程中应注意的是，上述步骤不能机械地分开，应穿插进行。

第四节　装　配　图

一、装配图的内容

装配图是表达机器或部件及其组成部分的连接、装配关系的图样。机器是伴有动力、可独立工作的装配体，部件是不能独立工作的装配体，是装配的单元。图15-14为滑动轴承立体图，图15-15为滑动轴承（部件）装配图。一张完整的装配图应包括以下几项内容：

（1）一组图形。用以表达机器或部件的整体结构、工作原理、零件之间的装配连接关系及主要零件的结构形状。

（2）必要的尺寸。在装配图中只标注与机器或部件的性能、规格及装配、安装等有关的尺寸。

（3）技术要求。用文字或配合代号说明机器或部件在装配、安装、检验及调试中应达到的要求。

（4）零件序号和明细表。装配图中对每一种零件都应编写序号，并在标题栏上方编制零件明细表，在明细表中列出各零

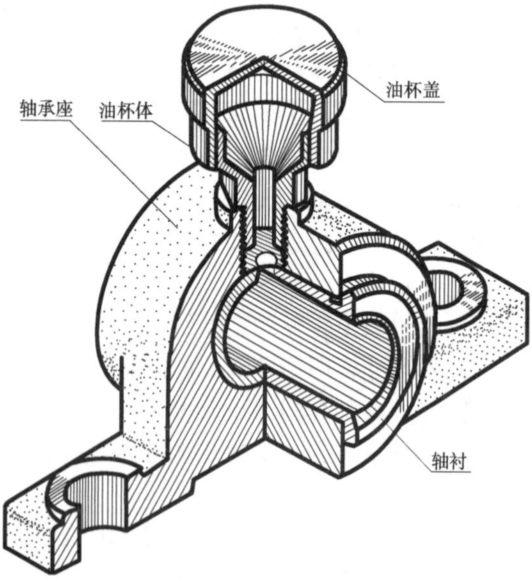

图15-14　滑动轴承立体图

件的名称、数量和材料等。

（5）标题栏。用以说明装配体的名称、比例、图号等。

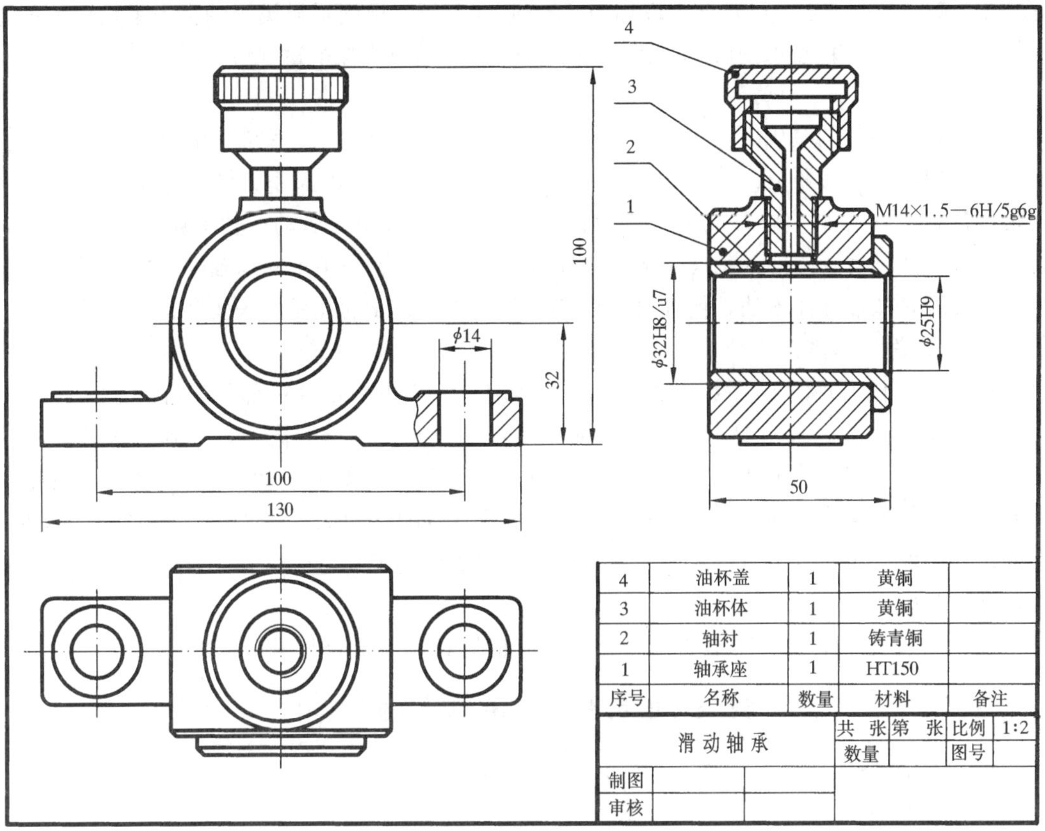

序号	名称	数量	材料	备注
4	油杯盖	1	黄铜	
3	油杯体	1	黄铜	
2	轴衬	1	铸青铜	
1	轴承座	1	HT150	

滑动轴承	共 张	第 张	比例	1:2
	数量		图号	
制图				
审核				

图 15－15 滑动轴承装配图

二、装配图的阅读

读装配图的基本要求是：了解机器或部件的工作原理、各零件之间的相对位置及装配关系，弄清主要零件的基本形状和作用。

下面以阅读图 15－15 所示滑动轴承为例介绍读装配图的方法和步骤。

1. 概括了解

看标题栏及有关资料了解部件的名称、用途、性能及规格；看明细表及视图了解各零件的名称、材料、数量及在部件中所处位置。由图 15－15 中的标题栏及明细表可知，该部件为滑动轴承，画图比例为 1∶2，由四种零件组成，整个装置的体积较小，结构较简单。

2. 分析视图

了解视图的名称、数量及每个视图的表达重点，弄清各视图之间的关系。图 15－15 共用了三个视图来表达，主视图采用了局部剖，清楚地表达了安装孔的结构，同时也较多地反映了滑动轴承的形状特征；左视图采用了单一全剖，反映了各零件之间的装配连接关系；俯视图补充表达了滑动轴承的外形。

3. 逐个分析零件

逐个分析零件就是根据装配图想象每个零件的大致形状及作用。一般先从主要零件入手，按照零件序号及零件的数量，在装配图中找到该零件的位置，根据同一零件在各视图中的剖面线方向及投影关系，把各零件从装配图中划分出来，然后想象出每个零件的主要结构形状。以零件 2 为例，从明细表中可知该零件称为“轴衬”，分析三视图轴衬属于轴套类零件，上面有一加油孔。零件 1 在前面已作了分析，剩余的两个零件请读者按上述方法自行分析。

4. 分析各零件之间的装配关系

在分析各零件的基础上，进一步弄清各零件之间的连接关系、配合方式及运动情况，这是看懂装配图的重要环节。分析图 15－15 所示滑动轴承的装配关系：轴承座 1 和轴衬 2 之间是基孔制过盈配合（ϕ 32H8/u7），工作时它们之间没有相对运动；轴承座 1 和油杯体 3、油杯体 3 和油杯盖 4 之间都是通过螺纹来连接的。滑动轴承是用于支承轴的，被支承的轴与轴衬 2 接触，从油杯注入油，使轴衬 2 得到润滑。两个ϕ 14 的孔是用来安装该装配体的。

5. 归纳总结，看懂全图

在了解工作原理、看懂零件结构形状的基础上，应进一步分析部件的拆装顺序及结构特点，并结合尺寸、技术要求等进行全面总结，形成一个完整的概念，达到看懂装配图的目的。图 15－15 中，滑动轴承的拆卸顺序为：先旋下油杯盖 4，再旋下油杯体 3，最后取出轴衬 2，全部零件拆卸完毕。装配顺序与拆卸顺序相反。所注尺寸中，ϕ 25H9 为规格、性能尺寸，ϕ 32H8/u7、M14×1.5—6H/5g6g、32 为装配尺寸，ϕ 14、100（安装孔的定位尺寸）为安装尺寸，130、50、100 为外形尺寸。

在读图过程中上述步骤不能截然分开，应根据具体情况交替进行。

复习思考题（单项选择题）

1. 螺纹的公称直径指的是（　　）。

（a）螺纹的小径　　（b）螺纹的中径

（c）螺纹的大径　　（d）螺纹的三个直径

2. 外螺纹与内螺纹旋合时，其旋合部分应按什么绘制（　　）。

（a）全部粗实线　　（b）全部细实线

（c）按外螺纹绘制　　（d）按内螺纹绘制

3. 在绘制螺栓连接图时，当剖切平面通过螺栓轴线时，各标准件应（　　）。

（a）均按剖切绘制　　（b）均按不剖绘制

（c）按只剖螺栓绘制　　（d）按螺栓不剖绘制

4. 在公差配合中可能产生间隙也可能产生过盈的配合是（　　）。

（a）间隙配合　（b）过渡配合　（c）过盈配合　（d）间隙与过渡配合

5. 在公差配合的两种基准制中，使用最多的配合制度是（　　）。

（a）基孔制　（b）基轴制　（c）公制　（d）英制

6. 在装配图中，相邻两个零件的剖面线应（　　）。

（a）方向相同　（b）方向相反　（c）方向任意　（d）有明显区别

7. 在装配图各视图中，同一零件的剖面线应（　　）。

（a）方向相同　　（b）方向相反

（c）方向相反、间隔相同　　（d）方向相同、间隔相同

图书在版编目（CIP）数据

工程制图/曾令宜主编．—北京：中国水利水电出版社，2004（2023.9）
21世纪高职高专教育统编教材
ISBN 978-7-5084-2153-7

Ⅰ．工…　Ⅱ．曾…　Ⅲ．工程制图-高等学校：技术学校-教材　Ⅳ．TB23

中国版本图书馆CIP数据核字（2004）第089180号

书　名	21世纪高职高专教育统编教材 **工程制图**
作　者	主编　曾令宜
出版发行	中国水利水电出版社 （北京市海淀区玉渊潭南路1号D座　100038） 网址：www.waterpub.com.cn E-mail：sales@mwr.gov.cn 电话：（010）68545888（营销中心）
经　售	北京科水图书销售有限公司 电话：（010）68545874、63202643 全国各地新华书店和相关出版物销售网点
排　版	中国水利水电出版社微机排版中心
印　刷	北京印匠彩色印刷有限公司
规　格	184mm×260mm　16开本　18.5印张　451千字　2插页
版　次	2004年8月第1版　2023年9月第7次印刷
印　数	19001—21000册
定　价	**59.00**元

凡购买我社图书，如有缺页、倒页、脱页的，本社营销中心负责调换

版权所有·侵权必究